量子信息网络

郭凯 刘博 著

国防工业出版社
·北京·

内容简介

本书从量子信息网络基本概念出发，系统分析了量子信息网络的定义内涵、体系架构、主要业务和发展脉络，设计提出了"量子态资源共享、多业务平行运转"的应用模式和"三层一系统"的体系架构，全面论述了量子密钥分发、量子直接通信、量子时间同步、量子导航与定位、分布式量子传感、分布式量子计算六大典型业务应用。

作者希望通过引入"量子信息网络"这一新型概念，将量子通信、量子导航、量子传感、量子计算的各种设备集合为多节点综合信息系统，设计理念符合当前软件定义功能、经典量子融合的发展理念，有望为从事相关工作的从业人员、科研人员和高校学生提供重要参考。

图书在版编目（CIP）数据

量子信息网络/郭凯，刘博著．—北京：国防工业出版社，2024.4
ISBN 978-7-118-13153-6

Ⅰ．①量… Ⅱ．①郭… ②刘… Ⅲ．①量子–信息网络 Ⅳ．①O413②G202

中国国家版本馆 CIP 数据核字（2024）第 078400 号

※

国防工业出版社 出版发行
（北京市海淀区紫竹院南路23号 邮政编码100048）
北京虎彩文化传播有限公司印刷
新华书店经销

*

开本 787×1092 1/16 插页 2 印张 19¼ 字数 438 千字
2024年4月第1版第1次印刷 印数 1—1800 册 定价 128.00 元

（本书如有印装错误，我社负责调换）

国防书店：(010) 88540777 　　书店传真：(010) 88540776
发行业务：(010) 88540717 　　发行传真：(010) 88540762

PREFACE | 前言

自 20 世纪以来，量子科技一共经历了两次重大变革：第一次变革以对量子体系的被动观测为主要特征，诞生了原子弹、激光、光电二极管等一系列成果；第二次变革以对量子体系的主动操控与应用为主要特征，对现有传感测量、通信密码、导航定位、计算机软硬件体系已经产生并将在未来持续产生重大变革性影响。量子信息技术的出现，是对量子效应从观测到操控、从被动到主动的一次重要突破，必将对科技进步和社会发展产生深远影响。

量子信息技术脱化于经典信息技术，与经典信息技术及其应用有着千丝万缕的联系，究其本源，是量子信息技术运用的各种物理效应改变了经典信息设备的技术指标，最终反映为各类信息系统性能差异。当这种物理效应层面的增量想要成体系运行时，就需要把各种运用了量子信息技术的分立设备组建成庞大的复杂系统，量子信息网络便应运而生。

量子信息网络的概念既传统又超前。"传统"是指量子信息网络与经典信息网络在体系架构方面并无特殊差异，量子信息网络上层运行的逻辑与经典信息网络大同小异，量子信息网络所能支撑的业务功能也囊括于经典信息网络之中。"超前"是指量子信息网络底层运行着一种称为"量子比特"的特殊逻辑，现阶段很难明确描述量子信息网络各层次设备的具体形态，也无法对量子信息网络支撑的业务功能做严谨的边界划分。笔者在描述量子信息网络时普遍采用了"狭义"和"广义"概念，就是为了赋予量子信息网络一定的发展弹性，使其能够随着信息技术的发展与时俱进。

本书能够出版得益于量子信息领域多位专家的鼓励、支持和帮助。清华大学的龙桂鲁教授，中国科学技术大学的陈巍教授，中国科学院国家授时中心的董瑞芳研究员，西安交通大学的张沛教授，国防科技大学的江奇渊副研究员，孙兵锋副研究员，张燚副研究员，熊威讲师在本书第 3 章至第 8 章撰写中提供了参考资料和专业意见；余华、许华醒、张平、范元冠杰、潘栋、项晓、丛楠等在资料整理和书稿编排中提供了帮助，在此一并表示衷心感谢。

由于时间紧迫，作者能力和水平有限，疏漏和不足之处在所难免，欢迎广大读者和同行专家提出宝贵意见。

著 者
2023 年 10 月

CONTENTS | 目录

第1章 绪论 ······ 001
1.1 量子信息技术 ······ 001
1.2 量子信息网络概念内涵 ······ 002
1.3 量子信息网络体系架构 ······ 004
1.4 量子信息网络发展历程 ······ 005
1.4.1 量子信息网络1.0版 ······ 005
1.4.2 量子信息网络1.5版 ······ 006
1.4.3 量子信息网络2.0版 ······ 008
1.4.4 量子信息网络3.0版 ······ 009
1.5 小结 ······ 011
参考文献 ······ 011

第2章 量子信息网络基本架构 ······ 015
2.1 经典网络 ······ 015
2.1.1 数据交换 ······ 015
2.1.2 协议栈 ······ 016
2.1.3 软件定义网络 ······ 017
2.2 量子信息网络体系架构 ······ 018
2.2.1 总体设计 ······ 018
2.2.2 系统架构 ······ 020
2.2.3 技术架构 ······ 020
2.2.4 网络架构 ······ 021
2.2.5 已有网络体系架构 ······ 023
2.3 协议栈 ······ 024
2.3.1 基础传输层协议 ······ 026
2.3.2 网络承载层协议 ······ 027
2.3.3 应用服务层协议 ······ 029
2.3.4 运维管理协议 ······ 029
2.4 发展历程 ······ 029
2.4.1 城域量子信息网络 ······ 029
2.4.2 城际量子信息网络 ······ 037

  2.4.3 卫星中继量子信息网络 ·· 042
  2.4.4 机动量子信息网络 ·· 044
 2.5 小结 ··· 048
 参考文献 ··· 048

第3章　量子密钥分发 ·· 055

 3.1 基础理论 ··· 055
  3.1.1 工作原理 ·· 055
  3.1.2 基本流程 ·· 057
 3.2 发展历程 ··· 058
  3.2.1 协议及分析证明理论 ·· 058
  3.2.2 关键技术 ·· 059
  3.2.3 重大应用 ·· 060
 3.3 传输协议 ··· 063
  3.3.1 单发单收型协议 ·· 063
  3.3.2 双向协议 ·· 068
  3.3.3 双发联合测量型协议 ·· 071
  3.3.4 纠缠类协议 ··· 077
 3.4 系统组成及关键技术 ·· 080
  3.4.1 发送端 ··· 080
  3.4.2 接收端 ··· 088
 3.5 量子密钥分发的最新进展 ··· 095
  3.5.1 实际安全性与分析模型优化 ······································ 095
  3.5.2 长距离量子密钥分发 ··· 096
  3.5.3 测量无关型量子密钥分发网络 ·································· 097
 3.6 小结 ··· 098
 参考文献 ··· 098

第4章　量子直接通信 ·· 105

 4.1 基本概念 ··· 105
  4.1.1 原理介绍 ·· 105
  4.1.2 发展历程 ·· 106
 4.2 传输协议 ··· 111
  4.2.1 高效协议 ·· 111
  4.2.2 DL04协议 ··· 113
  4.2.3 两步协议 ·· 113
  4.2.4 高维协议 ·· 115
  4.2.5 测量设备无关协议 ·· 116
 4.3 关键技术 ··· 120

	4.3.1 定量安全信道容量	120
	4.3.2 针对量子信道的编码理论	123
	4.3.3 无量子存储编码	124
	4.3.4 掩膜增容技术	125
4.4	量子直接通信最新进展	126
	4.4.1 长距离量子直接通信	127
	4.4.2 自由空间量子直接通信	128
	4.4.3 安全中继量子网络	129
4.5	小结	131
参考文献		131

第5章 量子时间同步 135

5.1	基本概念	135
5.2	发展历程	136
	5.2.1 量子时间同步协议	138
	5.2.2 量子时间同步演示验证	140
5.3	基于频率纠缠源的量子时间同步方案	141
	5.3.1 单向量子时间同步方案	141
	5.3.2 基于二阶量子干涉的时间同步方案	142
	5.3.3 传送带量子时间同步方案	144
	5.3.4 双向量子时间同步方案	145
5.4	关键技术	148
	5.4.1 频率纠缠光源	148
	5.4.2 二阶关联测量	154
5.5	系统实现	163
	5.5.1 量子时间同步端机	163
	5.5.2 量子时间同步业务系统	164
	5.5.3 量子时间同步网络构建	165
5.6	小结	166
参考文献		166

第6章 量子导航与定位 171

6.1	基本理论	171
	6.1.1 量子导航与定位的概念内涵与网络构建	171
	6.1.2 量子自主导航与定位的基本原理	172
	6.1.3 量子自主导航与定位的系统组成	173
6.2	发展历程	174
	6.2.1 核心器件发展	174
	6.2.2 系统导航与定位技术	185

6.3 核磁共振陀螺 ··· 186
6.3.1 基本原理 ··· 186
6.3.2 核磁共振陀螺实现方案 ··· 191
6.3.3 内嵌 Rb 原子磁力仪探测系统 ·· 192
6.3.4 核自旋进动精密检测技术 ·· 194
6.4 光力加速度计 ·· 196
6.4.1 光力加速度计基本模型 ··· 196
6.4.2 光力加速度计的结构 ·· 200
6.4.3 高精度位移探测技术 ·· 201
6.5 导航与定位算法 ·· 204
6.5.1 参考坐标系与导航解算 ··· 204
6.5.2 系统误差参数标定 ·· 205
6.5.3 初始对准 ·· 208
6.6 小结 ··· 209
参考文献 ··· 210

第7章 分布式量子传感 ··· 216

7.1 基本理论 ··· 217
7.1.1 量子光学基础 ·· 217
7.1.2 量子传感原理 ·· 225
7.2 发展历程 ··· 231
7.2.1 量子态的制备 ·· 231
7.2.2 量子传感网络 ·· 234
7.2.3 关键技术 ·· 237
7.2.4 量子传感应用 ·· 241
7.3 分布式量子传感协议 ·· 247
7.3.1 量子单参数估计 ·· 247
7.3.2 分布式量子传感 ·· 249
7.3.3 射频信号的分布式量子传感 ··· 255
7.4 关键技术 ··· 257
7.4.1 典型实验装置 ·· 257
7.4.2 分布式全局参数的测量 ··· 259
7.4.3 优化后处理 ·· 260
7.5 最新进展 ··· 263
7.5.1 可拓展多模纠缠在量子传感中的应用 ··· 263
7.5.2 纠缠光子的分布式传感 ··· 263
7.6 小结 ··· 267
参考文献 ··· 267

第8章 分布式量子计算 269

8.1 基本理论 269
    8.1.1 量子计算物理系统 272
    8.1.2 量子算法 279

8.2 发展历程与关键技术 285
    8.2.1 量子硬件的发展历程和关键技术 285
    8.2.2 量子方案中的关键技术 288

8.3 分布式量子计算的最新进展 292
    8.3.1 分布式 Grover 算法 292
    8.3.2 分布式相位估计算法 293

8.4 小结 294

参考文献 294

第 1 章
绪 论

1.1 量子信息技术

20世纪初,普朗克、爱因斯坦、玻尔、薛定谔、玻恩、海森堡等一大批物理学家创立了量子力学,将研究视角从宏观领域拓展到了微观领域[1]。量子力学的创立引发了第一次量子科技革命,以对量子系统的被动观测与应用为主要特征,诞生了原子能、激光、半导体晶体管、微波原子钟等众多革命性技术,实现了核能发电[2]、激光加工[3-4]、集成电路[5-6]、全球定位导航系统(GPS)[7]等多种应用。

自20世纪90年代以来,以对量子体系进行主动操控与应用为主要特征的量子信息(quantum information)技术蓬勃发展,引发了变革传感测量、通信密码、导航定位、计算机软硬件体系的第二次量子科技革命。第二次量子科技革命与信息技术的广泛应用密切相关,能对信息技术体系架构和核心指标产生颠覆性影响,进一步提升信息技术的应用潜力[8]。

信息是指音信、消息、通信系统传输和处理的对象,泛指人类社会传播的一切内容。人类通过获得、识别自然界和社会的不同信息来区别不同实物,认识和改造世界。1948年,数学家香农将信息定义为"用来消除随机不定性的东西",直指信息是创建一切宇宙万物的最基本单位。信息技术是指用于管理和处理信息所采用的各种技术的总称,泛指获取、加工、存储、变换、显示和传输文字、数值、图像、声音等要素,能够扩展人类信息器官功能的各种技术的总称[9]。基于这一认识,本书将量子信息技术定义为通过对量子体系的观测、操控和应用,实现信息获取、加工、存储、变换、显示、传输功能的各种技术的总称。

表征光子、离子、原子、分子等微观粒子量子特性的状态称为量子态。量子态和信息之间的关系不同,对量子信息技术的理解也就不同[10]。狭义理解中,量子态即信息本体,量子信息技术的定义局限于"实现量子态获取、加工、存储、变换、显示和传输功能的各种技术的总称"。广义理解中,信息本体与量子态相互独立,可通过编译将信息本体加载于量子态,诸多步骤之后再将量子态解析为信息本体,此时,量子信息技术的定义拓展至"通过量子态的获取、加工、存储、变换、显示和传输,实现人类信息器官功能扩展的各种技术的总称"。

量子信息技术[11]的狭义理解和广义理解核心区别在于"量子信息"的概念边界。

狭义理解的量子信息等同于量子态，量子信息获取只是实现了量子态的物理测量，量子信息存储只是实现了量子态的物理保持，量子信息变换只是实现了量子态的物理转换，量子信息传输只是实现了量子态的物理迁移，当量子态不具备任何人类信息器官扩展功能时，量子信息技术就只能停留在原理层面[12]。广义理解的量子信息是指与量子态建立映射关系的经典信息（具备人类信息器官扩展功能的信息称为经典信息），量子信息获取可以通过量子态的物理测量实现经典信息获取，量子信息存储可以通过量子态的物理保持实现经典信息存储，量子信息变换可以通过量子态的物理转换实现经典信息变换，量子信息传输可以通过量子态的物理迁移实现经典信息传输，通过映射关系，广义量子信息技术的所有行为都具有了人类信息器官扩展功能，于是量子信息技术从原理层面走向应用层面[13]。

根据狭义理解和广义理解，量子信息技术边界会相应地内收或外扩。例如，在量子通信概念辨析中，"量子通信是指将量子态保真无损地从一处传递到另一处"更符合狭义理解，而"通过量子态远程共享实现经典信息传递"则更符合广义理解。狭义理解和广义理解无关对错，只是认识世界和改造世界过程中的视角差异。因此，广义理解的量子通信，可以包含量子密钥分发（quantum key distribution，QKD）、量子直接通信（quantum secure direct communication，QSDC）、量子隐形传态（quantum teleportation，QT）、量子时间同步等形式，其技术内核则是狭义理解的量子通信，即量子态的远程共享[14]。

1.2 量子信息网络概念内涵

"网络"一词可泛在定义为由若干节点和连接这些节点的链路构成，表示诸多对象及其相互联系。在信息领域，"网络"一词通常特指互联网，"若干节点"主要以计算机、服务器、交换机、智能手机、电视机、传感器等"端系统"形式存在，"链路"可以是光纤、电缆、微波等各种形态，"诸多对象及其相互联系"对应互联网这一复杂信息系统的基本组成和运行方式[15]。

根据1.1节给出的定义，量子信息技术与其他量子技术（如原子能、激光等）的核心区别是对量子态进行的操控处理是否用于实现各种信息功能（人类信息器官功能扩展）。进一步地，量子信息网络[16]（quantum information network）与其他量子信息技术的区别在于是否存在若干量子信息设备或存在量子信息链路，是否表示诸多量子信息设备及其相互联系。也就是说，量子信息设备层面的"从一到多"或量子信息链路的"从无到有"是量子信息网络区分于其他量子信息技术的主要特征[17]。

综合考虑量子信息技术运用于节点、链路、对象、联系等各方面后网络形态产生的变化，本书将量子信息网络定义归纳为以下三类：

定义一：由若干量子信息设备和连接这些量子信息设备的链路构成，表示诸多量子信息业务及其相互联系的复杂量子信息系统。在这一定义下，凡是将各种量子信息设备通过（无论是经典还是量子）链路连接起来，实现分布式（非单点独立运行）量子信息功能的量子信息系统均可称为量子信息网络。

定义二：由若干设备和连接这些设备的量子信息链路构成，表示诸多信息业务及其相互联系的复杂量子信息系统。在这一定义下,凡是将各种(无论是经典还是量子)设备通过量子链路连接起来,实现分布式(非单点独立运行)量子信息功能的量子信息系统均可称为量子信息网络。

定义三:由若干量子信息设备和连接这些量子信息设备的量子信息链路构成,表示诸多量子信息业务及其相互联系的复杂量子信息系统。在这一定义下,只有将各种量子信息设备通过量子链路连接起来的量子信息系统才能称为量子信息网络。此时量子信息网络存在对外边界,边界外为"人类信息器官功能或扩展功能",边界内则限定为"量子态获取、加工、存储、变换、显示和传输功能"。

本书中的量子信息网络不是单纯的传输网络,不仅包括构建网络所需的各种传输或路由设备,还包括接入网络的各种量子信息设备,既可指量子信息网络定义一,也可指量子信息网络定义二。鉴于量子信息网络信息呈现方式的特殊性,定义一中的量子信息设备需要明确为信息处理设备;定义二和定义三的核心在于是否采用量子技术进行信息处理。以上三种定义并无对错之分,只是对量子信息网络内涵边界的理解差异。根据定义一,将量子导航设备通过经典网络连接起来的量子导航网络是一种量子信息网络;根据定义二,通过网络化量子态传输和随机数同步共享实现的量子密钥分发网络也是一种量子信息网络;根据定义三,只有通过量子态传输实现协同而不输出量子数据的分布式量子计算网络等极少数量子信息系统才能够称为量子信息网络[18]。上述三种定义将量子通信、量子计算、量子精密测量三个量子信息技术分支囊括在同一张量子信息网络中。

需要注意的是,近年来引起广泛关注的量子互联网[19](quantum internet)概念,是本书量子信息网络定义三的一个特例(图1.1)。"量子互联网"一词首次出现在2004年,当时主要侧重于描述其信息传输设施的基本属性。2018年,在 Science 期刊上发表的 Quantum Internet: a Vision for the Road Ahead 论文中正式提出量子互联网概念,即一种基于量子力学基本原理、利用量子特性传递信息和连接量子信息处理设备的庞大网络。量子互联网借鉴了经典互联网概念,主要由终端节点设备和信息传输设施组成,终端节点设备可以是量子计算机、量子传感器、量子密钥分发设备等量子信息处理设备,信息传输设施则包括专用光学信道、量子中继器、量子路由器、量子交换机等新型传输设备。根据量子互联网发展的客观规律,符合量子信息网络定义一和定义二的是现阶段最有望投入应用的、量子互联网的初级形态;符合量子信息网络定义三的是未来将要广泛应用的、量子互联网的进阶形态;当且仅当节点处理和链路传输的对象全部为量子,且每个节点均具有量子信息处理能力而非简单的量子信息采集能力(也可理解为每个节点的量子信息处理均依赖量子计算系统)时,量子信息网络才发展为严格比照经典互联网结构的量子互联网终极形态[20]。

图1.1 量子信息网络三类定义与量子互联网的关系

1.3 量子信息网络体系架构

20世纪70年代后期，国际标准化组织提出计算机网络开放系统互联（open system interconnection，OSI）模型，将计算机网络自顶向下分为应用层、表示层、会话层、运输层、网络层、链路层和物理层。源文件按照自顶向下顺序逐层封装，通过物理链路传输并按照自下而上顺序逐层解封后由目的地接收。量子信息网络目前尚无标准体系架构，但可以参考OSI模型设计类似的分层结构。本书基于现阶段对量子信息技术的认识水平，提出了量子信息网络三层体系架构，这一体系架构同时兼容量子信息网络定义一和定义二，实质上是一种经典—量子混合网络[21]。

第一层是业务应用层，对应OSI模型中的应用层、表示层和会话层，主要涉及量子密钥分发、量子直接通信、量子时间同步、量子导航定位、分布式量子传感、分布式量子计算等内容。这一层使用的各种软硬件设备与现有互联网及物联网并无明显差异，通过人类信息器官功能或扩展功能能够交互的软硬件设备，实现密钥分发、数据通信、时频传递、导航定位、传感监测、协同计算等业务功能。

第二层是网络传输层，对应OSI模型中的运输层和网络层，主要涉及网络协议、量子存储、量子交换、量子路由、量子比特编码等内容。这一层是量子态网络化传输调度的核心，也是连接各种本地设备的关键。这一层使用的软硬件设备主要有量子网络协议、量子存储器、量子交换机、量子路由器、量子比特编码器等。

第三层是物理链路层，对应OSI模型中的物理层和链路层，主要涉及量子态制备、操控、调制、传输、分发、解调、中继等内容。这一层使用的软硬件设备主要有量子光源、量子态编译系统、量子态传输链路、量子态解译系统、量子中继器等[22]。

量子信息网络是一种异构网络，"功能定义拓扑"是一种高度可行的组织运用模式。物理链路层和网络传输层共同构成了量子信息网络基础设施，可根据不同应用需求调度基础设施和量子态资源，将量子信息网络异化为具备特定业务功能的逻辑子网。基础设施和量子态资源的调度机制可以嵌入网络传输层和物理链路层的各型软硬件设备，也可发展为一个独立控制单元，通过控制网络传输层和物理链路层的各型软硬件设备实现逻辑子网的功能切换和并网复用。如果这个独立控制单元同时还承担量子信息网络状态监测和故障修复等功能，那么完全可以建立一个独立于业务应用层、网络传输层和物理链路层的运维管理系统，对整个量子信息网络进行全面管控，即形成了"三层一系统"的量子信息网络体系架构。

功能定义拓扑组织运用模式的特点是共享相同的量子信息网络基础设施、多种业务功能逻辑子网并行运转，归纳为"一网多应用"。用户通过量子信息网络业务应用层提出应用需求，调度网络传输层和物理链路层的各种软硬件设备及量子态资源，形成高安全量子密钥分发网络、高安全量子直接通信网络、高精度量子定位导航授时（PNT）网络、高灵敏度分布式量子传感监测网络以及高性能分布式量子计算网络。其中，量子密钥分发网络的安全性、量子直接通信网络的安全性、量子定位导航授时网络的高精度特性均源自量子力学基本原理，组网对其并无贡献；对于分布式量子传感监测网络和分布式量子计算网络，组网则可以实现灵敏度和计算性能的进一步跃升[23]。

最后,"三层一系统"体系架构、"一网多应用"运用模式,并非严格吻合量子信息网络定义三,"量子"和"经典"的边界本就模糊。对于量子密钥分发网络,量子态同步共享过程是"量子"的,但网络化密钥分发过程是"经典"的;对于分布式量子传感监测网络而言,传感信息传递过程可能是"经典"的,但传感器是"量子"的;即便是分布式量子计算网络这种严格吻合量子互联网定义的逻辑子网,也很难完全脱离测控系统、应用算法等经典要素。因此,本书建议在实际应用过程中无须拘泥于量子信息网络中"量子"的出现点位或技术占比,凡是通过量子态传输将信息设备互联组网或将量子信息设备互联组网,实现经典网络无法实现的应用类型或技术指标的分布式信息系统,均为量子信息网络。

1.4 量子信息网络发展历程

21世纪初,量子信息技术开始从单点设备向信息网络发展,按照部署建设难度可分为四个阶段:定义一中的"量子信息设备经典组网"可视为量子信息网络1.0版,定义二中的"经典信息设备量子组网"可视为量子信息网络1.5版,定义三中的"量子信息设备量子组网"可视为量子信息网络2.0版,"使用量子计算处理信息的量子信息设备的量子组网"即量子互联网可视为量子信息网络3.0版[24],如表1.1所列。

表1.1 量子信息网络发展阶段

组网形式	信息获取	信息传输	信息处理	发展阶段
量子信息设备经典组网	量子	经典	经典	1.0版
经典信息设备量子组网	量子/经典	量子	经典	1.5版
量子信息设备量子组网	量子	量子	经典	2.0版
量子互联网	量子	量子	量子	3.0版

1.4.1 量子信息网络1.0版

量子信息网络1.0版发展路径可概述为将经典信息网络的经典信息设备替换为量子信息设备实现性能升级,节点互联仍然采用经典信道。例如,将现有PNT网络中的经典设备替换为量子设备实现精度提升,但PNT信号的传输仍然使用经典通信手段;又如,将现有物理场传感监测网络中的经典设备替换为量子设备,但各测量点位的传输数据传输仍然使用经典通信手段;等等。

量子信息网络1.0版的发展程度主要取决于量子信息设备而非经典信息网络。现阶段,量子陀螺[25]、量子磁力仪[26-27]、量子重力仪[28]和量子电场计等各种量子信息设备性能指标与经典设备仍存在差距或并未形成代差优势,更换成本居高不下,工程应用进展缓慢,客观上导致了量子信息网络1.0版进展缓慢。可以预见,当上述问题得到有效解决时,量子信息网络1.0版一定是发展最迅速、应用最广泛的一种量子信息网络[29]。

1.4.2 量子信息网络 1.5 版

量子信息网络 1.5 版发展路径可概括为建立天地一体、机固互联的量子态传输网络并进行经典信息处理。此时，量子信息网络由量子态传输网络和经典信息处理设备构成。按照量子态传输能力的发展规律，量子态传输网络又可细分为可信中继网络、准备测量网络、量子纠缠分发网络、量子存储网络、容错或若干量子比特网络和量子计算网络六个发展阶段（图 1.2）。

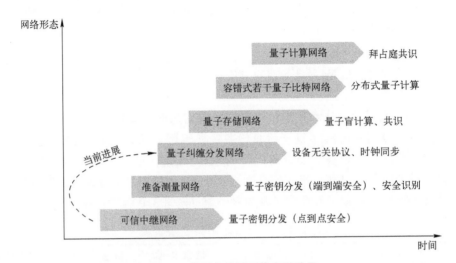

图 1.2 量子态传输网络发展阶段

可信中继网络侧重采用量子叠加特性实现直连两点之间的量子态分发；准备测量网络侧重采用测量设备无关协议或双场量子通信协议，能够实现区域范围内节点连接；量子纠缠分发网络侧重采用量子纠缠光源、光量子交换设备等实现区域范围内多节点的端到端互联；量子存储网络侧重采用量子存储与量子中继，实现量子态不落地的远距离端到端互联（但量子态传输过程不能可靠地进行量子数据编码）；容错式若干量子比特网络侧重传输和交换逻辑量子比特（而非物理量子比特），可根据量子数据结构实现量子态可靠路由转发；量子计算网络是指信息获取、传递和处理全部采用量子信息技术，组网各环节均涉及量子数据运算操作[30]。

量子密钥分发网络[31-32]、量子直接通信网络[33]、量子时间同步网络[34]（采用量子手段授时而不是使用量子时钟的经典授时网络）、量子非定域传感网络（采用量子手段协同传感而不是使用量子精密测量的经典传感网络）均属于量子信息网络 1.5 版。其中，量子密钥分发网络发展最迅速，逐步走向实用化和工程化；量子直接通信网络、量子时间同步网络、量子非定域传感网络正处于起步阶段。

量子密钥分发网络发展历程如图 1.3 所示。2003 年，美国国防高级研究计划局在 BBN 科技公司、哈佛大学和波士顿大学之间建成世界首个 6 节点光纤量子密钥分发网络，节点间最远距离约达到 20km（对应链路损耗为 12dB），采用可信中继并通过光开关实现网络拓扑切换[35-37]。

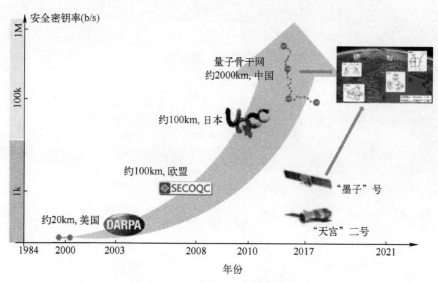

图1.3 量子密钥分发网络发展历程

2009年,欧盟12国在奥地利维也纳建立了SECOQC-6节点量子密钥分发网络,采用可信中继但不支持链路动态拓扑切换,节点间最远距离达到85km,支持诱骗态BB84、COW、连续变量和纠缠分发等多种量子密钥分发协议[38-40]。

2010年,日本和欧盟多个研究机构在东京构建了6节点含可信中继量子密钥分发网络,节点间最远距离约为100km,量子密钥分发速率约为100kb/s,运行协议主要包括诱骗态BB84和SARG04两类,基于量子密钥分发进行了加密视频通话业务演示[41]。

2016年,我国发射"墨子"号量子科学实验卫星,依托兴隆、南山、阿里、丽江等地面站开展星地量子密钥分发实验,与奥地利科学院格拉茨地面站进行了洲际量子密钥分发实验;"天宫"二号空间站同样搭载了57.9kg的量子密钥分发载荷;2017年,依托"墨子"号量子科学实验卫星进行量子密钥分发,中国科学院和奥地利科学院进行了全球首次洲际量子加密视频会议[42-44]。

2017年,"量子京沪干线"全线开通,成功在北京和上海之间基于31个可信中继实现了2000km级诱骗态BB84量子密钥分发,并在北京、济南、合肥、上海四个城市构建了城域量子密钥分发网络[45-46]。

2020年,欧盟在量子技术旗舰计划支持下开展OpenQKD项目,在欧洲14个地区广泛开展量子密钥分发示范应用(图1.4),在柏林、维也纳等5个地区建立试验床(testbed),为开展量子密钥分发网络基础设施、跨境量子密钥分发、自由空间量子密钥分发和星地量子密钥分发奠定技术基础。

2021年,中国科学技术大学开展了天地一体量子密钥分发网络集成验证,覆盖范围达到4600km,网络规模、覆盖范围、技术水平均为国际领先[47]。

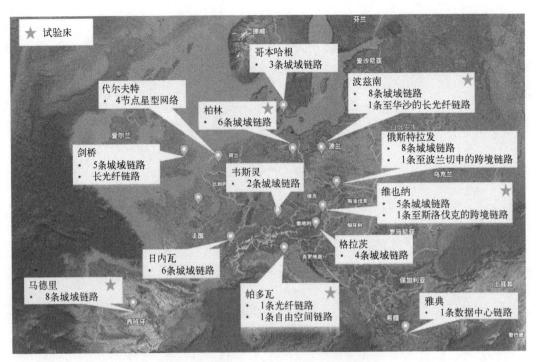

图 1.4 欧洲 OpenQKD 项目地域分布图

1.4.3 量子信息网络 2.0 版

量子信息网络 2.0 版发展路径可概括为建立天地一体、机固互联的量子态传输网络并进行量子信息处理。此时，量子信息网络由量子态传输网络和量子信息处理设备构成，典型的是分布式量子计算系统。在量子计算技术尚未成熟的现阶段，全面发展量子信息网络 2.0 版为时尚早，推动量子态传输网络基础设施发展却势在必行。

目前，量子态传输网络进入量子纠缠分发网络发展阶段。量子纠缠分发网络能够兼容量子密钥分发、量子直接通信、量子时间同步、分布式量子非定域传感等多种量子信息业务功能，同时也是量子存储网络、容错式若干量子比特网络和量子计算网络能够沿用的、最具发展潜力的技术路线。各国大力发展量子纠缠分发网络，一方面能够丰富和完善量子信息网络 1.5 版，使其支持的业务功能从单纯的量子密钥分发拓展至量子直接通信、量子时间同步和分布式非定域量子传感；另一方面为量子信息网络 2.0 版奠定坚实技术基础。

2008 年，H. C. Lim 等提出通过宽频带通信波段偏振纠缠光源和波分复用系统实现多用户量子纠缠网络的技术方案，通过将光子对送至不同用户节点可实现星型拓扑量子纠缠分发网络[48]。

2015 年，D. Y. Cao 等实验证实上述方案中用户节点间量子纠缠保真度可以超过 90%；同时指出这种拓扑结构的缺点，即连接至同一波分复用系统的用户节点之间无法实现量子纠缠分发[49]。

2018 年，S. Wengerowsky 等采用宽频带纠缠光源和波分复用系统构建了 4 用户节点全连接量子纠缠分发网络，通过波分复用信道组合实现任意用户节点之间的量子纠缠分发。然而，这一方案构建 n 节点量子纠缠分发网络需要占用的波分复用信道数为 $2n(n-1)$，物理连接复杂度为 $O(n^2)$，大规模组网面临难题[50]。

2019 年，E. Y. Zhu 等提出了可配置量子纠缠分发网络技术方案，所有用户节点通过光纤连接至波长选择交换机，通过波长配置实现任意用户节点之间的量子纠缠分发[51]。

2020 年，多家研究机构合作实现了 8 节点城域无可信中继量子纠缠分发网络，通过光学分束器和波分复用系统在 8 节点间构建了 28 条量子态传输链路，全连接量子纠缠分发网络需要用到的波分复用信道数降低至 $O(n)$ [52]。

2021 年，A. Munner 等[53]采用波长选择交换机完成了 3 节点可配置量子纠缠分发网络原型实验。同年，F. Appas 基于铝镓砷芯片纠缠光源和波长选择交换机演示了全连接量子纠缠网络，虽然该网络构建 n 节点全连接量子纠缠分发网络的复杂度介于 $O(n)$ 和 $O(n^2)$ 之间，但可根据用户需求动态配置网络拓扑。

2021 年，代尔夫特理工大学研究人员利用金刚石色心量子纠缠源在实验室条件下演示了多组分量子纠缠交换协议，在 3 个节点间建立了 GHZ 量子纠缠态并通过中间节点的纠缠交换首次实现了量子路由功能（图 1.5），这一成果被业界视作迈向量子互联网的第一步[54]。

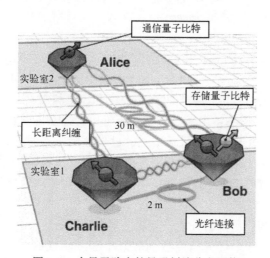

图 1.5　含量子路由的量子纠缠分发网络

2021 年 11 月，美国橡树岭国家实验室实现了 4 节点栅格化量子纠缠分发网络，首次在可配置量子纠缠分发网络中演示了远程量子态制备协议，为远程量子计算奠定了坚实基础[55]。

1.4.4　量子信息网络 3.0 版

量子信息网络 3.0 版，即量子互联网，是量子信息技术发展到高级阶段的产物。近两年学术界提出了量子互联网的发展愿景，美欧各国提出了各自量子互联网的战略构想和发展计划，量子互联网概念内涵逐步清晰。综合来看，量子互联网是基于量子力学基本原理，在专用信道上实现量子态或量子比特可控传输，连接量子计算机、量子传感器等量子信息设备，集成量子通信、量子计算、量子精密测量等量子技术的全球网络，是量子信息技术综合运用和发展成熟到高级阶段的自然产物。量子互联网虽然借鉴了经典互联网，但在设备形态、关键器件、运行方式等方面仍有大量技术空白，目前仅停留在概念探索和政策规划的发展阶段。

2004年，美国麻省理工学院在《Computer Communication Review》期刊上发表题为 Infrastructure for the quantum internet 的论文，首次提出"量子互联网"一词。

2015年，美国陆军实验室成立分布式量子信息中心，探索量子网络物理层基本原理，开发基于量子存储和量子纠错的弹性分布式量子纠缠技术，其长期目标是实现超越经典的指挥、控制、通信、计算、情报、监视和侦察能力。

2016年，美国国家科学技术委员会发布《推进量子信息科学发展：美国的挑战与机遇》。同年，美国能源部发布《与基础科学、量子信息科学和计算交汇的量子传感器》。

2018年，美国白宫立法通过了《国家量子行动计划》，计划在未来4年增加量子信息科学领域投资12.75亿美元，以确保美国在量子技术时代的科技领导力，以及经济安全、信息安全和国家安全。同期发布《量子信息科学国家战略概述》，计划同时设立3~6个量子创新实验室，建立全美量子科研网络，推动量子计算接入计划（QCAP）。同年，荷兰代尔夫特理工大学在 Science 杂志发文，正式对"量子互联网"的概念内涵予以明确。

2019年11月，美国能源部拨付320万美元给费米实验室和合作伙伴，用于建设伊利诺伊州快速量子网络（Illinois-express quantum network，IEQNET）。

2020年2月，美国白宫国家量子协调办公室和白宫科技政策办公室联合发布《美国量子网络战略构想》，指出：未来5年美国公司和实验室将展示实现量子网络的基础科学和关键技术，包括量子互连、量子中继、量子存储、高通量量子通道和天基纠缠，同时确定此类系统的潜在影响和改进应用，以实现商业、科学、健康和国家安全利益；在接下来的20年里，量子互联网将利用联网的量子设备实现经典技术无法实现的新功能，增进对纠缠作用的理解。

2020年2月，美国能源部召开量子互联网发展蓝图研讨会；5月，制定美国量子互联网发展蓝图，确定了四个优先研究方向和五个必须实现的关键里程碑；7月23日，正式发布美国量子互联网发展蓝图。美国能源部副部长保罗·达巴指出，美国政府每年将为量子信息技术投入5亿~7亿美元，计划10年内建成量子互联网。

2021年8月，美国能源部宣布投入2500万美元用于建设量子互联网试验床，其中600万美元划拨美国劳伦斯伯克利国家实验室和加利福尼亚大学伯克利分校，用于构建量子互联网测试平台 QUANT-NET。

2021年10月28日，美国国防部资助的兰德公司发布《量子技术的商业和军事应用及时间表》研究报告，表明量子技术在情报侦察、自主导航、密码破译等方面具有广泛的军事应用前景，但应用程度取决于量子设备之间量子互联的程度，美国在量子纠缠分发、量子存储、量子中继等相关技术领域保持国际领先水平。

1.5 小结

1.1节对量子信息技术进行了概念辨析。量子信息技术可狭义理解为"实现量子态获取、加工、存储、变换、显示和传输功能的技术的总称",也可广义理解为"通过量子态的获取、加工、存储、变换、显示和传输,实现人类信息器官功能扩展的技术的总称"。1.2节对量子信息网络概念内涵进行了深入探讨,将业内关于量子信息网络的各种理解认识统一纳入量子信息网络的三种定义中。1.3节参考经典通信网络提出了量子信息网络"三层一系统"体系架构和涵盖量子密钥分发、量子直接通信、量子时间同步、量子导航定位、分布式量子传感、分布式量子计算等业务功能的"一网多应用"运用模式。1.4节按照量子信息网络发展客观规律,系统梳理了量子信息网络1.0版(对应定义一)、1.5版(对应定义二)、2.0版(对应定义三)以及3.0版(对应量子互联网)的发展脉络。

本书其他章节内容安排如下:

第2章主要涉及量子信息网络"三层一系统"体系架构,按照量子态传输信道差异将量子信息网络划分为城域光纤网络、城际光纤网络、近地机动网络、星地全球网络,涵盖量子信息网络层次结构、核心设备、运行协议、研究平台、关键技术等内容。

第3章至第8章主要涉及"一网多应用"运用模式,按序介绍量子密钥分发、量子直接通信、量子时间同步、量子导航定位、分布式量子传感和分布式量子计算六种典型业务功能对应的量子信息网络逻辑子网。其中:第3章主要从基本理论、发展历程、传输协议、系统组成和关键技术等角度全面介绍了目前最为成熟的量子密钥分发网络;第4章主要从基本理论、传输协议、关键技术和发展趋势等角度介绍了进展迅速的量子直接通信网络;第5章主要从基本理论、发展历程、传输协议、关键技术等角度介绍了量子时间同步网络,同时涉及量子时间基准相关技术;第6章主要从基本理论、发展历程、关键技术等方面介绍了量子导航定位网络,同时涉及量子重力测量等惯性测量相关技术;第7章主要从基本理论、发展历程、传输协议、关键技术和最新进展等角度介绍了分布式量子传感系统,同时涉及量子磁力测量、量子电场测量等物理场测量相关技术;第8章主要介绍量子计算基本原理和关键技术,从规模扩展难题引出分布式量子计算系统,对其关键技术、运行算法和发展趋势进行了综合分析。

参考文献

[1] 李赓. 量子通信技术研究现状[J]. 电子元器件与信息技术, 2022, 6(3): 111-113.

[2] 汤旸. 核能发电的优势与发展前景[J]. 科技展望, 2016, 26(28): 113.

[3] ZHOU J, HAO Y, CAO H J, et al. Structural decomposition-based energy consumption modeling of robot laser processing systems and energy-efficient analysis[J]. Robotics and Computer-Integrated Manufacturing, 2022, 76: 102327.

[4] 吴梦楠, 李晓炜, 向志昆, 等. 飞秒激光时空整形电子动态调控加工微光学元件[J]. 中国激光, 2022, 49(10): 107-126.

[5] 马源,屠晓杰. 全球集成电路产业:成长、迁移与重塑[J]. 信息通信技术与政策,2022(5):68-77.

[6] ZHU K C, WEN C, ALJARB A A, et al. The development of integrated circuits based on two-dimensional materials [J]. Nature Electronics, 2021, 4 (11): 775-785.

[7] 韩佳琦,李鹏程,姜辉. GPS 全球卫星定位导航系统的发展与应用[J]. 化工管理,2017(5):194.

[8] 杨基慧. 浅析网络安全维护与量子通信技术的结合[J]. 电脑知识与技术,2021,17(7):48-49.

[9] 许伶俐,陈燕. 量子通信技术领域热点技术专利布局分析[J]. 中国科技信息,2022(11):16-18.

[10] 申子要. 量子通信技术在保密传输中的应用[J]. 电子技术,2022,51(1):14-15.

[11] SIGOV A, RATKIN L, IVANOV L A. Quantum information technology [J]. Journal of Industrial Information Integration, 2022, 28: 100365.

[12] 黄伟贤,张勇,刘嵩鹤. 量子通信技术发展中存在的问题探究[J]. 网络安全技术与应用,2022(1):157-158.

[13] 张杰. 量子通信技术导读[J]. 无线电通信技术,2020,46(6):635-636.

[14] 翟艺伟. 频率纠缠源量子特性的测量及传送带量子时间同步的研究[D]. 北京:中国科学院大学,2019.

[15] 郭光灿,韩永健,史保森. 量子信息[J]. 科学观察,2022,17(3):1-4.

[16] 赖俊森,赵文玉,张海懿. 量子信息网络概念原理与发展前景初探[J]. 信息通信技术与政策,2021,47(7):17-22.

[17] 张雪莹,袁晨智,魏世海,等. 稀土掺杂固态量子存储研究进展[J]. 低温物理学报,2019,41(5):315-334.

[18] 荆杰泰,张凯,刘胜帅. 基于原子系综四波混频过程的量子信息协议[J]. 光学学报,2022,42(3):44-59.

[19] WEHNER S, ELKOUSS D, HANSON R. Quantum internet: A vision for the road ahead [J]. Science, 2018, 362 (6412): 303-303.

[20] 饶欣欣,李卓瑛,宋潇,等. 离子阱量子计算机的发展现状与趋势[J]. 世界科技研究与发展,2022,44(2):157-171.

[21] 张登玉. 量子信息中的纯态和混合态[J]. 衡阳师范学院学报(自然科学版),2003(6):13-15.

[22] 刘庆元. 量子通信与网络信息安全[J]. 电脑知识与技术,2021,17(19):50-52.

[23] 杨扬,冯林,赵文元,等. 量子技术及其在军事领域的应用[J]. 军事文摘,2022(11):15-18.

[24] 吕博,赖俊森. 量子计算标准化进展[J]. 信息通信技术与政策,2020(7):38-42.

[25] SONG X R, WANG L J, FENG F P, et al. Nanoscale quantum gyroscope using a single 13C nuclear spin coupled with a nearby NV center in diamond [J]. Journal of Applied Physics, 2018, 123 (11): 114301.

[26] IBRAHIM M I, FOY C, ENGLUND D R, et al. High-Scalability CMOS quantum magnetometer with spin-state excitation and detection of diamond color centers [J]. IEEE Journal of Solid-State Circuits, 2021, 56 (3): 1001-1014.

[27] JASEEM N, OMKAR S, SHAJI A. Quantum critical environment assisted quantum magnetometer [J]. Journal of Physics A: Mathematical & Theoretical, 2018, 51 (17): 175309.

[28] STRAY B, LAMB A, KAUSHIK A, et al. Quantum sensing for gravity cartography [J]. Nature, 2022, 602 (7898): 590-594.

[29] 赖俊森, 赵文玉, 张海懿. 量子信息网络概念原理与发展前景初探 [J]. 信息通信技术与政策, 2021, 47 (7): 17-22.

[30] 许铁山. 通用量子计算机的组成及实现 [J]. 电子技术与软件工程, 2018 (7): 150.

[31] HUANG Z X, JOSHI S K, AKTAS D, et al. Publisher Correction: Experimental implementation of secure anonymous protocols on an eight-user quantum key distribution network [J]. npj Quantum Information, 2022, 8 (1): 1-1.

[32] LIU X, LIU J Y, XUE R, et al. 40-user fully connected entanglement-based quantum key distribution network without trusted node [J]. PhotoniX, 2022, 3 (1): 2.

[33] QI Z T, LI Y H, HUANG Y W, et al. A 15-user quantum secure direct communication network [J]. Light: Science & Applications, 2021, 10 (12): 2322-2329.

[34] 张萌, 吕博. 量子增强安全时间同步协议研究 [J]. 光通信研究, 2021 (4): 21-25, 49.

[35] ELLIOTT C. Building the quantum network [J/OL]. New Journal of Physics, 2002, 4 (1): 46.

[36] ELLIOTT C., COLVIN A, PEARSON D, et al. Current status of the DARPA quantum network [C]. Quantum Information and Computation, 2005: 138-149.

[37] ELLIOTT C. The DARPA quantum network [J]. Quantum Communications and Cryptography, 2006: 83-102.

[38] DIANATI M, ALLEAUME R. Architecture of the SECOQC quantum key distribution network [C]. Guadeloupe, French: IEEE 2007 First International Conference on Quantum, Nano, and Micro Technologies (ICQNM'07): 13-13.

[39] ALLEAUME R, BOUDA J, BRANCIARD C, et al. SECOQC white paper on quantum key distribution and cryptography [J]. arXiv preprint quant-ph/0701168, 2007.

[40] PEEV M, PACHER C, ALLÉAUME R, et al. The SECOQC quantum key distribution network in Vienna [J/OL]. New Journal of Physics, 2009, 11 (7): 075001.

[41] SASAKI M, FUJIWARA M, ISHIZUKA H, et al. Field test of quantum key distribution in the Tokyo QKD Network [J]. Optics Express, 2011, 19 (11): 10387-10409.

[42] LIAO S K, CAI W Q, LIU W Y, et al. Satellite-to-ground quantum key distribution [J/OL]. Nature, 2017, 549 (7670): 43-47.

[43] YIN J, CAO Y, LI Y H, et al. Satellite-based entanglement distribution over 1200 kilometers [J/OL]. Science, 2017, 356 (6343): 1140-1144.

[44] REN J G, XU P, YONG H L, et al. Ground-to-satellite quantum teleportation [J/OL]. Nature, 2017, 549 (7670): 70-73.

[45] WANG M. CAS center for excellence in quantum information and quantum physics: exploring frontiers of quantum physics and quantum technology [J/OL]. National Science Review, 2017, 4 (1): 144-152.

[46] 量子信息与量子科技前沿协同创新中心. 世界首条量子保密通信干线顺利开通、洲际量子通信成功实施, 2017. http://www.quantum2011.org/2017/0929/c9606a195815/page.htm.

[47] CHEN Y A, ZHANG Q, CHEN T Y, et al. An integrated space-to-ground quantum communication network over 4,600 kilometres [J]. Nature, 2021, 589 (7841): 214-219.

[48] LIM H C, YOSHIZAWA A, TSUCHIDA H, et al. Broadband source of telecom-band polarization-entangled photon-pairs for wavelength-multiplexed entanglement distribution [J]. Optics Express, 2008, 16 (20): 16052-16057.

[49] CAO D Y, LIU B H, WANG Z, et al. Multiuser-to-multiuser entanglement distribution based on 1,550nm polarization-entangled photons [J]. Science Bulletin, 2015, 60 (12): 1128-1132.

[50] WENGEROWSKY S, JOSHI S K, STEINLECHNER F, et al. An entanglement-based wavelength-multiplexed quantum communication network [J]. Nature, 2018, 564 (7735): 225-228.

[51] ZHU E Y, CORBARI C, GLADYSHEV A, et al. Toward a reconfigurable quantum network enabled by a broadband entangled source [J]. Journal of the Optical Society of America B, 2019, 36 (3): B1-B6.

[52] JOSHI S K, AKTAS D, WENGEROWSKY S, et al. A trusted node-free eight-user metropolitan quantum communication network [J]. Science Advances, 2020, 6 (36): eaba0959.

[53] ALSHOWKAN M, WILLIAMS B. P, EVANS P. G, et al. Reconfigurable Quantum Local Area Network Over Deployed Fiber [J]. PRX Quantum, 2021, 2 (4): 040304.

[54] POMPILI M, HERMANS S L N, BAIER S, et al. Realization of a multinode quantum network of remote solid-state qubits [J]. Science, 2021, 371 (6539): 259-264.

[55] ALSHOWKAN M, WILLIAMS B P, EVANS P G, et al. Reconfigurable quantum local area network over deployed fiber [J]. PRX Quantum, 2021, 2 (4): 040304.

第 2 章
量子信息网络基本架构

互联网作为公共基础设施,重点关注人与人之间的互联互通以及由此带来的服务与服务的互联。信息网络概念较互联网有延伸和拓展,实现人类社会、物理世界和信息空间的交叉互联。1999 年,北京邮电大学的钟义信教授将信息网络定义为能够完成全部信息功能的网络[1]。第 1 章从信息获取、信息传输和信息处理的角度给出了量子信息网络的三种定义,本章将详述量子信息网络的基本架构。在此之前,本章将首先回顾经典网络(计算机网络/互联网)的发展历程和核心构建思想。

2.1 经典网络

1969 年,美国高级研究计划局(Advanced Research Project Agency)建立了世界上首个只连接了 4 个节点的计算机网络,目前已发展成为拥有数十亿计的计算机、平板电脑、智能手机、智能传感器、汽车等系统接入的互联网,成为人类社会活动的重要基础设施。下面从数据交换、协议栈和软件定义网络三个方面回顾经典网络的核心构建思想。

2.1.1 数据交换

经典网络的数据交换方式主要包含电路交换、报文交换和分组交换,如图 2.1 所示。

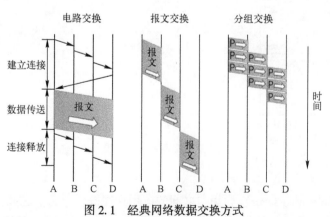

图 2.1 经典网络数据交换方式

1. 电路交换

电路交换（circuit switching）是一种线路独占式的通信方式，通信时，在端系统会话期间需要建立一条专用的数据通信链路，直至数据传输结束才会释放资源，转发节点不具备数据存储能力。电路交换具有通信时延小、有序传输、无冲突和实时性强等优点；缺点为建立连接时间长、使用效率低（线路独占）、灵活性差和难以规格化等。

2. 报文交换

报文交换（message switching）以报文为数据传输单位，报文中含有源和目的地址，报文传送至相邻节点后，全部存储下来后查表转发至下一节点。报文交换具有无须建立连接、动态线路分配、利用率高、可多目标同时服务等优点；缺点为转发节点需具备较大缓存空间、存在转发时延和需要额外传输信息量等。

3. 分组交换

分组交换（packet switching）将报文分为若干组，每个分组均含有源、目的地址和分组编号等，分组数据传送至相邻节点后，存储下来后查表转发至下一节点。分组交换具有无须建立连接、利用率高、存储管理简单等优点；缺点为存在转发时延、需要额外传输信息量、存在数据传输失序、丢包或者重复分组等。

虽然三种数据交换方式目前在互联网中均普遍采用，但趋势是朝着分组交换方向发展。经典网络的核心构建思想之一为基于"存储-转发"的分组交换。

2.1.2 协议栈

经典网络的有序工作离不开无处不在的协议。协议是两个或多个通信实体之间交换的报文的格式和顺序，以及发送/接收一条报文或其他事件所采取的动作[2]。

经典网络采用分层结构来组织协议以及实现这些协议的网络硬件和软件。各层所有协议的合集称为协议栈，此为经典网络第二个核心构建思想。20世纪70年代，国际标准化组织（ISO）提出了7层OSI参考模型，但较为复杂且不实用；当前，经典网络主要采用TCP/IP协议栈（分为4层）；在实际过程中通常将TCP/IP协议栈中的网络接口层分为数据链路层和物理层进行描述，即通常所说的5层网络协议栈，如图2.2所示。

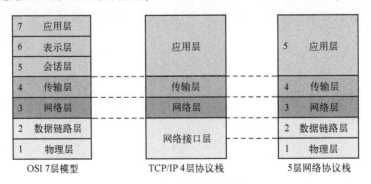

图2.2 经典网络协议栈

1. 应用层

应用层（application layer）为用户之间的应用程序提供服务，主要负责定义数据格式，并按照对应的格式解读数据，经典网络的应用层协议包括HTTP、SMTP、FTP、

DNS 等。

2. 传输层

传输层（transport layer）在用户程序端点之间传送应用层报文，常用的传输层协议包括 TCP 和 UDP 两种。TCP 提供面向连接的可靠传输服务，具有流量控制和拥塞控制能力；UDP 提供无连接服务，对传输的数据报文不做流量控制和拥塞控制。

3. 网络层

网络层（internet layer）负责地址管理和路由选择，最常用的协议为 IP 协议，通过 IP 地址来标识主机，通过路由表的方式规划用户主机之间的数据传输路径。

4. 数据链路层

数据链路层（data-link layer）负责设备之间数据帧（二进制序列）的传输，具体的，允许上层使用"帧封装"技术访问具体的访问介质（铜线、光纤、无线电信号等），控制发送至/接收到访问介质的数据，并进行错误控制。

5. 物理层

物理层（physical layer）将二进制序列转换为信号并在介质上传输。

2.1.3 软件定义网络

网络层在协议栈中最复杂，可分为数据平面和控制平面两部分。在传统网络架构中，网络的控制平面和数据平面都集中在交换机、路由器等设备上，由于应用设备、环境、场景和业务不尽相同，传统网络配置需要对大量不同厂商、型号、版本的网络设备与协议进行更新和维护，使得传统网络管理极其复杂。面对自动驾驶、虚拟现实和物联网等多样化网络技术应用带来的高带宽、低时延等网络需求，传统网络架构已经成为制约网络技术发展的瓶颈。

软件定义网络（software defined network，SDN）将网络控制平面与数据平面分离，可以支持网络功能的不断变化和演进，为网络带来快速的革新，对网络行为可以有更好的解释，加快新型网络服务的部署。其基本体系架构如图 2.3 所示。

SDN 体系架构具有 4 个关键特征[3]：

1. 控制平面与数据平面分离

网络设备移除控制功能，成为简单的报文转发单元（交换机）。控制平面由服务器以及决定和管理交换机流表的软件组成。

2. 基于流的转发，而不是基于目的地址

SDN 能够基于传输层、网络层或者链路层头部字段中任意数量的字段进行转发，只限于流表的设计实现。

3. 控制逻辑移至外部

控制逻辑移至外部称为 SDN 控制器或者网络操作系统（network operating system，NOS），基于集中逻辑，提供可编程转发设备的网络抽象描述和资源管理。

4. 可编程网络

运用运行在控制平面的网络控制程序对网络进行编程。

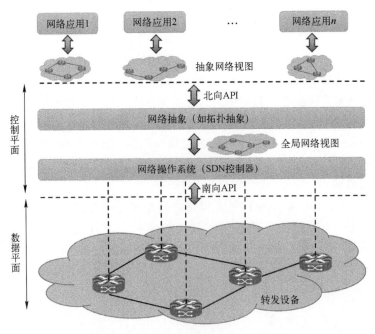

图 2.3　软件定义网络基本体系架构[3]

2.2　量子信息网络体系架构

量子信息设备的软件、硬件、协议均不相同，为了使得各种量子信息设备能够组网协同工作，需要遵循量子信息网络体系架构。

2.2.1　总体设计

量子信息网络总体上可以分为"三层一系统"，即基础传输层、网络承载层、应用服务层和运维管理系统，如图 2.4 所示。

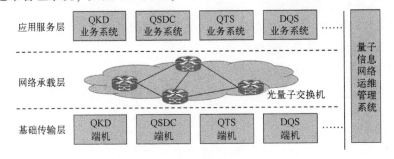

图 2.4　量子信息网络总体架构

QKD—量子密钥分发；QSDC—量子直接通信；QTS—量子时间同步；DQS—分布式量子传感

"三层一系统"的量子信息网络体系架构共同构成了"量子网络聚能—量子信息赋能—量子体系释能"的闭环。从自下而上的能力生成视角看，将物理空间分布的量子信息端机、业务、组网设备等，映射为量子信息网络的数据和模型，通过量子信息网络承载层连接聚合生成体系能力，根据具体的应用服务需求提供量子信息应用。从自上而下的体系运用视角看，根据业务调度各类功能和服务，依托量子信息网络动态调度各类资源，获取所需的体系支撑；与此同时，量子信息网络具有内生安全特性，可确保量子信息网络安全运行。

1. 基础传输层

基础传输层提供量子信息网络末端接入底层硬件设备支撑。瞄准量子安全信息传输、超越经典瓶颈的量子时间同步和分布式量子传感等前沿应用需求，通过量子密钥分发端机、量子安全直接通信端机、量子时间同步端机和分布式量子传感等端机为用户节点提供量子信息网络末端接入硬件支撑。

基础传输层重点解决量子信息网络资源要素的数字化问题，即将量子信息网络的端机、组网设备等形成数字化的量子信息网络数据空间，实现量子信息网络资源要素的可感知、可描述和可控制。

1）可感知

可感知是指通过对量子信息网络的资源要素进行数据采集，实现量子信息网络数据空间中设备状态实时感知与同步更新，确保量子信息网络端设备在网络中有效运行。

2）可描述

可描述是指建立量子信息网络端机数学模型，从多角度、多层次描述和表达量子信息网络端设备的属性和关系，建立量子信息网络端设备在物理空间和数据空间之间的映射。

3）可控制

可控制是指通过标准化量子信息网络互联服务接口，根据具体的量子信息网络业务功能实现对量子信息网络端设备实体的控制。

2. 网络承载层

网络承载层提供量子信息网络量子态传输与路由互联支撑。根据第 1 章关于量子信息网络的三种定义，量子信息网络存在经典链路、单光子、离散变量纠缠、连续变量纠缠等体制量子链路构建需求，网络承载层需要对各类网络资源进行统一标识和动态调度，实现各类量子信息业务异构组网的适配互通，以及各类业务网络的统一承载。

借鉴经典网络软件定义网络的发展理念，采用面向服务、软件定义和虚拟化思路，将量子信息制备、传输、交换和处理设备等网络资源虚拟化，形成可灵活调度的统一网络资源池，建立跨业务域、多体制并行的统一承载网络，屏蔽底层各类异构网络差异性，对上提供服务能力，通过统一定义各类量子信息网络资源表征方式，为量子信息网络资源虚拟化提供基础支撑。

3. 应用服务层

应用服务层提供量子信息网络功能业务运行支撑。在基础传输层与网络承载层的支撑下，通过相应的业务功能系统，按照业务运行规则调度量子信息网络资源，按需为用户提供应用服务支撑。

应用服务层需要为量子信息网络提供经典业务数据和量子信息网络端设备的融合对接，支持量子密钥分发、量子安全直接通信和分布式量子传感等业务功能的快速构建和集成运用。

通过采用虚拟化思想，对量子信息网络应用业务功能服务进行虚拟化，使其转化为模块化、可调用的量子信息网络服务资源，形成可按需调度的量子信息应用服务资源。

4. 运维管理系统

运维管理系统提供量子信息网络运维管理支撑。支持对量子信息网络端设备和网络传输资源进行统一数字化描述与虚拟化调度管理，具备量子密钥分发、量子安全直接通信和分布式量子传感等多种逻辑子网的综合运维能力，提供与基础传输层、网络承载层、应用服务层交互的接口。

2.2.2 系统架构

根据量子信息网络中设备的部署点位与功能业务不同，量子信息网络通常采用"端-网-云"三类系统架构，如图2.5所示。

1. 端设备

端设备由量子信息网络业务系统（包括应用软件、适配硬件系统等）和各类量子信息端系统组成，如量子密钥分发端机、量子密钥分发业务系统（含密钥管理设备）等。

2. 网设备

网设备是指量子信息统一承载网，作为云、端的载体，是量子信息网络的共用基础部分，包括基于光纤网络的量子信息网络设施、星地量子信息网络设施等，可实现各种量子信息网络中经典信息和量子信息的统一承载。

云设备是量子信息网络构建与运行的后台，包括量子信息网络运维管理系统和量子计算系统等，为量子信息网络的运行提供强大的后台服务和量子信息算力支撑。

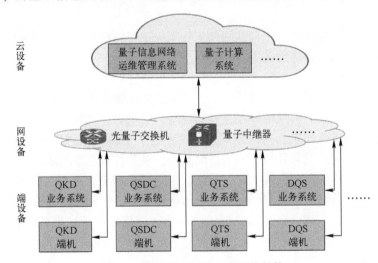

图 2.5　量子信息网络三类系统架构

QKD—量子密钥分发；QSDC—量子直接通信；QTS—量子时间同步；DQS—分布式量子传感

2.2.3 技术架构

从软件定义、网络资源虚拟化服务的角度出发，量子信息网络主要采用"资源-服务-应用"三层技术架构，如图2.6所示。

1. 资源层

资源层充分吸纳软件定义、虚拟化技术，将量子信息网络涉及的用户实体、密钥分发等业务规则抽象为量子信息网络资源；将量子信息端设备、量子信息业务系统、量子信息网络服务器、光量子交换机等要素进行数字化描述和统一标识，抽象为量子信息网络可编程控制的资源；同时，将实体存在的城域光纤量子信息网络、城际光纤量子信息网络、星地量子信息网络和机动量子信息网络进行抽象，将其纳入量子信息网络可调配的资源范畴。资源层统一提供资源描述、资源标识、资源监控和资源调度等虚拟化管理功能，通过对各类资源的虚拟化管理，形成构建量子信息网络所需的纠缠资源、接入资源、传输资源、时空服务资源、传感资源等，为智能化提供量子信息网络服务奠定基础，如图 2.6 所示。

2. 服务层

服务层作为对接量子信息应用与资源调配的中间层，通过需求转译、资源编排等服务，将量子信息网络应用需求转化为量子信息网络承载需求，统一提供资源调度、跨域路由、异构融合、综合运维、业务编排、网络态势、状态采集、权限管理和访问控制等服务。

3. 应用层

应用层开展量子密钥分发、量子安全直接通信、量子时间同步和分布式量子传感等应用，满足用户量子信息应用需求。

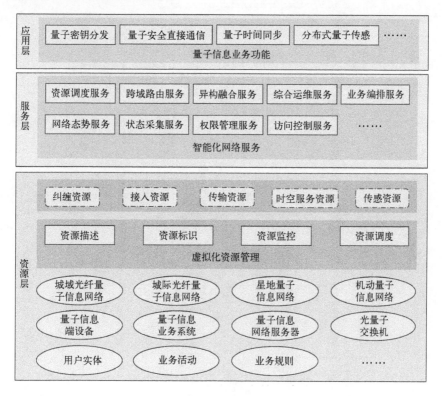

图 2.6　量子信息网络技术架构

2.2.4　网络架构

量子信息网络中始终包含经典通信链路。因此，融合经典网络架构，量子信息网络主要采用"骨干-接入-边缘"三级网络架构。如图 2.7 所示。

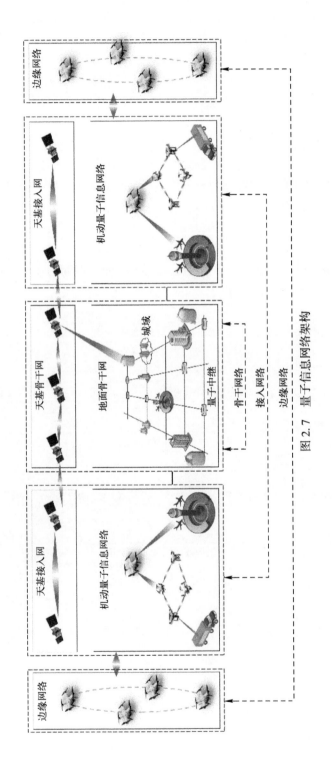

图 2.7 量子信息网络架构

1. 骨干网络

骨干网络以构建全球互联量子信息网络为目标,在城域量子信息网络的基础上,基于量子存储和量子中继等设备构建地面骨干网,采用量子卫星等方式构建天基骨干网,形成天地双骨干架构。

2. 接入网络

接入网络以按需接入量子信息网络为目标,为机动目标(无人机、车、船)提供量子信息网络服务。

3. 边缘网络

边缘网络以敏捷布设量子信息网络为目标,增强量子信息网络的边缘服务能力。

2.2.5 已有网络体系架构

当前,量子信息网络主要用于量子密钥分发,自 2003 年世界上首个量子密钥分发网络构建以来[4],美国、中国、日本和欧盟均构建了不同规模的量子信息网络,持续推进量子信息网络的应用落地。

2010 年,日本和欧盟诸多研究机构一起在东京构建了 6 节点的可信中继量子密钥分发网络,并进行了视频通话业务演示,首次明确表示采用了分层网络架构,如图 2.8 所示。

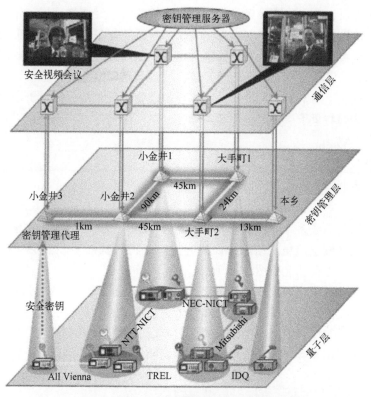

图 2.8 东京量子密钥分发网络体系架构[5]

东京量子密钥分发网络共分为量子层、密钥管理层和通信层。量子层主要由点对点的量子密钥分发链路组成，用于生成量子安全的密钥；密钥管理层在每个节点上运行密钥管理代理，采用内部 API 接收来自量子密钥分发设备的密钥，并实现可信中继；通信层主要采用量子密钥开展具体的文本、语音和视频数据的加密应用。此外，东京量子密钥分发网络采用密钥管理服务器来对整个网络的密钥进行全寿命管理，采用安全路径搜索算法来解决节点之间的组网问题。由此可以看出，东京量子密钥分发网络基本上采用了"三层一系统"的总体架构，但其"三层"和"一系统"的划分主要围绕密钥分发及其应用展开。

2019 年，东芝欧洲研究所和剑桥大学等单位开展了城域高速量子密钥分发网络验证，采用量子密钥分发生成的新鲜密钥，能够提供 100Gb/s 的数据加解密服务，其网络分为量子层、网络密钥递送层和应用层[6]。

我国于 2013 年启动"量子京沪干线"量子密钥分发骨干网络项目，并于 2017 年全线开通，在北京与上海之间采用诱骗态 BB84 协议实现节点间的互联。2021 年，我国开展了覆盖 4600km 的天地一体量子密钥分发网络集成验证，网络规模、覆盖范围和技术水平已达国际先进水平[7]，其采用的网络体系架构如图 2.9 所示，共分为量子物理层、量子逻辑层、经典物理层、经典逻辑层和应用层，密钥管理系统运行在经典逻辑层。

以北京城域量子密钥分发网络与上海城域量子密钥分发网络安全数据传输应用为例，应用层中用户发起数据传输请求，将请求发送至经典逻辑层；经典逻辑层将该请求发送至经典物理层，并寻找到一条最优的消息传输路由；经典物理层首先判断是否满足密钥请求，如果满足，将密钥返回，否则请求量子系统服务器产生更多密钥；量子逻辑层将请求发送至量子控制系统，来选择最优密钥生成路径并发送密钥生成请求；量子物理层生成密钥并将密钥保存至密钥管理系统；在经典逻辑层完成传输信息的量子安全加解密，最终实现北京与上海之间的安全应用。虽然我国的天地一体量子密钥分发网络集成验证中将经典层与量子层分开，但是实际上，总体架构与本书描述的"三层一系统"体系架构基本一致。

2.3 协议栈

协议是确保两个或多个用户实体之间能够开展量子信息应用的关键[2]。据此，本书专门梳理了现有量子信息网络的协议研究情况，将其映射至"三层一系统"中，量子信息网络协议栈主要功能如图 2.10 所示。

根据量子信息网络呈现的"功能可定义"特性，量子信息网络协议栈基本分为传输类协议和控制类协议。具体地，运行在量子信息网络基础传输层的协议属于实现量子信息应用的传输类协议；运行在网络承载层、应用服务层和运维管理系统中的相关协议均为控制类协议，用于实现量子信息网络拓扑切换控制、量子信息业务功能控制和网络运维管理控制。

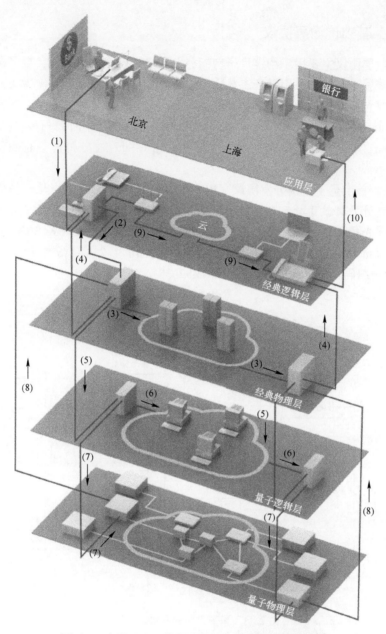

图 2.9 中国天地一体量子密钥分发网络体系架构[7]

体系架构		协议栈主要功能	
应用服务层	量子信息网络运维管理系统	向功能业务提供逻辑网络请求等服务	提供网络信息收集、网络控制和访问接口等服务
网络承载层		实现网络路由及链路互联切换等功能	
基础传输层		• 确定量子信息应用所需量子态载体、编码方式、探测及信息处理流程等 • 确定量子态制备、探测及信息处理流程等	

图 2.10 量子信息网络协议栈主要功能

2.3.1 基础传输层协议

基础传输层协议主要用于约定量子密钥分发、量子安全直接通信、量子时间同步和分布式量子传感等业务，采用量子态载体、编码方式、传输媒介、探测方法及信息处理流程等，主要包括量子密钥分发（quantumkey distribution，QKD）协议、量子安全直接通信（quantum secure direct communication，QSDC）协议、量子时间同步（quantum time synchronization，QTS）协议和分布式量子传感（distributed quantum sensing，DQS）协议等。

自1984年首个量子密钥分发协议（BB84）提出至今，已发展出几十种量子密钥分发协议，主要分为离散变量与连续变量两类（图2.11），其中离散变量又可细分为基于单光子、相干光场和纠缠三大类，当前使用较为广泛的协议为Decoy BB84协议[8]、测量设备无关（measurement-device-independent，MDI）协议[9]、双场类（twin-field，TF）协议[10]和纠缠编码量子密钥分发协议（BBM92）[11]。

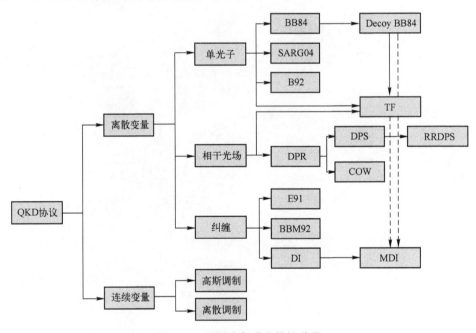

图2.11 量子密钥分发协议分类

2000年，清华大学的龙桂鲁和刘晓曙提出了第一个量子安全直接通信协议，标志着量子直接通信的诞生[12]。量子直接通信是指利用量子态作为信息载体直接进行安全通信的技术，其协议主要分为双向量子直接通信和单向量子直接通信两类，截至2022年光纤最远通信距离已达100km左右[13]。

量子时间同步，即引入量子测量概念，利用纠缠光子对作为载体，通过测量通信双方之间的符合计数或者光子干涉等方式，实现高精度的时间同步，主要协议包括量子保密时间同步协议[14]、纠缠消色散的时间同步协议（传送带协议）、基于符合测量的单向量子时间同步协议、基于二阶相干的量子时间同步协议和双向量子时间同步协议[15]等。

关于分布式量子传感方面，2020年3月，丹麦科技大学和哥本哈根大学基于连续变量量子纠缠网络，采用四模式连续变量量子纠缠态，实现了用于远距离原子钟时间同步的高精度相位测量[16]。2020年4月，韩国首尔大学和德国卡尔斯鲁厄里工学院建立了完成的基于连续变量量子纠缠网络的分布式量子传感理论模型[17]。2020年4月，美国亚利桑那州大学采用三组分可调节的连续变量量子纠缠网络实现了电磁信号测量，突破了经典探测瓶颈[18]。分布式量子传感正逐步从概念走向实用，其协议相关研究正在逐步兴起[19]。

2.3.2 网络承载层协议

网络承载层协议主要用于实现量子信息网络路由规划及量子信息网络链路互联切换等功能。

早在欧洲量子安全通信网络（SECOQC）中便构建了网络承载层的相关协议。具体地，SECOQC网络节点设计如图2.12所示。其网络承载相关的协议为Q3P协议（量子点对点协议）、QKD-NL协议（量子密钥分发网络层协议）和QKD-TL协议（量子密钥分发网络传输层协议）。

Q3P协议，实现节点之间信息论安全通信链路，在不同节点之间实现的功能主要包括"一次一密"加密和信息论安全认证的通信、非加密但信息论安全认证通信、非加密和非认证的通信。

QKD-NL协议，基于OSPF协议，根据链路状态、节点密钥生成速率和密钥存量等信息，计算量子密钥分发路由信息。路由信息在交换时不加密，但采用Q3P协议进行安全认证。

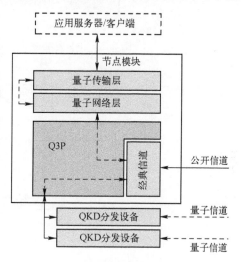

图 2.12 SECOQC 网络节点设计[20]

QKD-TL协议，基于Q3P协议实现端到端的网络传输连接。通过QKD-TL协议，在用户与服务器之间建立安全链接。

2019年，代尔夫特理工大学的A.Dahlberg等提出了针对金刚石氮空位（NV）色心实现的量子网络链路层协议[21]，用于在共享直接物理连接的节点之间产生量子纠缠，其操作流程示意如图2.13所示。当NV色心量子网络链路层接收到上层协议发送的"CREATE"请求后，进入纠缠生成协议（entanglementg eneration protocol，EGP），EGP根据纠缠调度情况，将请求送至物理层中间点预报协议（midpoint heralding protocol，MHP）操作模块，具体执行纠缠生成及应答等操作。EGP负责纠缠生成队列管理、量子存储单元管理、纠缠保真度估算等业务。

进一步地，2020年W.Kozlowski和A.Dahlberg等提出了量子网络层协议[22]，目标是在远距离连接的节点之间可靠地生成量子纠缠，其协议操作流程如图2.14所示，Alice请求与Bob建立纠缠连接时，其请求会通过所有中继节点转发至Bob端，中间中继节点通过量子纠缠交换操作，将Alice端和Bob端的光子对建立起纠缠关联。

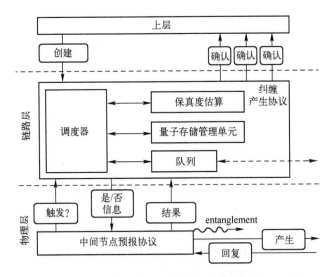

图 2.13 NV 色心量子网络的链路层协议操作流程示意图

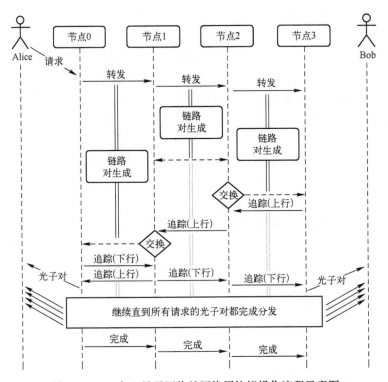

图 2.14 NV 色心量子网络的网络层协议操作流程示意图

同期，涌现了诸多关于未来量子信息网络进行纠缠路由的研究工作[23-28]，绝大多数均假设量子信息网络中已部署性能优异的量子中继器，而后再进行量子路由算法设计与性能评估。在考虑量子纠缠路由时，将量子信息网络抽象为图，具体地，将量子处理器、量子中继器和用户节点抽象为节点，将信道抽象为边，在纠缠带宽、延时等性能指标驱动下，研究用户节点间量子纠缠的路由策略。

2.3.3 应用服务层协议

应用服务层协议面向量子密钥分发、量子安全直接通信、量子时间同步和分布式量子传感等量子信息业务，提供标准化的量子信息逻辑网络连接及服务请求。以量子密钥分发应用为例，为量子密钥的应用提供统一的密钥访问和管理接口。

2.3.4 运维管理协议

运维管理协议提供量子信息网络信息收集、网络控制、访问接口和状态显示等交互规范。量子信息网络中可运行的业务类型包括量子密钥分发、量子安全直接通信、量子时间同步和分布式量子传感等，采用的量子体制不同、业务运行要求不同，因此需要针对业务特性和网络管理特性进行适配和针对性设计。然而，不同种类的业务差异化管理会导致量子信息网络运维管理难度和复杂度的大幅提升，原因是量子信息网络运维管理主要采用软件定义网络的思想来实现。

例如，在量子密钥分发网络中，采用软件定义网络和量子密钥池等技术，有望提升量子密钥分发网络的管理效率，具体可实现的功能包括系统参数实时监测、多租户灵活配置、按需分配密钥、最优路径分配等[29]。

量子信息网络运维管理协议可以在现有简单网络管理协议（SNMP）等协议的基础上进行设计实现，在量子信息网络运维管理系统与用户端设备之间采用经典网络通信，实现连接状态请求、信息采集、参数配置、流表下发等网络运维管理功能。

2.4 发展历程

量子信息网络根据覆盖范围不同，可以分为城域量子信息网络、城际量子信息网络、卫星中继量子信息网络和机动量子信息网络四类。

2.4.1 城域量子信息网络

1. 美国量子信息网络

2003 年，DARPA，在 BBN 科技公司、哈佛大学和波士顿大学之间构建了世界首个 6 节点的量子通信网络（图 2.15），用于验证量子密钥分发技术，节点间最远覆盖距离约为 20km，链路损耗约为 12dB，节点间采用固定时间间隔切换的光开关实现网络拓扑变化，如图 2.16 所示，节点间采用可信中继互联[4,30]。

2020 年，美国启动量子互联网国家战略蓝图，美国能源部下属国家实验室开展以量子纠缠网络为代表的量子互联网络研究，设置的前两个里程碑节点为安全协议在光纤网络上的验证和城域量子纠缠互联，提出的量子城域网络实现架构如图 2.17 所示，采用软件定义光交换机（SDN-enabled optical switch，SOS）实现城域网络节点的端到端互联[31]。

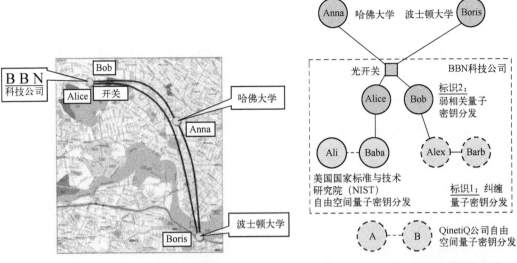

图 2.15 DARPA 量子通信网络　　图 2.16 DARPA 量子通信网络拓扑

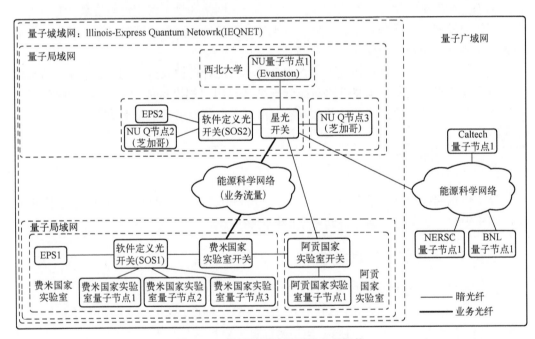

图 2.17 美国量子城域网络实现架构

EPS—纠缠光源。

2. 欧洲量子信息网络

2003 年,欧盟、俄罗斯和瑞士等 41 个研究与工业机构计划启动 SECOQC 量子通信网络,项目实施周期为 2004 年 4 月至 2008 年 10 月,最终在奥地利维也纳进行了实地网络测试,网络拓扑如图 2.18 所示[20]。

SECOQC 网络共 6 个节点,采取点到点可信中继组网方式,不支持量子通信链路的动态拓扑切换,通信协议包括诱骗态 BB84 协议、COW 协议、连续变量协议和纠缠协

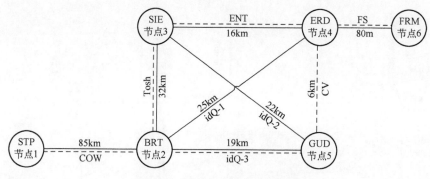

图 2.18 SECOQC 量子通信网络

议，最大通信距离为 85km。

2016 年，代尔夫特理工大学牵头成立量子互联网联盟，计划在荷兰建立全互联量子网络，并于 2021 年利用金刚石色心量子纠缠源在实验室条件下演示了多组份量子纠缠和量子纠缠交换协议，在 3 个节点间建立了 GHZ 量子纠缠态并通过中间节点的纠缠交换实现了量子路由功能[32]。

3. 日本量子信息网络

2010 年，日本和欧盟诸多研究机构一起在东京构建了 6 节点的可信中继量子通信网络，并进行了视频通话业务演示，量子密钥分发速率约为 100kb/s，节点间的链路连接如图 2.19 所示，运行协议主要包括诱骗态 BB84 协议、SARG04 协议两类[5]。

2020 年，日本综合创新战略推进会议发布的《量子技术创新战略（最终报告）》指出，量子通信需要突破的技术问题为量子通信/量子加密技术，需要突破的基础问题为量子中继、量子纠缠、量子网络（建设、运维）技术，日本情报通信研究机构（NICT）负责量子网络方向实施，根据 NICT 在 2021 年发布的《量子网络白皮书 2021—2035》，量子通信领域主要布局量子密码与量子网络两个方向，拟建设的量子通信网络技术测试平台预期效果如图 2.20 所示，涵盖光纤链路、空基、天基和海基量子通信测试平台，主要用途包括端到端量子密码、分布式量子传感、时频传递和分布式量子计算。

2021 年 6 月，七国集团（G7）峰会上，美国、英国、日本、加拿大、意大利、比利时和奥地利国家领导人宣布联合研发基于量子卫星的量子通信网络，建设联邦量子系统（FQS），基于量子卫星连接各国量子系统，支撑作战单元实现物理和赛博空间多域安全作战。

2021 年 7 月，欧盟所有 27 个成员国与欧洲航天局（ESA）合作，计划基于量子卫星共同建设覆盖欧盟的量子通信基础设施（EuroQCI），通过光纤量子通信网络连接国家和跨国界的战略站点，通过量子卫星连接欧盟和世界其他国家量子通信网络，计划于 2027 年前实现全面运行。

4. 中国量子信息网络

目前，我国已在北京、济南、合肥、上海和海南等地建立了量子密钥分发示范应用网络。2021 年，中国科技大学在合肥采用 Decoy BB84 量子密钥分发系统、可信中继和光交换机等设备构建了大约 18km 范围的全年运行的 46 节点全连接量子密钥分发网络，

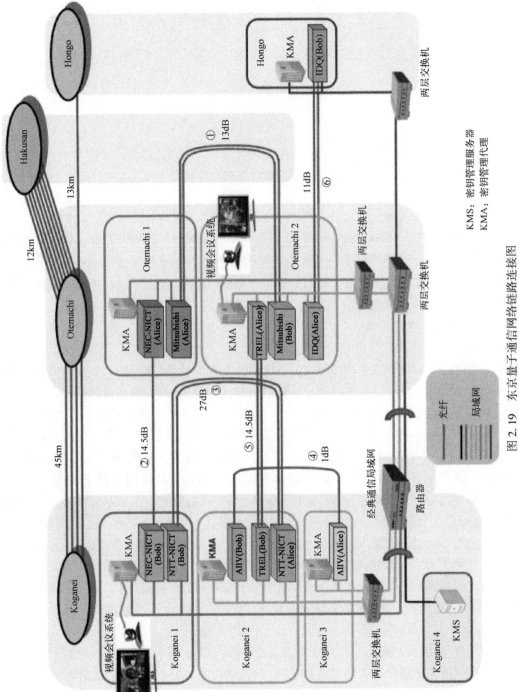

图 2.19 东京量子通信网络链路连接图

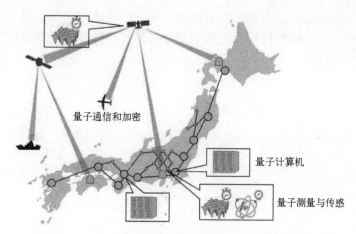

图 2.20　日本量子通信网络技术测试平台预期效果

如图 2.21 所示。2022 年 9 月合肥市正式开通量子城域网络，支撑统一政务信息处理平台和大数据平台等合肥市综合性平台的业务数据加密传输，目前该网络含 8 个核心网节点和 159 个接入网节点，是我国目前规模最大、用户最多、应用最全的量子密钥分发城域网络。

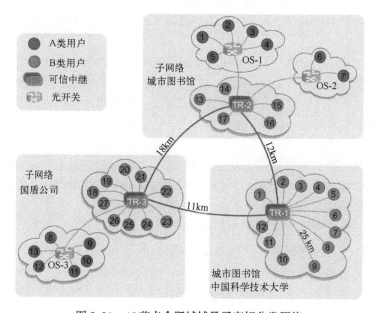

图 2.21　46 节点合肥城域量子密钥分发网络

5. 量子纠缠网络研究进展

在量子纠缠网络研究方面，2008 年，H. C. Lim 等提出采用宽频带通信波段偏振纠缠光源和波分复用方案可以实现多用户量子纠缠网络。其基本原理如图 2.22（a）所示，宽频带纠缠源产生的光子对被分别发送至两侧的波分复用器，然后通过不同波长连接至用户节点，若一侧的波分复用器的所有信道均连接至同一用户，则其可以与另一侧的所有用户之间分发纠缠光子对，进而实现星型拓扑量子纠缠网络 ［图 2.22（b）］[33]。

2015年，D. Y. Cao等采用这种拓扑节点测试了用户节点之间量子纠缠态的保真度，均在90%以上。然而，这种拓扑结构的缺陷是连接至同一波分复用器的用户节点之间无法建立纠缠关联并分发纠缠光子对[34]。

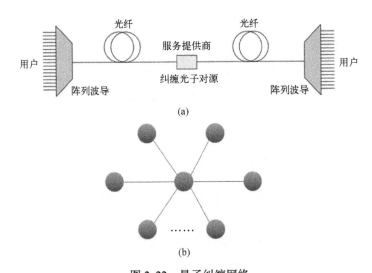

图 2.22　量子纠缠网络
（a）多用户量子纠缠网络示意图；（b）星型拓扑网络架构。

2018年，S. Wengerowsky等采用宽频带量子纠缠源和波分复用器实现了4节点之间的全连接，工作原理如图2.23所示，任意节点通过不同的信道连接组合进而实现量子纠缠态的分发。采用波分复用器组合构建全互联量子纠缠网络实现较为简单，构建n节点量子纠缠网络需要的波分复用信道数为$2n(n-1)$，物理连接复杂度为$O(n^2)$，难以拓展网络规模[35]。

2020年9月，英国布里斯托大学Joshi课题组、Ursin课题组和中国国防科技大学等单位合作首次实现了8节点城域无可信中继的量子纠缠网络，如图2.24所示，采用光分束器和波分复用器在8节点之间构建了28条量子通信链路，实现了全互联的量子纠缠网络架构，同时将需要的波分复用信道数降低至$O(n)$[36]。

2019年，E. Y. Zhu等提出了可配置量子网络，其工作原理如图2.25所示，所有用户节点通过光纤连接至波长选择交换机（wavelength selective switch, WSS），通过不同的波长配置实现任意用户节点之间的量子纠缠分发，并开展了原理验证实验[37]。2021年，A. Muneer等采用WSS完成了3节点的可配置量子网络原型实验[38]，F. Appas基于AlGaAs片上纠缠源和WSS演示了全互联量子纠缠网络。采用该方法构建n节点全互联网络时的复杂度介于$O(n)$至$O(n^2)$，但优点是可以根据用户需求动态配置网络拓扑[39]。

当前，主要的量子纠缠网络相关工作综述如表2.1所列，其中H. C. Lim等提出的多用户量子纠缠网络拓扑可等价为二分图（bipartite graph），S. Wengerowsky等提出的全连接量子纠缠网络拓扑可等价为全连接的网格图（mesh graph），E. Y. Zhu等提出的可配置量子纠缠网络拓扑可等价为k度连接图（k-connected graph）。

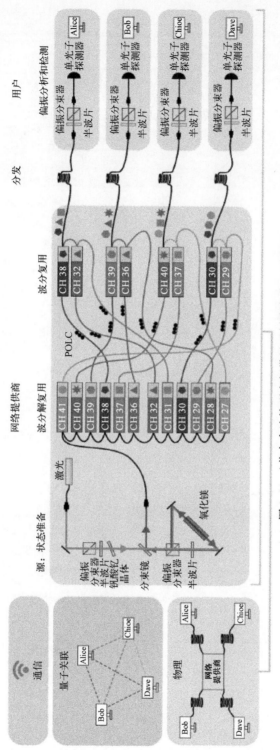

图 2.23 4节点全连接型宽频量子纠缠态分发示意图

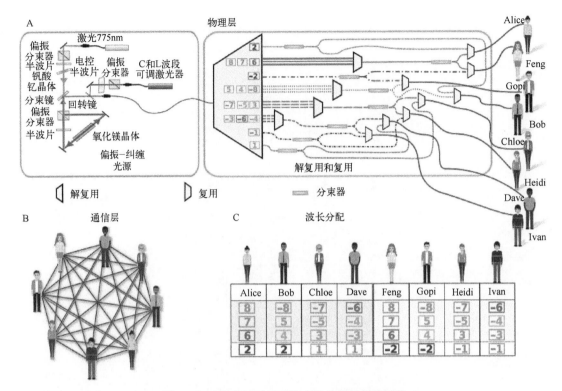

图 2.24　8 节点城域无可信中继的量子纠缠网络

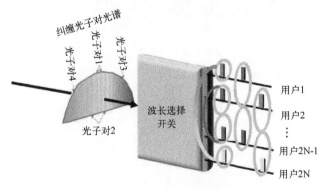

图 2.25　基于宽频带量子纠缠源的可配置量子网络工作原理

表 2.1　量子纠缠网络相关工作

年　份	网络拓扑	编　码	网络复杂度	主要组网器件	备　注
2008	二分图	偏振	$O(n)$	波分复用器	日本东京大学
2018	网格图	偏振	$O(n^2)$	波分复用器	奥地利科学院
2019	k 度连接图	偏振	$O(n)$ 至 $O(n^2)$	波长选择交换机	加拿大多伦多大学
2020	网格图	偏振	$O(n)$	波分复用器/分束器	英国布里斯托大学
2021	k 度连接图	偏振	$O(n)$ 至 $O(n^2)$	波长选择交换机	美国橡树岭国家实验室
	网格图	偏振	$O(n)$ 至 $O(n^2)$	波长选择交换机	法国巴黎大学

2.4.2 城际量子信息网络

因为经典网络的泛在互联特性，本书对于城际量子信息网络，重点分析采用量子信道传递量子态构建的网络。

构建远距离的城际量子信息网络主要采用双场量子通信和量子中继等技术。

1. 基于双场协议的远距离城际量子通信技术

通过制备并分发相位锁定的双场量子态，双场协议可以在用户之间建立信息关联，并借助用户信道中间的非可信节点实施干涉测量，从而提取信息，完成通信。双场协议的通信距离相比于其他协议可提升1倍，是目前实现路基超远距离量子通信的唯一手段。从全球范围来看，双场协议的概念由英国课题组首次提出[10]，但中国迅速跟进并实现超越。

第一个双场实验由提出双场协议的东芝剑桥研究所完成[40]，如图2.26所示，该课题组使用光学锁相环锁定两用户激光器之间的相位，并基于有效的实时反馈系统来补偿信道漂移对相位的影响。在开展的高损耗实验中，通信速率都超过了线性界。

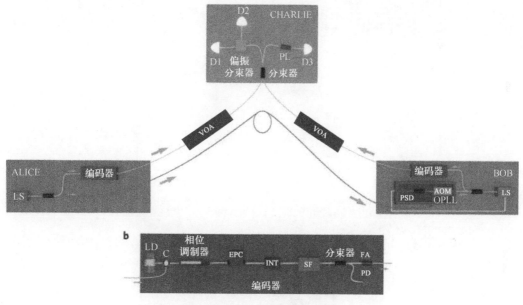

图2.26 东芝双场实验装置[40]

东芝公司进一步研究使用双频带相位补偿的方法来减少光纤信道中相位的漂移，最终在真实光纤中实现了双场协议，实验原理如图2.27所示。该方法在单个光纤信道中利用波分复用传输参考光和信号光，参考光和信号光之间具有较大的强度差，波分复用则有效减少了参考光的瑞利散射对量子信号光造成的污染，量子态传输距离达到600km[41]。

意大利国家计量研究院的课题组于2022年基于频率计量的干涉测量技术，实地实现了距离260km的两用户之间的双场量子通信，如图2.28所示，并成功将信道漂移产生的量子比特误码率减至小于1%。

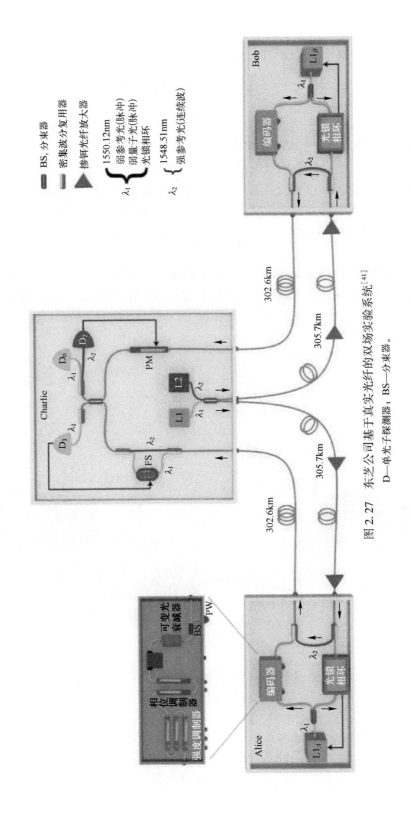

图 2.27 东芝公司基于真实光纤的双场实验系统[41]
D—单光子探测器;BS—分束器。

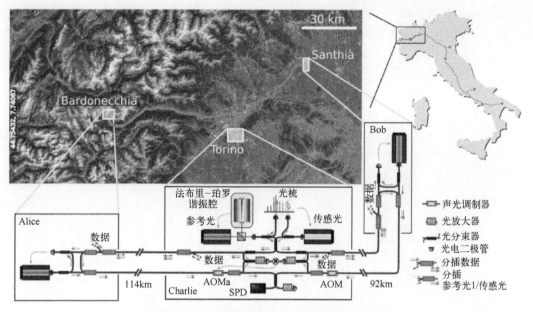

图 2.28　意大利国家计量研究院双场实验装置

2022 年,中国科技大学的郭光灿院士团队在实验室条件下实现了 830km 的双场量子通信,进一步刷新了量子通信传输距离极限纪录,其实验装置如图 2.29 示意[42]。

2. 量子中继研究情况

量子中继器可以有效地克服信道损耗,拓展量子通信的工作距离,是构建量子网络的核心器件。量子中继技术的核心是量子存储。近 20 年来,量子存储技术取得长足进展,发展了多种物理系统的量子存储平台,如离子掺杂晶体[43-45]、超腔中的单原子系统[46]、NV 色心系统[47-48]、热原子泡[49-50],以及冷原子系综[51-53]等。相应地,也相继提出多种量子存储方案,如电磁感应透明(EIT)[49-53]、梯度回波(GEM)[54-55]、拉曼过程[56-57]、原子频率梳[43-45],以及 DLCZ[58-60]等。不同的存储方案和存储平台在存储时间、存储效率、存储带宽,以及多模存储能力等核心参数方面均有独特的优势。在众多参数中,提高量子寄存器的存储效率和增加模式存储数量是成功构建量子通信网络的两个关键问题。

冷原子凭借良好的量子相干性、易操控和强耦合等成为实现量子存储的理想介质。冷原子量子存储的综合指标,尤其是在存储效率、存储寿命、存储保真度以及存储模式容量等方面,相对于其他物理体系都具有明显优势,成为最接近实用化的量子存储体系。

在量子存储方面,2016 年,澳大利亚国立大学 P. K. Lam 研究组在冷原子里,相干光条件下实现了存储效率高于 87%、存储寿命为 1ms 的光存储[61]。2018 年,中国台湾的陈应诚研究组在冷原子里实现了量子存储整体性能的提升,存储效率高于 90%,存储寿命大于 300 μs,存储保真度优于 93%[62]。虽然这些研究组在存储器整体性能上的提升有比较大的突破,但是仍然没有开展使存储器工作在量子水平的研究。真正开展量子水平的高性能量子存储工作是法国 Laurat 小组,于 2020 年实现了单光子 85% 存储效率的工作[63]。国内,2019 年,华南师范大学朱诗亮团队实现了高效率、高保真度的量子存

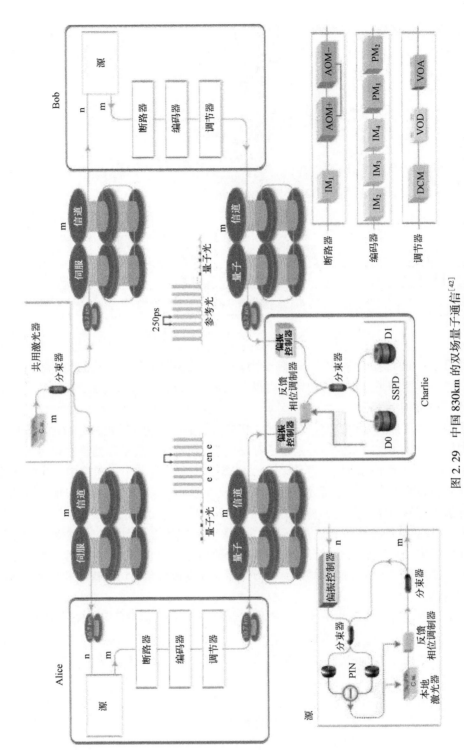

图 2.29 中国 830km 的双场量子通信[42]

IM—强度调制器；PM—相位调制器；DCM—色散补偿模块；VOA—可调光衰减器；AOM—声光调制器。

储，其中存储效率高于85%，存储保真度高于99%。对于单光子波形存储，可以实现效率高于90%的存储。这一结果至今仍是世界最高的量子存储纪录[64]。2020年，西安交通大学的李福利研究团队实现了高效率轨道角动量量子态存储，平均存储效率高于65%，存储保真度98%，为进行高效率的高维量子存储奠定基础[65]。

近年来，随着复用和解复用技术的迅猛发展，基于光量子比特的多模式量子存储的研究取得了很大进步。2015年，郭光灿院士团队在稀土掺杂晶体中实现了100个时间模式的确定性单光子的存储[66]。随后，为了进一步增加光子复用模式自由度，他们于2018年在非线性晶体中实现了2个时间模式、2个频率模式和3个空间模式的复用存储[67]，为实现基于大规模存储的量子网络提供新的实验手段。2014年，加拿大卡尔加里大学的Sinclair等利用掺杂稀土离子波导，基于原子频率梳实现了相干光场26个频率模式的复用存储[68]。2019年，Alessandro Seri等通过腔增强的自发四波混频过程产生预报式单光子，在掺杂镨离子的波导中实现了15个频率模式的存储，其存储效率可达40%[69]，为后续基于频率模式复用存储的量子网络构建奠定实验基础。然而，存储效率低是基于晶体的量子存储的一个严重的弊端，因此探索多模式、高效率的存储方案成为目前量子存储技术亟待解决的问题。

碱金属原子介质良好的量子相干特性为高效率的量子存储提供了理想的实验平台。O. A. Collins等于2007年首次从理论上提出了原子介质中空间多模式的量子存储方案[70]。随后，他们在实验上利用空间分立的12个铷原子泡阵列实现了空间复用量子存储[71]。段路明教授团队利用这种原子泡阵列结构将存储的空间模式提升到225[72]。此外，他们还在这种空间分立存储的实验配置下利用210个存储单元实现了105光量子比特的存储[73]。除了空间模式复用外，基于原子介质的时间模式编码的量子存储近来也引起人们的关注。2009年，澳大利亚的Lam教授研究组基于梯度回波存储方案在热原子泡中模拟了4个光脉冲序列的有序存储[74]。随后他们于2011年在热原子中实现了对20个时间脉冲模式的存储[75]。2014年，丁冬生研究小组展示了基于冷原子系综的高维量子态存储[76]。2015年，F. Claude研究小组成功实现了多模频率梳的原子量子存储[77]。同年，法国Julien小组成功实现了基于冷原子系综的矢量光场存储，成功将基于冷原子的光场存储扩展至偏振结构上[78]。2018年，Pau Farrera等通过外加磁场控制原子退相位的方向，产生了光子与原子自旋波间的time-bin纠缠态，并利用CHSH Bell不等式验证了其纠缠特性[79]。同年，郭光灿实验小组报告了基于冷原子系中双光子NOON态的实验存储[80]。2019年，朱诗亮实验小组报告了基于冷原子系综中采用平衡双通道电磁诱导透明的单光子存储器，其量子态的存储保真度高达99%[64]。这种基于原子系综的time-bin纠缠态拓展了复用模式存储方案的多样化。

在量子中继方面，欧美多个国家已经开始进行量子中继实地化试验研究，探索该技术在实际应用场景中的潜在价值。比如，欧盟"量子因特网联盟"在法国和荷兰境内已经布局多条百千米级光纤链路，用于测试长距离量子态传递和量子中继的可靠性。量子中继概念和方案自1998年由Hans J Briegel等[81]提出。后续Luming Duan等设计了基于原子系综的量子中继方案，即DLCZ（Duan-Lukin-Cirac-Zoller）方案[58]。后续很多研究组对量子中继一系列硬件与协议的改进[59,82,83]，例如P2M3方案以适应普适型量子存储器来克服DLCZ方案的部分缺陷等[83]。近几年，量子中继实际构建研究快速发展，也出现了许多标志性工作。2008 年，中国科学技术大学的潘建伟研究组利用两团冷原子系综实际演示了冷原子量子中继[84]。2020 年，哈佛大学的 M. D. Lukin 利用 SiV 存储器演示了一种存储器辅助增强量子通信方式，证明了量子存储器和量子中继对于提高量子通信速率有非常明显的效果[85]。同年，中国科学技术大学的潘建伟研究组利用单光子干涉的方式实现了 50km 光纤连接的两个量子节点纠缠以及量子中继[86]。2021 年，清华大学的段路名研究组采用 DLCZ 方案演示了量子中继，并探索了量子存储性能的提升对于量子中继纠缠交换能力的影响[87]。同年，中国科学技术大学的郭光灿、李传锋研究团队借助固态量子存储器实现了两个存储节点之间的量子纠缠，首次展示了基于普适型量子存储的量子中继[88]。同年，西班牙巴塞罗那科学技术研究所的 Hugues de Riedmatten 研究组采用掺铒晶体的普适型量子存储器结合通信波长量子光源的形式演示了通信波段量子中继，实现了两个固态存储节点之间的量子纠缠[89]。

2.4.3 卫星中继量子信息网络

空间量子通信技术研究主要面向星地通信系统、空地通信系统、海地通信系统、地地通信系统等方面展开，其中最具代表性的成果是 2017 年 9 月 29 日在北京与维也纳之间举行的世界首次洲际量子安全视频会议，标志着量子保密通信的发展迈入了基于星地量子密钥分发的全球组网新阶段[90]。当前，各国已有或者正在发展的星地量子通信项目计划如图 2.30 所示。

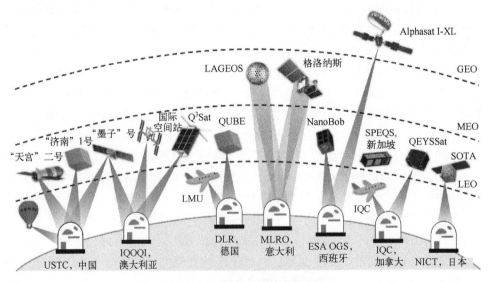

图 2.30 卫星中继量子信息网络

中国科学技术大学最早于 2010 年在青海湖采用浮动的热气球对星地量子通信技术进行了全尺度的实验验证，实验过程中的信道损耗达到 50dB 左右[91]。2016 年 8 月，中国成功发射"墨子"号（Micius）量子科学实验卫星，随后，中国科学技术大学的潘建伟课题组分别成功进行了星地量子密钥分发实验、地星量子隐形传态实验、星地纠缠光子对分发实验等[92-94]，其中"墨子"号实验卫星与兴隆地面站之间的密钥生成速率约为 1.1kb/s。2016 年 9 月，中国成功发射的"天宫"二号太空实验站中搭载了量子密钥分发设备，并成功与南山地面站进行了量子密钥分发，实验过程中通信距离为388~719km，量子比特误码率约为1.8%，最终的安全密钥生成速率约为91b/s[95]。2022年，中国微纳量子卫星"济南"一号发射成功，在小型集成化卫星中继量子信息组网方面占据领先地位。

奥地利科学院量子光学和量子信息研究所（IQOQI）的A.Zeilinger教授最早于2007年主导了欧洲航天局（ESA）的量子纠缠空间实验项目（space-QUEST），旨在实现国际空间站（ISS）与地面站之间的量子通信实验。2013年，IQOQI的T.Scheidl和R.Ursin提出了采用空间站进行贝尔不等式实验和量子通信等量子光学实验的研究计划[96]。2018年，R.Ursin课题组提出将量子密钥分发的接收端放置在一个3U的立方体卫星（CubeSat）中，经过优化设计，卫星质量可降低至4kg[97]。

2013年，德国慕尼黑大学（LMU）和德国宇航中心（DLR）完成了通信距离为20km的飞机至地面站的量子通信实验，飞机飞行速度为290km/h，筛选后密钥速率为145b/s，量子比特误码率为4.8%，最终安全密钥速率大约为7.9b/s[98]。同时，德国国家量子技术研究计划（QUTEGA）计划研发一个包含不同量子源的纳星（Nanosatellite），部分系统采用光量子芯片集成技术。

2015年，意大利帕多瓦大学的G.Vallone等在Matera的激光测距观测站（laser ranging observatory, LRO），通过LAGEOS卫星上的角反射器（corner cube retroreflectors）模拟量子发射源，在中轨道（MEO）卫星和地面站之间传输了偏振编码的量子态，仿真得到的量子比特误码率约为4.6%[99]。在此基础上，2016年该课题组又在LAGEOS-2卫星和MLRO地面站之间实现了7000km级的量子态传输[100]。2018年，该课题组又采用GLONASS导航卫星进行了距离约20000km级的量子态传输，发射频率为100MHz时，地面站探测得到的量子态信号计数为60Hz左右[101]。

2017年，来自法国和奥地利的研究人员联合提出将量子接收端放置于12U的立方体卫星与位于西班牙的ESA地面光学站（optical ground station, OGS）之间进行量子密钥分发的实验计划，理论分析结果显示当地面站光源重复频率为400MHz时，单轨成码可达到数百千比特kb[102]。2017年，德国的科学家尝试了在38600km高度的高轨道（GEO）Alphasat I-XL卫星和ESA OGS之间传输量子态信号，验证了采用GEO卫星进行星地量子保密通信的可能性[103]。

2016年，新加坡国立大学的A.Ling等课题组提出了稳定偏振纠缠光源载荷的纳星设计计划，进一步促进了全球量子通信网络的实用化发展[104]。

2017年，加拿大滑铁卢大学的量子计算研究所（Institute for Quantum Computing, IQC）将量子源放置在飞机上，对星地通信的QKD接收载荷进行了测试，在实验过程中，飞机与接收载荷之间的通信距离为3~10km，测试得到的量子比特误码率为3%~5%[105]。此外，IQC还启动了量子加密和科学卫星计划（QEYSSat），计划发射一颗LEO卫星构建星地量子密钥分发系统。

2017年，日本的NICT发射了一颗质量50kg的激光通信卫星（SOTA），研究人员采用卫星上的水平和竖直偏振的发射光源对星地间偏振量子态信号传输进行了测试，地面站测试得到的量子比特误码率约为5%，为后续发展星地量子通信实验奠定了良好基础[106]。

2.4.4 机动量子信息网络

机动量子信息网络主要聚焦在空地量子通信组网方面。

1. 国外空地量子通信实验

2013年,德国慕尼黑大学联合国家宇航中心利用一架搭载弱相干量子光源的Dornier-228型飞机与地面站之间进行了首个机载QKD实验,实验在日落后开展,采用小口径Cassegrain式望远镜接收系统以达到空域滤波的目的,获得量子密钥率为145b/s[98]。飞机飞行高度约1km,距地面站约20km,并以290km/h的速度绕地面站飞行,与地面站之间建立了低噪、稳定的量子信道,证明了空-地之间传输量子信息的可行性,如图2.31所示。

2015—2017年,加拿大滑铁卢大学的研究人员进行了多项移动平台QKD实验,包括向移动卡车和twin-otter飞机平台发送量子信号,采用了一种全新的机载量子通信方案[105]。首先,发射端固定在地面一处,接收端装载到移动的卡车平台,卡车在距离发射端50m的道路上以33km/h的速度行驶。随后,他们进行地对上行量子通信演示实验。光源位于机场跑道附近的一个地面站,接收端(包括指向系统、信标光、成像相机、两轴电机等)位于飞机上,接收望远镜正对着一侧舱门,飞机飞行轨迹为半径7km的圆弧,飞行高度约1.6km,速度为198~259km/h。在该系统中为了获得更好的透光率,光源波长选为785nm,密钥率生成速率可达868kb/s。这项工作成功验证了上行配置的可行性,如图2.32所示。

其他研究小组也在朝着可重构的轻型机载量子通信网络迈进。在2017年的QCrypt会议上,美国伊利诺伊州立大学的研究人员公布了他们使用两架无人机进行空对空量子链路搭建的研究进展说明了无人机搭建量子链路的可行性。2019年LASE会议上,欧洲空客运营有限公司和英国KETS量子安全有限公司报告了他们的低尺寸、小质量和低功耗机载QKD计划。日本国家通信技术研究所也启动了一个长期的地面自由空间光通信项目,用于研究未来搭载超导单光子探测的机载和卫星试验台。

2. 国内空地量子通信实验

我国机载量子通信研究主要实验对象为直升机与旋翼无人机。2013年,中国科学院(以下简称中科院)的张明等基于2010年青海湖浮动平台实验,通过直升机飞行实验研究了移动量子通信的极化基检测与补偿方法[107]。发送端固定在Z-9通用直升机上,接收终端被固定在舟山机场的一座建筑物的屋顶上,两次试飞的直线航程分别为10km和18km,飞行高度均不到7.5km。直升机以最大飞行速度约100km/h,(相当于角速度为3.7~11mrad/s)飞行,该实验利用直升机平台模拟了俯仰、倾斜、快速运动等多种特性,提出了基于轨道检测和单光子偏振检测的基矢矫正方案,该实验对ATP性能和基础标定方法进行了全面的改进和测试,旨在为星地量子通信链路打下基础,但并不是真正意义的航空层面量子通信实验,如图2.33所示。

上述机载量子通信实验以中科院为主要研究机构,开展的实验主要都是为量子卫星的研发做技术验证。直升机的飞行轨道相对固定,相对地面的角速度变化较慢,且载荷较大。不同于上述机载量子通信平台,以无人机为代表的移动信息平台,具有机动灵活、组网迅速、成本低廉等优势,与已有的地基(光纤)、天基(卫星)量子链路功能

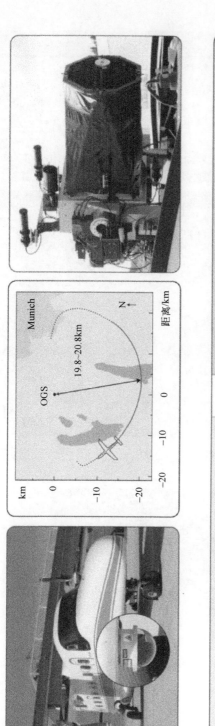
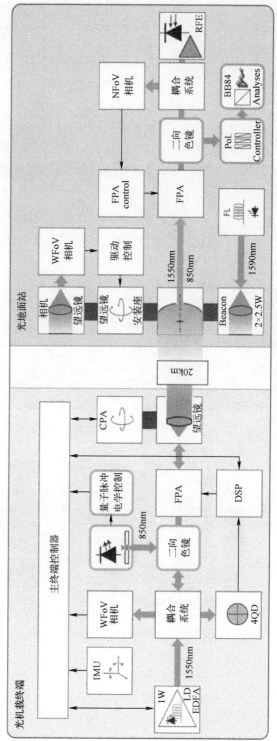

图 2.31 德国空地量子通信实验

图 2.32 加拿大滑铁卢大学自由空间 QKD 实验

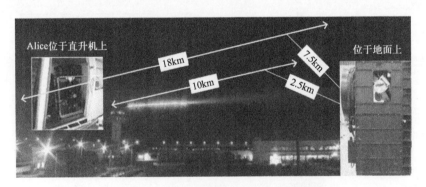

图 2.33 中科院直升机量子通信实验

互补，有可能构建成即搭即离的另一种移动量子网络。但是无人机特别是小型无人机的载荷与尺寸、质量与功耗等都受到严格限制，难以搭载常规量子器件。

南京大学团队于 2019 年首次使用单一无人机成功建立了量子链路，实现了覆盖范围超过 200m、持续时间为 40min 的无人机量子纠缠分发实验，光源加载到无人机上并保持在 100m 高度悬停，初步验证了基于无人机的移动量子链路的可能性，完成了无人机与地面之间的纠缠分发实验，并展示了该系统在白天、夜晚、小雨等多气象条件下工作的能力，可实现实时多用户组网和全天候覆盖的功能[108]，如图 2.34 所示。

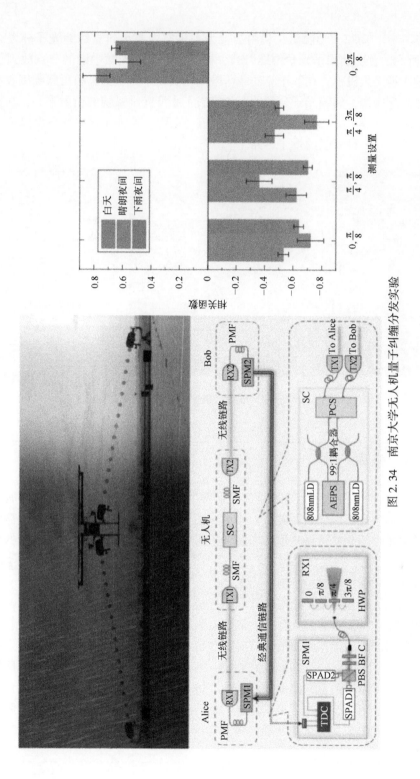

图 2.34 南京大学无人机量子纠缠分发实验

2021年初，南京大学团队又利用2架无人机空中编组建立纠缠光子分发光路，如图2.35所示。首次使用了光学中继以减少损耗，并且将光学中继的节点放到了处于飞行状态的小型无人机上，在数千克的载荷限制内实现单光子的高精度跟瞄接收和重新发射。通过光学中继，纠缠光子分发的距离突破了小型光学系统的衍射限制，在分发距离1km的情况下测得了2.59±0.11的CHSH S 值，证明了这种光学中继高度保持了光子对的纠缠特性，是一种有效的量子链路[109]。

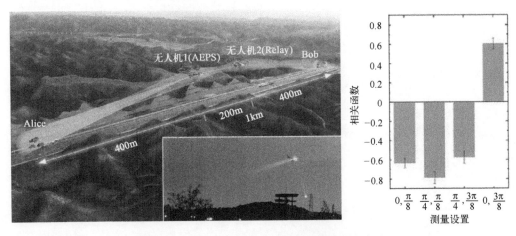

图2.35　南京大学无人机中继量子纠缠分发实验

2.5　小结

自2001年世界上第一个量子通信验证网络出现至今，量子信息网络发展迅速，已成为世界各国争先发展的重要领域。作为量子信息的核心基础设施，其发展已由可信中继组网的量子密钥分发网络阶段转向以量子纠缠分发、量子存储与中继为主的量子互联组网阶段。

从经典互联网的发展过程看，当单点的计算设备通过网络连接在一起时，计算机网络便应运而生，并迅速发挥出组网聚能的优势，逐渐发展成为目前的互联网，在人类社会生活的各个方面发挥着巨大作用，经典互联网经历的电路交换、报文交换和分组交换三个发展阶段与量子信息网络的发展阶段非常相似。量子存储与量子中继的发展水平决定了当前量子信息网络的形态和组网规模。因此，本章首先介绍了经典互联网的发展情况，然后阐述了量子信息网络的体系架构、协议栈和发展历程。可以预见，量子信息网络将在量子安全通信、分布式量子计算、量子时间同步和分布式量子传感等领域发挥巨大作用，加速量子信息技术的发展，将人类社会带入量子赋能的全新发展阶段。

参考文献

[1] 钟义信. 信息网络——现代信息工程学的前沿 [J]. 中国工程科学, 1999, (1)：24-29.

[2] JAMES F K, KEITH W R. 计算机网络：自顶向下方法：第7版 [M]. 陈鸣, 译. 北京：机械工

业出版社, 2018: 510.

[3] KREUTZ D, RAMOS F M V, VERÍSSIMO P E, et al. Software-Defined networking: A comprehensive survey [J]. Proceedings of the IEEE, 2015, 103 (1): 14-76.

[4] ELLIOTT C, COLVIN A, PEARSON D, et al. Current status of the DARPA quantum network [C]. Quantum Information and Computation, 2005: 138-149.

[5] SASAKI M, FUJIWARA M, ISHIZUKA H, et al. Field test of quantum key distribution in the Tokyo QKD Network [J]. Optics Express, 2011, 19 (11): 10387-10409.

[6] DYNES J F, WONFOR A, TAM W W S, et al. Cambridge quantum network [J]. npj Quantum Information, 2019, 5 (1): 101.

[7] CHEN Y A, ZHANG Q, CHEN T Y, et al. An integrated space-to-ground quantum communication network over 4,600 kilometres [J]. Nature, 2021, 589: 214-219.

[8] LO H K, MA X, CHEN K. Decoy state quantum key distribution [J]. Physical Review Letters, 2005, 94 (23): 230504.

[9] LO H K, CURTY M, QI B. Measurement-Device-Independent quantum key distribution [J]. Physical Review Letters, 2012, 108 (13): 130503.

[10] LUCAMARINI M, YUAN Z L, DYNES J F, et al. Overcoming the rate-distance limit of quantum key distribution without quantum repeaters [J]. Nature, 2018, 557: 400-403.

[11] BENNETT C, BRASSARD G, MERMIN N. Quantum cryptography without Bell's theorem [J]. Physical Review Letters, 1992, 68 (5): 557-559.

[12] LONG G L, LIU X S. Theoretically efficient high-capacity quantum-key-distribution scheme [J]. Physical Review A, 2002, 65 (3): 032302.

[13] ZHANG H, SUN Z, QI R, et al. Realization of quantum secure direct communication over 100km fiber with time-bin and phase quantum states [J]. Light: Science & Applications, 2022, 11 (1): 83.

[14] GIOVANNETTI V, LLOYD S, MACCONE L. Quantum cryptographic ranging [J]. Journal of Optics B: Quantum and Semiclassical Optics, 2002, 4 (4): S413-S414.

[15] HOU F, DONG R, LIU T, et al. Quantum-enhanced two-way time transfer [C]. Quantum Information and Measurement (QIM) 2017, 2017: QF3A.4.

[16] GUO X, BREUM C R, BORREGAARD J, et al. Distributed quantum sensing in a continuous-variable entangled network [J]. Nature Physics, 2020, 16 (3): 281-284.

[17] OH C, LEE C, LIE S H, et al. Optimal distributed quantum sensing using Gaussian states [J]. Physical Review Research, 2020, 2 (2): 023030.

[18] XIA Y, LI W, CLARK W, et al. Demonstration of a Reconfigurable Entangled Radio-Frequency Photonic Sensor Network [J]. Physical Review Letters, 2020, 124 (15): 150502.

[19] ZHANG Z, ZHUANG Q. Distributed quantum sensing [J]. Quantum Science and Technology, 2021, 6 (4): 043001.

[20] PEEV M, PACHER C, ALLÉAUME R, et al. The SECOQC quantum key distribution network in Vienna [J]. New Journal of Physics, 2009, 11 (7): 075001.

[21] DAHLBERG A, SKRZYPCZYK M, COOPMANS T, et al. A link layer protocol for quantum networks [C]. Beijing China: Proceedings of the ACM Special Interest Group on Data Communication, 2019: 159-173.

[22] KOZLOWSKI W, DAHLBERG A, WEHNER S. Designing a quantum network protocol [C]. Barcelona Spain: Proceedings of the 16th International Conference on emerging Networking EXperiments and Technologies, 2020: 1-16.

[23] LI C, LI T, LIU Y X, et al. Effective routing design for remote entanglement generation on quantum networks [J]. npj Quantum Information, 2021, 7 (1): 10.

[24] DAI W, PENG T, WIN M Z. Optimal remote entanglement distribution [J]. IEEE Journal on Selected Areas in Communications, 2020, 38 (3): 540-556.

[25] GYONGYOSI L, IMRE S. Routing space exploration for scalable routing in the quantum Internet [J]. Scientific Reports, 2020, 10 (1): 11874.

[26] SHI S, QIAN C. Concurrent entanglement routing for quantum networks: model and designs [C]. USA: Proceedings of the Annual conference of the ACM Special Interest Group on Data Communication on the applications, technologies, architectures, and protocols for computer communication, 2020: 62-75.

[27] PANT M, KROVI H, TOWSLEY D, et al. Routing entanglement in the quantum internet [J]. npj Quantum Information, 2019, 5 (1): 25.

[28] CHAKRABORTY K, ROZPEDEK F, DAHLBERG A, et al. Distributed routing in a quantum internet [J]. arXiv: 1907.11630, 2019.

[29] 曹原, 赵永利. 量子通信网络研究进展 [J]. 激光杂志, 2019, 40 (9): 1-7.

[30] ELLIOTT C. The DARPA quantum network [J]. Quantum Communications and Cryptography, 2006: 83-102.

[31] NDOUSSE F T, PETERS N A, GRICE W P, et al. Quantum networks for open science (QNOS) workshop [R]. Oak Ridge National Lab. (ORNL), Oak Ridge, TN (United States), 2019.

[32] POMPILI M, HERMANS S L N, BAIER S, et al. Realization of a multinode quantum network of remote solid-state qubits [J]. Science, 2021, 372 (6539): 259-264.

[33] LIM H C, YOSHIZAWA A, TSUCHIDA H, et al. Broadband source of telecom-band polarization-entangled photon-pairs for wavelength-multiplexed entanglement distribution [J]. Optics Express, 2008, 16 (20): 16052-16057.

[34] CAO D Y, LIU B H, WANG Z, et al. Multiuser-to-multiuser entanglement distribution based on 1550nm polarization-entangled photons [J]. Science Bulletin, 2015, 60 (12): 1128-1132.

[35] WENGEROWSKY S, JOSHI S K, STEINLECHNER F, et al. An entanglement-based wavelength-multiplexed quantum communication network [J]. Nature, 2018, 564 (7735): 225-228.

[36] JOSHI S K, AKTAS D, WENGEROWSKY S, et al. A trusted node-free eight-user metropolitan quantum communication network [J]. Science Advances, 2020, 6 (36): eaba0959.

[37] ZHU E Y, CORBARI C, GLADYSHEV A, et al. Toward a reconfigurable quantum network enabled by a broadband entangled source [J]. Journal of the Optical Society of America B, 2019, 36 (3): B1-B6.

[38] ALSHOWKAN M, WILLIAMS B P, EVANS P. G, et al. Reconfigurable quantum local area network over deployed fiber [J]. PRX Quantum, 2021, 2 (4): 040304.

[39] APPAS F, BABOUX F, AMANTI M I, et al. Flexible entanglement-distribution network with an AlGaAs chip for secure communications [J]. npj Quantum Information, 2021, 7 (1): 118.

[40] MINDER M, PITTALUGA M, ROBERTS G L, et al. Experimental quantum key distribution beyond the repeaterless secret key capacity [J]. Nature Photonics, 2019, 13: 334-338.

[41] PITTALUGA M, MINDER M, LUCAMARINI M, et al. 600km repeater-like quantum communications with dual-band stabilization [J]. Nature Photonics, 2021, 15 (7): 530-535.

[42] WANG S, YIN Z Q, HE D Y, et al. Twin-field quantum key distribution over 830-km fibre [J]. Na-

ture Photonics, 2022, 16 (2): 154-161.

[43] GÜNDOĞAN M, LEDINGHAM P M, ALMASI A, et al. Quantum storage of a photonic polarization qubit in a solid [J]. Physical Review Letters, 2012, 108 (19): 190504.

[44] CLAUSEN C, BUSSIERES F, AFZELIUS M, et al. Quantum storage of heralded polarization qubits in birefringent and anisotropically absorbing materials [J]. Physical Review Letters, 2012, 108 (19): 190503.

[45] ZHOU Z Q, LIN W B, YANG M, et al. Realization of reliable solid-state quantum memory for photonic polarization qubit [J]. Physical Review Letters, 2012, 108 (19): 190505.

[46] SPECHT H P, NÖLLEKE C, REISERER A, et al. A single-atom quantum memory [J]. Nature, 2011, 473 (7346): 190-193.

[47] MAURER P C, KUCSKO G, LATTA C, et al. Room-temperature quantum bit memory exceeding one second [J]. Science, 2012, 336 (6086): 1283-1286.

[48] YANG W L, YIN Z Q, HU Y, et al. High-fidelity quantum memory using nitrogen-vacancy center ensemble for hybrid quantum computation [J]. Physical Review A, 2011, 84 (1): 010301.

[49] REIM K F, MICHELBERGER P, LEE K C, et al. Single-photon-level quantum memory at room temperature [J]. Physical Review Letters, 2011, 107 (5): 053603.

[50] CHO Y W, KIM Y H. Atomic vapor quantum memory for a photonic polarization qubit [J]. Optics Express, 2010, 18 (25): 25786-25793.

[51] APPEL J, FIGUEROA E, KORYSTOV D, et al. Quantum memory for squeezed light [J]. Physical Review Letters, 2008, 100 (9): 093602.

[52] ZHAO R, DUDIN Y O, JENKINS S D, et al. Long-lived quantum memory [J]. Nature Physics, 2009, 5 (2): 100-104.

[53] NICOLAS A, VEISSIER L, GINER L, et al. A quantum memory for orbital angular momentum photonic qubits [J]. Nature Photonics, 2014, 8 (3): 234-238.

[54] HÉTET G, LONGDELL J J, SELLARS M J, et al. Multimodal properties and dynamics of gradient echo quantum memory [J]. Physical Review Letters, 2008, 101 (20): 203601.

[55] HOSSEINI M, SPARKES B M, HÉTET G, et al. Coherent optical pulse sequencer for quantum applications [J]. Nature, 2009, 461 (7261): 241-245.

[56] REIM K F, NUNN J, JIN X M, et al. Multipulse addressing of a raman quantum memory: configurable beam splitting and efficient readout [J]. Physical Review Letters, 2012, 108 (26): 263602.

[57] DING D S, ZHANG W, ZHOU Z Y, et al. Raman quantum memory of photonic polarized entanglement [J]. Nature Photonics, 2015, 9 (5): 332-338.

[58] DUAN L M, LUKIN M D, CIRAC J I, et al. Long-distance quantum communication with atomic ensembles and linear optics [J]. Nature, 2001, 414 (6862): 413-418.

[59] ZHAO B, CHEN Z B, CHEN Y A, et al. Robust creation of entanglement between remote memory qubits [J]. Physical Review Letters, 2007, 98 (24): 240502.

[60] DOU J P, YANG A L, DU M Y, et al. A broadband DLCZ quantum memory in room-temperature atoms [J]. Communications Physics, 2018, 1 (1): 1-7.

[61] CHO Y W, CAMPBELL G T, EVERETT J L, et al. Highly efficient optical quantum memory with long coherence time in cold atoms [J]. Optica, 2016, 3 (1): 100-107.

[62] HSIAO Y F, TSAI P J, CHEN H S, et al. Highly efficient coherent optical memory based on electromagnetically induced transparency [J]. Physical Review Letters, 2018, 120 (18): 183602.

[63] CAO M, HOFFET F, QIU S, et al. Efficient reversible entanglement transfer between light and quan-

tum memories [J]. Optica, 2020, 7 (10): 1440-1444.

[64] WANG Y, LI J, ZHANG S, et al. Efficient quantum memory for single-photon polarization qubits [J]. Nature Photonics, 2019, 13 (5): 346-351.

[65] WANG C, YU Y, CHEN Y, et al. Efficient quantum memory of orbital angular momentum qubits in cold atoms [J]. Quantum Science and Technology, 2021, 6 (4): 045008.

[66] TANG J S, ZHOU Z Q, WANG Y T, et al. Storage of multiple single-photon pulses emitted from a quantum dot in a solid-state quantum memory [J]. Nature Communications, 2015, 6 (1): 1-7.

[67] YANG T S, ZHOU Z Q, HUA Y L, et al. Multiplexed storage and real-time manipulation based on a multiple degree-of-freedom quantum memory [J]. Nature Communications, 2018, 9 (1): 1-8.

[68] SINCLAIR N, SAGLAMYUREK E, MALLAHZADEH H, et al. Spectral multiplexing for scalable quantum photonics using an atomic frequency comb quantum memory and feed-forward control [J]. Physical Review Letters, 2014, 113 (5): 053603.

[69] SERI A, LAGO-RIVERA D, LENHARD A, et al. Quantum storage of frequency-multiplexed heralded single photons [J]. Physical Review Letters, 2019, 123 (8): 080502.

[70] COLLINS O A, JENKINS S D, KUZMICH A, et al. Multiplexed memory-insensitive quantum repeaters [J]. Physical Review Letters, 2007, 98 (6): 060502.

[71] LAN S Y, RADNAEV A G, COLLINS O A, et al. A multiplexed quantum memory [J]. Optics Express, 2009, 17 (16): 13639-13645.

[72] PU Y F, JIANG N, CHANG W, et al. Experimental realization of a multiplexed quantum memory with 225 individually accessible memory cells [J]. Nature Communications, 2017, 8 (1): 1-6.

[73] JIANG N, PU Y F, CHANG W, et al. Experimental realization of 105-qubit random access quantum memory [J]. npj Quantum Information, 2019, 5 (1): 1-6.

[74] HOSSEINI M, SPARKES B M, HÉTET G., et al. Coherent optical pulse sequencer for quantum applications [J]. Nature, 2009, 461 (7261): 241-245.

[75] HOSSEINI M, SPARKES B M, CAMPBELL G, et al. High efficiency coherent optical memory with warm rubidium vapour [J]. Nature Communications, 2011, 2 (1): 1-5.

[76] DING D S, ZHANG W, ZHOU Z Y, et al. Toward high-dimensional-state quantum memory in a cold atomic ensemble [J]. Physical Review A, 2014, 90 (4): 042301.

[77] ZHENG Z, MISHINA O, TREPS N, et al. Atomic quantum memory for multimode frequency combs [J]. Physical Review A, 2015, 91 (3): 031802.

[78] PARIGI V, D'AMBROSIO V, ARNOLD C, et al. Storage and retrieval of vector beams of light in a multiple-degree-of-freedom quantum memory [J]. Nature Communications, 2015, 6 (1): 1-7.

[79] FARRERA P, HEINZE G, DE RIEDMATTEN H. Entanglement between a photonic time-bin qubit and a collective atomic spin excitation [J]. Physical Review Letters, 2018, 120 (10): 100501.

[80] ZHANG W, DONG M X, DING D S, et al. Interfacing a two-photon NOON state with an atomic quantum memory [J]. Physical Review A, 2018, 98 (6): 063820.

[81] BRIEGEL H J, DÜR W, CIRAC J I, et al. Quantum repeaters: The role of imperfect local operations in quantum communication [J]. Physical Review Letters, 1998, 81 (26): 5932-5935.

[82] SANGOUARD N, SIMON C, DE RIEDMATTEN H, et al. Quantum repeaters based on atomic ensembles and linear optics [J]. Reviews of Modern Physics, 2011, 83 (1): 33-80.

[83] SIMON C, DE RIEDMATTEN H, AFZELIUS M, et al. Quantum repeaters with photon pair sources and multimode memories [J]. Physical Review Letters, 2007, 98 (19): 190503.

[84] YUAN Z S, CHEN Y A, ZHAO B, et al. Experimental demonstration of a BDCZ quantum repeater

node [J]. Nature, 2008, 454 (7208): 1098-1101.

[85] BHASKAR M K, RIEDINGER R, MACHIELSE B, et al. Experimental demonstration of memory-enhanced quantum communication [J]. Nature, 2020, 580 (7801): 60-64.

[86] YU Y, MA F, LUO X Y, et al. Entanglement of two quantum memories via fibres over dozens of kilometres [J]. Nature, 2020, 578 (7794): 240-245.

[87] PU Y F, ZHANG S, WU Y K, et al. Experimental demonstration of memory-enhanced scaling for entanglement connection of quantum repeater segments [J]. Nature Photonics, 2021, 15 (5): 374-378.

[88] LIU X, HU J, LI Z F, et al. Heralded entanglement distribution between two absorptive quantum memories [J]. Nature, 2021, 594 (7861): 41-45.

[89] LAGO-RIVERA D, GRANDI S, RAKONJAC J V, et al. Telecom-heralded entanglement between multimode solid-state quantum memories [J]. Nature, 2021, 594 (7861): 37-40.

[90] LIAO S K, CAI W Q, HANDSTEINER J, et al. Satellite-relayed intercontinental quantum network [J]. Physical Review Letters, 2018, 120 (3): 030501.

[91] WANG J Y, YANG B, LIAO S K, et al. Direct and full-scale experimental verifications towards ground-satellite quantum key distribution [J]. Nature Photonics, 2013, 7 (5): 387-393.

[92] YIN J, CAO Y, LI Y H, et al. Satellite-based entanglement distribution over 1200 kilometers [J]. Science, 2017, 356 (6343): 1140-1144.

[93] LIAO S K, CAI W Q, LIU W Y, et al. Satellite-to-ground quantum key distribution [J]. Nature, 2017, 549 (7670): 43-47.

[94] REN J G, XU P, YONG H L, et al. Ground-to-satellite quantum teleportation [J]. Nature, 2017, 549 (7670): 70-73.

[95] LIAO S K, LIN J, REN J G, et al. Space-to-ground quantum key distribution using a small-sized payload on tiangong-2 space lab [J]. Chinese Physics Letters, 2017, 34 (9): 090302.

[96] SCHEIDL T, WILLE E, URSIN R. Quantum optics experiments using the international space station: a proposal [J]. New Journal of Physics, 2013, 15 (4): 043008.

[97] NEUMANN S P, JOSHI S K, FINK M, et al. Q3Sat: quantum communications uplink to a 3U CubeSat—feasibility & amp design [J]. EPJ Quantum Technology, 2018, 5 (1): 4.

[98] NAUERTH S, MOLL F, RAU M, et al. Air-to-ground quantum communication [J]. Nature Photonics, 2013, 7 (5): 382-386.

[99] VALLONE G, BACCO D, DEQUAL D, et al. Experimental satellite quantum communications [J]. Physical Review Letters, 2015, 115 (4): 040502.

[100] DEQUAL D, VALLONE G, BACCO D, et al. Experimental single-photon exchange along a space link of 7000km [J]. Physical Review A, 2016, 93 (1): 010301.

[101] CALDERARO L, AGNESI C, DEQUAL D, et al. Towards quantum communication from global navigation satellite system [J]. Quantum Science and Technology, 2018, 4 (1): 015012.

[102] KERSTEL E, GARDELEIN A, BARTHELEMY M, et al. Nanobob: a CubeSat mission concept for quantum communication experiments in an uplink configuration [J]. EPJ Quantum Technology, 2018, 5 (1): 6.

[103] GÜNTHNER K, KHAN I, ELSER D, et al. Quantum-limited measurements of optical signals from a geostationary satellite [J]. Optica, 2017, 4 (6): 611-616.

[104] BEDINGTON R, BAI X, TRUONG C E, et al. Nanosatellite experiments to enable future space-based QKD missions [J]. EPJ Quantum Technology, 2016, 3 (1): 12.

[105] PUGH C J, KAISER S, BOURGOIN J P, et al. Airborne demonstration of a quantum key distribution receiver payload [J]. Quantum Science and Technology, 2017, 2 (2): 024009.

[106] TAKENAKA H, CARRASCO-CASADO A, FUJIWARA M, et al. Satellite-to-ground quantum-limited communication using a 50-kg-class microsatellite [J]. Nature Photonics, 2017, 11 (8): 502-508.

[107] ZHANG M, ZHANG L, WU J, et al. Detection and compensation of basis deviation in satellite-to-ground quantum communications [J]. Optics Express, 2014, 22 (8): 9871-9886.

[108] LIU H Y, TIAN X H, GU C, et al. Drone-based entanglement distribution towards mobile quantum networks [J]. National Science Review, 2020, 7 (5): 921-928.

[109] LIU H Y, TIAN X H, GU C, et al. Optical-relayed entanglement distribution using drones as mobile nodes [J]. Physical Review Letters, 2021, 126 (2): 020503.

第 3 章
量子密钥分发

新一轮信息革命的浪潮正在催生着全球范围的产业变革，使科技创新进入空前密集活跃时期。当前，信息化领域已经成为国家竞争的战略高地，把握信息革命历史机遇，加快数字化发展、建设数字中国，发展高速泛在、天地一体、云网融合、智能敏捷、绿色低碳的智能化综合性数字信息基础设施，是打通经济社会发展的信息"大动脉"，也是推动工业和现代化的重要基石。安全可控是确保数字化发展平稳高速运行的关键要素之一。近年来，量子信息技术飞速发展，以量子密钥分发（quantum key distribution，QKD）技术为代表的新型安全通信手段为保障信息空间的安全可控注入了新的动力。不同于经典通信中基于计算复杂度的密钥分发手段，量子密钥分发可以实现用户间无条件安全的密钥共享，其安全性由量子力学的基本原理保证。结合"一次一密"通信方案，用户可以实现无条件安全的信息交流。

我国 QKD 大致可以分为三个主要阶段：1995—2000 年是起步阶段。1995 年，我国完成了首个 QKD 实验，2000 年完成了 1.1km 的量子密钥分发。2000—2010 年为快速发展阶段，在这 10 年里我国先后完成了 100km 以上的 QKD 实验以及实际 QKD 网络的搭建，同时 2005 年诱骗态方法的提出标志着实际 QKD 系统中最为棘手的多光子脉冲问题得到了解决，QKD 的安全性与实际性能都得到了一次飞跃。2010 年后，我国的 QKD 技术开始进入实际应用阶段并逐渐走到世界前列。2010 年，在合肥建立了首个具有 46 个节点的量子通信网；2011 年，研发出兼容经典激光通信的"星地量子通信系统"；2014 年，济南量子通信网实验网正式投入使用，包括 3 个集控站，56 个用户节点；2016 年，建立世界首条量子信息保密干线京沪干线；同年 8 月由中国自主研制的世界首颗量子科学实验卫星"墨子"号在酒泉卫星发射中心成功发射，为建立全球的光量子通信网络奠定了坚实的基础。2018 年，提出了双场 QKD，再一次使 QKD 的传输距离得到飞跃。

本章主要围绕量子密钥分发技术的基本原理和发展现状进行阐述。

3.1 基础理论

3.1.1 工作原理

将信息通过公开信道进行保密传输是安全通信的典型场景。保密通信中常将信息的发送方称为 Alice，接收方称为 Bob。在信息传输时，Alice 首先通过密钥和算法将原始信息加密，然后将经过加密的信息经由可以被窃听者完全控制的公开信道发送给 Bob，Bob 在接收到加密信息后，依据密钥和算法将其解密，即可获取 Alice 想要传递的原始信息。原始未被加密的信息称作明文，加密后的信息称作密文。加密和解密的过程通过加密算法完成，在输入明文或密文的同时，还需要输入由 Alice 和 Bob 持有的特定密钥，以确保除 Alice 和 Bob 外，没有人可以从密文中恢复明文。保密通信的典型过程如图 3.1 所示。

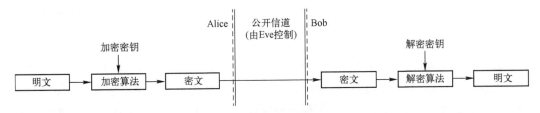

图 3.1　保密通信的典型过程

根据柯克霍夫原则（Kerckhoffs's principle），保密通信中算法应是完全公开的，即密码系统的任何细节已被悉知，只要密钥未被泄露，它应是安全的。柯克霍夫原则一改此前隐晦式安全的密码设计理念，显著提升了密码系统的可用性，同时也将密钥安全的重要性提升到新的高度。有鉴于此，根据是否需要秘密信道进行密钥协商，出现了对称密码和公钥密码两种密码体系。对称密码中，Alice 和 Bob 所持有的密钥完全相同，因此该密钥必须事先通过秘密信道进行安全分发；公钥密码中，加密密钥和解密密钥不相同，在不同的场景中两者之一可以完全公开，因此不再需要秘密信道进行密钥协商。对称密码和公钥密码拥有各自的优势和劣势。例如，对于加密速度而言，对称密码往往比公钥密码更快，因此更适合大数据量的加密；而公钥密码由于并不要求加密密钥和解密密钥的一致性，因此可以将公钥公开，按需使用，在灵活性方面更具优势。在实际应用中采用什么算法往往会因地制宜，甚至将两者结合使用。例如，在数据传输中往往由公钥密码首先分发一对对称密钥，再通过对称密码对数据进行保密传输。

从密码的发展来看，不断提出新的攻击方案和新的加密方案，无论是对称密码还是非对称密码都无法摆脱更新淘汰的历史规律。尤其是随着量子计算的发展，很多基于计算复杂度的密码算法面临被攻破的风险。但在对称密码中存在一种信息论安全的加密方案，称为一次一密，其安全性分别由香农和 Vladimir Kotelnikov 独立证明。香农通过信息论的方法证明，明文 M 的熵与给定密文 C 的情况下的条件熵相同，即密文是否已知对明文没有影响。一次一密的信息论安全性与计算复杂度无关，即使窃听者拥有无穷大的运算能力也无法将其攻破，量子算法自然包含在内。但一次一密的使用存在三个问题：密钥必须完全随机；密钥的长度不短于明文的长度；密钥只能使用一次。这 3 个问题使使用双方对密钥的随机性要求极高且对密钥量的需求太大。作为一种对称加密算法，这使通信前的密钥分发成本很高，实际应用的难度很大。

然而，尽管量子算法有志成为攻破密码算法的矛，但是量子信息的另一分支量子密钥分发可以成为保障信息安全的盾。量子密钥分发可以为 Alice 和 Bob 安全地共享一串随机数，该随机数可以作为密钥，进一步与一次一密算法相结合，实现理论上信息论安全的保密通信。

量子密钥分发以光量子为信息载体，将经典信息编码在光子的不同维度上，其安全性基于量子物理基本原理。根据物理维度的不同量子密钥分发分为连续变量和离散变量两类，本章主要围绕离散变量量子密钥分发展开论述。

量子密钥分发用不同的光量子态代表不同的经典信息，借助不同的测量基实现经典信息的提取。当光量子态在二维空间时，如偏振、相位等，每个光量子可携带 1bit 信息，当光量子态在 n 维空间时，如时间、轨道角动量等，每个光量子可携带 $\log_2 n$ 比特的信息，后者也称高维量子密钥分发。

以单比特的二维编码为例，其对应的二维希尔伯特空间存在三种编码基，分别对应 3 个泡利矩阵。每组基下有两个本征态，可作为编码的光量子态，分别对应经典信息中的比特 0 和比特 1。在编码和解码时，用户分别随机选择不同的基对量子态进行制备和测量。

量子密钥分发的安全性在于其能够将窃听者的窃听行为与用户误码联系起来，其本质是当量子态的制备基未知时，窃听者对量子态的任何窃听操作均有一定的引入错误概率。通过对误码率进行监控或构造足够的信息冗余，用户可对窃听者的信息量进行最大估计，从而通过经典后处理将这部分信息量从原始密钥中剔除，确保剩余密钥的信息论安全。

建立窃听行为与误码的关联是量子物理具备的特殊优势。量子不可克隆原理表明，任何未知的量子态都不存在一种操作使其能够被完美地复制。一旦用户完成了量子态的随机制备，窃听者就无法将其复制，任何窃听操作只能直接作用于编码量子态上。窃听者若想提取信息，必须对该量子态进行测量，测量结果坍缩为窃听者所选测量基的本征态。这使编码量子态除了承载发送方的编码信息外，还关联了窃听者的操作。当窃听者对用户编码基未知时，这种关联将改变原有的量子态，最终在解码时产生错误。

总的来说，量子密钥分发可在无须秘密信道的条件下生成信息论安全的对称密钥，能够极大提升对称密码的可用性，并借助一次一密实现安全性与计算复杂度无关的保密通信。

3.1.2 基本流程

量子密钥分发的基本流程可分为量子阶段和经典后处理阶段。其量子阶段主要包括量子态的制备、传输和测量；经典后处理阶段则包括对基、纠错和保密放大，确保密钥的安全性和正确性。

量子态的制备方面，尽管单光子态是理想情况的最优选择，但考虑到当前单光子源技术的不成熟及发射端器件的高损耗，通常采用相干光脉冲作为量子态的物理载体。在制备时，Alice 随机选择编码基和密钥比特对应的量子态，见表 3.1。对于相干态，Alice 还将对其平均光子数进行随机调制，以执行诱骗态技术。

表 3.1 二维编码 QKD 中的编解码基与态

基	比特 0	比特 1
Z	$\lvert 0\rangle$	$\lvert 1\rangle$
X	$(\lvert 0\rangle+\lvert 1\rangle)/\sqrt{2}$	$(\lvert 0\rangle-\lvert 1\rangle)/\sqrt{2}$
Y	$(\lvert 0\rangle+i\lvert 1\rangle)/\sqrt{2}$	$(\lvert 0\rangle-i\lvert 1\rangle)/\sqrt{2}$

量子态的传输方面，根据信道的不同可分为光纤和自由空间两类，这两类信道在编码维度、传输效率、稳定性等方面具备各自的优势。通常来说，相位编码更适用于光纤信道，而偏振编码、轨道角动量编码等更适用于自由空间信道。

量子态的测量方面，可分为解码和探测两部分。首先，编码后的量子态经过解码装置，根据其编码的不同被映射到不同的路径上；随后，该相干光脉冲被单光子探测器接收，根据单光子探测器的响应情况，可以帮助 Bob 生成原始密钥。对于单发单收型协议，即 Alice 和 Bob 分别为制备端和测量端，解码时需要随机选择测量基，当二者选基相同时可探测到原始的编码量子态；而对于双发联合测量型协议，Alice 和 Bob 均为量子态制备端，此时测量端并不解析出原始密钥，而是给出联合测量，用于根据协议判断二者用于制备量子态的密钥是否相同。相关协议在下文中将进行详细介绍。

测量完成后，Alice 和 Bob 均产生一串未经处理的原始密钥，接下来对这串密钥进行后处理，确保协议的正确性和安全性。后处理的第一步是对基，即二者公开制备或测量基，仅保留双方选基一致的结果作为密钥，这一步的目的是消除因 Alice 和 Bob 选基不匹配引入的密钥随机性。接着公开一部分密钥进行参数估计，如误码率的估计，一方面用于估算剩余未公开密钥中的窃听者信息量，另一方面用于选取最优的纠错算法及其工作参数。完成参数估计后，双方对密钥进行纠错和保密放大，纠错的目的是确保双方的密钥是完全相同的，通常采用哈希函数实现；保密放大则是将输入密钥进行随机映射，产生的新密钥长度较此前有所缩短，缩短后的密钥信息量减少，而减少的数量与估计的窃听者信息量和最终密钥安全参数的设定相关。采用这种方法可以保证最终剩余密钥的正确性和安全性。

经过上述步骤之后，Alice 和 Bob 可以共享一串相同的随机密钥，用于随后的保密通信过程。从上述流程可以看出，量子密钥分发的安全性只涉及量子力学而完全不涉及计算复杂度。在量子物理的框架下（合理假设，无论是合法的用户还是非法的窃听者都无法打破量子物理学基本规律），量子密钥分发理论被认为是信息论安全的。

3.2 发展历程

3.2.1 协议及分析证明理论

20 世纪 40 年代，美国信息学专家香农的论文[1]证明了"一次一密"（用户双方不重复地使用真随机的密钥对明文进行按比特异或操作）可以实现的信息论安全。结合量子力学原理，C. H. Bennett 和 G. Brassard 于 1984 年提出了量子密钥分发的 BB84 协议[2]，利用物理基本原理提供了密钥分发方案，给密码学发展带来了新的契机。

量子密钥分发协议诞生的前十年并不是非常受重视，仅仅属于一个有趣的科学问题。物理学家只是给出基于量子力学的安全性物理解释，此时只能说明量子密钥分发的安全性，还不能给出安全性的严格证明（有误码情况下窃听者的信息量是没有办法估计的）。但是，1994 年提出的"Shor 算法"[3]使人们对传统密码系统的安全产生了巨大的危机感，为了应对量子计算机对传统密码体系的冲击，世界各国对量子密钥分发都变得非常重视。此后，量子密钥分发的理论及实验研究进入高速发展期。

量子密钥分发协议使通信双方产生并共享一串随机的、安全的密钥。密钥的安全性不依赖计算复杂度，而依赖基本物理原理（测量坍缩理论、不确定原理、量子不可克隆原理、单光子不可再分），因而可以实现信息理论上的绝对安全。

安全性是指在有窃听者攻击的情况下，使用者最终得到的密钥依然是安全的。这里将通信双方命名为 Alice 和 Bob，窃听者命名为 Eve。根据 Eve 攻击能力的强弱分类，理论上可以将其攻击方式（由弱至强）分为以下三类[4]：

（1）个体攻击：Eve 用自己的辅助系统与 Alice 每次发送量子态，做一个联合操作，然后通过测量自己手中的系统来尽可能多地得到信息。测量操作可以在 Eve 截获 Alice 粒子后立刻执行，也可以在 Alice 和 Bob 公布经典信息（如基的信息）后执行。

（2）联合攻击：对 Alice 每次发送的量子态，Eve 把辅助的系统与其做一个联合操作。Eve 等 Alice 和 Bob 执行完协议的所有步骤后，对自己的系统做联合测量以窃取信息。

（3）相干攻击：Eve 对 Alice 发送的所有量子态和自己的辅助系统做联合操作，等 Alice 和 Bob 执行完协议的所有步骤后，对辅助系统做联合测量以窃取信息。

三种攻击方式依次增强，相干攻击是 Eve 能做到的最强攻击。所以证明一个协议的安全性，需要考虑该协议在相干攻击条件下是否安全。

目前，量子密钥分发协议理论安全性分析有三种主流方向：

（1）不确定性原则：由 Mayers 于 1996 年首次提出[5]，后由 Koashi 简化，又称互补性原理[6]。

（2）基于纠缠等价协议[7-8]：量子密钥分发根据所利用量子态特性的不同，可以分为基于制备-测量的协议和基于纠缠态的协议。制备-测量协议可以构造相应的等价基于纠缠态的协议。结合量子纠错思想，分析协议相位误码，实现安全性证明。

（3）基于信息理论[9]：把安全密钥长度与量子香农熵通过量子剩余哈希定理等价，然后分析相应的量子香农熵大小来得到安全码率公式，以此完成安全性证明。

考虑到量子资源的有限性，实际协议通信时间和轮次不是无穷长的，存在有限大小。为保证量子密钥分发的绝对安全性，还需要讨论密钥是有限长的情形。瑞士理论物理学家 Renner 于 2005 年中首次提出了通用组合安全性的定义[9]，并与他的合作者在之后的工作中丰富了该定义[10-12]。

3.2.2　关键技术

根据量子密钥分发协议的执行流程，相关关键技术涉及光源制备、量子态编解码、单光子探测和高速后处理。

在光源制备方面，高性能量子密钥分发对光源的时频性能提出了较高要求。一方面，相干光脉冲的制备速率要足够高，同时每个光脉冲的相位必须是随机的；另一方面，某些双发联合测量型协议对光源的时间抖动、频谱宽度等性能参数还具有额外的需求。目前，高重复频率的光脉冲制备可采用增益开关或外部调制技术，前者可天然满足相位随机化条件，但线宽较宽、时间抖动较大，后者则刚好相反。对于对光源相干性更高的双发联合测量协议，除外调制外，还发展出了种子注入光源，可以进一步压缩线宽和时间抖动，满足二阶干涉条件。对于要求实现一阶干涉的双场协议，还可通过零拍或差拍锁频的方式将不同的光源锁定至同一频率，以降低频差对相位差的影响。

在编解码方面，精度、稳定性、速率、损耗是主要考虑因素。目前在电光调制方面，基于铌酸锂的相位调制器具备较高的带宽，因此量子态的高速编码往往通过相位/强度或其他维度转化至相位/强度调制实现。例如，调制偏振水平分量和垂直分量的相位差实现线偏光和椭偏光的调制。在损耗方面，早期通过偏振复用的马赫-曾德尔干涉仪可实现插入损耗较低的相位编码方案，但偏振扰动下的稳定性存在缺陷。法拉第-迈克尔逊干涉仪则通过同时编码偏振正交维度的相位，实现良好的抗偏振扰动性能，但插入损耗和编码速率方面性能稍弱。后期提出的法拉第-萨格纳克-迈克尔逊干涉仪则进一步增加了该方案的调制带宽。与编码不同的是，解码还可以利用分束器实现被动选基，进一步简化了系统操作难度，但效率有损失。

在单光子探测方面，目前主要采用基于雪崩二极管或超导纳米线的单光子探测器。在通信波段，前者利用铟镓砷材料或非线性过程搭配硅材料通过雪崩效应实现单光子探测，后者则利用光子吸收的热效应实现单光子探测。雪崩探测器主要需解决探测效率和噪声无法两全的问题，目前已提出通过改进门控信号、调制温度、优化驱动电流等方式提高探测性能。超导探测器的探测效率高、噪声小，但还需克服系统复杂、成本较高、体积较大等问题。

后处理方面主要基于经典算法实现纠错和保密放大。其中，纠错效率和处理速度是当下最为关心的两个指标。纠错方面，基于二分法校验的 Cascade 码可实现接近香农极限的纠错效率，但需要较多的通信次数。而 LDPC 码、Turbo 码等只需单向通信即可完成纠错，但需要更多的计算资源。

除围绕协议执行流程的关键技术，时间同步技术、随机数产生技术等量子密钥分发的配套技术也十分关键。由于目前尚没有一种技术能够解决所有的问题，采用何种技术构建量子密钥分发系统，需要根据应用场景和工作条件的具体需求进行调整，以取得最优的性能。

3.2.3 重大应用

为了推进量子密钥分发的实用化，科研人员进行了大量实地量子密码网络的部署和研究，取得了一系列重大成果。在实地部署的量子密钥分发网络已经从 2003 年的简单四用户网络发展到了目前的天地一体化系统，如图 3.2 所示。

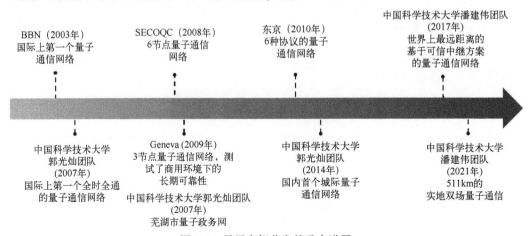

图 3.2　量子密钥分发的重大进展

2003年，来自BBN科技、波士顿大学和哈佛大学的团队在DARPA的赞助下，建立并测试运行了世界上的第一个QKD网络。该网络在BBN科技实验室全面投入使用，截至2004年12月，它由6个节点组成，其中4个是5MHz、BBN科技构建的BB84系统，设计用于电信光纤并通过光子开关连接，另外2个是由国家标准与技术研究院（NIST）设计和建造的高速自由空间系统的电子子系统。

2007年，由中国科学技术大学郭光灿院士领导的中科院量子信息重点实验室，利用自主研制的基于波分复用的波分复用技术在北京网通商用光纤中，成功地实现4用户量子密码通信网络的测试运行。这是国际上第一个全时全通的量子密钥分发网络，也是国内第一个、国际上第二个现场实验网络。是当时国际上公开报道的唯一无中转、可同时任意互通的量子密码通信网络。4个用户节点分别位于北京市朝阳区的望京-东小口-南沙滩-望京，路由器位于东城区的东皇城根地区，用户之间最短距离约32km，最长约42.6km。测试系统演示了一对三和任意两点互通的量子密钥分发，并在对原始密钥进行纠错和提纯的基础上，演示了加密的多媒体通信实验。该方案在当前的技术条件下，支持构建包含数百个用户的量子密码通信网络。这次实验的成功，标志着我国量子保密通信技术从点对点向网络化迈出了关键性的一步。

2008年，欧洲SECOQC项目组在奥地利维也纳演示了6节点量子通信网络，集成了单光子、纠缠光子、连续变量等多种量子通信系统，在西门子公司总部建立了位于不同地点子公司之间的量子通信连接。在组网方式上，该网络完全基于可信中继方式。

2007年的北京网络更倾向于量子网络实用性的验证，郭光灿团队在北京4用户量子网络的基础上进一步技术升级换代，于2009年在安徽省芜湖市建立了连接芜湖市电信大楼以及招商局、市科技局、经贸委、总工会和质监局等7个节点的"量子政务网"。该量子网络设置了4个全通主网节点和3个子网用户节点，以及1个用于攻击检测的节点。此外，该网络还融合了当时国际上存在的3种组网技术，首次提出并实现了骨干网与接入子网多层级划分的技术，结合波长路由、光开关、可行中继等技术，可以满足不同用户的多种需求。通过该网络可以完成任意两点之间高性能的保密通信，不仅可以实现保密声音、保密文件和保密动态图像的绝对安全通信，还能满足通信量巨大的视频保密会议和大量公文保密传输的需求。

2009年，瑞士日内瓦量子通信网络完全建设，该网络有3个节点，测试了商用环境下的长期可靠性，开发了密钥管理层来管理网络产生的量子密钥，最终用户通过应用层请求并获取该网络中的量子密钥。西班牙研究人员也在马德里建立了城域量子通信网络试验床，包括骨干网和接入网。骨干网是一个环形结构，接入网使用吉比特被动光网络（gigabit passive optical network，GPON）标准。

2010年，日本NICT公司等9家机构联合，搭建了东京量子通信网络。网络集成了6种量子通信系统，采用不同的量子通信协议实现。其中NEC-NICT系统架设于小金井与大手町之间，距离为45km。系统采用基于BB84+decoy协议的单路系统实现，最终实现的单信道安全码率为81.7kb/s。TREL系统也架设于小金井与大手町之间，距离为 45km，同样采用了基于 BB84+decoy 协议的单路系统实现，在 24h 不间断运行的条件下得到了 304kb/s 的安全码率。NTT-NICT 系统架设于小金井城市内的两个节点之间，距离为 90km，系统采用基于 DPS 协议的量子通信系统实现，系统重复频率为 1GHz。NTT 公司对系统进行了 4h 测试，系统运行稳定，最终实现的误码率为 2.3%，安全码率为 2.1kb/s。三菱系统架设于大手町城市内的两个节点之间，距离为 24km。系统采用基于 BB84+decoy 协议的单路系统实现，系统运行时误码率为 4.5%，最终实现的安全码率为 2kb/s。IDQ 系统架设于大手町与本乡之间，距离为 13km，系统基于 SARG04 协议实现，通过引入额外的滤波器降低噪声，实现了 400b/s 左右的安全码率。All-Vienna 系统架设于小金井城市内的两个节点之间，相距 1km。系统采用基于纠缠的 BBM92 协议最终得到 250b/s 的安全码率。总体而言，日本东京的量子通信网络结构较为复杂，参与的组织和运行的协议也最多，在长时间的运行中，显示出良好的稳定性。

在上述连接城域网络的基础上，郭光灿团队于 2014 年进一步实现了连接合肥-巢湖-芜湖三座城市的城域量子网络。其中合肥市区 QKD 网络是典型的全网状核心网络，提供全对全互联。芜湖市区 QKD 网络是具有代表性的点对多点配置的量子接入网络。该网络使用中国移动商用光纤进行城域连接，光纤总长超过 200km，城际干线长度超过 150km。为了适应复杂多变的现场环境，郭光灿课题组在设计 QKD 器件时采用了多种稳定性措施的法拉第-迈克尔逊干涉系统。通过 QKD 器件的标准化设计、QKD 器件对称性问题的解决以及 QKD 网络中的动态无缝切换，实现了点对点 QKD 技术与组网方案的有效集成。该网络实现了从 2011 年 12 月 21 日到 2012 年 7 月 19 日的连续 5000h 以上的连续稳定的运行。2014 年，英国 QCH 项目计划建立高码率的量子通信链路，并在剑桥和布里斯托建设量子通信网络，计划将量子密钥发送端系统芯片化、接收端系统半芯片化，并开展手持式量子通信系统和微波量子通信系统的分析与验证。

除了网络化之外，量子密钥分发一个重要的指标是提升通信距离，由于较高的信道损耗，QKD 的可达距离通常被限制在几百千米范围。2017 年 1 月 18 日，世界首颗量子科学实验卫星"墨子"号在圆满完成 4 个月的在轨测试任务后，正式交付中国科学技术大学使用。"墨子"号承担的科学任务之一便是进行 1000km 以上的量子密钥分发。潘建伟课题组基于"墨子"号卫星实现了 1200km，1000Hz 以上速率的安全密钥分发，比使用相同长度的光纤的预估速率高 20 个数量级以上。为建设全球规模的量子网络打下了基础。

2020 年潘建伟课题组还基于"墨子"号卫星演示了两个相距 1120km 的地面站之间基于纠缠的 QKD。纠缠光子对通过"墨子"号卫星到德令哈和南山两个地面观测站的两条双向下行链路进行分布，在无需可信中继的情况下实现了 0.12b/s 的考虑有限长效应的安全密钥分发。该技术不仅是地面纠缠分发 QKD 距离的 10 倍以上，更是将 QKD 的实际安全性提高到前所未有的水平。

"墨子"号卫星还并入了连接北京、上海，贯穿济南和合肥全长逾 2000km 的量子通信骨干网络"京沪干线"。标志着我国在全球构建出首个天地一体化广域量子通信网络雏形，为实现覆盖全球的量子保密通信网络迈出了坚实的一步。天地一体化广域量子通信网络将推动量子通信在金融、政务、国防、电子信息等领域的大规模应用，建立完整的量子通信产业链和下一代国家主权信息安全生态系统，最终构建基于量子通信安全保障的量子互联网。

通过各国科研人员 10 多年的努力，目前 QKD 已经在实际应用方面取得了长足进步，并已经被实际应用于军事、商业和政治领域，为信息安全提供了重要保障。

3.3 传输协议

3.3.1 单发单收型协议

单发单收型协议有两个合法的通信节点，发送方 Alice 和接收方 Bob。Alice 将密钥编码在量子态上然后发送给 Bob，Bob 对接收到的量子态进行测量解码，然后双方再进行后处理过程得到最终密钥。在整个过程中量子信号单向地从 Alice 端传输到 Bob 端。以下简要介绍常见的单发单收型协议。

1. BB84 协议

世界上首个量子密钥分发协议是 1984 年由 Charles H. Bennett 与 Gilles Brassard 等共同提出的 BB84 协议[2]。BB84 协议整体上借鉴了 Wiesner 的量子钞票的概念，将信息编码在 X 基和 Z 基上。最初提出的 BB84 协议利用单光子的四种偏振态来编码信息，其使用的四种偏振态如图 3.3 所示，其中四种偏振态在希尔伯特（Hilbert）空间中用狄拉克（Dirac）符号可以表示为

$$|H\rangle = |0\rangle \tag{3.1a}$$

$$|V\rangle = |1\rangle \tag{3.1b}$$

$$|+\rangle = \frac{1}{\sqrt{2}}(|0\rangle + |1\rangle) \tag{3.1c}$$

$$|-\rangle = \frac{1}{\sqrt{2}}(|0\rangle - |1\rangle) \tag{3.1d}$$

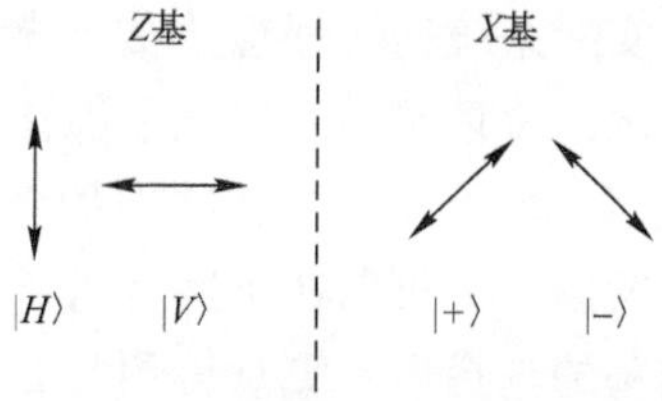

图 3.3 BB84 协议使用的四种偏振态

BB84 协议将比特信息编码在上述四种偏振态上，式中：$|H\rangle$ 为水平偏振，在 Z 基（0°/90°基）中代表比特 0；$|V\rangle$ 为垂直偏振，在 Z 基中代表比特 1；$|+\rangle$ 为 45°偏振，在 X 基（45°/135°基）中代表比特 0；$|-\rangle$ 为 135°偏振，在 X 基中代表比特 1。很容易发现，Z 基与 X 基均为正交完备基，且相互基矢量非正交，其投影概率均为 50%。又由于单光子是单量子态，这满足了量子不可克隆定理，使得窃听可以被发现。

BB84 协议的具体流程：

（1）态制备：对于每个通信回合，发送方 Alice 选取两串随机数，其中一串用于选择使用 Z 基还是 X 基来制备发送的量子态，另一串用于选择发送的比特 0 或比特 1。每个基与比特对应的态如上文所示。Alice 记录所有基与比特的选择信息。

（2）分发：Alice 将制备的量子态经过不可信的量子信道发送给测量端 Bob。

（3）测量：Bob 选取一串随机数，用于选择采用 Z 基还是 X 基来测量接收的光子。Bob 记录所有基选择与测量结果。

（4）对基：Alice 和 Bob 通过不可信的经典信道公开各自态制备和测量中的基选择信息，丢弃基不相同时的数据，保留基选择相同时探测到的部分，得到筛后密钥。

（5）参数估计：Alice 和 Bob 通过经典信道协商，随机选择一部分筛后密钥，将其在经典信道上公开，计算这部分的误码率。若误码率高于设定的阈值，则舍弃这一回合的所有结果，放弃此次协议；若误码率低于阈值，则继续执行此次协议。

（6）纠错：Alice 与 Bob 将筛后密钥使用经典纠错算法进行纠错，使其一致。

（7）隐私放大：将纠错后得到的密钥，再经过一次经典的后处理，得到最终的安全密钥。

对于 BB84 协议的安全性，需要满足以下条件：

（1）Alice 和 Bob 的设备都是可信的，通信双方不会主动泄露信息。

（2）不限制窃听者 Eve 的能力，如存储、计算的能力，但其不能违背基本的物理定律。

（3）协议与设备完全按照模型工作，没有预期以外的漏洞。

对于 BB84 协议，信息论安全性是指在理论上的，在实际情况下，由于系统的一些非理想性质，协议会出现一些安全性漏洞。例如，以上分析都是基于发送端发送单光子脉冲的情况，而实际中常使用弱相干态光源作为代替。而弱相干态光源会存在发送多光子的问题，现在的协议普遍采用诱骗态[13-15]方法解决这一问题。其他的各种实际安全性问题也一直在不断得到解决。

2. SARG04 协议

实际系统的非理想性质会导致潜在的安全性漏洞，比如当发送方 Alice 使用弱相干态光源代替理想中的单光子源作为量子密钥分发系统的光源时，光源有发送多光子脉冲的概率。由于同一个脉冲中的多个光子相互全同，为理论上发送的单光子态的多个复制，所以 Eve 可以在不违背量子不可克隆定理的同时，获得发送方的量子态，并在双方公布基的选择后，测量得到与 Bob 相同的结果，得到密钥信息。由于这种攻击的本质是将发送方的多光子部分分离出来，因此其被称为光子数分离（photon number splitting, PNS）攻击。

为了更好地抵御实际系统中存在的 PNS 攻击，V. Scarani、A. Acin 与 G. Ribordy 等于 2004 年提出了 SARG04 协议[16]。SARG04 协议与 BB84 协议一样，仍然制备与测量 $|H\rangle$、$|V\rangle$、$|+\rangle$、$|-\rangle$ 这 4 个量子态。Alice 随机选择制备 4 个量子态其中之一，Bob 与 BB84 协议类似，仍然选择 X 基或者 Z 基对发送来的量子态进行测量，得到相应的结果 $|H\rangle$、$|V\rangle$、$|+\rangle$、$|-\rangle$。但是在基比对的步骤与 BB84 协议有所不同。SARG04 协议中首先定义了 4 个集合：

$$\{|H\rangle,|+\rangle\},\{|H\rangle,|-\rangle\},\{|V\rangle,|+\rangle\},\{|V\rangle,|-\rangle\} \tag{3.2}$$

式中：经典比特 0 对应量子态 $|H\rangle$、$|V\rangle$；比特 1 对应 $|+\rangle$、$|-\rangle$。

Alice 根据其制备的态随机公布这个态来自以上 4 个集合中与之对应的两个集合其中之一。即如果发送了 $|H\rangle$，Alice 会随机公布 $\{|H\rangle,|+\rangle\}$ 或是 $\{|H\rangle,|-\rangle\}$。Bob 由测量结果得到 Alice 发送的量子态的信息，对应关系见表 3.2。不难看出，在集合选择与比特选择都为均匀选取的情况下，经过上述流程，仅能保留下 1/4 的数据。

表 3.2　SARG04 协议测量结果对应 Alice 发送的比特信息

Bob	Alice			
	$\{|H\rangle, |+\rangle\}$	$\{|H\rangle, |-\rangle\}$	$\{|V\rangle, |+\rangle\}$	$\{|V\rangle, |-\rangle\}$
$|H\rangle$	不确定	不确定	$|+\rangle$	$|-\rangle$
$|V\rangle$	$|+\rangle$	$|-\rangle$	不确定	不确定
$|+\rangle$	不确定	$|H\rangle$	不确定	$|V\rangle$
$|-\rangle$	$|H\rangle$	不确定	$|V\rangle$	不确定

SARG04 协议牺牲了通信的效率，但是提升了对光子数分离攻击的抵抗能力。对于发送单光子的理想情况，由于量子不可克隆定理，Eve 的窃听仍然能够被发现。然而当出现非理想的多光子脉冲时，传统的 BB84 协议通信双方并不能发现 Eve 通过光子数分离进行的攻击；对于 SARG04 协议，由于 4 个基中的两个量子态都是非正交的，Eve 必须获得两个及以上的光子，才能够准确得知 Alice 制备的量子态[17]。相比于 BB84 协议，SARG04 协议以减半通信效率为代价，使除了理想的单光子态，双光子部分也是安全的。对于 QKD 使用的弱相干光，双光子信号的概率已经很低，所以 SARG04 协议能够很好地抵御光子数分离攻击。这使其在长距离下，SARG04 协议可能实现超过 BB84 协议的安全密钥率。

SARG04 协议具体流程：

（1）态制备—测量流程与 BB84 协议相同。

（2）对基：Alice 随机地选择其制备的量子态处于 4 个集合中包含此量子态的两个集合中的一个，并通过不可信的经典信道公开所选的集合。Bob 根据自己的测量结果，得到确定 Alice 发送的态或不确定 Alice 发送的态的结果。Bob 将不确定的情况在经典信道中公开，双方舍弃这部分结果。

（3）参数估计：Alice 和 Bob 通过经典信道协商，随机选择一部分确定的结果，将其在经典信道上公开，计算这部分的误码率。若误码率高于设定的阈值，则舍弃这一回合的所有结果，放弃此次协议；若误码率低于阈值，则继续执行此次协议。

（4）纠错：Alice 与 Bob 将密钥使用经典纠错算法进行纠错，使其一致。

（5）隐私放大：将纠错后得到的密钥，再经过一次经典的处理，得到最终的安全密钥。

3. COW 协议

相干态单路（coherent one-way，COW）协议[18]由 D. Stucki 等于 2005 年提出，其特点是使用脉冲的时间信息进行编码，而并不使用相位信息或偏振信息编码。因此与常见的相位编码方式相比，COW 协议具有更低的比特误码率。在 COW 协议中也使用诱骗态检测窃听者的攻击情况，但只需调制信号态与真空态两种相干态强度，实验实现比较容易。另外，COW 协议也不需要相位调制器或偏振调制器进行编码，编码器件比较简单。COW 协议原理如图 3.4 所示。

发送方 Alice 使用连续激光光源，经过斩波获得一系列的等强度脉冲。COW 协议将每两个相邻的脉冲作为一组，Alice 首先对每组脉冲随机选择发送信号态还是诱骗态。

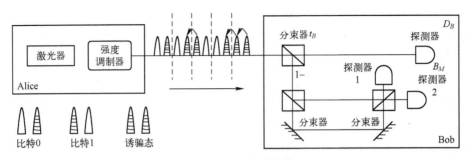

图 3.4 COW 协议原理图

当选择发送信号态时，Alice 随机将两个脉冲其中之一使用强度调制器完全遮挡变为真空态，而另一个脉冲是弱相干态（经过强衰减的激光脉冲）。当前一个脉冲为相干态而后一个脉冲为真空态时，发送的信息为比特 0，反之则为比特 1。若记衰减后的相干态脉冲平均光子数为 μ，那么发送的两种信号态为

$$|0_k\rangle = |\sqrt{\mu}\rangle_{2k-1} |0\rangle_{2k} \tag{3.3a}$$

$$|1_k\rangle = |0\rangle_{2k-1} |\sqrt{\mu}\rangle_{2k} \tag{3.3b}$$

式中：等号左侧的下标 k 代表脉冲组的序号；而等号右侧的序号代表脉冲的序号。

当 Alice 选择发送诱骗态时，Alice 发送两个平均光子数为 μ 的相干态脉冲，即

$$|d_k\rangle = |\sqrt{\mu}\rangle_{2k-1} |\sqrt{\mu}\rangle_{2k} \tag{3.4}$$

对于探测端 Bob，区分两个信号态十分容易，只需一台探测器（D_B）测量信号的到达时间：若前一个脉冲位置测量得到信号，则记为比特 0；若后一个脉冲位置测量得到信号，则记为比特 1。诱骗态不用于成码，仅用于监测信道中存在的窃听情况，监测系统使用马赫-曾德尔干涉装置和两台探测器（D_{M1} 与 D_{M2}）组成。本方案中使用一个非平衡分束器被动选择由哪一部分测量装置进行测量，由于 Alice 大部分情况下会发送信号态，因此使用的分束器有一个较大的透射率以保证较高的计数率，强度较小的反射光用于信道监测。

对于信道监测部分，若 Alice 发送了连续两个相同强度的相干态脉冲，由于两个相邻的脉冲由同一台激光器经过斩波得到，则两个脉冲之间应当有相同的相位，因此当使用马赫-曾德尔干涉装置对这两个脉冲进行干涉测量时只有固定的某一个探测器能够响应，而发生错误响应的概率可以用于估计窃听者的窃听程度。这里的两个相邻的脉冲可以来自同一个脉冲分组（诱骗态情况），也可以分别属于两组脉冲（例如比特 0 与比特 1 的两组信号态之间存在相邻的两个非零等强度脉冲）。假设每对非零相邻脉冲，没有干扰时理想的干涉结果应当是探测器 D_{M1} 响应，那么定义干涉可见度：

$$V = \frac{p(D_{M1}) - p(D_{M2})}{p(D_{M1}) + p(D_{M2})} \tag{3.5}$$

式中：$p(D_{M1})$ 与 $p(D_{M2})$ 分别为每对相邻的强度非零脉冲入射时两个探测器的响应概率。

理想的无窃听情况下，$V=1$，当窃听存在时，干涉可见度下降，可以认为 V 越小，窃听越严重。通信完成时 Alice 会公布哪些信号属于信号态，哪些信号属于诱骗态，Bob 可以据此统计出干涉可见度，然后双方进行数据后处理过程得到最终密钥。

2012年，COW的一个变种协议给出了安全性证明[19]，2022年，另一个变种COW协议也给出了安全性证明[20]，但两者码率与信道透射率 η 的关系均为 $O(\eta^2)$ 量级，因此难以实现长距离传输。

4. DPS协议

差分相移（differential phase shift，DPS）协议由Kyo Inoue等于2002年提出[21]，是一种使用脉冲间的相位差进行编码的协议。另外，受DPS协议的启发而由Toshihiko Sasaki等于2014年提出的环回差分相移（round-robin differential phase shift，RRDPS）协议[22]也属于DPS类协议。这类协议不需要调制诱骗态，也就是不需要调制多个强度，因此源端制备较为简单。

DPS协议的原理如图3.5所示。

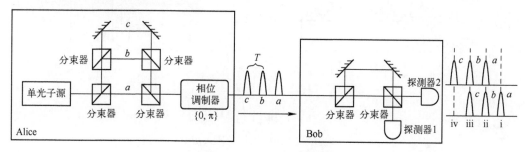

图3.5 DPS协议的原理图

在DPS协议中，每3个脉冲被分为一组，利用脉冲之间的相位差编码信息。对于发送端Alice，若光源是单光子源，可以通过长短臂的分束装置将一个脉冲分为时间上的前后3个脉冲，相邻两臂的光传输时间差为固定值，因此3个脉冲的间距相等，记为 T。由于3个脉冲由同一个脉冲分束得到，因此它们有相同的相位。依次对它们使用相位调制器分别随机编码 $\{0, \pi\}$ 相位，信息便加载在脉冲间的相位差上。另外，若使用弱相干态光源（强衰减连续激光光源），可以将连续激光斩波得到脉冲串，然后每3个脉冲进行共同的相位随机化，之后直接使用相位调制器编码即可。这是由于连续激光源斩波得到的前后脉冲之间本身就有的固定的相位差，不需要采用单个脉冲分束为3种方式。

在探测端，Bob使用一个长短臂干涉结构，适当地调节长短臂的长度，使得长臂相对短臂多引入一个延时 T，也就是长臂与短臂错位了一个脉冲进行干涉。如图3.5所示，在时间窗口 ii 实现了 a 脉冲与 b 脉冲的干涉，而在时间窗口 iii 实现了 b 脉冲与 c 脉冲的干涉。干涉的两个脉冲的相位差不同，探测器的响应情况也不同，当两个脉冲的相位差为 0 时，探测器1响应，而当干涉的两个脉冲相位差为 π 时，探测器2响应，两种响应情况分别对应于比特0和比特1。若时间窗口 i 或时间窗口 iv 响应，由于此时没有干涉，对应于两个探测器随机响应，因此这种情况直接舍弃。

执行协议时，对于一组脉冲的4个探测窗口一般只有其中一个窗口有响应，因此每组脉冲最多只能提取1bit密钥。由于探测坍缩到 ii 和 iii 探测窗口是随机的，对于单光子情况窃听者进行一次探测只能得到3个脉冲其中2个之间的相位，而Bob提取的相位差信息可能并不是恰好来自这两个脉冲，这保证了协议的安全性。在通信完成后，Bob公布他测量到的每组有效响应对应哪两个脉冲的相位差,双方再进行后处理即可得到最终密钥。2009年,单光子的DPS协议安全性得到证明[23],而对于多光子成分,虽然DPS协议对于光子数分离攻击有一定的抵御能力,但抵御能力有限,因此相干态的DPS协议表现较差。

RRDPS协议是受DPS协议启发而提出的协议,可以很好地适用于发送方是相干态的情况,其安全性已被完整证明[24-25]。另外,与其他协议相比,RRDPS协议具有免信道监测,可容忍比特误码率高两个独特的优势。RRDPS协议的原理如图3.6所示。

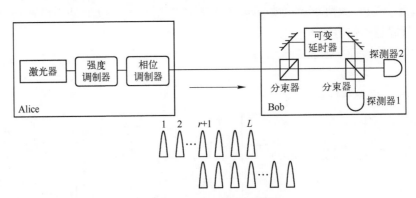

图3.6 RRDPS协议的原理图

RRDPS协议也将多个脉冲分为一组,并且利用脉冲间的相位差编码信息。不同于DPS协议,RRDPS协议将每L个脉冲分为一组,对每组脉冲随机添加一个共同的相位用于相位随机化,并且对每个脉冲随机编码$\{0,\pi\}$相位。在探测端,Bob使用长短臂干涉结构,其中长臂使用一个可变衰减器随机选择长短臂之间延时$r\in\{1,2,\cdots,L-1\}$个脉冲,因此会有$L-r$个窗口存在两个脉冲干涉。当其中只有一个干涉窗口有响应时,Bob可以根据响应情况获得密钥。对于每组成功响应的脉冲,Bob会在通信结束后公布其测量得到的相位差对应的两个脉冲序号,这样Alice根据自己的编码信息也可以得到密钥比特,之后通信双方再经过后处理即可得到最终密钥。

除了以上两个协议,正交差分相移(differential quadrature phase shift,DQPS)协议[26]以及正交环回差分相移(round-robin differential quadrature phase shift,RRDQPS)协议[27]也属于DPS类协议,区别在于它们不是编码$\{0,\pi\}$相位,而是编码$\{0,\pi/2,\pi,3\pi/2\}$4个相位。

3.3.2 双向协议

1. 即插即用协议

在偏振相关的光纤QKD系统中,由于光纤中双折射的存在以及环境的影响,光脉冲的偏振会随着传输不断变化,这大大地影响了传输速率。因此,在长距离的传输中保持系统偏振稳定性是一个急需解决的问题。

1997年,日内瓦大学N. Gisin研究小组首次提出"即插即用"(plug-and-play)QKD系统[28],该系统基于二态协议,使用法拉第镜自动补偿光纤传输过程中的双折射效应以及偏振相关的损耗,并在23km长光纤信道中验证了该方案的可行性。"即插即用"QKD 系统原理如图 3.7 所示，与其他单发单收型协议不同，该协议将激光器和探测器都置于 Bob 端。协议运行时，Bob 向 Alice 发送一串脉冲光，光脉冲在到达耦合器 C_2 时被分为两个脉冲 P_1 与 P_2。P_1 脉冲会直接进入光纤信道传送给 Alice，而 P_2 脉冲会在法拉第镜 M_1 与 M_2 间反射，经一定的延时后进入光纤信道到达 Alice 端。在实际光纤信道中，由于存在双折射效应与偏振耦合，光的偏振态将随机地改变，最终导致干涉可见度的降低。为保证干涉的稳定性，实验中采用法拉第镜（将一块普通的镜子粘在法拉第旋转镜上），当光脉冲经过法拉第镜反射出来后，光的偏振将旋转 90°。因此 M_1 和 M_2 的使用能保证脉冲 P_1 与 P_2 具有相同的偏振，无论 M_1-M_2 延时线的双折射效应如何，而 M_3 处法拉第镜的使用可以排除偏振对相位调制器的影响。此外，为保证密钥的安全性，脉冲强度必须非常弱，Bob 端发送的光是强激光，经过信道的衰减后还需进行一定的衰减，用户在 Alice 端使用探测器 D_A 监测入射光强，从而确定衰减的大小。

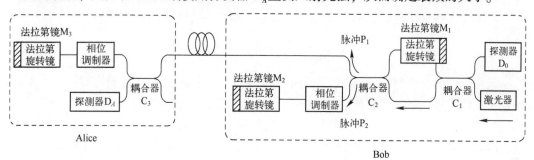

图 3.7 "即插即用"QKD 系统原理图

为了对光脉冲进行编码，Alice 只对脉冲 P_2 进行相位调制，P_1 不进行编码操作，当两个脉冲返回光纤信道，相比于第一次通过信道，两者的偏振发生了"互换"，因此，从 Bob 端发出的两个偏振方向的激光脉冲，在两次通过光纤信道后所走的总光程是一样的，受信道的影响也是一样的，这就实现了偏振的自动补偿。脉冲返回 Bob 端后，每个脉冲会在耦合器 C_2 分成两个部分：一部分直接通过；另一部分在 M_1-M_2 间反射后再射出。注意到，P_1 在 M_1-M_2 间反射一次的分量会与 P_2 直接通过的分量同时到达 C_2 并形成干涉，形成干涉的两个分量所走的路径是相同的，干涉结果仅由相位调制器决定，这就实现了光路相位的自动补偿。此外，通过调节探测器 D_0 的触发时间，使只有经过一次反射的脉冲在该时间到达探测器，就可消除多次反射的影响。最终，根据选基以及探测器的测量结果就可获得 Alice 加载的相位，获取密钥信息。

"即插即用"QKD 系统不需要额外的偏振控制，只需在发送端和接收端分别配备一个发送套件和接收套件，将它们插入光纤的末端，同步信号后就可以开始交换信息，其系统的稳定性优于单路 QKD 系统，同时光路的搭建也更加方便。

2. 乒乓协议

乒乓（ping-pong）协议是 2002 年由 T. Felbinger 等提出的[29]，不同于传送随机密钥的常规 QKD 协议，ping-pong 协议能够传送确定性的消息，并通过随机进行贝尔测量以判断窃听情况。换言之，它可以安全地传输确定性的密钥，甚至是明文本身。如果用于传送明文，ping-pong 协议满足 quasi 安全性。这不是传统意义上的安全性，它是指在被发现之前，攻击者能够获得的信息极其有限。如果用于传输密钥，ping-pong 协议满足渐进安全性,而且产生的密钥是即时的,每轮协议成功完成之后,双方可以直接解码得到被编码的比特,不需要像其他 QKD 协议一样,要求隐私放大与纠错等后处理操作。值得注意的是,在 2003 年,A. Wojcik 的一项工作[30]指出,在响应率比较低的情况下,存在一个对本协议有效的攻击方案。

在介绍具体的 ping-pong 协议之前,先回忆关于 EPR 对的一些性质:

对于 EPR 态 $|\Psi^{\pm}\rangle = \frac{1}{\sqrt{2}}(|01\rangle \pm |10\rangle)$,它满足 $\rho_A^{\pm} := \mathrm{tr}_B\{|\Psi^{\pm}\rangle\langle\Psi^{\pm}|\} = \frac{1}{2}I_A$。这意味着,无论如何,没有人可以在仅有一个光子 A 的情况下区分 $|\Psi^{\pm}\rangle$ 这两个 EPR 态;然而,任何人都可以使用幺正算符 $\hat{\sigma}_Z^A \equiv \hat{\sigma}_Z \otimes I$ 对光子 A 进行翻转,将 $|\Psi^{\pm}\rangle$ 变换为 $|\Psi^{\mp}\rangle$。换言之,在仅有 EPR 态的一个光子时,只能进行编码而不能解码。而当同时拥有两个光子时,就可以对 EPR 对进行 Bell 测量,确定地区分 $|\Psi^{\pm}\rangle$ 的两个态。

如图 3.8 所示,在 ping-pong 协议中,Bob 先制备一个 EPR 对:

$$|\Psi^+\rangle = \frac{1}{\sqrt{2}}(|01\rangle + |10\rangle) \tag{3.6}$$

保留其中的一个量子比特 B,称为本地量子比特;并将另一个量子比特 A,称为运动量子比特,通过量子信道传递给 Alice。这个过程称为"ping"过程。

接下来,Alice 再根据自己需要传送的比特是 0 还是 1,选择使用 $\hat{\sigma}_z$ 对收到的光子进行翻转,或者是不操作。并将量子比特 A 通过量子信道传回给 Bob。这个过程称为"pong"过程。

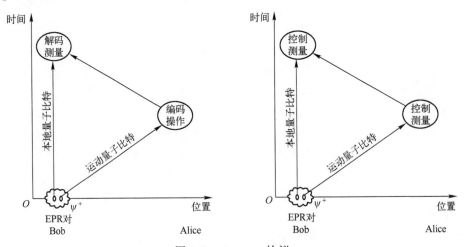

图 3.8 ping-pong 协议

为了保证协议的安全性,Alice 可以在协议执行的过程中,随机地从上述信息模式,切换到控制模式。在控制模式中,Alice 直接对 A 进行 Z 基下的测量,并通过公开信道将测量结果告知 Bob,Bob 再对 B 进行 Z 基下的测量,比对测量的结果。如果测定的结果相同,则意味着有窃听者的存在,通信终止。

ping-pong 协议的具体步骤如下:

(p.0) 协议初始化。$n=0$,需要传输的经典比特序列为 $x^N = (x_1, x_2, \cdots, x_N)$。

(p.1) $n=n+1$。Alice 与 Bob 被设置在消息模式下。Bob 准备一对 EPR 态 $|\Psi^+\rangle$ 下的

光子对。

（p.2）Bob 存储一个比特，用作本地比特，并将另一个比特作为运动比特，通过量子信道传送给 Alice。

（p.3）Alice 收到运动比特。随后以 c 的概率，随机切换到控制模式，执行（c.1），否则执行（m.1）。

（c.1）Alice 在 Z 基下测量收到的运动比特，以相同的概率，得到结果 $i \in \{0,1\}$。

（c.2）Alice 将测量结果用公开信道 i 发送给 Bob。

（c.3）Bob 接收到 i，切换到控制模式，用 Z 基测量本地比特，得到结果 j。

（c.4）（$i=j$）：检测到窃听者 Eve，终止协议。（$i \neq j$）：设置 $n=n-1$，回到（p.1）。

（m.1）定义 $\hat{C}_0=I, \hat{C}_1=\hat{\sigma}_Z$。对 $x_n \in \{0,1\}$，Alice 对运动比特执行编码操作 $\hat{C}_{x_n}$，并将其传回给 Bob。

（m.2）Bob 接收到运动比特，并对其做 Bell 态测量，得到最终的态 $|\Psi'\rangle \in \{|\Psi^+\rangle, |\Psi^-\rangle\}$。Bob 将其解码为

$$|\Psi'\rangle = \begin{cases} |\Psi^+\rangle \Rightarrow x_n=0 \\ |\Psi^-\rangle \Rightarrow x_n=1 \end{cases} \tag{3.7}$$

（m.3）（$n<N$）：回到（p.1）。（$n=N$）：回到（p.4）。

（p.4）消息 x^N 已经从 Alice 端被传送到 Bob 端，通信成功结束。

3.3.3 双发联合测量型协议

不同于单发单收型协议，双发联合测量型协议是指通信双方 Alice 和 Bob 同时向中继点 Charlie 发送量子态，Charlie 对接收到的量子态做一个联合测量。双发联合测量型协议主要分为：测量设备无关量子密钥分发协议和双场量子密钥分发协议。

1. 测量设备无关量子密钥分发协议

量子密钥分发虽然可以实现理论上信息论安全的密钥分发，但在实际实现时该信息论安全性往往会因现实设备的诸多非完美特性而受到威胁。在源端，存在针对弱相干态光源的光子数分离攻击[31]、针对调制器反射光的特洛伊木马攻击[32]、针对双路系统的相位重映射攻击[33]等。在系统的探测端，存在时移攻击[34]、探测致盲攻击[35]等。

为了一劳永逸地解决实际设备导致的安全性问题，研究人员提出了设备无关 QKD 协议（DI-QKD）[36]，该协议使用无漏洞贝尔测量实现密钥分发，设备的非完美性不会对其安全性造成影响。但其对系统的损耗提出了较为苛刻的要求，难以实现长距离的密钥传输。

通过对诸多针对 QKD 系统的攻击进行归类，可以发现相较于针对源端的攻击，针对探测端的攻击往往有更大的威胁。因此，研究人员提出了可以免疫针对探测端攻击的测量设备无关量子密钥分发协议（MDI-QKD）[37,38]。该协议基于时间反演的纠缠态分发，且相较于 DI-QKD，因其对损耗没有严苛的要求，具有更大的实用价值。近年来，MDI-QKD 领域飞速发展，诸多理论提升以及实验都被实现。

这里简单介绍 MDI-QKD 的协议流程。和其他诸多协议一样，MDI-QKD 协议也可以使用偏振编码、相位编码以及时间戳-相位编码等编码方式。下面以偏振编码为例进行

介绍。此外，由于在现实中，单光子态的制备往往难以实现，用户需要使用弱相干态协议。弱相干态协议流程和单光子态协议类似，只是在制备态的时候需要制备多个不同强度的相位随机弱相干态，分析过程中使用这些不同强度态的响应情况对单光子组分进行估计。为了便于理解，仅针对单光子态协议进行介绍。

MDI-QKD 协议流程如图 3.9 所示。通信 Alice 和 Bob 在自己的本地制备 4 个偏振态 $|H\rangle$、$|V\rangle$、$|+\rangle$、$|-\rangle$，并通过量子信道发送给探测方 Charlie，其中偏振态 $|H\rangle$、$|V\rangle$ 为水平垂直基，$|+\rangle$、$|-\rangle$ 为对角基。如果探测方 Charlie 是诚实可信的，她会使用虚线框内的装置对 Alice 和 Bob 的量子态进行贝尔态探测，并公布 4 个探测器 D_{cH}、D_{cV}、D_{dH}、D_{dV} 的探测结果。虚线框的装置可视为一个贝尔态探测装置，该装置可以区分

$$|\Psi^+\rangle = \frac{1}{\sqrt{2}}(|HV\rangle + |VH\rangle) \tag{3.8}$$

以及

$$|\Psi^+\rangle = \frac{1}{\sqrt{2}}(|HV\rangle - |VH\rangle) \tag{3.9}$$

当探测器 D_{cH}、D_{cV} 或 D_{dH}、D_{dV} 同时响应时，探测结果为 $|\Psi^+\rangle$；当探测器 D_{cH}、D_{dV} 或 D_{dH}、D_{cV} 同时响应时，探测结果为 $|\Psi^-\rangle$；其他的探测结果均为无效响应。

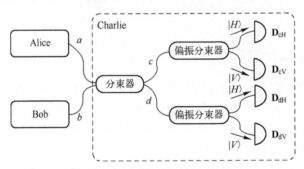

图 3.9 MDI-QKD 协议流程简图

这里 Charlie 的可信与否并不会影响协议的安全性。如果窃听者 Eve 控制了 Charlie 的探测模块，根据探测结果，他只能获知 Alice 和 Bob 的量子态是相同或者不同，而无法知道具体的态信息。而如果 Eve 采取其他的方式尝试获取密钥信息，其操作会对贝尔态的测量结果产生扰动，通信双方可以在数据后处理的过程中发觉 Eve 的窃听。

在获得探测结果后，Alice 和 Bob 对手中的数据进行后处理，首先公布基选择情况，保留基选择相同且为有效响应的回合。随后 Bob 根据探测结果以及基的选择决定是否对密钥进行比特翻转操作，操作规则见表 3.3。

表 3.3 Bob 比特翻转操作规则

基 选 择	响应情况	
	$|\Psi^+\rangle$	$|\Psi^-\rangle$
水平垂直基（$|0\rangle$,$|1\rangle$）	比特翻转	比特翻转
对角基（$|+\rangle$,$|-\rangle$）	比特翻转	比特不翻转

Alice 和 Bob 将翻转后的比特串记为筛后密钥，随后通过一系列经典后处理手段纠正误码，减少窃听者 Eve 获知的信息量以得到最终的安全密钥。

MDI-QKD 单光子偏振编码协议具体流程如下。

（1）态制备：Alice 和 Bob 分别独立的制备 4 个偏振态 $|H\rangle$、$|V\rangle$、$|+\rangle$、$|-\rangle$，其中偏振态 $|H\rangle$、$|V\rangle$ 为水平垂直基，$|+\rangle$、$|-\rangle$ 为对角基。随后通过量子信道将制备态发送至探测者 Charlie 端。

（2）测量：Charlie 对接收到的量子态进行干涉测量，并公布探测器响应情况。如探测器 D_{cH}、D_{cV} 或 D_{dH}、D_{dV} 同时响应，探测结果为 $|\Psi^+\rangle$；D_{cH}、D_{dV} 或 D_{dH}、D_{cV} 同时响应，探测结果为 $|\Psi^-\rangle$；其他的探测结果为无效响应。

（3）基比对：Alice 和 Bob 公布各自的选基情况，保留双方基选择相同且为有效响应的回合。

（4）密钥映射：对于保留的数据，Bob 根据具体的选基以及响应情况决定是否翻转比特。翻转规则见表 3.4。

（5）后处理：Alice 和 Bob 通过误码纠错、保密放大等步骤提取最终密钥。

表 3.4 c_0、c_1 和 Alice 制备态的对应关系

概 率 幅	$\|H\rangle$	$\|V\rangle$	$\|+\rangle$	$\|-\rangle$
c_0	1	0	$1/\sqrt{2}$	$1/\sqrt{2}$
c_1	0	1	$1/\sqrt{2}$	$-1/\sqrt{2}$

接下来利用产生湮灭算符对 MDI-QKD 协议进行更详细的分析。假设 Alice 和 Bob 制备的量子态分别为

$$|\varphi_A\rangle_a = c_0|H\rangle_a + c_1|V\rangle_a, \quad |\varphi_B\rangle_b = c_0'|H\rangle_b + c_1'|V\rangle_b \tag{3.10}$$

式中：角标 a 和 b 分别表示进入 BS 的不同方向，如图 3.9 所示。c_0、c_1、c_0'、c_1' 由具体的制备态决定。c_0、c_1 和制备态的关系如表 3.4 所列，c_0'、c_1' 同理。在 Alice 和 Bob 的量子态经 BS 干涉后，可得到出射态具体形式：

$$\begin{aligned}|\varphi_A\rangle_a|\varphi_B\rangle_b &= (c_0 a_H^+ + c_1 a_V^+)(c_0' b_H^+ + c_1' b_V^+)|0,0\rangle_{a,b} \\ &= \left[\frac{c_0(c_H^+ + d_H^+)}{\sqrt{2}} + \frac{c_1(c_V^+ + d_V^+)}{\sqrt{2}}\right]\left[\frac{c_0'(c_H^+ - d_H^+)}{\sqrt{2}} + \frac{c_1'(c_V^+ - d_V^+)}{\sqrt{2}}\right]|0,0\rangle_{a,b} \\ &= \left[\frac{c_0 c_0'}{\sqrt{2}}(c_H^{+2} - d_H^{+2}) + \frac{c_1 c_1'}{\sqrt{2}}(c_V^{+2} - d_V^{+2}) + \frac{c_0 c_1' + c_0' c_1}{2}c_H^+ c_V^+ + \frac{c_0 c_1' - c_0' c_1}{2}c_V^+ d_H^+ \right. \\ &\quad \left. + \frac{c_0' c_1 - c_0 c_1'}{2}c_H^+ d_V^+ - \frac{c_0 c_1' + c_0' c_1}{2}d_H^+ d_V^+\right]|0,0\rangle_{c,d}\end{aligned} \tag{3.11}$$

式中：c_H^+，c_V^+，d_H^+，d_V^+ 为产生算符。这里为了分析简便我们忽略了可能存在的损耗。根据式（3.11）可以得出当 Alice 和 Bob 发送不同量子态时，BS 的出射情况：

$$|H\rangle_a|H\rangle_b = \frac{1}{\sqrt{2}}(c_H^{+2} - d_H^{+2})|0,0\rangle_{c,d} \tag{3.12a}$$

$$|H\rangle_a|V\rangle_b = \left[\frac{1}{2}c_H^+ c_V^+ + \frac{1}{2}c_V^+ d_H^+ - \frac{1}{2}c_H^+ d_V^+ - \frac{1}{2}d_H^+ d_V^+\right]|0,0\rangle_{c,d} \tag{3.12b}$$

$$|+\rangle_a|+\rangle_b = \frac{1}{4}(c_H^{+2}+c_V^{+2}-d_H^{+2}-d_V^{+2}+2c_H^+c_V^+-2d_H^+d_V^+)|0,0\rangle_{c,d} \quad (3.12c)$$

$$|+\rangle_a|-\rangle_b = \frac{1}{4}(c_H^{+2}-c_V^{+2}-d_H^{+2}+d_V^{+2}+2c_V^+d_H^+-2c_H^+d_V^+)|0,0\rangle_{c,d} \quad (3.12d)$$

$|V\rangle_a|V\rangle_b$、$|V\rangle_a|H\rangle_b$、$|-\rangle_a|-\rangle_b$、$|-\rangle_a|+\rangle_b$同理。接下来我们假设 Alice 和 Bob 的粒子为 4 个贝尔态，BS 的出射情况：

$$|\Psi^+\rangle_{ab} = \frac{|HV\rangle_{ab}+|VH\rangle_{ab}}{\sqrt{2}} = \frac{1}{\sqrt{2}}(c_H^+c_V^+-d_H^+d_V^+)|0,0\rangle_{c,d} \quad (3.13a)$$

$$|\Psi^-\rangle_{ab} = \frac{|HV\rangle_{ab}-|VH\rangle_{ab}}{\sqrt{2}} = \frac{1}{\sqrt{2}}(c_H^+d_V^+-c_V^+d_H^+)|0,0\rangle_{c,d} \quad (3.13b)$$

$$|\Phi^+\rangle_{ab} = \frac{|HH\rangle_{ab}+|VV\rangle_{ab}}{\sqrt{2}} = \frac{1}{2\sqrt{2}}(c_H^{+2}+c_V^{+2}-d_H^{+2}-d_V^{+2})|0,0\rangle_{c,d} \quad (3.13c)$$

$$|\Phi^-\rangle_{ab} = \frac{|HH\rangle_{ab}-|VV\rangle_{ab}}{\sqrt{2}} = \frac{1}{2\sqrt{2}}(c_H^{+2}-c_V^{+2}-d_H^{+2}+d_V^{+2})|0,0\rangle_{c,d} \quad (3.13d)$$

可以看出$|\Psi^+\rangle_{ab}$会引起 D_{cH}、D_{cV} 或 D_{dH}、D_{dV} 同时响应；$|\Psi^-\rangle_{ab}$会引起 D_{cH}、D_{dV} 或 D_{dH}、D_{cV} 同时响应；而$|\Phi^+\rangle_{ab}$及$|\Phi^-\rangle_{ab}$会引起同一个探测器响应两次，无法通过此装置进行分辨。用户发送不同量子态的形式可以根据贝尔态探测情况进行改写：

$$|H\rangle_a|H\rangle_b = \frac{1}{\sqrt{2}}(|\Phi^+\rangle_{ab}+|\Phi^-\rangle_{ab}) \quad (3.14a)$$

$$|H\rangle_a|V\rangle_b = \frac{1}{\sqrt{2}}(|\Psi^+\rangle_{ab}-|\Psi^-\rangle_{ab}) \quad (3.14b)$$

$$|+\rangle_a|+\rangle_b = \frac{1}{\sqrt{2}}(|\Psi^+\rangle_{ab}+|\Phi^+\rangle_{ab}) \quad (3.14c)$$

$$|+\rangle_a|-\rangle_b = \frac{1}{\sqrt{2}}(|\Psi^-\rangle_{ab}+|\Phi^-\rangle_{ab}) \quad (3.14d)$$

由上述分析可得出通信双方制备态和 Charlie 响应情况的关系，见表 3.5。对于 Alice 和 Bob 态选择不同且有效响应的部分，Bob 需翻转其比特，翻转规则见表 3.5。

表 3.5 通信双方制备态和 Charlie 响应情况的关系

参 数	$|H\rangle_a|H\rangle_b$	$|H\rangle_a|V\rangle_b$	$|V\rangle_a|H\rangle_b$	$|V\rangle_a|V\rangle_b$
$|\Psi^+\rangle$	×	✓	✓	×
$|\Psi^-\rangle$	×	✓	✓	×
参 数	$|+\rangle_a|+\rangle_b$	$|+\rangle_a|-\rangle_b$	$|-\rangle_a|+\rangle_b$	$|-\rangle_a|-\rangle_b$
$|\Psi^+\rangle$	✓	×	×	✓
$|\Psi^-\rangle$	×	✓	✓	×

注：×表示不存在此种响应；✓表示存在此种响应。

2. 双场量子密钥分发协议

长距离量子密钥分发对量子通信实用化，走向全面应用有着重要的意义。而制约长距离 QKD 应用的主要因素是主流 QKD 协议的密钥率随着信道长度指数衰减。例如，现阶段最为广泛使用的 BB84 协议，其密钥生成率正比于信道传输效率 $\eta = 10^{-\alpha l}$，其中 α 为常数（对于光纤信道典型值为 0.02/km），l 为通信方 Alice 到 Bob 的信道距离。理论学家们证明，对于任何不使用中继（Alice 发送量子态，Bob 接受量子态，信道中不存在中继点）的 QKD 协议，其密钥率不可能超过线性界 $R \leqslant -\log_2(1-\eta)$[39-40]。

Lucamarini 等提出了一种可以打破线性界的协议，即双场量子密钥分发（TFQKD）协议[41]，大大延长了 QKD 通信距离。图 3.10 为原始 TFQKD 协议流程图，与测量设备无关协议类似，都是 Alice 和 Bob 向不可信第三方 Charlie 发送信号。Alice 和 Bob 分别用自己的光源（LS）制备脉冲光，并通过强度调制器（IM）随机地调制光强 μ_a 和 μ_b。两束脉冲光分别通过相位调制器（PM），Alice 和 Bob 分别随机地调制相位 φ_a 和 φ_b，在调制相位的过程中，Alice 和 Bob 把原始密钥信息加载在上面。脉冲光通过可变光衰减器（VOA）。在脉冲光离开 Alice 和 Bob 本地区域进入传输媒介后，会引入相位噪声 δ_a 和 δ_b。如果 Charlie 是可信的，那么他会在脉冲光经过光学分束器之前，补偿相位差 $\delta_{a,b} = \delta_a - \delta_b$。随后，Charlie 对两束脉冲光在光学分束器上进行干涉测量，记录并公布单光子的探测器响应情况。最后，Alice 和 Bob 根据探测器响应情况来决定是否进行纠错和私密放大。

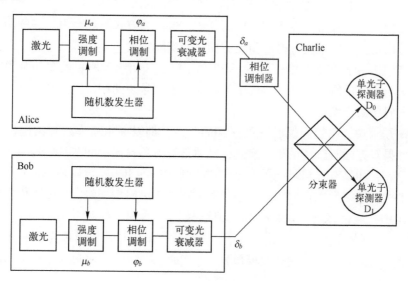

图 3.10　原始 TFQKD 协议流程图

然而，原始 TFQKD 论文并未给出完善的安全性证明。但是，这一突破立刻引起了学术界广泛关注，相关衍生协议和安全性分析被提出。下面介绍三种主流 TFQKD 协议，分别为相位匹配协议（PM-QKD）[42]、发送与不发送协议双场协议（SNS-TFQKD）[43] 和无相位后选择双场协议（NPP-TFQKD）[44-46]。

PM-QKD 由清华大学的马雄峰于 2018 年提出。该协议基于原始双场协议，完善了原始双场协议的安全性证明，从理论上验证了双场协议的可靠性。在相位匹配协议中，通信双方 Alice 和 Bob 将信息 κ_a，$\kappa_b \in \{0,1,2,\cdots,d-1\}$ 分别编码在相干态的相位上，并且将其发送给受 Eve 控制的非可信测量节点，如图 3.11 所示。

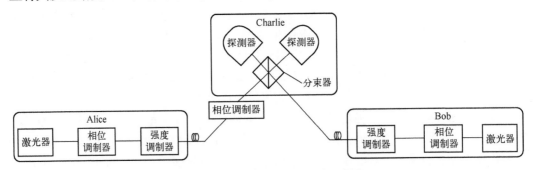

图 3.11 相位匹配协议的系统示意图

定义成功的测量事件为测量节点的左边或者右边探测器响应。在实际双场量子密钥分发协议中，需要在远距离下发生单光子干涉，所以需要对 Alice 和 Bob 的光源进行很好的锁相。并且相位匹配协议的有效事件需要对 Alice 和 Bob 的相位差 0 或者 π，但由于相位是一个连续的变量，这使有效事件的概率接近 0。为解决这个问题研究人员提出一个相位后选择的方法，就是 Alice 和 Bob 将 $[0,2\pi)$ 范围内的相位分为 M 块，每块为 $\{\Delta_j\}$，其中 $\Delta_j = \left[\dfrac{2\pi j}{M}, \dfrac{2\pi(j+1)}{M}\right)(0 \leq j \leq M-1)$。相位分为 M 块之后，Alice 和 Bob 不用精确地比较相位，而只需比较相位所在的分块，这样的方式虽然会引入一些固有的本底误码，但可以使协议中相位选择的步骤更加符合实际实验。

SNS-TFQKD 由清华大学的王向斌于 2018 年提出。相比于原始的双场量子密钥分发协议，发送与不发送协议去除了协议中编码模式下信号态的相位后选择，从而提高了协议整体对误码率的容忍程度。

在 SNS 协议中，每轮协议通信双方 Alice、Bob 都以一定概率选择编码模式和诱骗态模式，如果双方同时选择诱骗态模式，则通信双方各自向中间节点发送一个相位随机化的弱相干态；如果双方同时选择编码模式，则 Alice（Bob）再以概率 ϵ 发送一个弱相干态，以 $1-\epsilon$ 的概率发送真空态。当通信双方都选择编码模式时，取子事件窗口，在这个事件窗口中，通信双方 Alice 和 Bob 都选择编码模式，同时只有一方（Alice 或者 Bob）选择发送弱相干态，则在此情况下，子事件窗口中包含双模单光子事件：$|Z_0\rangle = |01\rangle$，$|Z_1\rangle = |10\rangle$，定义发送双模单光子事件的情况为 Z_1-window，其引起的有效事件为 Z_1-bits。

通信双方都选择诱骗态模式时，取子事件窗口，在这个窗口中通信双方选择发送的相干态平均光子数相同，且 Alice、Bob 的随机相位 δ_A、δ_B 满足以下约束条件：

$$1 - |\cos(\delta_A - \delta_B)| \leq |\lambda| \tag{3.15}$$

在这个子事件窗口中发送的量子态可以看作关于光子数的混态。并且在子事件窗口中同样含有双模单光子成分 $|\psi_1\rangle\langle\psi_1|$，同样定义这些双模单光子事件窗口为 X_1-window，其引起的计数为 X_1-bits。

攻击者无法区分 X_1-window 和 Z_1-window，如果只考虑 X_1-bits 和 Z_1-bits，则这些单

光子态与BB84协议中的态相似,其安全性证明也类似于BB84协议。

NPP-TFQKD由中国科学技术大学的韩正甫小组、加拿大的研究小组等先后提出。NPP-TFQKD的过程和PMQKD非常类似,不同之处在于取消了随机相位,这样就不会产生使随机相位相差过大造成的密钥和数据抛弃,因此密钥率更高。而由NPP-TFQKD改进的四相位双场协议,已经由中国科学技术大学的郭光灿院士团队的韩正甫教授及其合作者,实现了833km光纤量子密钥分发[47],创造了当时新的世界纪录。

3.3.4 纠缠类协议

1. E91协议

E91协议[7]由Artur Ekert在1991年提出,它是第一个基于纠缠的量子密钥分发协议。该协议利用纠缠光子对之间存在的关联实现密钥的建立,其安全性通过检测是否违背与Bell不等式等价的CHSH不等式来保证。

与制备测量类协议不同,E91协议利用了量子物理中纠缠态的非局域性,它要求有一个发射纠缠光子对的源,每对光子都可以用一个Bell态来描述。这里以光子偏振维度为例,假设Alice或一个第三方Charlie制备了以下量子态:

$$|\phi^+\rangle_{AB} = \frac{1}{\sqrt{2}}(|H\rangle_A|H\rangle_B + |V\rangle_A|V\rangle_B) \tag{3.16}$$

接着这两个粒子被分别发送给Alice和Bob,式(3.16)中下标A和B分别代表发送给Alice和Bob的粒子。如图3.12所示,在收到粒子后,Alice随机地在$\{a_1, a_2, a_3\}$中选择一个测量基进行测量,而Bob则在$\{b_1, b_2, b_3\}$中随机选择一个测量基。简单起见,这些选基都在X-Z平面内。通常Alice的3组选基可以用方位角表示为

$$a_1 = 0, \quad a_2 = \frac{\pi}{4}, \quad a_3 = \frac{\pi}{2} \tag{3.17}$$

它们分别对应Z基、$(X+Z)/\sqrt{2}$基和X基。Bob选择的3组基为

$$b_1 = \frac{\pi}{4}, \quad b_2 = \frac{\pi}{2}, \quad b_3 = \frac{3\pi}{4} \tag{3.18}$$

分别对应$(X+Z)/\sqrt{2}$基、X基和$(X-Z)/\sqrt{2}$基。这里Alice选择的Z、X基以及Bob选择的$(X+Z)/\sqrt{2}$,$(X-Z)/\sqrt{2}$基对应于CHSH不等式验证所需的选基。Alice和Bob通过公布这些选基的组合的测量结果来检测是否有窃听者的存在,即检验是否违背了CHSH不等式:

$$S = \langle a_1 b_1 \rangle - \langle a_1 b_3 \rangle + \langle a_3 b_1 \rangle + \langle a_3 b_3 \rangle \tag{3.19}$$

式中:$\langle a_i b_j \rangle$代表当Alice和Bob分别选择a_i和b_j进行测量时的相关系数,即期望值,可以表示为

$$\langle a_i b_j \rangle = P_{++}(a_i b_j) + P_{--}(a_i b_j) - P_{-+}(a_i b_j) - P_{+-}(a_i b_j) \tag{3.20}$$

式中:$P_{\pm\pm}(a_i b_j)$表示Alice和Bob分别选择a_i和b_j时得到的测量结果为±的概率。

通过CHSH不等式的违背情况可以判定通信是否安全,违背程度越大,通信双方获得的光子之间的关联就越强,与窃听者之间的关联性就越弱。当Alice和Bob得到最大违背时($|S| = 2\sqrt{2}$),窃听者将无法获得任何有用的信息。若$|S| < 2$,则表明接收到

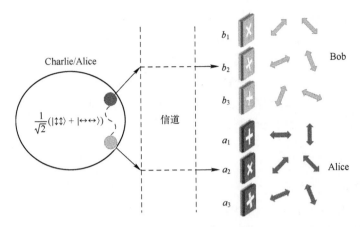

图 3.12 E91 协议原理示意图

的光子之间没有真正纠缠，窃听者可能利用"隐变量"来操控通信双方的探测结果。此时通信结果将可能掌握在窃听者手中，通信不再安全，需要放弃本轮密钥。在确保获得足够理想的违背时，Alice 和 Bob 可根据手中选基相同（同时选择 X 基或同时选择 $(X+Z)/\sqrt{2}$ 基）时的探测结果来生成密钥。

E91 协议的具体流程：

（1）Alice 或者第三方 Charlie 制备一对处于最大纠缠态的粒子，并将 A 粒子发送给 Alice，B 粒子发送给 Bob。

（2）Alice 独立地随机在 $\{a_1, a_2, a_3\}$ 中选择一个测量基进行测量，并记下结果。Bob 同样独立地随机在 $\{b_1, b_2, b_3\}$ 中选择一个测量基，记录下测量结果。

（3）重复以上步骤 $9n$ 次。

（4）Alice 和 Bob 公布测量基的选择，并公布所有选基不同时的测量结果。双方利用其中的四种基的选择情况（Alice 选择 $\{a_1, a_3\}$，Bob 选择 $\{b_1, b_3\}$）进行 CHSH 不等式检验。若得到的结果低于某个阈值，则放弃本次通信；反之，Alice 和 Bob 保留选基相同时的测量结果以用于生成密钥，此时平均看来还剩 $2n$ 个数据。

（5）Alice 和 Bob 将保留的结果进行纠错和保密放大等后处理，最终得到 m 比特的安全密钥。

2. BBM92 协议

BBM92 协议[48]由 Charles H. Bennett、Gilles Brassard 与 N. David Mermin 于 1992 年提出，它与 Ekert91 协议一样，是基于纠缠源的一种量子密钥分发协议。但它与 Ekert91 协议不同之处是，在协议的过程中不要求使用 Bell 不等式作为成码安全性的保障，其安全性判据与 BB84 一样是基于误码率的。

如图 3.13 所示，协议要求由一个第三方 Charlie 或者 Alice 自己制备一个两粒子的最大纠缠态，然后发送给 Alice 与 Bob 双方进行测量。以光学中的偏振态为例，$|H\rangle$、$|V\rangle$、$|+\rangle$、$|-\rangle$ 分别表示水平偏振、竖直偏振和 $\pm 45°$ 的偏振态，则可设制备的最大纠缠态为

$$|\phi^+\rangle_{AB} = \frac{1}{\sqrt{2}}(|H\rangle_A |H\rangle_B + |V\rangle_A |V\rangle_B) \tag{3.21}$$

式中：下标 A、B 分别代表 Alice 与 Bob 子系统。当 Alice 与 Bob 接收到各自的粒子后，分别随机选择 Z 基（水平垂直偏振基）或 X 基（$\pm 45°$ 偏振基）进行测量。从总体的量子态来看，若 Alice 与 Bob 选择了相同的基，则测量结果是相同的；若选择了不同的基，则测量结果完全没有关联。通过经典信道的通信，Alice 与 Bob 可以在测量完量子态后互相告知基矢的选择，抛弃选择不同的基矢的事件，则剩余的事件可以用来成码。

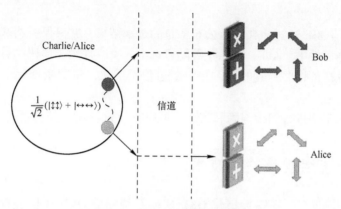

图 3.13　BBM92 协议原理示意图

安全性方面，BBM92 协议与 BB84 协议类似，若窃听者 Eve 从信道中截取某一方的信号，由于她并不清楚 Alice 或 Bob 的选基情况，只能随机选基测量，这样会有 50% 的概率猜测错误，最终导致误码率的上升，从而 Alice 与 Bob 可以及时发现窃听者。

Ekert91 协议可以通过 Bell 不等式的违背来保证源端不可信情形下的成码，BBM92 也存在类似的性质呢。假设最坏的情况，纠缠源由窃听者 Eve 掌握，那么她在制备纠缠态的时候，会额外添加一个粒子，与 Alice 和 Bob 的粒子发生纠缠，以掌握 Alice 与 Bob 间的共享信息。写成量子态的形式为

$$|\psi\rangle_{ABE} = \frac{1}{2}(|HH\rangle_{AB}|\alpha\rangle_E + |HV\rangle_{AB}|\beta\rangle_E + |VH\rangle_{AB}|\gamma\rangle_E + |VV\rangle_{AB}|\delta\rangle_E) \quad (3.22)$$

由于在 Z 基下测量时，Alice 与 Bob 需要获得相同的结果，因此应不存在 $|HV\rangle_{AB}$ 或 $|VH\rangle_{AB}$ 子项，量子态变为

$$|\psi\rangle_{ABE} = \frac{1}{\sqrt{2}}(|HH\rangle_{AB}|\alpha\rangle_E + |VV\rangle_{AB}|\delta\rangle_E) \quad (3.23)$$

如果还要满足在 X 基下 Alice 与 Bob 需要获得相同的测量结果，那么将式(3.23)在 X 基下展开，可得

$$|\psi\rangle_{ABE} = \frac{1}{2\sqrt{2}}((|++\rangle_{AB}+|--\rangle_{AB})(|\alpha\rangle_E+|\delta\rangle_E)+(|+-\rangle_{AB}+|-+\rangle_{AB})(|\alpha\rangle_E-|\delta\rangle_E)) \quad (3.24)$$

要使 $|+-\rangle_{AB}$ 和 $|-+\rangle_{AB}$ 项不存在，有 $|\delta\rangle_E = |\alpha\rangle_E$，那么

$$|\psi\rangle_{ABE} = \frac{1}{\sqrt{2}}(|++\rangle_{AB}+|--\rangle_{AB})|\alpha\rangle_E \quad (3.25)$$

由此可见，在以上的要求下 Eve 手中的粒子无法与 Alice 和 Bob 的纠缠粒子之间发生纠缠，从而无法得知他们的测量结果。

BBM92 协议流程：

（1）Alice 或第三方 Charlie 制备一对处于最大纠缠态的粒子。

（2）制备方将上述的一对粒子分别发送给 Alice 与 Bob。

（3）Alice 与 Bob 分别独立地随机选择 Z 基或 X 基以对收到的粒子进行测量。

（4）重复上述流程 $4n$ 次。

（5）Alice 与 Bob 通过经典信道公布各自的选基结果，并只保留选基相同的情形。

（6）在剩余事件中，Alice 与 Bob 再随机选出 n 次事件用于误码估计。若误码率高于设定阈值，则放弃此次所成的码，并中断通信；反之，将剩余密钥保留，称为筛后密钥。

（7）将筛后密钥进行纠错与隐私放大，最终得到 m 比特的安全密钥。

3.4 系统组成及关键技术

在确定通信协议后，还需要搭建 QKD 实验系统完成 QKD 通信过程。虽然不同的 QKD 协议对实验系统的要求不同，系统结构也在不断优化，但仍有一定的系统组成和关键技术。一般来说，QKD 系统的硬件部分可以分为发送端和接收端两部分，发送端中主要包括用于光信号制备的光源、用于信息加载的编码器以及诱骗态调制器件等，接收端主要包括用于解码的解码器以及用于探测结果的单光子探测器等。软件部分中，除了设备的控制之外，还需要完成后处理过程的算法部分。本节将对以上部件分别进行介绍。

3.4.1 发送端

1. 光信号制备

本部分重点介绍 QKD 协议中常见的光源，即单光子源和弱相干光源。虽然单光子源的单光子性质更好，但是由于其低发射效率和技术尚未成熟，目前并不适用于实用化系统。弱相干光源成本低，易于制备，是实际 QKD 系统中常用的光源方案。

1）单光子源

严格的单光子源需要满足在任何时间发射且只发射出一个光子，发射的光子是不可区分的[49]。由于单光子的不可再分性以及不可克隆性，单光子源是 QKD 系统的安全性的重要保证，是 QKD 最为理想的光源。衡量单光子源性能的重要指标包括发射效率和二阶自相关函数。发射效率表示实际产生单光子的比例，二阶自相关函数描述实际单光子源与理想单光子源的接近程度[50-51]。理想单光子源的二阶系相关函数为 0，测得实际单光子的二阶自相关函数越接近 0，表示其发出的光子越接近单光子态。根据实际产生单光子的方式，其可以大致分为确定性单光子源和概率性单光子源。但是在实际中受到耦合损耗等实际因素的影响，两者的区分并不严格。

单光子可以通过将单个发光对象（如原子）从基态泵浦到激发态，再利用自发辐射发射出一个光子，这一类光源就是确定性单光子源。制备单光子源主要有单原子方案、单分子方案、单离子方案、量子点方案、晶体色心方案等。单原子方案、单分子方案和单离子方案是利用单原子、单分子或者单离子拥有确定的能级且易于应用的特性实现单光子源的制备，这类方案中目前应用较为广泛的是基于 Cs 原子和 Rb 原子的单光子源。量子点方案是通过半导体材料生长，人造出二能级或多能级"原子"系统来产生单光子的。量子点方案作为产生单光子源的有效途径已被长期研究使用，如在 GaAs 上生长 InAs 材料[52]、在 CdSe 上生长 ZnS 材料[53]、在 InP 上生长 GaInP 材料[54]等。晶体色心方案以金刚石色心为例，在室温下，金刚石具有缺陷色心，能够稳定产生单光子脉冲。主要的金刚石单光子源包括氮空位色心、硅空位色心和氮镍复合色心。氮空位（NV）色心的光跃迁可以等效为用具有基态的三能级能量系统，激发态可以跃迁到基态并发射一个光子或与亚稳态发生热耦合从而产生单光子[55]，但是其辐射光谱在可见波段或近红外波段[56]，在石英光纤中损耗大，较难应用于光通信。确定性单光子源产生的单光子性质好，真空脉冲概率低，但是在实际中受到发射效率低、技术不够成熟、使用条件过于严苛等因素影响，不适合实用化系统的应用。

概率性单光子源通过参量下转换和四波混频的方法同时产生成对光子对。光子对的产生是有概率的，不是确定性的。由于光子是成对产生的，对一个光子进行测量，探测发生响应，预示着另一个光子的存在，因此这类光源也称为标记单光子光源。尽管标记单光子源量高，真空脉冲概率低，但是不能保证每次有且仅有一个光子对产生，存在发射多光子的概率，单光子的产生效率低，同时暗计数的存在会干扰对光子对存在的判断。

2) 弱相干光源

在实际 QKD 实验中，理想中完全高效高质量的单光子源是很难实现的，在 QKD 系统中最常用的是弱相干光源。弱相干光源的制备是将激光脉冲进行强衰减，使每脉冲的平均光子数小于 1。因其易于实现和控制的良好特性而被广泛使用。通过衰减激光脉冲可以模拟不同光子数态的叠加态，令 μ 为强衰减后每脉冲激光的平均光子数，其光子数分布满足泊松分布：

$$P(n) = e^{-\mu} \frac{\mu^n}{n!} \tag{3.26}$$

式中：n 为光子数。

由于实验中使用的弱相干光源存在一定的多光子概率会对 QKD 系统的安全性造成一定的威胁，攻击者 Eve 可以在不被接收方 Bob 察觉的情况下进行光子数分离[31]（PNS）攻击，最终获得最终密钥的全部信息。为提高 QKD 系统的安全性，除了可以减小每脉冲的平均光子数，减小每脉冲中包含多个光子的概率外，还可以引入诱骗态协议[13]。该协议可以有效抵御 PNS 攻击，保障弱相干光源使用的安全性。弱相干光源是由脉冲激光经过强衰减，因此会有较大的能量损失、单光子个数少、重复频率低，且存在真空态脉冲的概率较高等缺点，在实际使用中容易受环境、温度、泵浦等因素影响。

弱相干光源是目前实际 QKD 系统最常使用的光源，但是 QKD 系统要求弱相干光源满足高相位关联性、不可区分性和低噪声等条件，而光注入式光源很好地满足这些要求。利用光注入技术可以减少光源的频率啁啾、时间抖动和强度噪声，改善光源质量。同时，光注入技术能对脉冲光源进行相位锁定，降低 QKD 系统的复杂性，可以产生稳定相位差的脉冲对序列。

光注入式相位锁定光源利用两个 Gain-Switch 激光器，一个作为主激光器，称为相位制备源；另一个作为从激光器，称为脉冲制备源，如图 3.14 所示。当主激光器关闭时，从激光器作为 Gain-Switch 激光器可以产生一系列脉冲序列，在相邻脉冲之间，来自上一个脉冲的光子处于耗散阶段，下一个脉冲由自发辐射触发，此时相邻脉冲之间电磁场的相位关联性被完全破坏，从而产生相位随机化的脉冲序列。当打开主激光器时，主激光器产生一系列带有微扰的脉冲序列，通过光环行器注入从激光器中，从激光腔中含有来自主激光脉冲的光子，由这些光子触发从激光器的下一个脉冲，利用微扰对从激光器的相邻脉冲对进行相位调制，建立相邻脉冲对之间的相位差关联，使输出的激光脉冲之间具有稳定的相位差 φ。通过改变主激光器微扰大小和微扰时间，可以控制脉冲对之间相位差 φ 的大小。

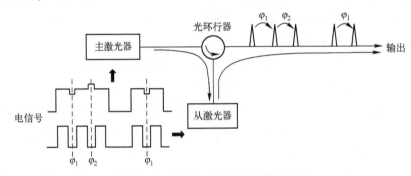

图 3.14 光注入式直接相位调制光源

2. 量子态编码

光源产生量子态后，将其传输至编码器件处进行经典比特信息的加载，即量子态编码过程。根据 QKD 协议，量子态的常用编码维度包括相位、到达时间、路径、偏振等，但一般需要使用相应的光学调制器以及干涉仪等完成。

1）调制器

根据调制维度划分，量子态编码过程中常用的调制器主要有相位调制器（phase modulator）、强度调制器（intensity modulator）、偏振调制器（polarization modulator）等。从实现原理来说，光学调制器包括电光调制器（electro-optic modulator）、热光调制器（thermo-optic modulator）、声光调制器（acousto-optic modulator）、磁光调制器（magneto-optic modulator）、电吸收调制器（electro-absorption modulator）等。当前实用化 QKD 系统中常用的是电光调制器，原理为电光效应，即电光晶体的折射率随外加电场的变化而变化，常用材料为铌酸锂。铌酸锂是一种单轴双折射晶体，在非线性光学、光电调制等领域应用广泛。当作为电光调制器时，一般会利用钛扩散或质子交换等加工方法，在铌酸锂晶体中制作出波导结构。同时，还会根据晶体取向，确定调制电场方向，从而利用到最大电光常数 γ_{33}，获得更高的调制效率。

使用不同的调制结构与调制方法，铌酸锂电光调制器可以分别实现对光量子态相位、强度、偏振等维度的调制。铌酸锂电光调制器作为相位调制器时，仅使用单根波导，在电极上加载调制电压。在外加电场作用下，波导的折射率发生改变，从而产生相位调制效果，其结构如图 3.15（a）所示。铌酸锂电光调制器作为强度调制器时，通常会使用经典的马赫-曾德尔干涉仪结构，如图 3.15（b）所示。入射光在入口端耦合器处分束，在干涉仪的两臂中分别受到相位调制，在干涉仪的出口端耦合器处发生干涉。通过改变调制电压改变双臂相位差，即可获得不同强度的出射光。铌酸锂偏振控制器可以实现任意偏振旋转，由多个可以视为单一波片的波导相位延迟片组成，单相位延迟片结构如图 3.15（c）所示。调节加载电压，即可相应调节波片在偏振庞加莱球上对应的转轴和偏振态旋转角度。

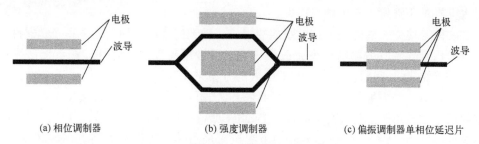

图 3.15　铌酸锂电光调制器结构示意图

2）编码器

调制器结构与特定的光学回路相结合，可以组成 QKD 的编码器结构。以当前光纤 QKD 系统中最常用的相位编码为例，这一方案将信息编码于光子的相位维度上，通过干涉仪结构实现信息的加载与检测。1992 年，Bennett 等在提出 B92 协议的同时提出了使用不等臂马赫-曾德尔干涉仪（asymmetric Mach-Zehnder interferometer，AMZI）结构的方案[57-58]，其示意如图 3.16 所示。

图 3.16　不等臂马赫-曾德尔干涉仪编码器结构示意图

在这种编码器中，光子由干涉仪中的首个分束器分别进入干涉仪的两臂，在其中一臂上的相位调制器可以根据选基和信息比特取值，调节双臂相位差，加载信息。由于双臂长度不同，光子从干涉仪第二个耦合器输出后会被分为时序上的两个脉冲，再经过诱骗态和光强调制等步骤后传输至接收端，完成编码过程。Townsend 等利用这一方案在 1993 年完成了 10km 距离的 QKD 实验[59]，1998 年将传输距离扩展至 55 km[60]。不过，这一方案在进行解码时仅有在发送端和接收端分别走长臂和短臂的光子会发生干涉，两次都走长臂或短臂的光子需要舍弃，因此效率较低。为解决这一问题，Gobby 等在 2004 年提出了一种改进方案，并使用这一结构完成了 122km 单模光纤条件下的 QKD 实验[61]。该方案中将 AMZI 中的一个耦合器替换为偏振分束器（polarization beam splitter，

PBS），其结构示意如图 3.17 所示。

图 3.17　改进型编码器结构示意图

在这种编码器中，干涉仪输出端的耦合器被替换为 PBS，可以保证经过长短臂的光脉冲以正交偏振方向出射。在接收端经过主动偏振补偿后，可以通过另一个 PBS 引导光进入互补的干涉臂，避免功率损失。

在实际环境中，随着光纤传输距离的增长，受到的扰动增加，光纤和光学器件中的双折射效应会导致其偏振特性发生改变，影响干涉可见度的稳定性，甚至无法完成实验[62]。为解决这一问题，以上 Gobby 等人的方案采用了主动反馈方法，这会增加系统复杂度。还有一类方案借助干涉仪的结构特点，也可以被动地实现抗偏振扰动，其中较为成熟的是法拉第-迈克尔逊干涉仪（Faraday-Michelson interferometer，FMI）结构[63]，其示意如图 3.18 所示。这一方案使用了法拉第反射镜，可以使偏振方向旋转 90°，再次通过相同器件，从而弥补光纤信道和器件中双折射效应带来的影响，实现偏振自补偿。

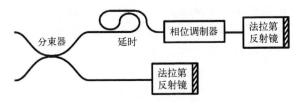

图 3.18　法拉第-迈克尔逊干涉仪编码器结构示意图

3. 诱骗态调制

理论上，QKD 系统要求使用理想的单光子源，因为单光子不可分特性以及量子态不可克隆定理从物理机理上保证了 QKD 系统的安全性。但是单光子源对技术要求苛刻，并不能广泛地部署于实用化的 QKD 系统。在实验上，通常采用弱相干态光源替代单光子源，因为弱相干态光源非常容易制备，只需激光经过强衰减即可获取。但是弱相干态光源的应用给 QKD 系统带来了安全隐患，窃听者 Eve 可以利用光子数分离攻击[64]获取密钥信息。激光产生的光场是相干态，其光子数分布满足泊松分布，经过强衰减之后其光子数分布仍然满足泊松分布：

$$P(n) = e^{-\mu} \frac{\mu^n}{n!} \quad (3.27)$$

式中：μ 为光源经过强衰减之后的平均光子数。

由此可见，弱相干态光源有概率产生包含两个及两个以上光子的信号，这使得 Eve 可以施展光子数分离攻击。具体来说，对于单光子信号，Eve 进行部分或全部拦截，对于包含两个及两个以上光子的信号，Eve 保留一个光子，其余光子仍然发送给

Bob。由于以上的操作会产生额外的损耗，Eve 可以使用无损信道进行光脉冲的传输。待公布选基后，Eve 对手中的光子进行相应的测量即可获取密钥信息而不引起任何扰动。

诱骗态方法（decoy-state method）[13-15]可以有效地抵御光子数分离攻击，同时可以估计出更加紧致的码率下界。对于第一点，诱骗态方法要求 Alice 随机发送几种不同强度（平均光子数）的信号脉冲，并对其进行相位随机化，相位随机化之后的信号脉冲变成了不同光子数态的混态：

$$
\begin{aligned}
\rho_\mu &= \frac{1}{2\pi}\int_0^{2\pi} |e^{i\theta}\sqrt{\mu}\rangle\langle e^{i\theta}\sqrt{\mu}| d\theta \\
&= \frac{1}{2\pi}\int_0^{2\pi} e^{-\mu}\sum_{n,m=0}^{\infty}\frac{\sqrt{\mu}^{n+m}}{\sqrt{n!m!}}|n\rangle\langle m|e^{i\theta(n-m)}d\theta \\
&= e^{-\mu}\sum_{n,m=0}^{\infty}\frac{\sqrt{\mu}^{n+m}}{\sqrt{n!m!}}|n\rangle\langle m|\delta_{n,m} = \sum_{n=0}^{\infty}P_n|n\rangle\langle n|
\end{aligned}
\tag{3.28}
$$

由于 Eve 接收到的是不同光子数态的混态，她并不能判断当前拦截的信号属于哪个强度，所以其只能对不同光强下的相同光子数态进行相同的操作，合法的通信双方可以通过求解多元方程较为准确地估计出不同光子数态的响应情况。

对于第二点，结合 GLLP 的思想和诱骗态方法，可以得到码率公式：

$$R \geqslant q\{-Q_\mu f(E_\mu)H_2(E_\mu) + Q_1[1-H_2(e_1)]\} \tag{3.29}$$

式中：q 为 Alice 和 Bob 选基相同的概率；μ 为信号态的强度；Q_μ 为信号态的响应率；E_μ 为量子比特误码率；Q_1 为单光子信号响应率；e_1 为单光子信号误码率；$f(E_\mu)$ 为实际纠错码效率；$H_2(x)$ 为香农熵函数，且有

$$H_2(x) = -x\log_2(x) - (1-x)\log_2(1-x) \tag{3.30}$$

诱骗态的思想可以更好地估计 Q_1 的下界以及 e_1 的上界，从而得到更加紧致的码率下界。下面以三强度诱骗态为例展开介绍，其中信号态强度为 μ，诱骗态强度分别为 v_1 和 v_2，满足

$$0 \leqslant v_2 \leqslant v_1 \tag{3.31a}$$

$$v_2 + v_1 < \mu \tag{3.31b}$$

对诱骗态的响应率为

$$Q_{v_1} = \sum_{i=0}^{\infty} Y_i \frac{v_1^i}{i!} e^{-v_1} \tag{3.32a}$$

$$Q_{v_2} = \sum_{i=0}^{\infty} Y_i \frac{v_2^i}{i!} e^{-v_2} \tag{3.32b}$$

变换可得

$$
\begin{aligned}
Q_{v_2}v_1 e^{v_2} - Q_{v_1}v_2 e^{v_1} &= (v_1-v_2)Y_0 - v_1v_2\left(\frac{v_1-v_2}{2!}Y_2 + \frac{v_1^2-v_2^2}{3!}Y_3 + \cdots\right) \\
&\leqslant (v_1-v_2)Y_0
\end{aligned}
\tag{3.33}
$$

所以有

$$Y_0 \geqslant Y_0^L = \max\left\{\frac{Q_{v_2}v_1 e^{v_2} - Q_{v_1}v_2 e^{v_1}}{v_1 - v_2}, 0\right\} \tag{3.34}$$

求 Q_1 的下界：

$$\sum_{i=2}^{\infty} \frac{\mu^i}{i!} Y_i = Q_\mu e^\mu - Y_0 - \mu Y_1 \tag{3.35a}$$

$$\begin{aligned} Q_{v_1} e^{v_1} - Q_{v_2} e^{v_2} &= (v_1 - v_2) Y_1 + \sum_{i=2}^{\infty} \frac{Y_i}{i!}(v_1^i - v_2^i) \\ &\leqslant (v_1 - v_2) Y_1 + \frac{v_1^2 - v_2^2}{\mu^2} \sum_{i=2}^{\infty} \frac{\mu^i}{i!} Y_i \\ &= (v_1 - v_2) Y_1 + \frac{v_1^2 - v_2^2}{\mu^2}(Q_\mu e^\mu - Y_0 - \mu Y_1) \\ &\leqslant (v_1 - v_2) Y_1 + \frac{v_1^2 - v_2^2}{\mu^2}(Q_\mu e^\mu - Y_0^L - \mu Y_1) \end{aligned} \tag{3.35b}$$

可得

$$Y_1 \geqslant Y_1^{L,v_1,v_2} = \frac{\mu}{\mu v_1 - \mu v_2 - v_1^2 + v_2^2}\left(Q_{v_1}e^{v_1} - Q_{v_2}e^{v_2} - \frac{v_1^2 - v_2^2}{\mu^2}(Q_\mu e^\mu - Y_0^L)\right) \tag{3.36}$$

所以有

$$Q_1 \geqslant Q_1^{L,v_1,v_2} = e^{-\mu} \mu Y_1^{L,v_1,v_2} \tag{3.37}$$

求 e_1 的上界：

$$E_{v_1} Q_{v_1} e^{v_1} = e_0 Y_0 + e_1 Y_1 v_1 + \sum_{i=2}^{\infty} \frac{v_1^i}{i!} e_i Y_i \tag{3.38a}$$

$$E_{v_2} Q_{v_2} e^{v_2} = e_0 Y_0 + e_1 Y_1 v_2 + \sum_{i=2}^{\infty} \frac{v_2^i}{i!} e_i Y_i \tag{3.38b}$$

做差可得

$$E_{v_1} Q_{v_1} e^{v_1} - E_{v_2} Q_{v_2} e^{v_2} = e_1 Y_1 (v_1 - v_2) + \sum_{i=2}^{\infty} \frac{e_i Y_i}{i!}(v_1^i - v_2^i) \geqslant e_1 Y_1 (v_1 - v_2) \tag{3.39}$$

所以有

$$e_1 \leqslant e_1^{U,v_1,v_2} = \frac{E_{v_1} Q_{v_1} e^{v_1} - E_{v_2} Q_{v_2} e^{v_2}}{Y_1^{L,v_1,v_2}(v_1 - v_2)} \tag{3.40}$$

最后，由上述表达式可得安全码率的下界。

研究表明，三强度诱骗态方法可以逼近无穷维诱骗态的效果[65]，诱骗态强度设置得越多，系统就越复杂，实验起来困难越大，并且没有带来 QKD 系统性能上的提升，所以在实际 QKD 系统中，三强度诱骗态方法得到了广泛应用。

在实验上，诱骗态方法要求 Alice 随机地调制几种不同的强度，一般采用基于 $LiNbO_3$ 的马赫-曾德尔强度调制器[66-68]，如图 3.19 所示，该强度调制器原理是输入光信号进入调制器分为两束，由于电光效应改变了折射率，两束光信号所走路径的折射率不同，在出口合束时存在相位差，因此输出光强取决于两个路径带来的相位差。

调制器输出光强表达式为

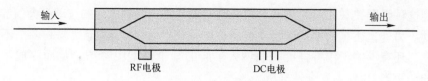

图 3.19　马赫-曾德尔强度调制器示意图

$$I_{\text{out}}(\alpha) = \frac{I_{\text{in}}}{2}(1+\cos\alpha) \tag{3.41}$$

式中：I_{in} 为输入光强；I_{out} 为输出光强；α 为两个路径带来的相位差。

调制器同时具有 RF 电极和 DC 电极，这两个电极都可以用来调节相位差 α。它们的区别是，DC 电极加载的是直流信号，用来调节调制器的静态工作点，如图 3.20 所示，可以看到输出光强与 DC 电极所加载的偏置电压之间呈余弦关系，这是因为二阶电光效应很弱，一阶电光效应占主导地位。确定好调制器的静态工作点之后，再通过 RF 电极加载的 RF 信号对每个脉冲进行强度调制。这里调制器采用行波调制，RF 信号在与光信号方向相同的电极之间传播，行波调制要求实现速度匹配与阻抗匹配，它的好处是可以达到高的调制速率。根据诱骗态的几种强度，对应地随机加载不同幅度的 RF 信号，即可调制出不同强度诱骗态信号。由于调制器的 RF 半波电压通常在 4V 左右，信号发生器产生的 RF 信号幅度远小于这个数值，因此需要经过微波放大器放大之后加载在强度调制器上，以满足半波电压的要求。

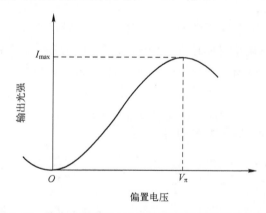

图 3.20　输出光强随 DC 电极加载偏置电压的变化曲线

基于萨格纳克（Sagnac）的强度调制器也适用于诱骗态的调制[67]，它和马赫-曾德尔强度调制器原理类似，区别是萨格纳克强度调制器的两束光走的是相同的路径，所以免受直流漂移的影响，可以长时间稳定工作。

诱骗态方法要求随机地、独立地、精准地在每个回合调制对应的强度，但是由于实际电子学系统的带宽限制，调制的脉冲序列之间存在强度关联，这种现象称为码型效应（patterning effect）[66]，违背了诱骗态的基本假设，给 QKD 系统带来了安全威胁。研究人员对此现象进行了研究，提出了许多有效的解决方法。例如，通过后处理方法[66]来缓解这种强度关联，根据前后脉冲种类对当前脉冲的影响大小，对当前脉冲进行一定的舍弃；通过把工作点设置在萨格纳克强度调制器响应曲线的最低点和最高点[67]，可以有效压制这种强度关联,因为最高点和最低点很平缓,调制电压的波动只会引起微弱的强度波动。另外,还有一种新型强度调制器的提出[68],可以稳定地调制多个不同的诱骗态强度;还有一些工作将强度关联纳入了新的理论模型中[69,70],从而完成了包含强度关联的诱骗态 QKD 的安全性分析。

3.4.2 接收端

1. 量子态解码

量子态经过信道传输到达接收端后,将使用与发送端编码器相对应的解码器进行信息的解码。同样以相位编码方案为例,介绍编码器内容中所对应的解码器结构。对于使用普通 AMZI 作为编码器的 QKD 方案,其解码器结构与编码器结构相同,实验系统结构如图 3.21 所示。

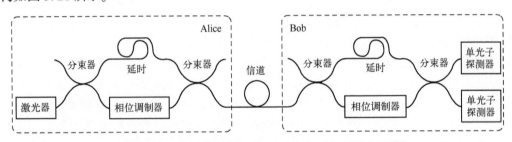

图 3.21 AMZI 结构编解码器及其 QKD 实验系统示意图

如前文所述,当光子由发送端 Alice 出射时,由于经过不同长度的路径,在时序上存在两种情形:经过长臂(记为 LA)和经过短臂(记为 SA)。在进入接收端 Bob 的解码器后,同样会以 50% 的概率分别经过长臂(记为 LB)和短臂(记为 SB)。在解码器输出端耦合器处,光子共有四种可能的路径,即 LA+LB、LA+SB、SA+LB、SA+SB。当两个不等臂干涉仪的臂长差相同时,分别经过长短路径(L_A+S_B 和 S_A+L_B)的光脉冲将同时到达,并发生干涉,如图 3.22 所示。

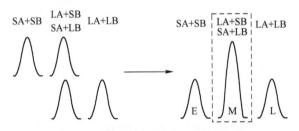

图 3.22 AMZI 型编解码器干涉结果示意图
E、M、L 分别表示出射解码器的时间由早至晚。

由图 3.22 可知,干涉峰位于出射时序的中间位置,且干涉结果与光脉冲经过不同路径后的相位差有关,干涉后输出结果如表 3.6 所列。其中 P_E、P_M、P_L 分别表示由早至晚时序下出射的概率。由表 3.6 中数据可知,双端共输出的光强总概率为 1/2,这是由于编码器的另一个出口处会损耗一半。此外,从单端输出干涉峰和非干涉峰的概率一致,均为 1/8,即编解码使用的干涉峰概率总计仅有 1/4。

表 3.6　AMZI 干涉后输出结果

出口	P_E	P_M	P_L
出口 1	1/16	$[1+\cos(\varphi_A-\varphi_B)]/8$	1/16
出口 2	1/16	$[1-\cos(\varphi_A-\varphi_B)]/8$	1/16

使用干涉仪长臂上的相位调制器调节相对相位 φ_A 和 φ_B，即可实现相位编码 QKD 过程。以实现 BB84 协议[2]为例，发送端 Alice 可以将长短臂之间的相位差随机调制在 $\{0, \pi\}$ 和 $\{\pi/2, 3\pi/2\}$ 两组基上，接收方 Bob 以同样的方式解码，若约定相位差为 0 和 $\pi/2$ 时对应比特 0，相位差为 π 和 $3\pi/2$ 时对应比特 1，那么当双方选择同一组基时，中间干涉峰时序处有光子从出口 1 出射代表共享的比特为 0，由出口 2 出射代表共享的比特为 1，双方即可完成编解码过程。

为提高编解码效率，Gobby 等在 2004 年进行的实验如图 3.23 所示。相比于普通 AMZI 结构，这一改进型编解码器结构将编码端干涉仪的出口处的耦合器以及解码端干涉仪的入口处的耦合器分别替换为 PBS。由编码器输出的经过长臂和短臂的光脉冲分别处于正交的两种量子态，经信道传输后进入接收端，并利用偏振控制器进行偏振态的反馈与补偿。同时，在进入解码器时，由于光的偏振特性，在发射端经过长臂的量子态被动进入短臂，发射端走短臂的量子态进入长臂，从而避免了光强的损耗，提高了协议效率。

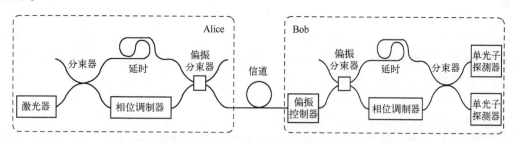

图 3.23　改进型 AMZI 编解码器及其 QKD 实验系统示意图

可以免疫实际应用中环境扰动造成的偏振干扰的法拉第-迈克尔逊干涉仪型编解码器结构如图 3.24 所示。在这一结构中，每个 AFMI 都由一个分束比为 50∶50 的分束器、两个法拉第反射镜，以及两条不同长度的干涉臂组成。干涉臂上存在相位调制器用于调节双臂相位差。光脉冲经过分束器后，分别以 50% 入射干涉仪的长臂和短臂。简单来说，在每个干涉臂尽头，法拉第反射镜可以将入射其中的光脉冲偏振态转换至它的正交偏振态后再次反射回去，再次经过相同的光学器件，从而自动补偿器件的双折射效应。同时，一个脉冲会被分为具有一定时间间隔和相位差的两个脉冲，效果与 AMZI 的作用结果相似，干涉后也会形成 3 个存在时间间隔的脉冲，干涉结果体现在中间的脉冲上。这两种干涉仪的区别是在 AFMI 中干涉后的光脉冲会有一部分原路返回，故需添加环形器接收并探测这部分光。

2. 单光子探测

单光子探测器是量子通信和量子计算不可或缺的部分，随着量子通信和量子计算的迅猛发展，单光子探测器性能提升越来越受到人们的重视。本部分主要介绍单光子探测

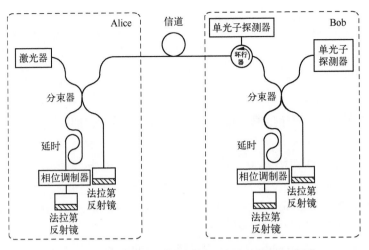

图 3.24　AFMI 编解码器及其 QKD 实验系统示意图

器的工作原理和最新进展,首先介绍了单光子探测器的一些关键性能指标,然后对一些常用单光子探测器的工作原理和最新进展进行了简述。

1) 性能指标

(1) 探测效率:当光子入射时,探测器系统输出一个探测信号的概率。

(2) 暗计数:在没有光照的情况下,热激发、隧穿激发等原因使探测器发生响应产生的计数。

(3) 后脉冲:由于单光子雪崩二极管的倍增层存在缺陷和杂质,这些缺陷和杂质会在雪崩发生时捕获一些载流子,被捕获的载流子会被延时释放出来,产生额外的雪崩信号,这些额外的雪崩信号称为后脉冲。

(4) 死时间:探测器探测到一个单光子信号后需要经过一段时间才能重新恢复单光子探测的状态,这段时间称为死时间。

(5) 时间抖动:光子从器件的吸收层被吸收到最后探测器输出一个电子学探测信号的时间不确定性。

2) 光电倍增管

光电倍增管主要由光电阴极、多级打拿极、阳极、真空管构成,如图 3.25 所示。因为所有操作都是在真空中进行的,所以需要真空管提供真空环境。此外,光电倍增管正常工作还需要很高的外加偏压,外加偏压是为光电阴极、多级打拿极和阳极之间提供足够大的电压差,从而使电子能加速到足够大的速度来激发产生更多电子。具体的工作原理:光子入射到在光电阴极上时会被吸收激发出一个电子,电子在光电阴极和第一打拿极的电场作用下会加速,最后击打在第一打拿极上产生更多的电子,这些电子在后续的打拿极作用下激发出越来越多的电子,一般会有 10^6 个电子产生,从而被外围电路甄别探测到。基于光电倍增管的单光子探测器效率一般为 10%~40%,暗计数相对较小(100cps 左右)[71]。但是由于光电倍增管需要很高的外加偏压大于 500V,且使用寿命、可靠性等受真空管的影响较大,因此日常使用不是很方便。

3) 单光子雪崩探测器

单光子雪崩探测器通常工作在盖革模式,在此模式下单光子雪崩二极管的外加反向

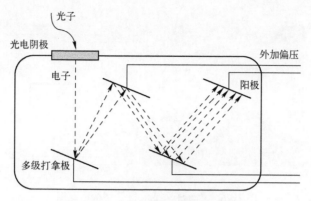

图 3.25　光电倍增管的结构示意图

偏压要大于其反向击穿电压,从而保证足够大的雪崩增益。单光子雪崩二极管的结构示意如图 3.26 所示,若入射光子的能量大于材料的禁带宽度,当光子入射到二极管的耗尽区会被晶格的原子吸收,同时激发原子的电子-空穴对跃迁到导带,这个电子-空穴对在外加强电场作用下被加速,会碰撞晶格中的其他原子使更多的电子-空穴对跃迁到导带,这些电子-空穴对继续碰撞原子,将使导带中的电子-空穴对以指数形式进行增加,达到可测量的电流大小,这就是雪崩倍增机制,从而能对单个光子进行检测。单光子雪崩探测器的探测效率一般较高,如目前可见光波段的单光子 Si 基雪崩二极管的效率能到 85%,但近红外单光子雪崩探测器由于材料和技术等因素,效率一般只有 10%~30%,因此有研究利用上转换方法将近红外的光子转换到可见光波段的光子,从而可以利用效率高的 Si 基单光子雪崩探测器进行探测,随后将介绍这个方法。同时,由于材料缺陷,单光子雪崩探测器会存在后脉冲效应,产生错误计数。若单光子雪崩二极管一直工作在盖革模式,其暗计数和后脉冲会比较大,为了降低后脉冲和暗计数,单光子雪崩二极管通常工作在门控模式下,只有在开门时间内单光子雪崩二极管的外加偏压才会大于反向击穿电压,大大降低了后脉冲和暗计数。但由于单光子雪崩二极管是一个容性器件,门信号加在单光子雪崩二极管上会产生微分噪声,该噪声会影响对雪崩信号的甄别。为了消除微分噪声,提出了正弦门法[72]、自差分法[73]、双管平衡法[74]等。目前基于门控的近红外单光子雪崩探测器的最大重复频率能到吉赫级以上,效率为 10%~30%,噪声也比较小[75-76]。近些年,单光子雪崩探测器也朝小型化、高可靠性方面发展[77]。

4) 基于上转换单光子探测器

因为目前近红外的单光子探测器的性能相对于可见光波段的单光子探测器,如 Si 基单光子雪崩探测器和 InGaAs/InP 单光子探测器的性能较差,所以提出了上转换单光子探测器。其基本思想是通过非线性晶体将近红外的光子和强的泵浦光光子进行和频产生一个可见光波段的光子,从而可以用性能较好的可见光波段的探测器进行探测。

这种方法的总效率是上转换效率、整个探测系统的光损耗和可见光波段的单光子探测器效率的乘积。目前上转换效率可接近 100%,再考虑其他因素,基于上转换单光子探测去的总效率能达到 56%~59%[78-81],但缺点是该方案需要一个强的泵浦光,成本较高。

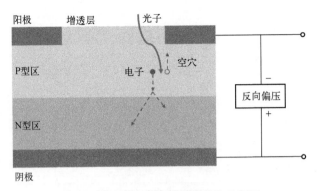

图 3.26 单光子雪崩二极管结构示意图

5) 超导单光子探测器

(1) 超导纳米线单光子探测器。

超导纳米线单光子探测器需要工作在极低温（数开）下，使纳米线处于超导态，同时调节偏置电流使纳米线的电流密度略低于其临界电流密度，从而当光子入射时能使纳米线从超导态恢复到常规电阻态。其工作原理如图 3.27 所示，光子入射到纳米线上会被吸收，纳米线上光子吸收区温度会升高使其从超导态恢复到常规电阻态，如图 3.27（b）所示。由于光子吸收区电阻的增加会使电流会聚集在光子吸收区相邻区域，造成相邻区域电流增加，而相邻区域由于电流增加会使纳米线的电流密度超过临界电流密度，也会发热使相邻区域从超导态恢复到常规电阻态，如图 3.27（d）所示。纳米线从超导态到常规电阻态的转变，会在其两端产生一个可测量的电压变化信号，通过对该电压变化信号的甄别输出，可以实现对单个光子的测量[82]。

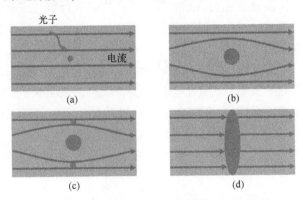

图 3.27 超导纳米线单光子探测器工作原理图

现在超导纳米线单光子探测器效率能达到 90% 以上，且暗计数很低（<10cps）[83-86]。但该类激光器的缺点是需要工作在极低温下，且价格目前相对较昂贵，维护复杂。

(2) 超导转变边沿单光子探测器。

超导转变边沿单光子探测器属于热探测器的一种，只是这里的温度计采用的是超导转变边沿传感器（transition edge sensor，TES）。图 3.28 是 TES 单光子探测器工作原理。通过在 TES 上加特定的偏置电压使 TES 工作在超导转变区域中的 T_0 处，此时 TES 的电阻为 R_0。当有光子入射时，TES 吸收光子会造成 TES 温度上升，使其从超导转变区域

的 T_0 温度点变化到 T_1 温度点，相应 TES 的阻值也会变成 R_1，从而通过外围电路对 TES 阻值变化的监测可以实现对入射光子的检测[87]。由于不同数目光子入射造成的电阻的改变量也不同，因此 TES 单光子探测器还具有光子数分辨能力[88]。

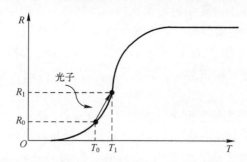

图 3.28　超导转变边沿单光子探测器工作原理图

3. 后处理

在实际的量子密钥分发过程中量子信道是存在损耗的，并且可能存在窃听者 Eve 的攻击，从而导致发送端 Alice 和接收端 Bob 的共享密钥不一致，这就需要用到后处理技术来实现 Alice 和 Bob 共享相同且安全的密钥。后处理技术主要包括对基（base sifting）、纠错（error correction）[89]、保密放大（privacy amplification）[90,91] 三个步骤。不同于 QKD 的其他模块，后处理是对经典数据的运算，基本不需要使用物理系统，它是通过可信认证的经典信道实现的，与经典通信更有相通性。

1) 对基

在量子密钥分发中，发送端 Alice 和接收端 Bob 通过可信认证的经典信道交换双方测量量子态时所用的基信息，并删除双方不同基信息所对应的数据，保留剩下的数据，这一筛选过程称为对基。

对基时，也可通过随机抽样的方式进行误码估计（error estimation）[58]，Alice 和 Bob 先交换部分测量基并删除不一致的数据，公开筛选后的这部分数据，计算误码率，若误码率低于我们的期望，则放弃所有数据再次重传；若误码率符合我们的要求，则再进行上述对基过程，但是必须删除用于计算误码率的部分数据，因为它们已经被公开，不能参与后续的工作。

2) 纠错

纠错又称密钥协商（key reconciliation）[89]，是后处理模块中不可或缺的一部分。它的主要目的是在可信认证的经典信道上泄露尽可能少信息的同时使发送端 Alice 和接收端 Bob 共享一致的密钥，也就是将经过对基后存在差异的密钥进一步纠正成一致的密钥。量子密钥分发的纠错与经典通信中略有不同，其纠错过程：发送端 Alice 发送数据 X，接收端 Bob 接收到和 X 相关的信息 Y 后，Alice 计算校验子并传输给 Bob，Bob 根据 Alice 的校验子和自己的数据 Y 进行解码得到 $\tilde{X}$，以此进行纠错。当然，也可采用反向协调的方式，即 Bob 计算校验子发送给 Alice。

针对这一过程，人们陆续提出了一系列纠错算法，根据通信双方信息交互情况分为交互式纠错协议和单向纠错协议[92]。交互式纠错协议就是发送方和接收方通过反复通信实现纠错，1993 年 Brassard 等提出的 Cascade 协议[89,93]，这就是一个典型的基于二分法的交互式纠错协议,它拥有较高的协商效率,但是交互次数较多。Cascade 协议在每轮中将随机排列 σ 应用到 Alice 和 Bob 的密钥上,其中 $X^i = \sigma_i(X)$,$Y^i = \sigma_i(Y)$。将经过随机排列后的密钥进行分组,利用奇偶校验可查找出存在奇数个错误的分组,并利用二分法纠正。假设 k_i 是第 $i(i>1)$ 轮中的错误比特,可知在 $i-1$ 轮中含有 k_i 的分组存在偶数个错误,纠正 k_i 后 $i-1$ 轮的错误即变为奇数个错误,再次利用二分法纠正 $i-1$ 轮中所有含有 k_i 的分组,重复以上操作直至所有奇偶校验都正确。2003 年,Buttler 等提出的 Winnow 协议[94]也是交互式纠错协议,它与 Cascade 协议类似,但是采用了汉明码纠错的方法。

单向纠错协议的代表为低密度奇偶校验(low-density parity-check,LDPC)码[95-96]。LDPC 码是线性分组码并由其校验矩阵决定,可以利用和积译码算法进行译码。后出现了可变码率的 LDPC 纠错方法,它利用 puncturing[97]和 shortening[98]使得其协商效率十分接近香农极限[99],在这里不做过多描述。

由上可以看出,交互式纠错协议的效率相对较高,因为交互式纠错协议是通信双方反复纠错而得的结果,因此耗时较长,尤其是在通信距离较长时;相反,单向纠错协议只需交互一次,因而耗时较少。

原则上,在进行纠错后通信双方的密钥应该保持一致,但是在实际过程中不一定能保证密钥完全一致,因此会在纠错后增加一步错误校验,用于判定双方密钥是否相同。比如,采用哈希函数值的方式计算 Alice 和 Bob 的哈希函数值[100]并进行比较,若两者的哈希函数值相同,则认为它们的密钥相同;反之,则不同,需要重新进行纠错或者舍弃这次的数据进行重传。

3)保密放大

保密放大又称保密增强[90-91],是后处理技术中非常重要的一个环节。对密钥进行保密放大的主要原因是在量子信道以及纠错过程中可能存在会被窃听者 Eve 窃取部分信息量的情况,而保密放大的作用就是将窃听者对密钥估计的不确定性放大,从而保证获取密钥的安全性。假设 Eve 对密钥 K 的估计是 E,通过保密放大 M 操作后,密钥 $K' = MK$,Eve 对 K 的估计则变成 $E' = ME$,此时 $I(K';E') \approx 0$,即 E' 对 K' 不确定性减少的程度几乎为零,窃听者无法获得有关密钥的任何信息。保密放大 M 操作通过舍弃部分密钥,缩短密钥长度,来保证密钥的安全性。

由上可知,保密放大是以牺牲部分密钥为代价而获得安全性的过程,实际就是一个对密钥进行压缩的过程。可见,只需找到一个合适的压缩函数,就能对密钥进行保密放大,一般采用哈希函数的方式。

保密放大的一般过程:发送端 Alice 和接收端 Bob 商定一个性能足够好的哈希函数族 H[101],在每次保密放大的过程中,随机从哈希函数族 H 中挑选一个哈希函数 h,Alice 和 Bob 皆按照这个哈希函数 h 对自己的密钥进行压缩。哈希函数的选择应注意三点:①由于是 Alice 挑选哈希函数 h 并传递给 Bob,因此要尽可能地控制描述哈希函数的长度,避免增大开销,影响处理速度,一般要尽可能地控制在一定范围内。②哈希函数在针对任意不同的输入值时所对应的输出值应尽可能地不同,如果输出值相同,那么保密放大这一步就失去了意义。③保密放大涉及大量的数据信息,因此它的计算速度将对量子密钥分发产生重要的影响。

3.5 量子密钥分发的最新进展

3.5.1 实际安全性与分析模型优化

虽然 QKD 具有信息论意义上的信息论安全性，但是该信息论安全性依赖理想器件的假设。实际器件往往难以满足这些假设，从而带来了安全性隐患。

针对这些实际器件的非理想特性，研究人员不断地改进 QKD 理论以使其可以更好地契合实际器件。例如，为了应对窃听者针对实际光源中的多光子脉冲所展开的光子数分离攻击，研究人员提出了诱骗态方法；为应对针对探测端的强光致盲等攻击，研究人员提出了测量设备无关量子密钥分发（MDI-QKD）协议。然而，在实际安全性方面尚有许多需要攻克的难题。

QKD 系统的源端安全性漏洞主要有三类：①调制器件的不完美特性导致的量子态制备不完美；②模式简并或特洛伊木马攻击等导致的侧信道信息泄露；③脉冲之间的关联情况导致的侧信道信息泄露，如相位关联。这三类源端漏洞会大大影响实际系统的安全性。为解决这些问题，研究人员提出了多种可以免疫源端漏洞的新型 QKD 协议。2007 年，Lo 和 Preskill 基于量子货币对源端漏洞进行了分析[102]。该分析方法可以解决以上三类漏洞导致的安全性问题，但其需要通信双方知道量子态的具体形式，这在实际实验中往往是难以实现的。2014 年，银振强、Tamaki 等分别提出了无特征源协议[103]以及损耗容忍协议（LT-QKD）[104]。这两个协议都可以解决态制备缺陷带来的安全性漏洞，不同的是，银振强等提出的协议不需要对态进行表征。2019 年，Mizutani 等延续之前的 LT-QKD 协议的思路提出一般的损耗容忍（GLT-QKD）协议，进一步解决了由第二类源端漏洞导致的安全性问题。此外，分别针对脉冲的相位关联以及强度关联，提出诸多新型协议[105-108]，可更好地解决源端安全性问题。

MDI-QKD 作为目前可实地部署的安全性最高的量子密钥分发协议，可以抵御所有针对测量端的攻击，避免了大部分实际安全隐患，所以其自从提出以来便受到了人们广泛的关注与研究。然而，MDI-QKD 依然保有对源端的诸多假设，源端非理想的量子态制备同样会严重损害 MDI-QKD 的实际安全性。为了推进 MDI-QKD 的实用化，研究人员在原始协议的基础上进行了多次改进升级，提出了多种变种协议。

参考系校准是实际系统中较为棘手的难题。原始的 MDI-QKD 要求 Alice 与 Bob 的参考系保持完全一致。以时间戳–相位编码系统举例，经过不等臂干涉仪而产生的不同时间戳对应测量装置的两个本征态为 Z 基态。若不等臂干涉仪的两臂均设置为低衰减状态，则调制前后两个时间戳之间的相对相位差来制备 X 基下的两个本征态。然而，热胀冷缩等环境影响，X 基的编码对温度相当敏感，使得相位参考系会不断随时间发生变化，进而导致用户参考系无法对齐。为了解决该问题，人们提出了参考系、测量设备双无关量子密钥分发（RFI-MDI-QKD）协议。不同于原始的 MDI-QKD，RFI-MDI-QKD 要求用户每回合随机地从 3 组相互无偏基中选择一个进行编码。其中，较为稳定的 Z 基用于成码，X 基与 Y 基则用于参数估计。通过综合分析 X 基和 Y 基的计数率和响应率，用户可以在参考系未对准的情况下准确地估计出信息泄漏情况，从而生成安全密钥。

在参考系校准问题的基础上，研究人员还进一步地提出了无特征源测量设备无关量子密钥分发协议。原始 MDI-QKD 只保留并分析用户选基相同时的数据，而该协议则提出，通过分析所有匹配和非匹配基的数据，用户不仅不需要参考系校准，甚至可以在对制备量子态一无所知的情况下准确地估计出信息泄露并生成安全密钥。这些改进的协议在提升实际安全性的同时，大大降低了对源端的要求，在 QKD 网络等校准困难的复杂场景下具有很大的优势，推进了 QKD 技术的实用化进程。

3.5.2　长距离量子密钥分发

QKD 的实用化进程越来越成为人们专注的方向。QKD 实用化的重要指标之一是其通信距离，近些年，在通信距离这一指标上也有长足的进展。

2012 年，中国科学技术大学的韩正甫课题组实现了 260km 的标准单模光纤（52.9dB 损耗）信道中的量子密钥分发[109]。该工作选用差分相位的 QKD 协议，系统的重复频率为 2GHz。该实验中使用超导单光子探测器，通过调整优化 1b 延时的法拉第-迈克尔逊干涉环，系统在 205km 和 260km 信道下的误码率分别可以控制在 2% 和 3.45%，验证了系统的稳定性。

2016 年，中国科学技术大学的潘建伟课题组采用测量设备无关协议，在 404km 的光纤上演示了量子密钥分发实验[110]。尽管 QKD 理论上被证明可以达到信息论安全，但是实际器件和设备存在不完美性，因此威胁着 QKD 的实际安全性。MDI 协议的出现彻底地解决了接收端的实际安全性问题，极大地提高了 QKD 系统的实际安全性。潘建伟课题组在 404km 的超低损耗光纤中演示的四强度诱骗态 MDI 协议，打破了此前在 MDI 协议上所演示最长距离纪录，使 QKD 在长距离通信上向前迈进了一大步。

2018 年，日内瓦大学的 Hugo Zbinden 课题组演示了一个时间戳编码的三态协议，并且系统的重复频率达到 2.5GHz[111]。得益于系统中使用的超导单光子探测器和超低损耗光纤，系统的最远通信距离可以达到 421km，并且系统的安全密钥率在 405km 的时候可以达到 6.5b/s。

2022 年，中国科学技术大学的韩正甫课题组演示了通信距离达到 833.8km[47]、等效信道衰减超过 140dB 的 QKD 实验，是目前为止光纤 QKD 实验能够达到的最长距离。实验中采用的是双场量子密钥分发（Twin-Field QKD），双场量子密钥分发协议理论上被证明可以打破线性界的限制。在此之前，研究人员证明了无中继的 QKD 协议的安全密钥率将随信道衰减呈指数下降的关系。这意味着，无论研究人员对协议做怎样的优化，协议的密钥生成率始终存在一个无法超越的上界。然而，双场协议的出现打破了这一限制，基于单光子干涉的原理，双场协议的安全密钥率随信道透射率 η 呈平方根下降，即密钥率正比于 $\sqrt{\eta}$。因此，在远距离通信下双场协议的安全密钥率可以突破线性界的限制。韩正甫课题组的实验中采用了四相位的双场协议，通过精细的系统调节，使系统在相似的距离下得到的安全密钥率相比于之前的实验提高了两个量级。该实验结果也为构建千千米级的高性能量子保密网络打下了坚实基础。

3.5.3　测量无关型量子密钥分发网络

由点对点的两用户通信到多用户的网络化通信是通信系统的发展趋势。近20年来，研究人员一直进行着QKD技术网络化的探索，实现了BB84等传统的制备测量协议的网络化。然而，相比于传统通信的网络化，制备测量类QKD天然地面临着几个棘手的难题：首先，若网络要求对所有用户进行连接，则网络线路将会变得极为复杂。而使用可信中继的方式则需要假设设备生产商、运营服务商及中继设备所在的节点是值得信任的。这些增加的假设条件无疑会降低系统和网络的安全性。其次，以BB84协议为代表的经典QKD往往要求所有设备都不能被窃听者掌控。这些假设和前提条件无疑对QKD的现实应用提出了更高的条件，而真实条件的不满足，则有可能会降低系统和网络的实际安全性。最后，QKD网络中各用户的编解码参考系动态变化、互不相同，密钥分发时每组用户需保持参考系对准以降低系统本底误码。对于多用户复杂网络，这将带来极大的资源开销。MDI-QKD天然免疫所有针对探测端的攻击，其所有用户均扮演发送端的角色，而探测端可以交给不受信任的第三方，非常适用于网络化部署。而一些基于纠缠的协议则可以有效地实现全时全通的量子密钥分发。

近年来，针对这些新颖方案的网络化研究不断取得较大的突破。2016年，中国科学技术大学的潘建伟课题组在合肥市200km^{2}的区域内构建了一个星型拓扑结构的MDI-QKD网络[112]。该网络中，不受信任的测量端位于中国科学技术大学，3个用户分别距离中心节点17km、25km和30km。该网络系统在现场测试中安全稳定地连续运行一周。证明了MDI-QKD网络是具有吸引力的城市通信安全解决方案。

考虑已有的QKD网络往往基于BB84等制备测量协议，2020年中国科学技术大学的郭光灿课题组结合经典网络中的5G非独立网络，提出了量子密钥分发中的非独立组网（NSA）[113]。该理论可以升级BB84网络和终端，采用各种相位编码方案，立即支持MDI，而无须更换硬件。这种具有成本效益的升级在充分利用现有网络的同时，有效地促进了MDI网络作为不可信节点网络的一个步骤的部署，也满足了用户对安全性和带宽的多样化需求，提高了网络的生存性。

2020年，由英国布里斯托大学领导的一个国际研究小组在布里斯托建立了一个可拓展城域量子网络来共享加密信息的密钥。该网络能连接8个或更多用户，跨越17km。

2021年1月，由中国科学技术大学作为项目主体实现了跨越4600km的天地一体化量子通信网络[114]，地面通过光纤网络和可信节点连接北京和上海，空中通过"墨子"号卫星连接北京及乌鲁木齐，横跨逾2600km。同年，荷兰研究人员实现了第一个多节点量子网络，该网络连接了3个量子处理器，实现了关键量子网络协议的原理证明，标志着未来量子互联网的一个重要里程碑。

2022年，郭光灿课题组针对QKD网络中参考系校准的难题，进一步提出了参考系-测量设备双无关的量子密钥分发网络[115]。并在实验室中搭建了50km的三用户的全时全通网络，验证了其可行性以及优越性。该网络基于课题组提出的参考系-测量设备双无关协议，并搭配偏振完全随机化技术和特殊的测量端结构，实现了在完全不进行偏振和相位校准的情况下所有用户依然可以安全稳定高效地进行密钥分发。该技术解决了实际网络中的校准难题，极大地推动了QKD网络的实用化进程。

3.6 小结

现代信息技术已成为我国经济社会发展的重要助力,建立安全可控的信息化体系是维持国家高速平稳发展的关键。随着量子信息技术的飞速发展,以量子密钥分发为代表的新型安全通信手段为保障信息空间的安全可控注入新的动力。本章主要围绕离散变量量子密钥分发技术展开介绍,从基本理论、发展历程、关键技术、最新进展等角度对其展开论述。相对于经典密码体系,量子密钥分发技术作为安全性不依赖计算复杂度、仅取决于量子力学性质的物理手段,拥有独特的理论安全性优势。然而,量子信号的微弱性不仅提高了系统对窃听者攻击的敏感程度,也带来了量子态操纵和测量的困难。为了实现量子密钥分发过程,往往需要比经典加密系统更加复杂且成本更高的物理系统。系统中各式各样的器件非理想特性带来了更多的侧信道漏洞,为窃听者的攻击提供了可乘之机。而对于量子态的测量,低成本和高效率一直无法两全。

经历了 40 年的发展,量子密钥分发的密钥率达到 10Mb/s,光脉冲的重复频率达到 5GHz,路基通信的光纤信道距离超过 830km,借助卫星的自由空间信道则可超过 1000km,安全性从设备可信到半设备无关再到全设备无关,其性能表现相较于刚提出时优异,并已经初步应用于军事、政治、金融等重要场景。未来,量子密钥分发技术仍需提高带宽、距离等性能指标,以及现实条件下的安全性,最终建立高性能、高安全、广覆盖的量子通信网络。

参考文献

[1] SHANNON C E. Communication theory of secrecy systems [J]. The Bell System Technical Journal, 1949, 28 (4): 656-715.

[2] BENNETT C H, BRASSARD G. Quantum cryptography: public key distribution and coin tossing [C] // Proc. of IEEE Int. Conf. on Comp. Sys. And Signal Proc., Dec. 1984: 175-179.

[3] SHOR P W. Polynomial-time algorithms for prime factorization and discrete logarithms on a quantum computer [J]. SiamReview, 1999, 41 (2): 303-332.

[4] SCARANI V, BECHMANN P H, CERF N J, et al. The security of practical quantum key distribution [J]. Reviews of Modern Physics, 2009, 81 (3): 1301.

[5] MAYERS D. Quantum key distribution and string oblivious transfer in noisy channels [C] //Annual International Cryptology Conference. Springer, Berlin, Heidelberg, 1996: 343-357.

[6] KOASHI M. Simple security proof of quantum key distribution based on complementarity [J]. New Journal of Physics, 2009, 11 (4): 045018.

[7] EKERT A. K. Quantum cryptography based on Bell's theorem [J]. Physical Review Letters, 1991, 67 (6): 661-663.

[8] SHOR P. W, PRESKILL J. Simple proof of security of the BB84 quantum key distribution protocol [J]. Physical Review Letters, 2000, 85 (2): 441.

[9] RENNER R. Security of quantum key distribution [J]. International Journal of Quantum Information,

2008, 6 (1): 1-127.

[10] MÜLLER Q J, RENNER R. Composability in quantum cryptography [J]. New Journal of Physics, 2009, 11 (8): 085006.

[11] PORTMANN C, RENNER R. Cryptographic security of quantum key distribution [J]. ArXiv Preprint ArXiv: 1409.3525, 2014.

[12] PORTMANN C, RENNER R. Security in quantum cryptography [J]. Reviews of Modern Physics, 2022, 94 (2): 025008.

[13] HWANG W Y. Quantum key distribution with high loss: toward global secure communication [J]. Physical Review Letters, 2003, 91 (5): 057901.

[14] LO H. K, MA X, CHEN K. Decoy state quantum key distribution [J]. Physical Review Letters, 2005, 94 (23): 230504.

[15] WANG X B. Beating the photon-number-splitting attack in practical quantum cryptography [J]. Physical Review Letters, 2005, 94 (23): 230503.

[16] SCARANI V, ACIN A, RIBORDY G, et al. Quantum cryptography protocols robust against photon number splitting attacks for weak laser pulse implementations [J]. Physical Review Letters, 2004, 92 (5): 057901.

[17] CHEFLES A. Unambiguous discrimination between linearly dependent states with multiple copies [J]. Physical Review A, 2001, 64 (6): 062305.

[18] STUCKI D, BRUNNER N, GISIN N, et al. Fast and simple one-way quantum key distribution [J]. Applied Physics Letters, 2005, 87 (19): 194108.

[19] MORODER T, CURTY M, LIM C C W, et al. Security of distributed-phase-reference quantum key distribution [J]. Physical Review Letters, 2012, 109 (26): 260501.

[20] GAO R Q, XIE Y M, GU J, et al. Simple security proof of coherent-one-way quantum key distribution [J]. Optics Express, 2022, 30 (13): 23783-23795.

[21] INOUE K, WAKS E, YAMAMOTO Y. Differential phase shift quantum key distribution [J]. Physical Review Letters, 2002, 89 (3): 037902.

[22] SASAKI T, YAMAMOTO Y, KOASHI M. Practical quantum key distribution protocol without monitoring signal disturbance [J]. Nature, 2014, 509 (7501): 475-478.

[23] WEN K, TAMAKI K, YAMAMOTO Y. Unconditional security of single-photon differential phase shift quantum key distribution [J]. Physical Review Letters, 2009, 103 (17): 170503.

[24] MATSUURA T, SASAKI T, KOASHI M. Refined security proof of the round-robin differential-phase-shift quantum key distribution and its improved performance in the finite-sized case [J]. Physical Review A, 2019, 99 (4): 042303.

[25] LIU H, YIN Z Q, WANG R, et al. Tight finite-key analysis for quantum key distribution without monitoring signal disturbance [J]. Npj Quantum Information, 2021, 7 (1): 1-6.

[26] INOUE K, IWAI Y. Differential-quadrature-phase-shift quantum key distribution [J]. Physical Review A, 2009, 79 (2): 022319.

[27] ZHOU C, ZHANG Y Y, BAO W S, et al. Round-robin differential quadrature phase-shift quantum key distribution [J]. Chinese Physics B, 2017, 26 (2): 020303.

[28] MULLER A, HERZOG T, HUTTNER B, et al. "Plug and play" systems for quantum cryptography [J]. Applied Physics Letters, 1997, 70 (7): 793-795.

[29] BOSTRÖM K, FELBINGER T. Deterministic secure direct communication using entanglement [J]. Physical Review Letters, 2002, 89 (18): 187902.

[30] WÓJCIK A. Eavesdropping on the "ping-pong" quantum communication protocol [J]. Physical Review Letters, 2003, 90 (15): 157901.

[31] LÜTKENHAUS N. Security against individual attacks for realistic quantum key distribution [J]. Physical Review A, 2000, 61 (5): 052304.

[32] GISIN N, FASEL S, KRAUS B, et al. Trojan-horse attacks on quantum-key-distribution systems [J]. Physical Review A, 2006, 73 (2): 022320.

[33] FUNG C H F, QI B, TAMAKI K, et al. Phase-remapping attack in practical quantum-key-distribution systems [J]. Physical Review A, 2007, 75 (3): 032314.

[34] QI B, FUNG C H F, LO H K, et al. Time-shift attack in practical quantum cryptosystems [J]. Quantum Information & Computation, 2007, 7 (1): 73-82.

[35] MAKAROV V. Controlling passively quenched single photon detectors by bright light [J]. New Journal of Physics, 2009, 11 (6): 065003.

[36] ACIN A, MASSAR S, PIRONIO S. Efficient quantum key distribution secure against no-signalling eavesdroppers [J]. New Journal of Physics, 2006, 8 (8): 126.

[37] BRAUNSTEIN S L, PIRANDOLA S. Side-channel-free quantum key distribution [J]. Physical Review Letters, 2012, 108 (13): 130502.

[38] LO H K, CURTY M, QI B. Measurement-device-independent quantum key distribution [J]. Physical Review Letters, 2012, 108 (13): 130503.

[39] TAKEOKA M, GUHA S, WILDE M M. Fundamental rate-loss tradeoff for optical quantum key distribution [J]. Nature Communications, 2014, 5 (1): 1-7.

[40] PIRANDOLA S, LAURENZA R, OTTAVIANI C, et al. Fundamental limits of repeaterless quantum communications [J]. Nature Communications, 2017, 8 (1): 1-15.

[41] LUCAMARINI M, YUAN Z L, DYNES J F, et al. Overcoming the rate-distance limit of quantum key distribution without quantum repeaters [J]. Nature, 2018, 557 (7705): 400-403.

[42] MA X, ZENG P, ZHOU H. Phase-matching quantum key distribution [J]. Physical Review X, 2018, 8 (3): 031043.

[43] WANG X B, YU Z W, HU X L. Twin-field quantum key distribution with large misalignment error [J]. Physical Review A, 2018, 98 (6): 062323.

[44] CUI C, YIN Z. Q, WANG R, et al. Twin-field quantum key distribution without phase postselection [J]. Physical Review Applied, 2019, 11 (3): 034053.

[45] LIN J, LÜTKENHAUS N. Simple security analysis of phase-matching measurement-device-independent quantum key distribution [J]. Physical Review A, 2018, 98 (4): 042332.

[46] CURTY M, AZUMA K, LO H K. Simple security proof of twin-field type quantum key distribution protocol [J]. Npj Quantum Information, 2019, 5 (1): 1-6.

[47] WANG S, YIN Z Q, HE D Y, et al. Twin-field quantum key distribution over 830-km fibre [J]. Nature Photonics, 2022, 16 (2): 154-161.

[48] BENNETT C H, BRASSARD G, MERMIN N D. Quantum cryptography without Bell's theorem [J]. Physical Review Letters, 1992, 68 (5): 557.

[49] EISAMAN M. D, FAN J, MIGDALL A, et al. Invited review article: Single-photon sources and detectors

[J]. Review of Scientific Instruments, 2011, 82 (7): 071101.

[50] GLAUBER R J. Coherent and incoherent states of the radiation field [J]. Physical Review, 1963, 131 (6): 2766.

[51] GLAUBER R J. The quantum theory of optical coherence [J]. Physical Review, 1963, 130 (6): 2529.

[52] BENNETT A J, UNITT D C, ATKINSON P, et al. High performance single photon sources from photolithographically defined pillar microcavities [J]. Optics Express, 2005, 13 (1): 50-55.

[53] BROKMANN X, GIACOBINO E, DAHAN M, et al. Highly efficient triggered emission of single photons by colloidal CdSe/ZnS nanocrystals [J]. Applied Physics Letters, 2004, 85 (5): 712-714.

[54] SMOWTON P M, LUTTI J, LEWIS G M, et al. InP-GaInP quantum-dot lasers emitting between 690-750nm [J]. IEEE Journal of Selected Topics in Quantum Electronics, 2005, 11 (5): 1035-1040.

[55] LOUNIS B, ORRIT M. Single-photon sources [J]. Reports on Progress in Physics, 2005, 68 (5): 1129.

[56] CHEN Y C, SALTER P S, KNAUER S, et al. Laser writing of coherent colour centres in diamond [J]. Nature Photonics, 2017, 11 (2): 77-80.

[57] BENNETT C H. Quantum cryptography using any two nonorthogonal states [J]. Physical Review Letters, 1992, 68 (21): 3121.

[58] GISIN N, RIBORDY G, TITTEL W, et al. Quantum cryptography [J]. Reviews of Modern Physics, 2002, 74 (1): 145.

[59] TOWNSEND P D, RARITY J, TAPSTER P. Single photon interference in 10 km long optical fibre interferometer [J]. Electronics Letters, 1993, 29 (7): 634-635.

[60] TOWNSEND P D. Quantum cryptography on optical fiber networks [J]. Optical Fiber Technology, 1998, 4 (4): 345-370.

[61] GOBBY C, YUAN Z L, SHIELDS A J. Quantum key distribution over 122km of standard telecom fiber [J]. Applied Physics Letters, 2004, 84 (19): 3762-3764.

[62] HAN Z F, MO X F, GUI Y Z, et al. Stability of phase-modulated quantum key distribution systems [J]. Applied Physics Letters, 2005, 86 (22): 221103.

[63] MO X F, ZHU B, HAN Z F, et al. Faraday-Michelson system for quantum cryptography [J]. Optics Letters, 2005, 30 (19): 2632-2634.

[64] LÜTKENHAUS N, JAHMA M. Quantum key distribution with realistic states: photon-number statistics in the photon-number splitting attack [J]. New Journal of Physics, 2002, 4 (1): 44.

[65] MA X, QI B, ZHAO Y, et al. Practical decoy state for quantum key distribution [J]. Physical Review A, 2005, 72 (1): 012326.

[66] YOSHINO K, FUJIWARA M, NAKATA K, et al. Quantum key distribution with an efficient countermeasure against correlated intensity fluctuations in optical pulses [J]. Npj Quantum Information, 2018, 4 (1): 1-8.

[67] ROBERTS G L, PITTALUGA M, MINDER M, et al. Patterning-effect mitigating intensity modulator for secure decoy-state quantum key distribution [J]. Optics Letters, 2018, 43 (20): 5110-5113.

[68] LU F Y, LIN X, WANG S, et al. Intensity modulator for secure, stable, and high-performance decoy-state quantum key distribution [J]. Npj Quantum Information, 2021, 7 (1): 1-7.

[69] NAGAMATSU Y, MIZUTANI A, IKUTA R, et al. Security of quantum key distribution with light

sources that are not independently and identically distributed [J]. Physical Review A, 2016, 93 (4): 042325.

[70] ZAPATERO V, NAVARRETE Á, TAMAKI K, et al. Security of quantum key distribution with intensity correlations [J]. Quantum, 2021, 5: 602.

[71] NEVET A, HAYAT A, ORENSTEIN M. Ultrafast three-photon counting in a photomultiplier tube [J]. Optics Letters, 2011, 36 (5): 725-727.

[72] NAMEKATA N, SASAMORI S, INOUE S. 800MHz single-photon detection at 1550-nm using an In-GaAs/InP avalanche photodiode operated with a sine wave gating [J]. Optics Express, 2006, 14 (21): 10043-10049.

[73] YUAN Z L, KARDYNAL B E, SHARPE A W, et al. High speed single photon detection in the near infrared [J]. Applied Physics Letters, 2007, 91 (4): 041114.

[74] TOMITA A, NAKAMURA K. Balanced, gated-mode photon detector for quantum-bit discrimination at 1550nm [J]. Optics Letters, 2002, 27 (20): 1827-1829.

[75] HE D Y, WANG S, CHEN W, et al. Sine-wave gating InGaAs/InP single photon detector with ultralow afterpulse [J]. Applied Physics Letters, 2017, 110 (11): 111104.

[76] TADA A, NAMEKATA N, INOUE S. Saturated detection efficiency of single-photon detector based on an InGaAs/InP single-photon avalanche diode gated with a large-amplitude sinusoidal voltage [J]. Japanese Journal of Applied Physics, 2020, 59 (7): 072004.

[77] JIANG W H, LIU J H, LIU Y, et al. 1.25GHz sine wave gating InGaAs/InP single-photon detector with a monolithically integrated readout circuit [J]. Optics Letters, 2017, 42 (24): 5090-5093.

[78] ALBOTA M A, WONG F N C. Efficient single-photon counting at 1.55μm by means of frequency upconversion [J]. Optics Letters, 2004, 29 (13): 1449-1451.

[79] LANGROCK C, DIAMANTI E, ROUSSEV R V, et al. Highly efficient single-photon detection at communication wavelengths by use of upconversion in reverse-proton-exchanged periodically poled $LiNbO_3$ waveguides [J]. Optics Letters, 2005, 30 (13): 1725-1727.

[80] PELC J S, MA L, PHILLIPS C R, et al. Long-wavelength-pumped upconversion single-photon detector at 1550nm: performance and noise analysis [J]. Optics Express, 2011, 19 (22): 21445-21456.

[81] ZHENG M Y, SHENTU G L, MA F, et al. Integrated four-channel all-fiber up-conversion single-photon-detector with adjustable efficiency and dark count [J]. Review of Scientific Instruments, 2016, 87 (9): 093115.

[82] GOL'TSMAN G N, OKUNEV O, CHULKOVA G, et al. Picosecond superconducting single-photon optical detector [J]. Applied Physics Letters, 2001, 79 (6): 705-707.

[83] ROSFJORD K M, YANG J K W, DAULER E A, et al. Nanowire single-photon detector with an integrated optical cavity and anti-reflection coating [J]. Optics Express, 2006, 14 (2): 527-534.

[84] MARSILI F, VERMA V B, STERN J A, et al. Detecting single infrared photons with 93% system efficiency [J]. Nature Photonics, 2013, 7 (3): 210-214.

[85] HU P, LI H, YOU L, et al. Detecting single infrared photons toward optimal system detection efficiency [J]. Optics Express, 2020, 28 (24): 36884-36891.

[86] CHANG J, LOS J W N, TENORIO-PEARL J O, et al. Detecting telecom single photons with 99.5 system detection efficiency and high time resolution [J]. APL Photonics, 2021, 6 (3): 036114.

[87] LITA A E, MILLER A J, NAM S W. Counting near-infrared single-photons with 95% efficiency [J].

Optics Express, 2008, 16 (5): 3032-3040.

[88] FUKUDA D, FUJII G, NUMATA T, et al. Titanium-based transition-edge photon number resolving detector with 98% detection efficiency with index-matched small-gap fiber coupling [J]. Optics Express, 2011, 19 (2): 870-875.

[89] BRASSARD G, SALVAIL L. Secret-key reconciliation by public discussion [C] //Workshop on The Theory And Application of Cryptographic Techniques. Springer, Berlin, Heidelberg, 1993: 410-423.

[90] BENNETT C H, BRASSARD G, ROBERT J M. Privacy amplification by public discussion [J]. Siam Journal on Computing, 1988, 17 (2): 210-229.

[91] BENNETT C H, BRASSARD G, CRÉPEAU C, et al. Generalized privacy amplification [J]. IEEE Transactions on Information Theory, 1995, 41 (6): 1915-1923.

[92] VAN ASSCHE G. Quantum cryptography and secret-key distillation [M]. Cambridge University Press, 2006.

[93] SUGIMOTO T, YAMAZAKI K. A study on secret key reconciliation protocol [J]. Ieice Transactions on Fundamentals of Electronics, Communications And Computer Sciences, 2000, 83 (10): 1987-1991.

[94] BUTTLER W T, LAMOREAUX S K, TORGERSON J R, et al. Fast, efficient error reconciliation for quantum cryptography [J]. Physical Review A, 2003, 67 (5): 052303.

[95] GALLAGER R. Low-density parity-check codes [J]. Ire Transactions on Information Theory, 1962, 8 (1): 21-28.

[96] PEARSON D. High-speed QKD reconciliation using forward error correction [C] //AIP Conference Proceedings. American Institute of Physics, 2004, 734 (1): 299-302.

[97] HA J, KIM J, MCLAUGHLIN S W. Rate-compatible puncturing of low-density parity-check codes [J]. IEEE Transactions on Information Theory, 2004, 50 (11): 2824-2836.

[98] TIAN T, JONES C R. Construction of rate-compatible LDPC codes utilizing information shortening and parity puncturing [J]. Eurasip Journal on Wireless Communications And Networking, 2005 (5): 1-7.

[99] SHANNON C E. A mathematical theory of communication [J]. The Bell System Technical Journal, 1948, 27 (3): 379-423.

[100] FUNG C H F, MA X, CHAU H F. Practical issues in quantum-key-distribution postprocessing [J]. Physical Review A, 2010, 81 (1): 012318.

[101] CARTER J L, WEGMAN M N. Universal classes of hash functions [C] //Proceedings of The Ninth Annual ACM Symposium on Theory of Computing. 1977: 106-112.

[102] LO H K, PRESKILL J. Security of quantum key distribution using weak coherent states with nonrandom phases [J]. Arxiv Preprint Quant-Ph/0610203, 2006.

[103] YIN Z Q, FUNG C H F, MA X, et al. Mismatched-basis statistics enable quantum key distribution with uncharacterized qubit sources [J]. Physical Review A, 2014, 90 (5): 052319.

[104] TAMAKI K, CURTY M, KATO G, et al. Loss-tolerant quantum cryptography with imperfect sources [J]. Physical Review A, 2014, 90 (5): 052314.

[105] MIZUTANI A, KATO G, AZUMA K, et al. Quantum key distribution with setting-choice-independently correlated light sources [J]. Npj Quantum Information, 2019, 5 (1): 1-8.

[106] PEREIRA M, KATO G, MIZUTANI A, et al. Quantum key distribution with correlated sources [J]. Science Advances, 2020, 6 (37): eaaz4487.

[107] ZAPATERO V, NAVARRETE Á, TAMAKI K, et al. Security of quantum key distribution with intensity

correlations [J]. Quantum, 2021, 5: 602.

[108] NAVARRETE Á, PEREIRA M, CURTY M, et al. Practical quantum key distribution that is secure against side channels [J]. Physical Review Applied, 2021, 15 (3): 034072.

[109] WANG S, CHEN W, GUO J F, et al. 2 GHz clock quantum key distribution over 260km of standard telecom fiber [J]. Optics Letters, 2012, 37 (6): 1008-1010.

[110] YIN H L, CHEN T Y, YU Z W, et al. Measurement-device-independent quantum key distribution over a 404km optical fiber [J]. Physical Review Letters, 2016, 117 (19): 190501.

[111] BOARON A, BOSO G, RUSCA D, et al. Secure quantum key distribution over 421km of optical fiber [J]. Physical Review Letters, 2018, 121 (19): 190502.

[112] TANG Y L, YIN H L, ZHAO Q, et al. Measurement-device-independent quantum key distribution over untrustful metropolitan network [J]. Physical Review X, 2016, 6 (1): 011024.

[113] FAN Y G J, LU F Y, WANG S, et al. Measurement-device-independent quantum key distribution for nonstandalone networks [J]. Photonics Research, 2021, 9 (10): 1881-1891.

[114] CHEN Y A, ZHANG Q, CHEN T Y, et al. An integrated space-to-ground quantum communication network over 4600 kilometres [J]. Nature, 2021, 589 (7841): 214-219.

[115] FAN Y G J, LU F Y, WANG S, et al. Robust and adaptable quantum key distribution network without trusted nodes [J]. Optica, 2022, 9 (7): 812-823.

第4章 量子直接通信

量子安全直接通信（quantum secure direct communication，QSDC，简称量子直接通信）是我国科学家原创提出的量子通信理论。量子直接通信是量子信息网络的基础元素，作为底层的通信协议互联量子信息网络中的各个量子单元，如量子通信端机、量子传感器、量子计算机等，能够实现量子信息网络中各节点的信息交互、能力整合，构筑网络化的安全通信、战场态势高灵敏感知、高精度时间同步、战场数据快速处理等能力，是实现量子信息网络跨区域、大尺度军事应用落地的基础。本章将介绍量子直接通信的基本原理、发展历程、基本传输协议、关键技术和最新进展。

4.1 基本概念

4.1.1 原理介绍

量子直接通信是指利用量子态作为信息载体直接进行安全通信的技术，其信息载体量子态可采用单光子、相干态、纠缠态等。量子直接通信模型如图4.1所示，通信过程涉及信息发送方和信息接收方两个用户，发送方根据待传输的明文消息进行量子信号调制，即将明文加载至量子态上，之后信号量子态通过光纤或自由空间等介质传输给接收方，接收方在接收到量子态信号后对其进行解调以读取明文。实现量子直接通信无须事先分发密钥，而是直接通过量子信道进行通信。量子直接通信可传输文本、语音、视频、加密密钥等多种形式的信息。利用量子直接通信传输密钥，既可进行确定密钥的分发，也可完成随机密钥的协商。虽然量子直通信道可能面对窃听攻击能力非常强大的窃听行为，但其窃听能力仍受量子力学原理限制，量子直接通信能保证所传输信息不泄露。量子直接通信的安全性基于量子物理原理，使得窃听者得不到与信息任何相关的材料，因此不受量子计算攻击的影响，在量子计算时代仍能实现安全通信，因而是后量子安全的通信技术。

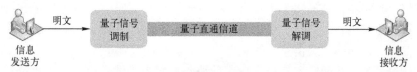

图4.1 量子直接通信模型

量子直接通信具有感知和防止窃听、兼容现有通信网络、无须额外部署加密设施等特点，适合高密级的数据信息传输。量子直接通信只需对现有网络的光通信端机进行部分替换，便可实现对现有通信网络的增量部署，提供量子安全的通信链路。量子直接通信改变了保密通信的体系结构，将现有保密通信系统的密钥分发和密文传输双信道结构改变为仅有一条量子直通信道的单信道结构，减少了泄露环节，提高了安全性。同时，量子直接通信是对通信理论的发展，将基于香农信息论的噪声信道下的可靠通信，发展为基于维纳（Wyner）搭线信道理论的既有噪声又有窃听信道下的安全和可靠通信。

4.1.2 发展历程

2000 年，龙桂鲁和刘晓曙提出了第一个量子直接通信协议[1]，标志着量子直接通信的诞生。量子直接通信被提出以后，经历了提出概念（2000—2004 年）、发展协议（2005—2015 年）、原理验证（2016—2018 年）、推进实用（2019 年至今）四个阶段。量子直接通信由我国科学家团队原创提出，我国在相关方面的研究引领了国际的发展，此节后续内容将按照先介绍国内进展再综述国外进展的顺序展开。

1. 国内发展历程

在提出概念阶段，研究的主要内容是建立量子直接通信的基本概念和方法，关键是提出了可以发现和阻止窃听的块传输技术。并以此技术建立了 3 个典型的量子直接通信协议。2000 年，龙桂鲁和刘晓曙以纠缠光子对的块传输构建了第一个量子直接通信协议，即高效协议[1]。2003 年，邓富国等[2]提出了基于纠缠的两步方案。2004 年，邓富国和龙桂鲁提出单光子量子直接通信方案，该方案称为 DL04 协议[3]。这些方案[1-3]形成了基本的量子直接通信协议构架。这些协议使用了量子态块传输技术，将传输过程划分为几个步骤，以一定数量的量子态组成的块进行每个步骤，在每个步骤中检测窃听，在传输的过程中能发现窃听，阻止信息泄露。它与以前的量子密钥分发协议中量子态完成整个分发过程后再进行窃听检测不同。

在发展协议阶段，人们开始进行量子直接通信的协议、安全性分析、网络化方案等研究。2005 年，王川等[4]提出了高维两步方案，利用高维量子态实现了高容量信息传输。2005 年，张战军等[5]基于量子直接通信设计了多方量子秘密直接共享协议，这是量子直接通信协议作为底层基础协议设计其他量子密码学协议的典型理论应用。2006 年，何广强等[6]提出了基于连续变量 EPR 对的量子直接通信。同年，邓富国等[7]提出量子直接通信网络协议，给出了多用户网络通信方案。2011 年，吕桦等[8]给出了单光子双向量子密钥分发协议的安全性，是 DL04 协议中块传输个数为 1 时的特例，其结果对 DL04 协议也适用。

在原理验证阶段，多个实验验证了基于单光子、纠缠量子直接通信方案的原理可行性。2016 年，胡建勇等[9]基于单光子频率编码首次在光纤系统实现了噪声环境下的量子直接通信，其实验系统如图 4.2 所示。在单光子频率编码中，信息发送方 Alice 不是对每一比特单独编码，而是对一个单光子块进行编码，即周期性地施加相同的幺正操作编码频率信息，以频率代表信息，信息接收方 Bob 在接收到单光子块后利用离散傅里叶变换得到调制频率，从而解码信息。在这种编码方案中，携带信息的不再是单个光子，而是若干单光子组成的块。这一方案是应用编码传输信息的雏形。

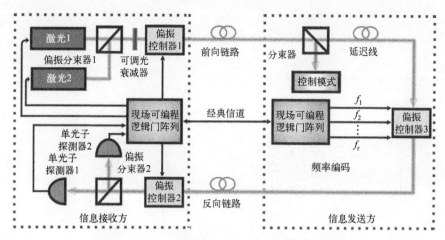

图 4.2 单光子频率编码量子直接通信实验系统

实现量子态块传输需要量子存储作为支撑,2017 年,张伟等[10]利用原子系综量子存储器演示了两步量子直接通信协议,其实验系统如图 4.3 所示。

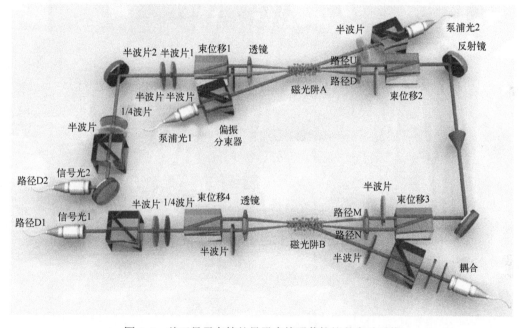

图 4.3 基于量子存储的量子直接通信协议的实验系统

2017 年,朱峰等[11]利用光纤四波混频纠缠源产生纠缠光子,在光纤系统实现了传输距离为 0.5km 的量子直接通信,两种 Bell 态的保真度分别为 91% 和 88%,实验系统如图 4.4 所示。

近年来,量子直接通信的研究呈现出理论与实验并重的趋势。周增荣等[12]和牛鹏皓等[13]分别在 2018 年提出了测量设备无关量子直接通信协议,关闭了量子直接通信有关实际探测器的安全性漏洞。此后,人们提出了各种有关测量设备无关的量子直接通信协议的优化方案[14-17],提升了其通信距离、传输容量等。2018 年,孙臻等[18-19]提出了利用经典延时编码替代量子存储的方案——无量子存储编码方案,并成功进行了原理验

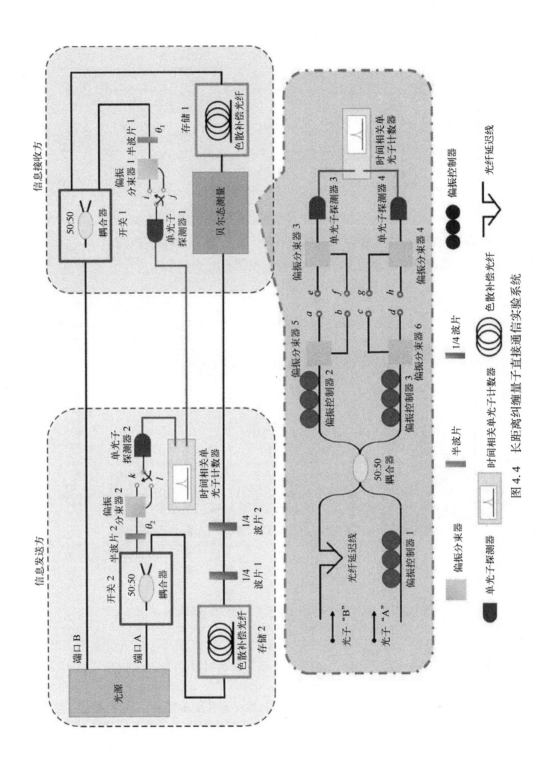

图 4.4 长距离纠缠量子直接通信实验系统

证实验，使得量子直接通信不再需要使用量子存储。同年，陈姗姗等[20]提出了基于GHZ态的三方量子直接通信方案。2019年，周澜等[21]设计了设备无关的量子直接通信协议，从理论上解决了实际系统中任意器件非理想特性带来的安全性漏洞问题。

在推进实用阶段，2019年，戚若阳等[22]研制出实用化单光子量子直接通信原型系统，其在1.5km光纤距离的信息传输速率为50b/s，误码率为0.6%，实验系统如图4.5所示。他们首次给出了量子直接通信的定量安全性证明，基于搭线信道理论计算了量子直接通信的安全信道容量。上述实验有力地推动了量子直接通信的实验发展。

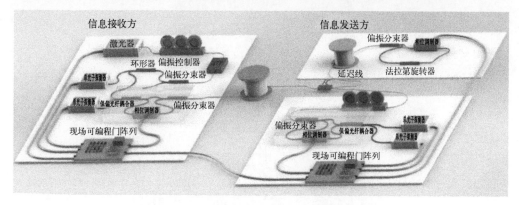

图4.5 实用化单光子量子直接通信原型系统

2020年，潘栋等提出了无须块传输的纠缠量子直接通信协议[23]。同年，潘栋等[24]实现了自由空间单光子量子直接通信，信息传输速率达到500b/s，同时还发现了DL04量子直接通信协议对光子数分离攻击有一定鲁棒性。2020年，清华大学、北京量子信息科学研究院联合团队在著名的中关村论坛上发布了10km光纤链路4kb/s通信速率的量子直接通信样机的世界级重大原创成果，作为"十三五"成果写入《北京市"十四五"时期国际科技创新中心建设规划》；2022年量子直接通信传输距离被提升至100km新的世界纪录[25]。2021年，曹正文等[26]提出了基于双模压缩态的量子直接通信方案。2021年，叶张东等[27]利用凸优化数值理论建立了量子直接通信的安全性分析通用框架。2021年，戚展彤等[28]实现了15个用户的纠缠分发量子直接通信网络。2022年，龙桂鲁等提出了安全中继方案，利用量子直接通信与后量子密码为信息传输提供了双重保护，使现阶段可利用经典中继组建端到端安全的量子通信网络[29]。2022年，盛宇波等[30]、周澜和盛宇波[31]分别提出了基于纠缠的一步量子直接通信方案和设备无关一步量子直接通信方案，将原本需要两次传输量子态的方案改进至传输一次即可，降低了量子态的传输损耗。2022年，吴家为等[32]完成了对量子直接通信的有限长安全性分析。

2. 国外发展历程

在发展协议阶段，2006年，Hwayean Lee等[33]利用GHZ态量子直接通信方案构造了量子身份认证协议。2006年，Alberto M. Marino和C. R. Stroud Jr. 提出基于连续变量纠缠态的量子直接通信协议[34]。2008年，Stefano Pirandola等[35]提出基于相干态的连续变量量子直接通信协议。2014—2015年，Jeffrey H. Shapiro等[36-37]提出了基于量子照明的量子直接通信，并在光学平台上完成了原理演示实验，其实验系统如图4.6所示。

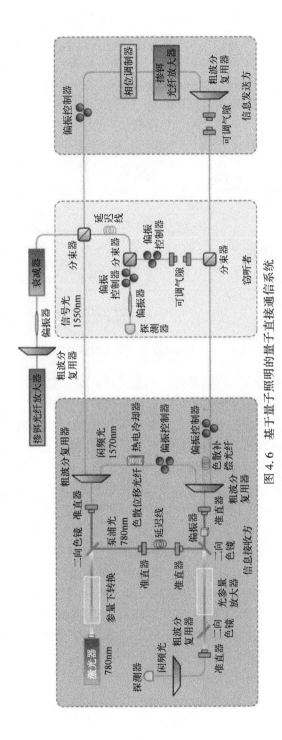

图 4.6 基于量子照明的量子直接通信系统

在原理验证阶段,2016 年,Daniel J. Lum 等在 DARPA 的支持下提出用量子数据锁定进行量子直接通信[38],并在光学平台上进行了自由空间传输实验验证。该实验应用了 Reed-Solomon 纠错码并传输了 420 个包含 63 个光子的数据包,成功率为 99.5%。2019 年,Jeffrey H. Shapiro 等[39]提出了基于量子低截获概率的量子直接通信协议,将密文编码至纠缠态上进行传输,确保窃听者无法获取有用信息。

2019 年,Francesco Massa 等[40]提出双向量子直接通信方案,并进行了实验演示,他们实验演示了一幅 10 像素×10 像素的黑白图片的保密传输。2020 年,Arunaday Gupta 等[41]在美国国际商用机器公司(International Business Machine,IBM)量子计算云平台上模拟了测量设备无关量子直接通信。2021 年,A. Vazquez-Castro 等[42]提出了量子无密钥隐私通信协议,并将其应用到星地空间通信的场景,以数值模拟模型给出了协议的通信性能。2021 年,R. Di Candia 等[43]提出了双向隐蔽量子直接通信,显示了连续变量量子系统在发展微波量子通信方面的优势。同年,Daryus Chandra 等[44]提出了利用含噪纠缠态进行量子直接通信的协议,研究了量子纠错码在量子直接通信中的应用。

4.2 传输协议

量子直接通信传输协议是指在量子信道完成通信所遵循的基本规则、约定、步骤,主要内容包括量子操作、量子测量、窃听检测等。本节将介绍量子直接通信的常见传输协议,从协议层面详述量子直接通信的基本原理。

4.2.1 高效协议

2000 年,龙桂鲁和刘晓曙提出了第一个量子直接通信协议[1]。该协议描述了如何使用 Bell 态将事先确定的信息从 Alice(信息发送方)传送给 Bob(信息接收方),其具体步骤如下:

步骤 1:Alice 和 Bob 事先约定 4 个 Bell 态编码 2 比特信息的机制,4 个 Bell 态分别是

$$|\psi_1\rangle = \frac{1}{\sqrt{2}}(|00\rangle + |11\rangle) \tag{4.1}$$

$$|\psi_2\rangle = \frac{1}{\sqrt{2}}(|00\rangle - |11\rangle) \tag{4.2}$$

$$|\psi_3\rangle = \frac{1}{\sqrt{2}}(|10\rangle + |01\rangle) \tag{4.3}$$

$$|\psi_4\rangle = \frac{1}{\sqrt{2}}(|10\rangle - |01\rangle) \tag{4.4}$$

它们分别编码信息比特 00、01、10、11。按照上述机制,Alice 根据待传输的密钥信息制备一个纠缠光子序列,同时她随机地选择一些位置插入编码随机数的纠缠光子对,用于窃听检测。此时,序列中包含 N 个纠缠光子对,将这个序列记为

$$[(P_1(1), P_1(2)), (P_2(1), P_2(2)), \cdots, (P_i(1), P_i(2)), \cdots, (P_N(1), P_N(2))] \tag{4.5}$$

如图 4.7 所示。

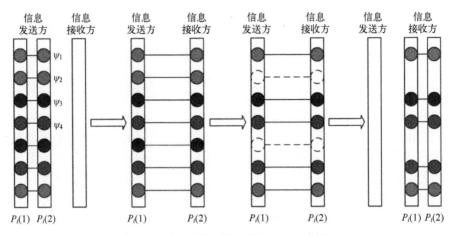

图 4.7 （见彩图）高效协议过程示意图

步骤 2：Alice 从每个 Bell 态中拿出一个光子组成一个光子序列 $[P_1(1), P_2(1), P_3(1), \cdots, P_i(1), \cdots, P_N(1)]$，那么每个 Bell 态中的另一个光子将组成序列 $[P_1(2), P_2(2), P_3(2), \cdots, P_i(2), \cdots, P_N(2)]$。Alice 将光子序列 $[P_1(2), P_2(2), P_3(2), \cdots, P_i(2), \cdots, P_N(2)]$ 发送给 Bob。

步骤 3：Bob 接收到 Alice 发送来的光子序列后，通过经典信道告知 Alice 他已经收到了该光子序列。Alice 对用于窃听检测的部分纠缠光子中标记为 1 的粒子 $P_i(1)$ 进行测量，测量基矢为 σ_z 或 σ_x，得到的测量结果是 0 或 1。Alice 告诉 Bob 所进行窃听检测测量的光子对的序列位置。

步骤 4：Bob 测量自己手中相对应的光子。例如，在图 4.7 中，Alice 对 $P_2(1)$ 进行了测量，那么 Bob 会对 $P_2(2)$ 进行测量。通信双方比对测量结果，统计误码率，判断是否存在窃听。

步骤 5：如果通信双方发现误码率低于一定的安全阈值，Alice 则将手中剩下的光子序列发送给 Bob。

步骤 6：Bob 在接收到 Alice 第二次发送来的光子序列后，便拥有了 Bell 态的两个光子。Bob 对纠缠光子对进行联合 Bell 基测量，读取 Alice 传送的信息和余下的窃听检测比特。

步骤 7：Alice 公布余下的窃听检测光子对的位置和纠缠对的初始态，Bob 对手中的相应结果进行检查，检测通信的可靠性。如果误码率低于一定阈值，那么剩下的联合 Bell 基测量结果将是被成功传送的信息。

由于上述协议能利用 1 个 Bell 态确定地完成 2 比特经典信息的传递，没有因为"基矢对比"引起量子比特丢弃，因此称为高效协议。高效协议具有容量大、效率高的优点，其效率比 E91 量子密钥分发协议高 1 倍。

在纠缠量子态的处理、存储和传输过程中不可避免地存在各种环境噪声，纠缠态会退化至非最大纠缠态，此时纠缠质量大大降低。纠缠浓缩技术[45-48]和纠缠纯化技术[49-58]可用于纠缠质量的提升。对于纠缠态量子直接通信而言，利用线性光学的测量方法不能完全区分 4 种 Bell 态，Bell 态的高效区分测量方法是一个值得研究的方向[59-60]。

4.2.2 DL04 协议

2004 年，邓富国和龙桂鲁提出了利用单光子进行量子直接通信的理论协议——DL04 协议[3]。DL04 协议的过程如图 4.8 所示。

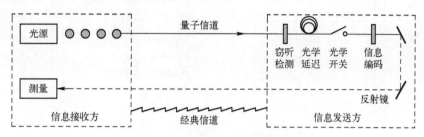

图 4.8 DL04 协议过程示意图

其具体步骤如下：

步骤 1：态制备。Bob 制备一个单光子序列 A，并将其发送给 Alice。每个单光子随机地处于 4 个量子态 $\{|0\rangle, |1\rangle, |+\rangle = (|0\rangle + |1\rangle)/\sqrt{2}, |-\rangle = (|0\rangle - |1\rangle)/\sqrt{2}\}$ 之一。

步骤 2：窃听检测。Alice 在接收到单光子序列 A 以后，随机地选择部分光子（称作 S 序列）进行窃听检测，即随机地选择两组测量基 $\{Z, X\}$ 中的之一测量这些光子。Alice 告知 Bob 序列 S 中光子的位置及她选用的测量基和测量结果，双方估计出误码率。如果误码率低于阈值，则进行步骤 3；如果误码率高于阈值，则放弃本次光子传输。

步骤 3：编码。Alice 使用幺正操作 $U_0 = I = |0\rangle\langle 0| + |1\rangle\langle 1|$ 和 $U_1 = i\sigma_y = |0\rangle\langle 1| - |1\rangle\langle 0|$ 分别对余下的光子($B=A-S$)进行待传机密信息的编码并将其传送给 Bob，这两个幺正操作分别编码信息比特 0 和比特 1。同样，为了估算第二次传输的误码率和完整性，Alice 将在 B 序列中随机挑选一部分光子编码随机数。

步骤 4：测量。Bob 接收到 Alice 传输来的光子以后，根据自己先前制备量子态的基矢信息测量量子态，读出 Alice 编码的经典信息。Alice 公布编码随机数光子的位置，双方估计出第二次传输的误码率。本次误码率检测主要测试通信的完整性，如果其低于一定阈值，则认为本次传输成功。

4.2.3 两步协议

2003 年，邓富国、龙桂鲁和刘晓曙提出了两步量子直接通信方案（Two-Step QSDC），即人们经常提到的两步协议[2]。在两步协议中，通信双方选用 Bell 态传输信息。可以利用图 4.9 来描述两步协议的过程。

其具体步骤如下：

步骤 1：Alice 和 Bob 商定每个 Bell 态都可以携带 2bit 经典信息，分别为 $|\psi^-\rangle_{12}$ 编码 00、$|\psi^+\rangle_{12}$ 编码 01、$|\varphi^-\rangle_{12}$ 编码 10、$|\varphi^+\rangle_{12}$ 编码 11。其中，$|\psi^\pm\rangle_{12} = 1/\sqrt{2}(|0\rangle|1\rangle \pm |1\rangle|0\rangle)$，$|\phi^\pm\rangle_{12} = 1/\sqrt{2}(|0\rangle|0\rangle \pm |1\rangle|1\rangle)$。

步骤 2：Alice 制备 N 个处在 $|\psi^-\rangle_{12}$ 的 Bell 态，这 N 个 EPR 对用 $[(P_1(1), P_1(2))$，

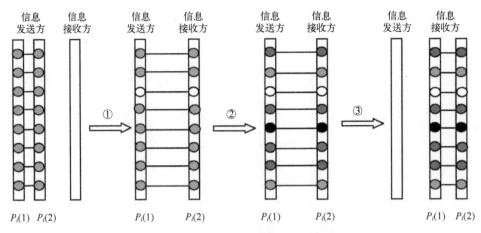

图 4.9 （见彩图）两步协议过程示意图

$(P_2(1), P_2(2)), (P_3(1), P_3(2)), \cdots, (P_i(1), P_i(2)), \cdots, (P_N(1), P_N(2))]$ 表示。其中，数字下标 i 代表次序，括号中数字 1 和 2 代表 EPR 对中不同的两个粒子。

步骤 3：从每个 EPR 对中拿出一个光子组成 C 序列 $[P_1(1), P_2(1), P_3(1), \cdots,$ $P_i(1), \cdots, P_N(1)]$，剩下的光子序列 $[P_1(2), P_2(2), P_3(2), \cdots, P_i(2), \cdots, P_N(2)]$ 则组成 M 序列。Alice 将 C 序列发送给 Bob。

步骤 4：Alice 和 Bob 通过以下子步骤完成第一次窃听检测。①Bob 从 C 序列中随机地挑选一部分光子，告诉 Alice 这些光子的位置信息。②Bob 随机地选择基矢 σ_z 或 σ_x 测量挑选的光子。③Bob 告诉 Alice 他在对这些光子进行测量时的测量基矢和相应的测量结果。④Alice 使用相同的测量基矢测量 M 序列中的对应光子，并与 Bob 的测量结果进行比对。如果没有窃听，他们的测量结果将会完全相反，双方由此统计出误码率。若误码率低于安全阈值，则进行步骤 5；否则，终止通信。

步骤 5：Alice 使用以下 4 个幺正操作作用到 M 序列中余下的光子上编码待传机密信息，即

$$U_{00} = I = |0\rangle\langle 0| + |1\rangle\langle 1| \tag{4.6}$$

$$U_{01} = \sigma_z = |0\rangle\langle 0| - |1\rangle\langle 1| \tag{4.7}$$

$$U_{10} = \sigma_x = |1\rangle\langle 0| + |0\rangle\langle 1| \tag{4.8}$$

$$U_{11} = i\sigma_y = |0\rangle\langle 1| - |1\rangle\langle 0| \tag{4.9}$$

它们分别将 $|\psi^-\rangle$ 转变为 $|\psi^-\rangle$、$|\psi^+\rangle$、$|\varphi^-\rangle$、$|\varphi^+\rangle$。为了进行第二次窃听检测，Alice 会在编码秘密信息的同时随机选择一些位置编码一些随机数。

步骤 6：Alice 将已编码的 M 序列发送给 Bob，Bob 联合 C 序列和 M 序列中相对应的光子进行 Bell 态测量，读出机密信息和随机数。此时，Alice 宣布编码随机数光子的位置和其上已编码的随机数，Bob 将测量结果与其比较得到第二次传输的误码率。

步骤 7：如果误码率低于阈值，则量子直接通信成功。第二次安全性分析主要是为了判断窃听者是否在 M 序列传输过程破坏了 C 序列与 M 序列的量子关联性。

该方案和高效方案相比，都采用了两步传输，不同的是高效协议直接将信息编码到量子态上，而两步协议将信息编码到密集编码的操作上。这两个方案的无量子存储版本可参见文献 [23]。

4.2.4 高维协议

2005年，王川等提出了高维两步量子安全直接通信方案，该方案利用高维粒子进行编码，因而每个粒子可以携带多于一个比特的经典信息[4]。通信协议中使用的信载是 d 维希尔伯特空间中的 Bell 态，其形式可以写为

$$|\Psi_{nm}\rangle = \sum_j e^{2\pi ijn/d} |j\rangle \otimes |j + m \bmod d\rangle / \sqrt{d} \qquad (4.10)$$

式中：$n, m = 0, 1, \cdots, d-1$。

用于编码的幺正操作为

$$U_{nm} = \sum_j e^{2\pi ijn/d} |j + m \bmod d\rangle\langle j| \qquad (4.11)$$

这一幺正操作作用在 Bell 态 $|\Psi_{00}\rangle = \sum_j |j\rangle \otimes |j\rangle / \sqrt{d}$ 上可以将其转变为 $|\Psi_{nm}\rangle$，即 $U_{nm}|\Psi_{00}\rangle = |\Psi_{nm}\rangle$。

高维两步量子直接通信协议过程如图 4.10 所示。

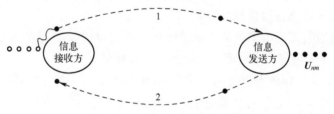

图 4.10　高维协议过程示意图[4]

其具体步骤如下：

步骤 1：与两步量子直接通信方案类似，高维方案中信息的接收者 Bob 制备 N 个 d 维 Bell 态 $|\Psi_{00}\rangle$，这 N 个高维 Bell 态用序列表示为

$$\begin{bmatrix} (P_1(H), P_1(T)), (P_2(H), P_2(T)), (P_3(H), P_3(T)), \cdots, (P_i(H), P_i(T)), \cdots, \\ (P_N(H), P_N(T)) \end{bmatrix}$$

(4.12)

步骤 2：Bob 在每个 Bell 态中选择一个粒子组成队列 H，即 $[P_1(H), P_2(H), P_3(H), \cdots, P_i(H), \cdots, P_N(H)]$，那么每个 Bell 态中的另一个粒子将组成 T 序列 $[P_1(T), P_2(T), P_3(T), \cdots, P_i(T), \cdots, P_N(T)]$。

步骤 3：Bob 将 T 序列中光子发送给 Alice。

步骤 4：Alice 和 Bob 通过以下子步骤完成第一次窃听检测。①Alice 从 T 序列中随机地挑选一部分光子，并逐一随机选用若干共轭单粒子测量基矢中的测量基对其分别进行测量。②Alice 告诉 Bob 她对哪些光子进行了测量和对应的测量基矢。③Bob 根据 Alice 公布的信息对手中相应的光子进行测量。④Alice 和 Bob 公布测量结果，并进行对比，判断是否存在窃听。如果没有窃听，则进行步骤 5；否则，终止通信。

步骤 5：Alice 根据待传消息，使用幺正操作 U_{nm} 作用到 T 序列中余下的光子上进行编码。为了进行第二次窃听检测，Alice 会在编码秘密信息的同时随机选择一些位置编码一些随机数。

步骤6：Alice 将已编码的 T 序列回传给 Bob，Bob 联合 T 序列和 H 序列中相对应的光子进行联合 Bell 基测量，读出机密信息和随机数。此时，Alice 宣布编码随机数光子的位置和其上已编码的随机数，Bob 与其比较得到第二次传输的误码率。

步骤7：如果误码率低于阈值，则量子直接通信成功，Bob 对其测量结果进行纠错译码。

相较于两步方案，高维两步方案使用了往返传输量子态的过程，只在 Bob 端进行 Bell 态制备与测量。在高维两步方案中，一个粒子可以携带 $\log_2 d^2$ 比特经典信息，具有高容量传输的优势。此外，高维协议已经被证明具有更高的安全性。

4.2.5 测量设备无关协议

利用实际器件进行量子通信存在潜在的安全性漏洞，其中针对实际探测器进行攻击的手段较为丰富，例如，利用探测器探测效率失配的时移攻击，利用探测器工作模式的探测致盲攻击，利用探测器死时间的攻击。为应对面向探测器的量子黑客攻击，人们提出了测量设备无关协议，这类协议能够抵御针对探测器的所有攻击。

1. 基于单光子的测量设备无关协议

2018 年，周增荣等提出了单光子测量设备无关协议[13]，通信过程如图 4.11 所示。单光子测量设备无关协议完成通信所执行的具体步骤如下：

步骤1：态制备。Alice 和 Bob 各自准备好相应的光子序列，并按照顺序标号。其中 Alice 制备包含数目为 $N+t_0$ 个 EPR 对的序列，其量子态均为 Bell 态 $|\psi_{12}^-\rangle = 1/\sqrt{2}(|0\rangle|1\rangle - |1\rangle|0\rangle)$。她将 EPR 对序列拆分成两个单粒子序列（每个 EPR 对的两个粒子分别在不同的序列），记为 S_{A_h} 和 S_{A_t}。同时她还制备了数量为 t_1 的单光子序列，其中每个单光子随机地处在量子态集合 $\{|+\rangle, |-\rangle, |0\rangle, |1\rangle\}$ 中的一个。Alice 将这些单光子插入序

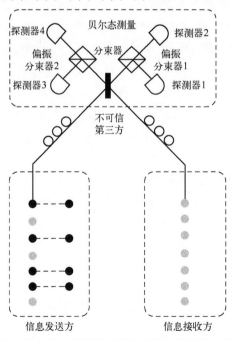

图 4.11 （见彩图）基于单光子的测量设备无关协议量子直接通信过程示意图

列 S_{A_h} 中的随机位置，组成了一个数目为 $N+t_0+t_1$ 的光子序列，记为 P_A。同时，Bob 制备数量为 $N+t_0+t_1$ 的单光子序列，记为 P_B。其中，每个单光子的量子态随机地处在集合 $\{|+\rangle,|-\rangle,|0\rangle,|1\rangle\}$ 中的一个。值得注意的是，在 Alice 一侧的 S_{A_h} 序列是之后用来传递信息的，而其中的单光子序列则是之后用来进行窃听检测的。

步骤 2：态传输与测量。Alice 和 Bob 同时分别将序列 P_A 和 P_B 发送给 Charlie。Charlie 将来自 Alice 和 Bob 的序列分别配对，进行 Bell 基测量，过程如图 4.11 所示。测量完成后 Charlie 向通信双方公布测量结果。

P_A 中的光子，如果来自 EPR 对中的一个，则它与 P_B 中的光子在完成 Bell 基测量之后，其 EPR 对中对应的另外一个光子态则会坍缩到集合 $\{|+\rangle,|-\rangle,|0\rangle,|1\rangle\}$ 中的一个，其具体量子态如表 4.1 所列。在表 4.1 中，Alice 和 Bob 的初态记为 $|\psi^-_{12}\rangle|q\rangle_3$，$|q_1\rangle$ 表示光子 2 和光子 3 被 Charlie 做 Bell 基测量之后光子 1 的量子态。在 Bell 基测量完成以后，Alice 手中 EPR 对中对应的另外一个光子只有 Bob 知道其具体状态，该量子态对 Alice 和 Charlie 以及可能存在的窃听者 Eve 都是未知的。整个过程类似于量子隐形传态。在 Bell 基测量结果公布后，如果 Bob 公布自己初始量子态处于哪一组测量基，即 $\{|+\rangle,|-\rangle\}$ 或者是 $\{|0\rangle,|1\rangle\}$，则通过该信息和 Bell 基测量结果可以得出 U_T，该幺正操作能够将 Alice 方 S_{A_h} 序列中的光子转化为对应 Bob 序列中的初态（忽略全局相位），其具体的对应关系如表 4.1 所列。可以看出 U_T 的具体形式对于 Alice、Bob 和 Charlie 在内的任何一方都是可知的。例如，假设初态为 $|\psi^-_{12}\rangle|0\rangle_3$，当 Bell 基测量结果为 $|\phi^+_{23}\rangle$ 时，$U_T = i\sigma_y$，但是 $|q_1\rangle$ 光子状态只与 $|0\rangle_3$ 对应，而 $|0\rangle_3$ 并未公布。除 Bob 外的其他人只能知道量子态处在 $|0\rangle$ 或 $|1\rangle$，而无法确定其状态。

表 4.1　Bell 基测量结果、$|q_1\rangle$ 和 U_T 与 Bob 初始态对应关系

Bob 初始态	$|\phi^+_{23}\rangle$		$|\phi^-_{23}\rangle$		$|\psi^+_{23}\rangle$		$|\psi^-_{23}\rangle$	
	$|q_1\rangle$	U_T	$|q_1\rangle$	U_T	$|q_1\rangle$	U_T	$|q_1\rangle$	U_T
$|0\rangle_3$	$-|1\rangle_1$	$i\sigma_y$	$-|1\rangle_1$	$i\sigma_y$	$|0\rangle_1$	I	$-|0\rangle_1$	I
$|1\rangle_3$	$|0\rangle_1$	$i\sigma_y$	$-|0\rangle_1$	$i\sigma_y$	$-|1\rangle_1$	I	$-|1\rangle_1$	I
$|+\rangle_3$	$|-\rangle_1$	σ_z	$-|+\rangle_1$	I	$|-\rangle_1$	σ_z	$-|+\rangle_1$	I
$|-\rangle_3$	$-|+\rangle_1$	σ_z	$|-\rangle_1$	I	$|+\rangle_1$	σ_z	$-|-\rangle_1$	I

步骤 3：窃听检测。Alice 公布 P_A 序列中 t_1 个单光子的位置和量子态之后，Bob 公布与这些单光子位置对应的 P_B 序列中的的量子态。这里的窃听检测方法和测量设备无关量子密钥分发协议中的窃听检测方法类似。对于同一测量基下制备的单光子对，其 Bell 基测量结果如下。

$$|+\rangle|+\rangle = \frac{1}{\sqrt{2}}(|\phi^+\rangle + |\psi^+\rangle) \qquad (4.13)$$

$$|+\rangle|-\rangle = \frac{1}{\sqrt{2}}(|\phi^-\rangle - |\psi^-\rangle) \qquad (4.14)$$

$$|0\rangle|0\rangle = \frac{1}{\sqrt{2}}(|\phi^+\rangle + |\phi^-\rangle) \qquad (4.15)$$

$$|0\rangle|1\rangle = \frac{1}{\sqrt{2}}(|\psi^+\rangle + |\psi^-\rangle) \qquad (4.16)$$

因此，如果存在窃听，将扰动 Bell 基测量结果，增加系统误码率。在误码率低于一定安全阈值的情况下进入下一步；否则，终止通信。

步骤 4：加载信息。Bob 公布其序列中剩余未公布的光子所处的测量基。Alice 通过在剩余的 S_{A_h} 序列上施加 U 来加载信息，即

$$U = U_m U_T \tag{4.17}$$

其中的 U_T 对应于表 4.1，其作用是使 S_{A_h} 序列中的光子态转换成与 Bob 初始序列中对应的量子态相同。幺正操作 $U_m = I$ 或 $i\sigma_y$ 用于加载信息。操作 I 代表不施加任何操作，此时加载信息 0；操作 $i\sigma_y$ 会将量子态进行翻转，表示加载信息 1。为了检测信息传输的完整性，Alice 在对序列 S_{A_h} 中的光子进行信息编码时，随机地选择数目为 t_0 的光子加载随机数。

步骤 5：态传输与测量。Alice 将编码后的光子序列 S_{A_h} 传输给 Charlie。Charlie 首先对序列中的光子施加幺正操作 U_B：

$$U_B = \begin{cases} I, & |q\rangle \in \{|0\rangle, |1\rangle\} \\ H, & |q\rangle \in \{|+\rangle, |-\rangle\} \end{cases} \tag{4.18}$$

式中：H 为哈德玛（Hardmard）门。

U_B 能够使序列中的量子态均处于测量基集合 $\{|0\rangle, |1\rangle\}$ 中。接着 Charlie 用 σ_z 基对序列 SA_h 中的量子比特进行测量，并公布结果。基于这些信息，Bob 可以得出 Alice 传输过来的信息以及随机数。

步骤 6：完整性检测。Alice 公布数目为 t_0 的检测随机数的位置及具体值。Bob 用测量结果与其对比，统计误码率。若误码率低于一定阈值，则通信成功。

从上述协议过程可以看出，测量设备无关量子直接通信将测量设备放置在不可信的第三方，可以消除测量漏洞。

2. 基于纠缠光子的测量设备无关协议

2018 年，牛鹏皓等提出了基于纠缠的测量设备无关协议[14]，其过程如图 4.12 所示。

其具体步骤如下：

步骤 1：态制备。Alice 随机制备 n 对 EPR 光子纠缠对，随机处于 $|\psi^+\rangle$ 和 $|\psi^-\rangle$。Alice 从每对 EPR 纠缠对中挑选出一个粒子组成一个光子序列 SA，其余光子组成另一个光子序列，两个序列的长度皆为 n。Alice 随后制备 m 个单光子，每个单光子随机处于四种量子态 $\{|+\rangle, |-\rangle, |0\rangle, |1\rangle\}$ 之一，她将这些单光子随机插入 EPR 纠缠对的另一个光子序列中，组成的新光子序列记为 C_A，长度为 $n+m$。类似地，Bob 制备光子序列 S_B 与 C_B，其中 S_B 由每对 EPR 纠缠对中的一个光子组成，长度为 n。C_B 由 EPR 纠缠对光子与单光子混合组成，长度为 $n+m$。

步骤 2：态传输。Alice 和 Bob 将 C_A 与 C_B 发送给 Charlie，保留 S_A 与 S_B。

步骤 3：Bell 基测量。收到序列 C_A 和 C_B 后，Charlie 将两个序列中的光子按顺序两两配对进行 Bell 基测量。该过程将包含三种情况：①两个光子均来自 EPR 纠缠对；②一个光子来自 EPR 纠缠对，另一个光子为单光子；③两个光子均为单光子。其中，情况②出于协议的简洁性与对称性考虑将被舍弃，情况③用于安全性检测，情况①将发生纠缠交换，使得 Alice 和 Bob 手中原本无关联的粒子纠缠起来。相应的量子态关系如

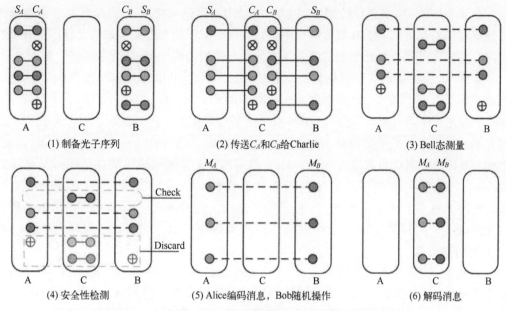

图 4.12 （见彩图）基于纠缠的测量设备无关协议过程示意图

下式：

$$|\psi_{AC}^+\rangle \otimes |\psi_{BD}^+\rangle = \frac{1}{2}(|\psi_{AB}^+\rangle|\psi_{CD}^+\rangle - |\psi_{AB}^-\rangle|\psi_{CD}^-\rangle + |\phi_{AB}^+\rangle|\phi_{CD}^+\rangle - |\phi_{AB}^-\rangle|\phi_{CD}^-\rangle)$$

(4.19)

$$|\psi_{AC}^-\rangle \otimes |\psi_{BD}^+\rangle = \frac{1}{2}(|\psi_{AB}^-\rangle|\psi_{CD}^+\rangle - |\psi_{AB}^+\rangle|\psi_{CD}^-\rangle + |\phi_{AB}^-\rangle|\phi_{CD}^+\rangle - |\phi_{AB}^+\rangle|\phi_{CD}^-\rangle)$$

(4.20)

$$|\psi_{AC}^+\rangle \otimes |\psi_{BD}^-\rangle = -\frac{1}{2}(|\psi_{AB}^-\rangle|\psi_{CD}^+\rangle - |\psi_{AB}^+\rangle|\psi_{CD}^-\rangle + |\phi_{AB}^+\rangle|\phi_{CD}^-\rangle - |\phi_{AB}^-\rangle|\phi_{CD}^+\rangle)$$

(4.21)

$$|\psi_{AC}^-\rangle \otimes |\psi_{BD}^-\rangle = -\frac{1}{2}(|\psi_{AB}^+\rangle|\psi_{CD}^+\rangle - |\psi_{AB}^-\rangle|\psi_{CD}^-\rangle - |\phi_{AB}^+\rangle|\phi_{CD}^+\rangle + |\phi_{AB}^-\rangle|\phi_{CD}^-\rangle)$$

(4.22)

不同光子组合的 Bell 基测量结果见表 4.2，表中最后两种组合相当于没有幺正操作的量子隐形传态过程。

表 4.2 不同光子组合的 Bell 基测量结果

C_A	C_B	描 述
纠缠对中的光子	纠缠对中的光子	纠缠交换，用于信息传递
单光子	单光子	安全性检测
纠缠对中的光子	单光子	隐形传态，舍弃
单光子	纠缠对中的光子	

步骤 4：第一轮安全性检测。当 Charlie 公布测量结果之后，Alice 和 Bob 公布单光子位置与制备基信息。所有测量结果中，只有两个光子均为单光子的情况将用于安全性检测。其检测过程与单光子测量设备无关量子直接通信的检测过程相同。

步骤 5：消息编码。在确认量子信道安全后，Alice 和 Bob 将舍弃 S_A 和 S_B 中未形成纠缠的粒子。对于剩余通过纠缠交换关联起来的光子对，记 Alice 手中光子序列为 M_A，Bob 手中光子序列为 M_B。随后，Alice 对手中初始状态为 $|\psi^+\rangle$ 的光子加载 σ_Z 操作，该操作相当于把相应光子的初始状态转变为 $|\psi^-\rangle$。M_B 中光子由 Bob 制备，那么 M_A 与 M_B 之间的具体量子态将只有 Bob 知道。Alice 使用四种幺正操作编码消息，分别为 $U_{00}=I$，$U_{01}=\sigma_x$，$U_{10}=i\sigma_y$ 和 $U_{11}=\sigma_z$，分别代表经典比特 00，比特 01，比特 10 和比特 11。Bob 执行"遮盖"操作，对 M_B 中光子随机加载上述四种幺正操作之一，具体操作只有 Bob 知道。为检测通信的完整性，Alice 在编码待传消息时，还会随机地选择一些光子编码随机数。

步骤 6：测量与第二轮检测。Alice 和 Bob 发送光子序列 M_A 和 M_B 给 Charlie 进行 Bell 基测量。Bob 随后可以利用公开的测量结果进行解码，得到 Alice 编码的消息。消息解码后，Bob 公布检测随机数的解码结果，与 Alice 进行对比。若该段消息误码率较大，则说明第二次传输过程中存在攻击者进行干扰，意图破坏通信过程。该攻击过程属于拒绝服务攻击，攻击者无法获取关于秘密消息的信息，仅起到干扰通信的作用。若检验随机数误码率处于可以接受范围，则可认为消息传送成功，通信过程完成。实际通信中可以利用信道编码来实现消息的纠错，保证消息的可靠传输。

4.3 关键技术

4.3.1 定量安全信道容量

量子直接通信是利用量子力学原理感知窃听行为，直接在量子信道中传输秘密信息的保密通信方式。量子直接通信无须事先分发密钥和密钥管理，是面向后量子时代的重要保密通信路线之一。其可分为纠缠协议（代表有两步协议）和单光子协议（代表有 DL04 协议）。在两步协议的安全性证明中，采用纠缠提纯的方式纯化通信双方预先分发好的量子纠缠对，然后编码发送信息，此协议的安全性证明已经在文献［61］中给出。DL04 协议可以采用弱脉冲光源作为单光子源，因此具有相对更高的实用性，其安全性分析需要考虑实际的信道噪声和损耗等问题。2019 年，结合经典信息论中的 Wyner 搭线信道理论，文献［12］给出了集体攻击无限码长情况下的安全性分析。

1. 搭线信道理论

在保密通信中，实现安全的通信有两种方式：一是采用密钥加密信息，如对称密码体系的一次一密，能给出信息论可证的安全性；二是基于 Wyner 在 1975 年提出的搭线信道理论，如果合法通信双方的（主）信道容量 C_M 大于窃听（搭线）信道容量 C_W，则可以得到一个大于零的安全信道容量，即

$$C_S = \max_{\{p\}}\{I(A;B) - I(A;E)\} = C_M - C_W \tag{4.23}$$

那么必然存在一种码率 $R \leqslant C_S$ 编码方式可以实现信息的安全可靠传输。其模型如图 4.13 所示。

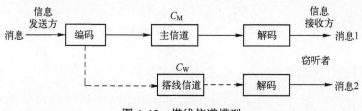

图 4.13 搭线信道模型

这个理论在经典信息论中也得到了发展，但它需要知道窃听信道的信道容量 C_W，这在经典通信中较难实现。而量子通信的一个特点是可感知窃听造成的误码扰动，通过计算可以得到 C_W。量子直接通信的定量安全性分析就是建立在这个搭线信道理论基础上的。实际上，量子密钥分发的安全性也是建立在 Wyner 搭线信道理论上的。下面主要介绍 DL04 协议与搭线信道理论相结合的量子直接通信安全性分析。

2. DL04 安全性分析

根据 DL04 协议过程，Bob 随机地制备处于 4 个量子态 $\{|0\rangle, |1\rangle, |+\rangle, |-\rangle\}$ 之一，即制备的是完全混态：

$$\rho = (|0\rangle\langle 0| + |1\rangle\langle 1|)/2 \tag{4.24}$$

如果 Eve 只窃听后向 Alice 编码之后到 Bob 的信道，他依旧得到的是最大混态，无法获取信息。因此 Eve 必须对前向信道（Bob-Alice）和后向信道（Alice-Bob）都进行窃听才能获取有意义的信息。在 Eve 的联合攻击下，Alice 得到的量子态为

$$\rho^{BE} = U(\rho \otimes |\varepsilon\rangle\langle\varepsilon|)U^{\dagger} \tag{4.25}$$

式中：$|\varepsilon\rangle$ 为 Eve 用于攻击的辅助态；U 为窃听操作。

Alice 以 p 的概率施加幺正操作 I，或以 $1-p$ 的概率施加幺正操作 Y，进行信息编码。在 Alice 编码后，量子态为

$$\rho^{ABE} = p \cdot \rho_0^{BE} + (1-p) \cdot \rho_1^{BE} \tag{4.26}$$

式中：$\rho_0^{BE} = I\rho^{BE}I$，$\rho_1^{BE} = Y\rho^{BE}Y^{\dagger}$。为了获取 Alice 编码的信息，Eve 对其辅助态和信号态进行联合测量。Eve 能获取的最大信息量为

$$I(A;E) \leqslant \chi = \max_{\{U\}} \{S(\rho^{ABE}) - p \cdot S(\rho_0^{BE}) - (1-p) \cdot S(\rho_1^{BE})\} \tag{4.27}$$

式中：$S(\rho)$ 为 Von Neumann 熵；χ 为 Holevo 界。

由于 ρ_0^{BE} 和 ρ_1^{BE} 不同之处在于对 $\rho \otimes |\varepsilon\rangle\langle\varepsilon|$ 施加了不同的幺正操作，那么有

$$S(\rho_0^{BE}) = S(\rho_1^{BE}) = S(\rho) = 1 \tag{4.28}$$

因此，有

$$I(A;E) \leqslant \max_{\{U\}} \{S(\rho^{ABE})\} - 1 \tag{4.29}$$

Eve 窃听操作带来的影响可以表示为

$$U|0\rangle|\varepsilon\rangle = |0\rangle|\varepsilon_{00}\rangle + |1\rangle|\varepsilon_{01}\rangle = |\varphi_1\rangle \tag{4.30}$$

$$U|1\rangle|\varepsilon\rangle = |0\rangle|\varepsilon_{10}\rangle + |1\rangle|\varepsilon_{11}\rangle = |\varphi_2\rangle \tag{4.31}$$

$$YU|0\rangle|\varepsilon\rangle = |1\rangle|\varepsilon_{00}\rangle - |0\rangle|\varepsilon_{01}\rangle = |\varphi_3\rangle \tag{4.32}$$

$$YU|1\rangle|\varepsilon\rangle=|1\rangle|\varepsilon_{10}\rangle-|0\rangle|\varepsilon_{11}\rangle=|\varphi_4\rangle \tag{4.33}$$

操作的幺正性需满足的条件为

$$\langle\varepsilon_{00}|\varepsilon_{00}\rangle+\langle\varepsilon_{01}|\varepsilon_{01}\rangle=1 \tag{4.34}$$

$$\langle\varepsilon_{11}|\varepsilon_{11}\rangle+\langle\varepsilon_{10}|\varepsilon_{10}\rangle=1 \tag{4.35}$$

$$\langle\varepsilon_{00}|\varepsilon_{10}\rangle+\langle\varepsilon_{01}|\varepsilon_{11}\rangle=0 \tag{4.36}$$

熵 $S(\boldsymbol{\rho}^{ABE})$ 的计算可采用 Gram 矩阵，$\boldsymbol{\rho}^{ABE}$ 的矩阵为

$$G=\frac{1}{2}\begin{pmatrix} p & 0 & 2\mathrm{i}\alpha\sqrt{p(1-p)} & \sqrt{p(1-p)}\delta \\ 0 & p & -\sqrt{p(1-p)}\delta^* & -2\mathrm{i}\beta\sqrt{p(1-p)} \\ -2\mathrm{i}\alpha\sqrt{p(1-p)} & -\sqrt{p(1-p)}\delta & 1-p & 0 \\ \sqrt{p(1-p)}\delta^* & 2\mathrm{i}\beta\sqrt{p(1-p)} & 0 & 1-p \end{pmatrix} \tag{4.37}$$

式中：$\alpha=\mathrm{Im}(\langle\varepsilon_{01}|\varepsilon_{00}\rangle)$；$\beta=\mathrm{Im}(\langle\varepsilon_{10}|\varepsilon_{11}\rangle)$；$\delta=\langle\varepsilon_{01}|\varepsilon_{10}\rangle-\langle\varepsilon_{00}|\varepsilon_{11}\rangle$。

G 的本征值为

$$\lambda=\frac{1}{4}\pm\frac{1}{2}\sqrt{p(1-p)(\Delta_1\pm\Delta_2)^2+\left(p-\frac{1}{2}\right)^2} \tag{4.38}$$

式中：$\Delta_1=\sqrt{(\alpha-\beta)^2}$；$\Delta_2=\sqrt{(\alpha+\beta)^2+\delta\delta^*}$。

窃听操作对另外两种单光子态的影响可以表示为

$$\begin{aligned}U|+\rangle|\varepsilon\rangle&=\frac{1}{\sqrt{2}}(|0\rangle|\varepsilon_{00}\rangle+|1\rangle|\varepsilon_{01}\rangle)+\frac{1}{\sqrt{2}}(|0\rangle|\varepsilon_{10}\rangle+|1\rangle|\varepsilon_{11}\rangle)\\&=|+\rangle\frac{|\varepsilon_{00}\rangle+|\varepsilon_{01}\rangle+|\varepsilon_{10}\rangle+|\varepsilon_{11}\rangle}{2}+|-\rangle\frac{|\varepsilon_{00}\rangle-|\varepsilon_{01}\rangle+|\varepsilon_{10}\rangle-|\varepsilon_{11}\rangle}{2}\\&=|+\rangle|\varepsilon_{++}\rangle+|-\rangle|\varepsilon_{+-}\rangle\end{aligned} \tag{4.39}$$

$$\begin{aligned}U|-\rangle|\varepsilon\rangle&=\frac{1}{\sqrt{2}}(|0\rangle|\varepsilon_{00}\rangle+|1\rangle|\varepsilon_{01}\rangle)-\frac{1}{\sqrt{2}}(|0\rangle|\varepsilon_{10}\rangle+|1\rangle|\varepsilon_{11}\rangle)\\&=|+\rangle\frac{|\varepsilon_{00}\rangle+|\varepsilon_{01}\rangle-|\varepsilon_{10}\rangle-|\varepsilon_{11}\rangle}{2}+|-\rangle\frac{|\varepsilon_{00}\rangle-|\varepsilon_{01}\rangle-|\varepsilon_{10}\rangle+|\varepsilon_{11}\rangle}{2}\\&=|+\rangle|\varepsilon_{-+}\rangle+|-\rangle|\varepsilon_{--}\rangle\end{aligned} \tag{4.40}$$

在误码率检测中，这些参数与 Z 基和 X 基下的量子比特检测误码 e_z 和 e_x 直接相关，即

$$e_z=\langle\varepsilon_{01}|\varepsilon_{01}\rangle=\langle\varepsilon_{10}|\varepsilon_{10}\rangle \tag{4.41}$$

$$\begin{aligned}e_x&=\langle\varepsilon_{+-}|\varepsilon_{+-}\rangle=\langle\varepsilon_{-+}|\varepsilon_{-+}\rangle=\frac{1-\mathrm{Re}(\langle\varepsilon_{00}|\varepsilon_{11}\rangle+\langle\varepsilon_{00}|\varepsilon_{01}\rangle+\langle\varepsilon_{01}|\varepsilon_{10}\rangle+\langle\varepsilon_{10}|\varepsilon_{11}\rangle)}{2}\\&=\frac{1-\mathrm{Re}(\langle\varepsilon_{00}|\varepsilon_{11}\rangle-\langle\varepsilon_{00}|\varepsilon_{01}\rangle+\langle\varepsilon_{01}|\varepsilon_{10}\rangle-\langle\varepsilon_{10}|\varepsilon_{11}\rangle)}{2}=\frac{1-\mathrm{Re}(\langle\varepsilon_{00}|\varepsilon_{11}\rangle+\langle\varepsilon_{01}|\varepsilon_{10}\rangle)}{2}\end{aligned} \tag{4.42}$$

此外，很容易可知 $S(\boldsymbol{\rho}^{ABE})$ 随 Δ_1 和 Δ_2 单调递减，因此当 $\Delta_1=0$ 且 $\Delta_2=1-2e_x-2e_z$ 时，$S(\boldsymbol{\rho}^{ABE})$ 最大，其值为

$$S(\boldsymbol{\rho}^{ABE})=1+h(\xi) \tag{4.43}$$

式中：$\xi=(1-\sqrt{(1-2p)^2+(1-2e_x-2e_z)^2[1-(1-2p)^2]})/2$；$h(x)=-x\log_2 x-(1-x)\log_2(1-x)$ 是二元香农熵。

假设信源可以实现完美压缩，即 p 可以取值 $1/2$，通过计算并考虑到窃听者的接收率为 Q_{Eve}，可得窃听信道容量为

$$C_W = Q_{Eve} \cdot \max_{\{U\},p} I(A:E) = Q_{Eve} \cdot \left(\max_{\{U\}} \{S(\rho^{ABE})\} - 1 \right) = Q_{Eve} \cdot h(e_x+e_z) \quad (4.44)$$

假设 Alice 与 Bob 通信信道为二元擦除信道和二元对称信道的级联信道，通过对返回 Bob 端的量子态进行测量可得量子比特误码率 e 和通信接收率 Q_{Bob}，Alice 与 Bob 通信的主信道容量为

$$C_M = Q_{Bob} \cdot [1-h(e)] \quad (4.45)$$

综上所述可以得出 DL04 协议的安全信道容量为

$$C_S = C_M - C_W = Q_{Bob} \cdot [1-h(e)] - Q_{Eve} \cdot h(e_x+e_x) \quad (4.46)$$

4.3.2 针对量子信道的编码理论

搭线信道理论只是一个存在性证明，即存在码率 $R \le C_S$ 的编码方式实现信息安全传输，但并没有给出如何构造这个编码。利用通用哈希函数族（UHF）编码可保证搭线信道通信的安全性，其流程如图 4.14 所示。在信息编码发送端，信息的处理分为两层，反向通用哈希函数族（UHF^{-1}）预处理层保证信息的安全性，差错控制码层保证信息传输的可靠性。信息的译码接收端对应的发送端也分为两层。在这个过程中的 UHF 与 QKD 中的广泛采用的 UHF 私钥放大不同，具体步骤如下：

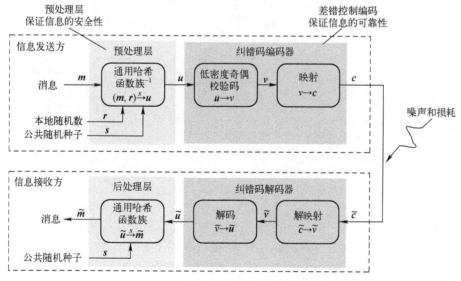

图 4.14 量子直接通信信道编码流程

步骤1：Alice 和 Bob 用共享的随机序列生成 $k \times (l-k)$ 的 Toeplitz 矩阵 T。其中，k 为信息序列 m 的长度，$l-k$ 为 Alice 本地生成的随机序列 r 的长度，UHF^{-1} 生成序列 u。

步骤2：序列 u 进入差错控制编码层生成序列 c，长度为 n。序列 c 经过有噪和损耗

的信道后到达Bob端。

步骤3：由于信道存在差错和损耗，Bob接收到的序列与 c 可能不同，设为 $\tilde{c}$，它经过差错控制码译码生成序列 $\tilde{u}$。

步骤4：Bob根据共享的随机序列生成的Toeplitz矩阵对序列 $\tilde{u}$ 进行UHF生成序列 $\tilde{m}$。如果差错控制码层能够完整可靠地译码，那么 $\tilde{u}=u$，信息 $\tilde{m}=m$。

为了让以上编码方式满足搭线信道理论，信息码率 k/n、纠错码的码率 l/n、信息序列的长度 k 三者需满足以下关系：

$$k \leqslant l - nC_W \tag{4.47}$$

另外，根据香农第二定理可知，$l \leqslant nC_M$。

4.3.3 无量子存储编码

量子直接通信使用了量子态块传输技术，即先在量子信道中传输一定数量的量子态，通信双方随机抽样检测其中部分量子态的传输安全性，以判定量子信道是否存在窃听，如果未检测到窃听，再将信息调制到余下量子态上进行信息的传输，这样可以确保传输信息不泄露。在等待窃听检测结果时，剩余的单光子要暂时被储存，高性能量子存储器是实现量子块传输所必需的。但是，目前还没有可实用化的量子存储器。为此，人们提出了一种无量子存储技术，如图4.15所示。其本质是利用经典延时编码替代量子存储。

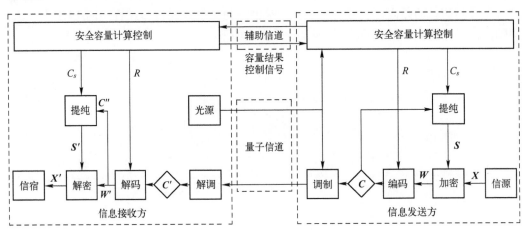

图4.15 无量子存储编码系统架构

Alice对待传明文进行一次一密加密得到密文，然后将密文编码成码字，码字信息将被调制到量子态上传送给Bob。Bob进行解调、解码和解密得到明文消息。通信双方从码字中提取用于下一次加密的密钥。在上述通信过程中，编码效率和从码字中提取密钥的长度由信道保密容量决定。

因为一次一密加密对密钥资源的消耗非常大，所以在通信开始时若密钥池中没有足够的密钥，那么Alice在闲时先传输随机数，即双方将先利用系统进行随机数的传输。在原始量子直接通信协议中，为了确保明文信息在窃听检测前不泄露而需要使用块传输技术。无量子存储编码方案实现了同时进行密文传送和密钥分发。在此方案中，信息的安全性受到了一次一密加密的保障，密文比特可以通过量子态逐一地进行传送，不再要求量子态的块传输。

4.3.4 掩膜增容技术

在量子直接通信中，Eve 的窃听攻击能力仅受量子力学原理限制，因此在计算搭线信道容量时，假定搭线信道的接收率为 1，即 Eve 可截获所有量子信号。由于器件和信道带来的损耗，主信道的接收率非常小。以 50km 商用光纤（损耗 0.2dB/km）和探测效率为 10% 的单光子探测器组成的系统为例，主信道的接收率为 0.01。主信道的接收率远小于搭线信道的接收率，致使量子直接通信的保密容量极小。2021 年，龙桂鲁和张浩然提出了提升量子直接通信的掩膜增容技术（increase capacity using masking, INCUM），将搭线信道接收率压低至与主信道接收率完全相同，大大增加了保密容量和传输距离[62]。

这里以 DL04 协议为例来说明 INCUM 的具体实施方法，具体步骤如下：

步骤 1：态制备。Bob 制备一个单光子序列 A，并将其发送给 Alice。每个单光子随机地处于 4 个量子态 $\{|0\rangle, |1\rangle, |+\rangle = (|0\rangle + |1\rangle)/\sqrt{2}, |-\rangle = (|0\rangle - |1\rangle)/\sqrt{2}\}$ 之一。

步骤 2：窃听检测。Alice 在接收到单光子序列 A 以后，随机地选择部分光子（称作 S 序列）进行窃听检测，即随机地选择两组测量基中的之一测量这些光子。Alice 告知 Bob 序列 S 中光子的位置及她选用的测量基和测量结果，双方估计出误码率。如果误码率低于阈值，则进行步骤 3；如果误码率高于阈值，则放弃本次光子传输。

步骤 3：基于 INCUM 的编码。Alice 先选用一种前向纠错码对待传明文消息进行编码，得到待传秘密明文消息的码字。然后，她使用与消息等长的本地随机数与待传秘密明文消息的码字进行异或得到传输码字，即对待传明文消息码字进行遮掩。Alice 使用幺正操作 $U_0 = I = |0\rangle\langle 0| + |1\rangle\langle 1|$ 和 $U_1 = i\sigma_y = |0\rangle\langle 1| - |1\rangle\langle 0|$ 分别对余下的光子（$B = A - S$）进行待传码字的加载并将其传送给 Bob，这两个幺正操作分别编码码字比特 0 和比特 1。同样，为了估算第二次传输的误码率和安全性，Alice 将在 B 序列中随机挑选一部分光子编码随机数。

步骤 4：测量。Bob 接收到 Alice 传输来的光子以后，根据自己先前制备量子态的基矢信息测量量子态，读出 Alice 编码的码字。

步骤 5：探测位公布。Bob 发出单光子经 Alice 编码再回传给 Bob，由于光学损耗，Bob 只能探测到部分光子。Bob 公布成功探测到单光子的位置。Alice 公布被编码随机数的光子的位置以及随机数的值，双方估计出第二次传输的误码率。若第二次传输误码率低于一定阈值，则表示量子直接通信传输成功。

步骤 6：本地随机数公布。Alice 根据 Bob 公布的位置信息，公布对应位置上用于 INCUM 编码的随机数。

步骤 7：解码信息。Bob 使用 Alice 公布的随机数与探测得到的传输码字进行异或，然后将获得的结果进行译码得到 Alice 传输的信息。

从上述步骤可知，Alice 先使用本地随机数序列对已编码待传码字的光子进行"遮掩"，也可以看成按照随机数序列对已编码待传消息的光子再进行一次编码操作，之后将光子传送给 Bob。由于光子的丢失，Bob 只能接收到一小部分光子，他公布已接收到的光子的位置。按照 Bob 公布的位置，Alice 公布这些光子对应的本地随机数序列的相应随机数，Bob 由此可以继续解码传输的信息。INCUM 技术切断了丢失的光子与 Bob 接收到的光子之间的联系，并且丢失光子上的信息被 Alice 使用本地随机数完全"遮掩"，Eve 无法从丢失的光子获取有效信息，因此窃听者所能进行窃听的光子就是 Bob 接收的光子，窃听者的接收率和 Bob 的接收率完全一样。DL04 协议在使用 INCUM 编码后，其保密容量计算式将变为

$$\begin{aligned}C_S = C_M - C_W &= Q_{Bob} \cdot [1-h(e)] - Q_{Eve} \cdot h(e_x+e_z) \\ &= Q_{Bob} \cdot [1-h(e)-h(e_x+e_z)]\end{aligned} \quad (4.48)$$

INCUM 编码是在经典信息编码层进行操作，因此其不仅适用于 DL04 协议，任何量子直接通信协议均可使用。

如图 4.16 所示，虚线与方块线分别表示在 Alice 端检测误码率为 0.3% 时 INCUM 的协议与原协议的光纤距离与安全通信速率关系。实线与点线分别表示在 Alice 端检测误码率为 3% 时，INCUM 的协议与原协议的光纤距离与可达的安全通信速率关系。可以看出，使用 INCUM 技术改进后的协议性能比起原协议有着巨大的提升。在误码率较小的时候，最大通信距离依然提升了 3 倍左右；在误码率较大的时候，最大通信距离提高了 26 倍。

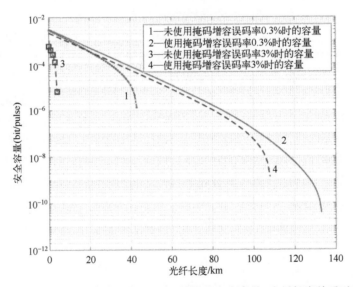

图 4.16 DL04 协议与掩盖编码改进 DL04 协议的安全容量-光纤长度关系对比图[62]

4.4 量子直接通信最新进展

近年来，量子直接通信的研究发展迅速，在长距离量子直接通信系统研制、自由空间量子直接通信演示、安全中继大规模组网方案与原理演示等方面取得了突破，量子直接通信已具备规模实际应用的能力。

4.4.1 长距离量子直接通信

2022年，龙桂鲁和陆建华等合作设计了一种相位量子态与时间戳（time-bin）量子态混合编码的量子直接通信新系统，成功实现世界最远的量子直接通信传输距离，传输距离，100km[25]。该系统在以下三方面进行了改进提升，因而显著提升了通信性能：

（1）理论协议的改进：将原始DL04协议改进为无量子存储编码协议。

（2）物理传输光路的改进：设计了双向time-bin编码传输光路。

（3）编码效率的提升：采用了低密度奇偶校验码（low density parity check code，LDPC）与BCH（bose chaudhuri hocquenghem）码的串联，称为LDBCH码。

原始DL04单光子量子直接通信协议使用了量子态块传输技术。信息接收方Bob首先向信息发送方Alice传输一批数量的单光子，在随机抽样检测其中的部分量子态的安全性后，Alice再将待传的秘密明文消息调制到剩余的单光子上进行传输。这种块传输技术需要使用高性能量子存储器才能实现，目前难以实用化。为此团队利用延时编码方案将原协议改进为无须量子存储的方案。无量子存储量子直接通信的具体步骤如下：

步骤1：量子态制备。Bob随机地制备4个量子态$\{|0\rangle,|1\rangle,|+\rangle,|-\rangle\}$之一发送给Alice。$\{|0\rangle,|1\rangle\}$是$Z$基的本征态，$\{|+\rangle,|-\rangle\}$是$X$基的本征态。

步骤2：窃听检测。Alice接收到Bob发送来的量子态后，随机地选择其中一部分量子态在Z基下进行测量。Alice将测量结果通过服务信道告知Bob。双方对比结果，统计出Z基下的量子比特误码率。

步骤3：信息编码。Alice根据先前已传输信息帧的信道参数，使用无量子存储延时编码技术对当前待传信息进行编码，得到编码码字。

步骤4：信息调制。Alice根据待传输的码字比特向量子态施加两种不同的幺正操作以完成信息加载，并将量子态回传给Bob。具体地，当施加操作$U_0 = I = |0\rangle\langle 0| + |1\rangle\langle 1|$时，代表向量子态加载码字比特0；当施加操作$U_1 = \sigma_z = |0\rangle\langle 0| - |1\rangle\langle 1|$时，代表向量子态加载码字比特1。

步骤5：信息解调。Bob对收到的量子态中制备时为X基成码态$|+\rangle,|-\rangle$的部分做X基下的投影测量，并把测量结果与制备时的结果对比，解出Alice的编码操作，记录对应的码字0或码字1。Bob同时在有探测器触发相应的结果中随机选取少量结果与Alice对比，计算并公布成码用的X基误码率。

步骤6：信息解码。如果在步骤3中使用的纠错码可以容忍通信中所有的比特翻转错误与损耗，Bob则可以根据纠错码正确解码，完成当前帧通信。接下来通信双方可以重复上述步骤，并继续下一帧的通信。如果Bob解码失败，则Alice可以调整纠错码的参数选择，重新重复以上步骤。但如果信道噪声过大，使得以上编码方案无法做到同时确保通信的可靠性与安全性，则双方中止通信。

在该协议中，所有的消息符号都是分别编码在每个X基量子态上的，并通过量子信道发送给Bob。与之相配套物理传输光路设计中，Z基的time-bin态$|0\rangle,|1\rangle$作为检测态，大大降低了噪声影响，而X基成码态$|+\rangle,|-\rangle$为相位态，往返传输具有自补偿性能。

100km量子直接通信系统如图4.17所示。

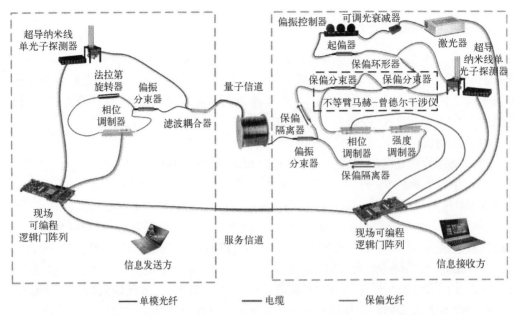

图 4.17 （见彩图）100km 量子直接通信实验系统示意图[25]

该系统具有高度的稳定性，没有窃听时的本征误码率极低。系统使用了具有更高纠错性能的极低码率 LDBCH 编码，有效提高了安全通信容量、距离和速率。它将量子直接通信距离首次提升至 100km，奠定了无中继条件下实现城域间点对点量子直接通信的技术基础。

4.4.2 自由空间量子直接通信

自由空间信道是实施量子通信的常用信道，无须依赖光纤铺设条件而展开，能够有效突破传输距离、地形环境等因素制约，被认为可跨越通信的"最后一公里"，而基于卫星的自由空间量子通信是现阶段实现全球量子通信的重要途径。

2020 年，龙桂鲁等完成了自由空间单光子量子直接通信的演示实验[24]。实验系统基于 DL04 量子直接通信协议，采用相位编码，如图 4.18 所示。实验系统的重复频率为 16MHz，在 10m 自由空间，传输速率为 500b/s，误码率处在较低的水平，为 $(0.49\pm0.27)\%$，能稳定地传输一定大小的文件，如文本和图片。整个系统由 Alice 端、自由空间信道及 Bob 端三部分组成，其中 Alice 端和 Bob 端的收发装置采用光纤器件组件。

Bob 端光源发出的光脉冲在被衰减到单光子水平后发出，然后到达 Bob 端不等臂马赫-曾德尔干涉仪，经过长臂的脉冲被相位调制器随机地加载 4 种相位 $\{0,\pi/2,\pi,3\pi/2\}$ 之一，这相当于制备 4 种不同的量子态。调制后的光脉冲经 Bob 端三合透镜光纤准直器由光纤进入自由空间信道传输，再由 Alice 端的三合透镜光纤准直器收集由自由空间耦合进入的光纤。该实验系统的自由空间信道长 10m，经多次发射获得。在 Alice 端，光脉冲经分束器被随机地分成上下两部分（图 4.18），下部分光路进行窃听检测，上部分进行信息编码。在进行窃听检测时，Alice 不等臂马赫-曾德尔干涉仪上的相位调制器向经过长臂的脉冲随机地加载两种相位 0 或者 $\pi/2$，之后由单光子探测器探测结果。Alice

和 Bob 通过经典信道对比检测结果获取误码率。上部分光路的光脉冲先在光纤延迟线中存储等待窃听检测结果。在确认信道安全后，Alice 进行待传信息的编码。为了进行信息编码，Alice 对经过法拉第旋转器后到达相位调制器的脉冲加载相位 0 以编码信息比特 0，或者 π 以编码信息比特 1。编码后的脉冲被回传至 Bob 端，Bob 根据初始态信息进行解调，读取 Alice 传输的信息。Alice 公布测试比特，Bob 将测量结果与其对比，计算第二次传输的误码率。

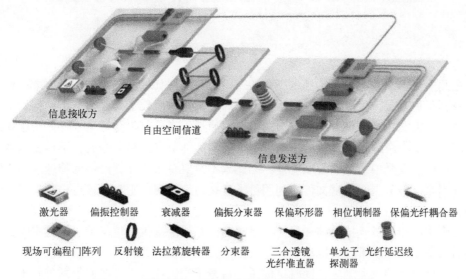

图 4.18　（见彩图）空间单光子量子直接通信实验系统

该工作的安全性分析在窃听者对量子直接通信实施联合攻击和光子数分离攻击的情形下进行，窃听者对单光子实施联合攻击，对多光子进行光子数分离攻击。结果表明，双光子态对 DL04 量子直接通信有安全保密容量贡献，即 DL04 对 PNS 攻击有一定鲁棒性。

4.4.3　安全中继量子网络

网络化是量子通信走向大规模应用的趋势。龙桂鲁等提出了安全中继（secure repeater）网络方案并进行了实验演示。光量子信号在光纤信道中呈指数级衰减，目前点对点量子直接通信的传输距离为 100km 量级。安全中继可扩充量子直接通信距离，进行大规模组网应用。如图 4.19 所示，相距较远的两个用户信息发送方 Alice 和信息接收方 Bob 因信道损耗无法直接进行通信，安全中继通信在两用户间设立两个经典中继节点 R_1 和 R_2，各节点间的距离为量子直接通信能实现的传输距离，因此信息可在此链路进行中继传输，从而实现长距离量子直接通信。Alice 选择一种加密方式对要发送的明文进行加密后得到密文，加密方式为后量子密码等，Alice 再利用量子直接通信将密文 C 通过量子信道传送给经典中继节点 R_1。经典中继节点 R_1 探测量子态获得密文 C，密文 C 被经典中继节点 R_1 利用量子直接通信再传输至经典中继节点 R_2，R_2 再将其传输至 Bob。Bob 得到密文和可利用与 Alice 加密方式对应的解密方法解密密文，得到 Alice 传输的信息。

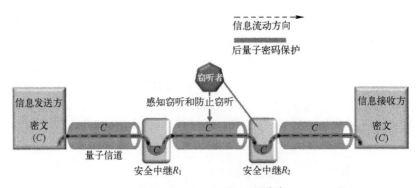

图 4.19　安全中继示意图[29]

在此安全中继方案中，传递的信息在各中继节点处以密文形式存在，并不落地解密，受到了加密保护，如后量子密码保护。即使窃听方攻破了某一节点，他得到的也是经过加密的密文，无法获取有效的明文信息，后量子密码可抵御被量子计算机破译的风险。因此，安全中继通信传递的信息在各个经典中继节点处是安全的，不再要求各个中继节点可信。安全中继无须要求可信，因此其不需要专人值守等严格的物理隔离手段保证场地安全。各节点间的密文传输利用量子直接通信实现，密文传输过程具备感知窃听和防止窃听的能力。

安全中继用量子直接通信和后量子密码为信息传输提供双重保护，经典中继处的信息在后量子密码保护下具有抗量子计算攻击的安全性，因此解决了现阶段技术条件下量子通信安全组网的重大难题，同时也促进了后量子密码和量子直接通信两种技术的有机融合。依托安全中继方案，利用现有技术条件就可以建设具有端对端安全性、量子窃听感知的全球量子通信网络，具备与现有经典互联网兼容和辅助未来量子互联网的优点。如图 4.20 所示，该团队还提出了建设量子互联网的七阶段路线图，量子互联网的发展蓝图由原来的六阶段[12]发展为七阶段[5]，即可信中继网络→制备测量网络→纠缠分发网络→安全中继网络→量子存储网络→容错的少比特网络→量子计算网络。安全中继具备兼容现有经典互联网与未来量子互联网的优势，因此可提供边运行边升级的发展模式。

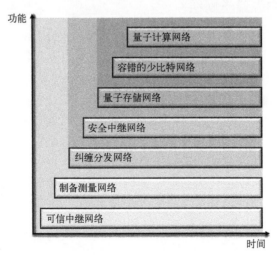

图 4.20　量子互联网的七阶段建设路线图[29]

4.5 小结

网络已成为国家海、陆、空、天之外的"第五类疆域",网络信息安全具有重大战略意义。信息获取、数据传输、情报支援、信息服务方面的能力是信息化战争中决定战争胜负的关键因素,而通信系统是连接指挥、控制、信息处理、情报、监视、侦察等联合作战力量的神经系统。量子直接通信是直接利用量子态进行安全通信的技术,具有感知窃听、防止窃听的能力,可为战略级信息提供安全传输手段。量子直接通信由我国学者提出,知识产权自主可控,是共建信息安全保护体系的重要方案。

量子直接通信自 2000 年被提出以来,已经建立了成熟的理论协议体系,发展了定量安全性分析、量子信道编码、无量子存储编码、掩膜增容等实用化关键技术。近年来,长距离量子直接通信、自由空间量子直接通信、安全中继量子网络的实验已完成。量子直接通信已初步形成建设天地一体化量子保密通信网络的能力,它将和经典保密通信、其他量子保密通信技术一起共建安全的通信体系。

美国重视量子直接通信的研究。2016—2017 年,我国在实验上完成了量子直接通信的演示,美国国家安全网站和美国国会推特作了报道,他们认为"这是继量子卫星等之后,中国跨越式发展的又一例证"。美国国土安全部战略计划局主任 John Costello 和在美国国会作国家量子计划报告的 Elsa Kania 研究员在 2018 年为新美国安全中心(CNAS)撰写的咨询报告《量子霸权——中国的雄心和对美国发明领先地位的挑战》中指出:"量子直接通信可继续提高量子通信整体的安全性和价值定位。"Elsa Kania 在《军用网络》中指出:"量子直接通信的潜力值得注意。"2021 年,美国科学院院士 H. Vincent Poor 等 50 名国际著名的通信专家在《6G 白皮书》中指出:"量子直接通信在下一代安全通信中具有巨大潜力。"

2021 年,发展安全中继量子网络列入《北京市"十四五"时期国际科技创新中心建设规划》。2022 年初,发展量子直接通信技术列入《深圳市基础研究十年行动计划(2021—2030)(征求意见稿)》。预计量子直接通信将通过边升级通信系统性能边试验规模应用的模式推进研究成果落地,分阶段应用于国防、政务、金融、民用等领域。

参考文献

[1] LONG G L, LIU X S. Theoretical efficient high capacity quantum key distribution scheme [J]. arXiv preprint quant-ph/0012056, 2000.

[2] DENG F G, LONG G. L, Liu X. S. Two-step quantum direct communication protocol using the Einstein-Podolsky-Rosen pair block [J]. Physical Review A, 2003, 68 (4): 042317.

[3] DENG F G, LONG G L. Secure direct communication with a quantum one-time pad [J]. Physical Review A, 2004, 69 (5): 052319.

[4] WANG C, DENG F G, Li Y S, et al. Quantum secure direct communication with high-dimension quantum superdense coding [J]. Physical Review A, 2005, 71 (4): 044305.

[5] ZHANG Z J, LI Y, MAN Z X. Multiparty quantum secret sharing [J]. Physical Review A, 2005, 71

(4): 044301.

[6] HE G, ZHU J, ZENG G. Quantum secure communication using continuous variable Einstein-Podolsky-Rosen correlations [J]. Physical Review A, 2006, 73 (1): 012314.

[7] DENG F G, LI X H, LI C Y, et al. Quantum secure direct communication network with Einstein-Podolsky-Rosen pairs [J]. Physics Letters A, 2006, 359 (5): 359-365.

[8] LU H, FUNG C H F, MA X, et al. Unconditional security proof of a deterministic quantum key distribution with a two-way quantum channel [J]. Physical Review A, 2011, 84 (4): 042344.

[9] HU J Y, YU B, JING M Y, et al. Experimental quantum secure direct communication with single photons [J]. Light: Science & Applications, 2016, 5 (9): e16144.

[10] ZHANG W, DING D S, SHENG Y B, et al. Quantum secure direct communication with quantum memory [J]. Physical Review Letters, 2017, 118 (22): 220501.

[11] ZHU F, ZHANG W, SHENG Y, et al. Experimental long-distance quantum secure direct communication [J]. Science Bulletin, 2017, 62 (22): 1519-1524.

[12] ZHOU Z R, SHENG Y B, NIU P H, et al. Measurement-device-independent quantum secure direct communication [J]. Science China Physics, Mechanics & Astronomy, 2020, 63 (3): 230362.

[13] NIU P H, ZHOU Z R, LIN Z S, et al. Measurement-device-independent quantum communication without encryption [J]. Science Bulletin, 2018, 63 (20): 1345-1350.

[14] GAO Z, LI T, LI Z. Long-distance measurement-device-independent quantum secure direct communication [J]. Europhysics Letters, 2019, 125 (4): 40004.

[15] ZOU Z K, ZHOU L, ZHONG W, et al. Measurement-device-independent quantum secure direct communication of multiple degrees of freedom of a single photon [J]. Europhysics Letters, 2020, 131 (4): 40005.

[16] LIU L, NIU J L, FAN C R, et al. High-dimensional measurement-device-independent quantum secure direct communication [J]. Quantum Information Processing, 2020, 19: 404.

[17] WU X D, ZHOU L, ZHONG W, et al. High-capacity measurement-device-independent quantum secure direct communication [J]. Quantum Information Processing, 2020, 19: 354.

[18] SUN Z, QI R, LIN Z, et al. Design and implementation of a practical quantum secure direct communication system [C] //2018 IEEE Globecom Workshops (GC Wkshps). IEEE, 2018: 1-6.

[19] SUN Z, SONG L, HUANG Q, et al. Toward practical quantum secure direct communication: A quantum-memory-free protocol and code design [J]. IEEE Transactions on Communications, 2020, 68 (9): 5778-5792.

[20] CHEN S S, ZHOU L, ZHONG W, et al. Three-step three-party quantum secure direct communication [J]. Science China Physics, Mechanics & Astronomy, 2018: 61: 090312.

[21] ZHOU L, SHENG Y B, LONG G L. Device-independent quantum secure direct communication against collective attacks [J]. Science Bulletin, 2020, 65 (1): 12-20.

[22] QI R, SUN Z, LIN Z, et al. Implementation and security analysis of practical quantum secure direct communication [J]. Light: Science & Applications, 2019, 8: 22.

[23] PAN D, LI K, RUAN D, et al. Single-photon-memory two-step quantum secure direct communication relying on Einstein-Podolsky-Rosen pairs [J]. IEEE Access, 2020, 8: 121146-121161.

[24] PAN D, LIN Z, WU J, et al. Experimental free-space quantum secure direct communication and its security analysis [J]. Photonics Research, 2020, 8 (9): 1522-1531.

[25] ZHANG H, SUN Z, QI R, et al. Realization of quantum secure direct communication over 100km fiber with time-bin and phase quantum states [J]. Light: Science & Applications, 2022, 11: 83.

[26] CAO Z, WANG L, LIANG K, et al. Continuous-variable quantum secure direct communication based on gaussian mapping [J]. Physical Review Applied, 2021, 16 (2): 024012.

[27] YE Z D, PAN D, SUN Z, et al. Generic security analysis framework for quantum secure direct communication [J]. Frontiers of Physics, 2021, 16 (2): 21503.

[28] QI Z, LI Y, HUANG Y, et al. A 15-user quantum secure direct communication network [J]. Light: Science & Applications, 2021, 10: 183.

[29] LONG G L, PAN D, SHENG Y B, et al. An evolutionary pathway for the quantum internet relying on secure classical repeaters [J]. IEEE Network, 2022, 36 (3): 82-88.

[30] SHENG Y B, ZHOU L, LONG G L. One-step quantum secure direct communication [J]. Science Bulletin, 2022, 67 (4): 367-374.

[31] ZHOU L, SHENG Y B., One-step device-independent quantum secure direct communication [J], Science China Physics, Mechanics & Astronomy, 2022, 65: 50311.

[32] WU J, LONG G L, HAYASHI M. Quantum secure direct communication with private dense coding using a general preshared quantum state [J]. Physical Review Applied, 2022, 17 (6): 064011.

[33] LEE H, LIM J, YANG H. Quantum direct communication with authentication [J]. Physical Review A, 2006, 73 (4): 042305.

[34] MARINO A M, STROUD Jr. C. R. Deterministic secure communications using two-mode squeezed states [J]. Physical Review A, 2006, 74 (2): 022315.

[35] PIRANDOLA S, BRAUNSTEIN S L, MANCINI S, et al. Quantum direct communication with continuous variables [J]. Europhysics Letters, 2008, 84 (2): 548-551.

[36] SHAPIRO J H, ZHANG Z, WONG F N. Secure communication via quantum illumination [J]. Quantum Information Processing, 2014, 13: 2171-2193.

[37] ZHUANG Q, ZHANG Z, DOVE J, et al. Ultrabroadband quantum-secured communication [J]. arXiv preprint arXiv, 2015: 1508.01471.

[38] LUM D J, HOWELL J C, ALLMAN M S, et al. Quantum enigma machine: experimentally demonstrating quantum data locking [J]. Physical Review A, 2016, 94 (2): 022315.

[39] SHAPIRO J H, BOROSON D M, DIXON P B, et al. Quantum low probability of intercept [J]. JOSA B, 2019, 36 (3): B41-B50.

[40] MASSA F, MOQANAKI A, BAUMELER Ä, et al. Experimental two-way communication with one photon [J]. Advanced Quantum Technologies, 2019, 2 (11): 1900050.

[41] GUPTA A, BEHERA B K, PANIGRAHI P K. Measurement-device-independent QSDC protocol using Bell and GHZ states on quantum simulator [J]. arXiv preprint arXiv: 2007.01122, 2020.

[42] VÁZQUEZ-CASTRO A, RUSCA D, ZBINDEN H. Quantum keyless private communication versus quantum key distribution for space links [J]. Physical Review Applied, 2021, 16 (1): 014006.

[43] DI CANDIA R, YIGITLER H, PARAOANU G, et al. Two-way covert quantum communication in the microwave regime [J]. PRX Quantum, 2021, 2 (2): 020316.

[44] CHANDRA D, CACCIAPUOTI A S, CALEFFI M, et al. Direct quantum communications in the presence of realistic noisy entanglement [J]. IEEE Transactions on Communications, 2021, 70 (1): 469-484.

[45] SHENG Y B, DENG F G, ZHOU H Y., Nonlocal entanglement concentration scheme for partially entangled multipartite systems with nonlinear optics [J]. Physical Review A, 2008, 77 (6): 062325.

[46] SHENG Y B, ZHOU L, ZHAO S M, et al. Efficient single-photon-assisted entanglement concentration for partially entangled photon pairs [J]. Physical Review A, 2012, 85 (1): 012307.

[47] SHENG Y B, ZHOU L, ZHAO S M. Efficient two-step entanglement concentration for arbitrary W states [J]. Physical Review A, 2012, 85 (4): 042302.

[48] SHENG Y B, PAN J, GUO R, et al. Efficient N-particle W state concentration with different parity check gates [J]. Science China Physics, Mechanics & Astronomy, 2015, 58 (6): 060301.

[49] SHENG Y B, DENG F G, ZHOU H Y. Efficient polarization-entanglement purification based on parametric down-conversion sources with cross-Kerr nonlinearity [J]. Physical Review A, 2008, 77 (4): 042308.

[50] SHENG Y B, DENG F G. Deterministic entanglement purification and complete nonlocal Bell-state analysis with hyperentanglement [J]. Physical Review A, 2010, 81 (3): 032307.

[51] SHENG Y B, DENG F G. One-step deterministic polarization-entanglement purification using spatial entanglement [J]. Physical Review A, 2010, 82 (4): 044305.

[52] SHENG Y B, ZHOU L, LONG G L. Hybrid entanglement purification for quantum repeaters [J]. Physical Review A, 2013, 88 (2): 022302.

[53] ZHOU L, SHENG Y B. Purification of logic-qubit entanglement [J]. Scientific Reports, 2016, 6 (1): 28813.

[54] ZHOU L, SHENG Y B. Polarization entanglement purification for concatenated Greenberger-Horne-Zeilinger state [J]. Annals of Physics, 2017, 385: 10-35.

[55] ZHOU L, ZHONG W, SHENG Y B. Purification of the residual entanglement [J]. Optics Express, 2020, 28 (2): 2291-2301.

[56] HU X M, HUANG C X, SHENG Y B, et al. Long-distance entanglement purification for quantum communication [J]. Physical Review Letters, 2021, 126 (1): 010503.

[57] HUANG C X, HU X M, LIU B H, et al. Experimental one-step deterministic polarization entanglement purification [J]. Science Bulletin, 2022, 67 (6): 593-597.

[58] YAN P S, ZHOU L, ZHONG W, et al. Measurement-based logical qubit entanglement purification [J]. Physical Review A, 2022, 105 (6): 062418.

[59] SHENG Y B, DENG F G, LONG G L. Complete hyperentangled-Bell-state analysis for quantum communication [J]. Physical Review A, 2010, 82 (3): 032318.

[60] ZHOU L, SHENG Y B. Complete logic Bell-state analysis assisted with photonic Faraday rotation [J]. Physical Review A, 2015, 92 (4): 042314.

[61] WU J, LIN Z, YIN L, et al. Security of quantum secure direct communication based on Wyner's wiretap channel theory [J]. Quantum Engineering, 2019, 1 (4): e26.

[62] LONG G L, ZHANG H. Drastic increase of channel capacity in quantum secure direct communication using masking [J]. Science Bulletin, 2021, 66 (13): 1267-1269.

第 5 章
量子时间同步

随着社会和时代的发展，时间同步技术与国家的科技、经济、军事和社会生活关系日趋密切，并日益发挥战略性作用。2016 年，我国率先规划了国家重大科技基础设施"高精度地基授时系统"的建设。美国继 2017 年提出"授时战"概念后，在 2018 年和 2020 年相继出台《国家安全与弹性授时法案》和《加强定位导航授时服务以增强国家弹性的行政令》；英国同期也发布了建设国家授时中心的计划。高精度授时技术和授时系统的建设成为大国科技竞争的战略制高点。量子时间同步是量子技术与时间频率技术相融合的交叉前沿技术，在时间频率技术飞速发展及其应用领域不断扩大的背景下应运而生，将为大幅提升授时精度、保障授时安全性提供新一代变革性技术。在量子信息网络的架构体系中，构建多节点量子安全时间同步网络，可为相关平台及业务提供高精度且安全可靠的时间频率基准。

5.1 基本概念

众所周知，时间是表征物质运动的基本物理量，它为一切动力学系统和时序过程的定量研究提供了必不可少的时基坐标。频率与时间互为倒数，时间频率技术包括高精度的时间频率产生、传递/同步、测量及应用。作为时间频率技术的重要组成和应用的基础支撑，时间同步技术就是要在广域不同空间位置建立统一的时间/频率基准。

最早的时钟比对和同步方法采用直接搬钟法，即通过一个标准钟作为搬运钟，使各地的钟均与标准钟对准，或使搬运钟首先与标准钟对准，然后使其他时钟与搬运钟对比，从而实现与标准钟同步。随后爱因斯坦飞行时钟同步法[1]，即通过载体（长波、短波、微波、激光、卫星、电视、网络、电话等）进行时间传递，然后由授时型接收机恢复时间信号与本地钟相应时间信号比对，扣除它在传播路径上的时延及各种误差因素的影响，实现钟的同步。

从爱因斯坦时间同步原理出发，演化出来三种时间同步基本方法，分别为单向法、共视法和双向法。由于爱因斯坦双向时钟同步协议实现更为简便，因此在实际中广泛应用，如卫星双向时间频率对比方法[2]、GPS 载波相位法、T2L2（time transfer by laser link）[3-4]技术等。随着光纤通信网络大范围普及，光纤时频同步技术飞速发展，成为目前精度最高时频传递技术。迄今为止，已在几百千米乃至百万米级实地光纤链路上实现时间传递准确度优于 100ps，长期稳定度达到几十皮秒水平[5]。

无论是基于光纤链路还是自由空间链路，爱因斯坦飞行时钟同步法主要是基于定时脉冲的往返传输，时间同步可能达到的精度由测量飞行脉冲到达时间（time of flight, TOF）的准确度 Δt 决定。除了经典技术中难以避免的固有噪声，时间同步精度最终受限于经典技术散粒噪声。该极限由激光脉冲的频谱宽度（$\Delta \omega$）以及一个脉冲中包含的平均光子数（N）和脉冲数（M）共同决定[6]：

$$(\Delta t)^{\text{tof}} \geq (\Delta t)^{\text{tof}}_{\text{SQL}} = \frac{1}{2\Delta\omega\sqrt{MN}} \tag{5.1}$$

为满足皮秒以至更高精度的时间同步需求，需要发展新的高精度时间同步技术。在此背景下，量子时间同步技术应运而生。根据量子力学理论，单个脉冲的光子数压缩和多通道间脉冲的频率纠缠会转化为到达时间的聚集。在理想的光子数压缩和频率一致纠缠状态下，测量信号脉冲传播时延的准确度将达到自然物理原理所能达到的最根本限制——量子力学的海森堡极限：

$$(\Delta t)^{\text{tof}}_{\text{QM}} = \frac{1}{2\Delta\omega MN} \tag{5.2}$$

从上述分析中可以得到，到达时间的测量精度相较于经典激光的散粒噪声极限提高 $\sqrt{NM}$ 倍。采用具有频率纠缠及光子数压缩特性的量子光源可以提高到达时间的测量精度至海森堡量子极限。虽然光子数压缩特性易受通道损耗影响，目前的频率纠缠光源产生技术局限于双光子纠缠，但由于可规避经典时间同步技术中的额外噪声，基于频率纠缠双光子源的量子时间同步技术成为切实可行的高精度时间同步技术，可将时间同步精度提升至亚皮秒甚至飞秒量级[7-10]。此外，量子脉冲的频率纠缠特性还可以消除传输介质色散对同步精度的不利影响[11-14]。

另外，时间同步系统一旦受到恶意攻击，造成时间错误，依赖统一时间基准的国防系统、通信网络、金融市场、电力能源、导航定位等都将面临瘫痪无法正常工作的危险，不仅带来巨大损失，更事关国家安全和经济命脉。现有时间同步技术大都存在安全漏洞，实现安全的时间同步急需研究新的方法与技术。频率纠缠双光子具有的量子特性，即单光子传输的不定时性和双光子的强时间关联性[15]，满足了物理层传递安全性的必要条件，进一步与量子保密通信相结合，可保证安全的时间同步[16-17]。

综上所述，量子时间同步技术采用具有频率纠缠特性的量子光脉冲传递时间信号，并通过量子符合测量技术实现两地钟差精准测量，其可突破量子散粒噪声极限，将现有时间同步精度提升 2~3 个量级，进一步增强量子信息网络系统中时间同步的精度性能。同时，基于量子不可克隆原理和纠缠光子的非定域强关联性，可有效保障依赖统一时间基准的量子信息网络安全性。

5.2 发展历程

将量子测量概念引入时间同步的研究始于 21 世纪初。由于其重要的科学意义和军事应用价值，美国以及其他发达国家陆续进行了相关研究项目的布局。国际上关于量子时间同步相关政策发布时间轴如图 5.1 所示，2000 年，美国已将有关量子时间同步研究作为一个多学科研究项目，纳入"大学研究倡议计划"中，并由美国军方高级研究发展活动机构（ARDA）、国家侦察办公室（NRO）、军队研究办公室（ARO）等提供专门的经费支持。在该项目的支持下，包括麻省理工学院、路易斯安那州立大学、马里兰大学、罗切斯特大学、德州 A&M 大学、劳伦斯利弗莫尔国家实验室、喷气推进实验室等诸多著名大学和研究机构参与其中。欧盟的相关研究计划紧随其后，欧洲航天局（ESA）于 2002 年启动空间实验中的量子纠缠（QUES7）研究计划，将基于量子技术的时间同步技术作为该研究计划的一部分，旨在利用量子纠缠光束实现空间实验中的高精度时间同步。2009 年，欧盟发布的高维纠缠系统（HIDEAS）研究计划同样也将量子时间同步作为其主要研究内容之一。2017 年 11 月，"欧洲空间量子技术行动"（QTSpace）主席在欧洲航天局第二届量子技术研讨会上向欧洲航天局和欧盟委员会提交了题为《空间量子技术》的战略报告，分析了欧洲和国际空间量子技术发展现状，提出欧盟需要制定统一的空间量子技术发展战略，以在国际竞争中争取一定优势，以支撑未来产业的发展。同时，在未来发展战略和优先任务方面，确定了时间频率的空间传输为四个重点发展方向之一。

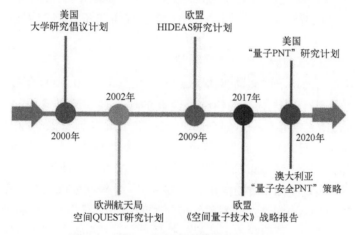

图 5.1 国际上量子时间同步重大应用分布

基于量子信息技术的战略重要性，瞄准我国未来信息技术和社会发展的重大需求，围绕量子调控与量子信息领域重大科学问题和技术瓶颈，我国也开展基础性、战略性和前瞻性探索研究和关键技术攻关，其发展历程如图 5.2 所示。我国于 2016 年设立国家重点研发计划"量子调控与量子信息"重点专项，在高精度原子光钟研制以及基于量子关联的精密测量等应用研究方向给予经费支持。

为应对国际挑战，我国也在加快完善授时体系建设，并于 2018 年 6 月批准建设"十三五"国家重大科技基础设施"高精度地基授时系统"，旨在提高我国授时系统的安全性、可靠性和授时精度，对基础研究、工程应用以及国防建设具有重要意义。因此，将量子技术应用于经典的时间传递领域提高传递精度势在必行。

图 5.2　国内量子时间同步的重大应用分布

5.2.1　量子时间同步协议

目前，国际上关于量子时间同步的研究工作还处在原理验证和技术探索的早期研究阶段，根据所采用的纠缠光源及探测方式的不同，目前量子时间同步协议有基于预纠缠共享的量子时间同步协议、基于量子相位测量的分布式时间同步协议及基于频率纠缠源的量子时间同步协议等。本小节将针对上述量子时间同步方向的提出以及进展进行介绍。

1. 基于预纠缠共享的量子时间同步协议

基于预纠缠共享的量子时间同步协议最早是由 Jozsa 等在 2000 年提出的[18]，其量子时间同步协议是基于预先共享的纠缠及经典的通信通道来实现时钟同步。Alice 和 Bob 在时间同步开始之前共享一对纠缠态，Alice 和 Bob 各拥有该纠缠态的一半，当需要同步时，Alice 对自己的纠缠态进行测量，此时，纠缠坍缩，量子态随时间开始演化，Alice 的量子钟也随之运行；Bob 所持的纠缠态由于态坍缩而开始随时间演化，其量子钟也开始运行，即实现了两个钟的同步。该协议下，并没有实际的时钟存在，而是一对抽象的"纠缠钟"，Alice 和 Bob 间不需要传递时间信息，只需在 Alice 和 Bob 处开展纠缠测量并利用经典通信就可以提取同步时钟信号。与经典的时钟同步方法相比，该协议的时间同步精度与待同步钟的位置无关，也不依赖传输介质的介质属性。

2002 年，Krčo 等[19]将 Jozsa 等提出的协议扩展到多粒子的模型中，用于同步空间分离的多个时钟。该协议的特点是，不需要用于时间同步的量子纠缠对之间的纠缠作为最大纠缠态。而且，由于协议是对称的，因此每对纠缠都可以独立工作，与上述协议一样，多粒子的时间同步精度与粒子相对位置无关，但是当粒子数增加时，测量的时间差精度会随着粒子数的增加而降低。

此后，提出了基于不同的量子态的多量子比特纠缠的时间同步协议相继[20-21]，时间同步特性的理论研究也同步开展中[22-24]。孔祥宇等[25]利用一个四量子比特的核磁共振（NMR）系统在实验室内开展了多量子比特条件下的时间同步演示，获得时间同步精度大于 30μs，但应用于实际的时间同步系统中时，基于预纠缠共享的量子时间同步协议需要预先实现在多个地方之间的纠缠，在目前的技术条件下，建立两地待同步钟的纠缠预先共享是一个比较棘手的问题。

2. 基于量子相位测量的分布式时间同步协议

2000年,Chuang[26]提出了一种基于量子相位测量的分布式时间同步协议,也称量子的时钟比特握手(ticking qubit handshake,TQH)协议,该协议中与艾丁顿慢搬钟法[27]类似,只是两地之间搬运的不是时钟,而是一个态函数,将时刻信息附加到态函数,相当于给态函数增加一个相位项,通过数据处理提取出时间差值,反馈给待同步钟即实现两地钟的时间同步,该系统的时间同步精度与两地信息传输时间的不确定度无关,但要实现时间差的精度达到 n 位,则两个钟之间交换的经典信息量必须达到 $O(2^n)$。

2004年,龙桂鲁等在一个三量子比特的核磁共振量子计算系统中开展了分布式量子时间同步协议的原理演示实验研究[28],该系统中通过空间平均的方法制备了用于实现的有效纯态,通过测量输出态函数与初始态函数即可得到两个分离时钟间的时间差,并通过理论与实验的模拟,得到最终的钟差精度与所需的量子比特数的关系:当系统中的量子比特数为34时,可以达到的钟差精度为100ps。但用于实际的量子时间同步系统中,如量子门操作的准确度、量子态的退相干时间长度等,仍有很大的距离。

3. 基于频率纠缠源的量子时间同步协议

2001年,Giovannetti等[6]提出了新的量子时间同步协议。利用具有频率纠缠和光子数压缩特性的量子光源作为光源的时间同步技术,可以使时间同步精度超越散粒噪声极限,达到量子的最基本极限——海森堡极限。由于随着传输距离的增加,光子数压缩特性会被传输损耗淹没,频率纠缠特性在量子时间同步系统中的应用更有意义。目前,自发参量下转换过程是产生纠缠光源的最常用方法,因此基于双光子频率纠缠的量子时间同步协议被广泛研究。利用频率纠缠双光子源的内禀时间关联特性可克服经典时间同步方案中的额外噪声,弥补量子信号弱的缺点。此外,频率纠缠特性还可用于消除传播路径中介质色散效应对时钟同步精度的不利影响[16, 29]。进一步与量子保密通信相结合,基于频率纠缠源的量子时间同步协议还可以实现安全的时间同步[30]。鉴于量子时间同步技术特有的高同步精度、天然的保密功能等优势,开展量子时间同步技术的研究具有巨大的应用前景。

与预纠缠共享的时间同步及分布式时间同步协议相比,基于频率纠缠源的量子时间同步协议具有操作简便、可行性高等优点,已成为目前量子时间同步中的研究热点。基于双光子频率纠缠的量子时间同步协议被广泛研究。如单向量子时间同步协议[31]利用纠缠光子对的二阶量子关联特性来实现对两个远程时钟的时间差测量,其时间传递精度受限于传递路径和测量误差,但实现简便,易于应用。2003年,Bahder和Golding[32]提出了基于纠缠光子二阶相干干涉测量。该协议无须知道两个时钟的相对位置及光学路径的介质性质,规避了传输路径误差对同步精度的影响,在远距离时钟同步中具有重要的实用意义。之后Giovannetti等[29]又提出基于频率反关联纠缠源和传送带原理的量子时间同步协议,该协议不用测量信号的到达时间,避免了由此引入的测量误差。同时,基于信号光和闲置光的频率反关联纠缠特性消除了两光子在光纤中受到的色散影响。在此基础上,范桁等[33]提出了基于近地球轨道卫星的、与大气色散抵消同步的量子钟同步方案。在考虑地球时空背景条件下,分析了重力对定时脉冲的畸变影响、卫星的源参数和高度对时钟同步的精度影响。中科院国家授时中心研究团队根据频率反关联的纠缠光子对进行二阶干涉符合测量时具有色散消除的量子特性，也提出了一种可消色散的光纤量子时间同步方案[34]，分析了频率纠缠双光子的频谱带宽及传递路径上温度变化对可达到同步精度的影响。2017年，该团队将双向时间同步思想应用于量子时间同步，最早提出了双向量子时间同步方案[35]，相比于经典的双向时间同步，双向量子时间同步具有强时间相干性的频率纠缠光源等效为天然时间戳，避免了经典方法由于时间信息的调制/解调引入的不可避免的各种额外时延噪声。同时，由于频率纠缠光源具有非定域色散消除特性[11]，双向量子时间同步在实际光纤链路中应用可避免色散影响，进一步提高同步精度。

在安全性研究方面，随着量子保密通信技术的迅猛发展，量子保密通信网络已被证实可以实现无条件安全的信息传输。将量子保密通信与量子时间同步有机结合是安全量子时间同步的关键。围绕这种结合，Giovannetti 等[30]最早在2002年提出量子保密定位协议，讨论了利用双光子源的时间-频率两个共轭量间的非互易性实现A和B两地间距离的安全测量。2018年，Lamas-Linares[17]进一步提出了安全量子时间同步协议：该方案采用偏振纠缠的双光子源，其安全性通过检测光子对的偏振状态是否违背Bell不等式来完成。然而偏振的Bell不等式本身并不能保证时间信息没有被操纵，时间同步的安全性有赖于链路双向时延的对称性[17]。基于频率纠缠光源的非局域色散消除特性已成为量子保密通信的重要手段[36]，如何将该特性直接应用于检测时间信息的安全性，实现具有保密功能、能抵抗外界攻击的演示亟待开展。

5.2.2 量子时间同步演示验证

随着协议的提出，有关量子时间同步的原理验证性和应用实验研究也在同步开展。2004年，美国马里兰大学的研究人员利用纠缠光子实现了在3km光纤上的单向量子时间同步的原理演示实验，基于双光子符合测量实现时间差测量精度为1ps[31]。2016年，国家授时中心的研究人员利用频率一致纠缠光源在4km光纤距离上实现了基于纠缠光子二阶干涉测量的量子时间同步原理演示验证，时间同步稳定度达到0.44ps@16000s[7]。随后，通过将超导纳米线单光子探测应用于单光子探测器，在6km光纤距离上将时间同步稳定度提升近一个量级，达到60fs@25600s[37]。为提高同步精度提供指导依据。文献［9］提出了分段光纤传输方案，解决了长距离光纤时延抖动大导致的二阶量子干涉测量难题，20km光纤同步稳定度达到74fs@57400s，接近系统干涉锁定精度。龙桂鲁等[38]也开展了类似研究，利用频率反关联纠缠光源在22km光纤上实现了150fs@5500s的同步稳定度。上述实验演示为更远距离、更高精度的分布式量子时间同步奠定基础。

双向量子时间同步采用量子定时信号沿相同路径相向传输，有效抵消了路径引入的时延误差，无须平衡锁定，就可实现最高精度的时间同步。双向量子时间同步实验演示近来也被同步开展。2019年，Christian Kurtsiefer[39]基于此协议报道了首个双向量子时间同步实验，在两个独立铷钟间演示了皮秒级同步精度。同期，国家授时中心在20km盘纤上开展了双向量子时间同步实验演示。通过引入非局域色散消除将时间同步稳定度提升一个量级，达到45fs@40960s，展示了量子时间同步的高精度潜力[8]。随后通过优化频率纠缠源频谱特性，设计双向量子时间同步准确度评估方法，在50km光纤上同步稳定度达到 55fs@57300s，准确度(1.3±36.6)ps[10]。基于 7km 实地光纤的独立原子钟间量子时间同步实现 1.95ps@30s 的同步稳定度、(7.6±11.3)ps 的同步准确度[40]。上述实验结果为开展又准又稳的城域量子时间同步应用演示奠定坚实的技术基础。

5.3 基于频率纠缠源的量子时间同步方案

目前已提出了单向量子时间同步方案、基于二阶量子干涉的时间同步方案、传送带量子时间同步方案及双向量子时间同步方案等基于频率纠缠源的量子时间同步方案。本节主要对这些量子时间同步方案进行了阐述。

5.3.1 单向量子时间同步方案

单向量子时间同步方案[31]的原理如图 5.3 所示，待同步的时钟 A 和时钟 B 分别分布在空间站和实验室，信号光子和闲置光子分别由探测器 D_1（空间站）和探测器 D_2（地面）探测，光子到达探测器的时间由时钟 A 和时钟 B 记录。记录的一系列 $\{t_A^{(i)}\}$ 和 $\{t_B^{(i)}\}$ $(i=1,2,\cdots,N)$ 经过经典通道进行对比，可以得到两个时钟的本地时间差。时钟 A 与时钟 B 的本地时间差 t_A-t_B 可由二阶量子关联函数表示[31]：

$$G^{(2)}(t_A-t_B) = |\langle 0|\hat{E}^{(+)}(r_2,t_B)\hat{E}^{(+)}(r_1,t_A)|\Psi\rangle|^2 \tag{5.3}$$

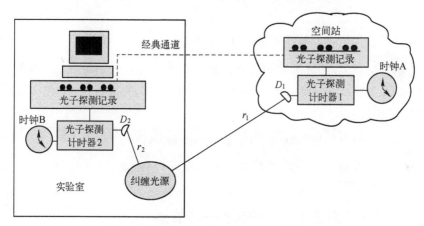

图 5.3 单向量子时间同步方案原理图[31]

假设纠缠光源为理想的频率反关联纠缠双光子态，可以表示为

$$|\Psi\rangle = \int d\omega \phi(\omega)|\omega_0-\omega_s\rangle|\omega_0+\omega_i\rangle \tag{5.4}$$

式中：$\phi(\omega)$ 为纠缠双光子的频谱振幅函数。

信号光子和闲置光子分别沿路径 r_1 和 r_2 到达时钟 A 和时钟 B 处的电场算符可以表示为

$$\begin{cases} \hat{E}_s^{(+)}(r_1,t_A) = \int d\omega \, \hat{a}_s(\omega) e^{-i\omega(t_A-t_A^0-r_1/u_s)} \\ \hat{E}_i^{(+)}(r_2,t_B) = \int d\omega \, \hat{a}_i(\omega) e^{-i\omega(t_B-t_B^0-r_2/u_i)} \end{cases} \tag{5.5}$$

式中：t_A^0 和 t_B^0 分别为时钟 A 和时钟 B 的初始时间，两钟钟差为 $t_0 = t_A^0 - t_B^0$；u_s 和 u_i 分别为信号光子和闲置光子的群速度，不考虑路径中群速度色散的影响，得到

$$G^2(t_A - t_B) \sim |\mathcal{F}_{\tau_A - \tau_B}\{\phi(\omega)\}|^2 \tag{5.6}$$

其中：$\mathcal{F}$ 为傅里叶变换，其中 $\tau_A = t_A - t_A^0 - r_1/u_s$，$\tau_B = t_B - t_B^0 - r_2/u_i$。该二阶关联函数为频谱函数 $\phi(\omega)$ 的傅里叶变换。当 $\phi(\omega)$ 为带宽 $\Delta\omega$ 的高斯函数，即 $\phi(\omega) = e^{-\frac{\omega^2}{4\Delta\omega^2}}$，可以写为

$$G^2(t_A - t_B) \sim e^{-2\Delta\omega^2(\tau_A - \tau_B)^2} \tag{5.7}$$

二阶关联函数 $G^{(2)}$ 在 $\tau_B = \tau_A$ 处一个宽度为 $\dfrac{1}{2\Delta\omega}$ 的高斯波包。通过测量波包峰值的位置可以得到两个钟的本地时间差 $t_B - t_A$ 的测量，精度由高斯波包的宽度决定。在波包峰值位置，$t_B - t_A$ 与两钟的钟差 t_0 之间的关系如下：

$$t_A - t_B = \frac{r_1}{u_s} - \frac{r_2}{u_i} - t_0 \tag{5.8}$$

类似地，将信号光子和闲置光子的传播路径对调，闲置光子发送给 D_1，信号光子发送给 D_2，由时钟 A 和时钟 B 记录到的光子到达时间差为 $t_A' - t_B'$，它与钟差之间的关系式为

$$t_A' - t_B' = \frac{r_1}{u_i} - \frac{r_2}{u_s} - t_0 \tag{5.9}$$

$$t_- = (t_A - t_B) - (t_A' - t_B') = D(r_1 + r_2) \tag{5.10}$$

式中：$D = \dfrac{1}{u_i} - \dfrac{1}{u_s}$ 是信号光和闲置光群速度的倒数差。

由于 t_- 通过测量 $t_A - t_B$ 和 $t_A' - t_B'$ 可以直接得到，当 r_2 与 D 已知时，由 t_- 就可以得到纠缠光源到空间站的距离 r_1，将 r_1 代入公式，就可以得到两钟钟差 t_0，其精度取决于 $t_A - t_B$ 和 $t_A' - t_B'$ 的测量精度：

$$\Delta t_0 = \sqrt{\Delta^2(t_A - t_B) + \Delta^2(t_A - t_B)} \tag{5.11}$$

根据式（5.7），两个钟钟差可达到的最小不确定度为 $\Delta t_{0,\min} = 1/(\sqrt{2}\Delta\omega)$。该方案也可用于远距离定位和授时。

5.3.2 基于二阶量子干涉的时间同步方案

基于二阶量子干涉的时间同步方案[32]是基于两个纠缠光子之间的 HOM 二阶量子干涉。为确保同步成立，该方案中假定了纠缠光源所在的惯性坐标系是静止的，且待同步时钟 A 和时钟 B 在纠缠光源所在的惯性坐标系下也是静止的。HOM 干涉仪需与纠缠光源处于同一位置，称为基线所在地。此外，还假定了待同步的时钟在同步过程中足够稳定，可以认为两个时钟的本地时间（hardware time），t 是其本征时间（proper time）t^* 的良好近似，即 $t^* = t$；在以上条件下，进一步引入一个全局变量，即协调时间（coordinate time）τ，它是指整个实验系统所处时空的统一时间，它提供了时钟 A 和时钟 B 的时钟时间的联系。当两个时钟的漂移速率相同时，应满足

$$\frac{dt^A}{d\tau} = 1 = \frac{dt^B}{d\tau} \tag{5.12}$$

基于二阶量子干涉的时间同步方案原理如图5.4所示，基线所在地的纠缠光源持续地产生纠缠光子对，来自光子对的一个光子在协调时间$\tau_0^{(A)}$时刻到达时钟A，之后反射回HOM干涉仪，在时刻M_0到达干涉仪。光子对的另一个成员经过一个可调延迟介质在协调时间$\tau_0^{(B)}$到达时钟B，并再一次经过延迟介质反射回HOM干涉仪。在此过程中调节延迟介质的延迟值，直到来自同一光子对的两个光子在一个相同时刻M_0到达HOM干涉仪。这一相同时刻通过观察到HOM干涉仪后的二阶量子符合计数的最小值确定，这说明干涉仪达到了平衡。平衡条件说明了光子到达钟A和时钟B的协调时间相等，即

$$\tau_0^{(A)} = \tau_0^{(B)} \tag{5.13}$$

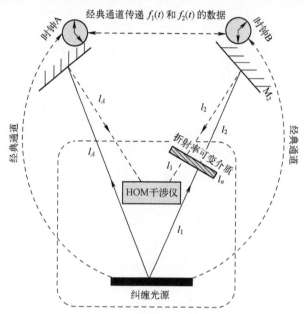

图5.4 基于二阶量子干涉的时间同步方案原理图[32]

一旦干涉仪实现平衡后，N个纠缠光子对在时刻$M_1, M_2, \cdots, M_N$从基线所在地持续发出。由于N个纠缠光子对到达时钟A和时钟B为同时事件，有

$$\tau_i^{(A)} = \tau_i^{(B)} \quad (i=1,2,\cdots,N) \tag{5.14}$$

另外，光子对到达时钟A和时钟B的时间由分别连在时钟A和时钟B上的时间事件计数器记录，最终构成一系列数据，$\{t_i^{(A)}\}$和$\{t_i^{(B)}\}$，其中$i=1,2,\cdots,N$。在时钟A的惯性系中，接收到第i个光子和第1个光子间流逝的本地时间$t_i^{(A)} - t_1^{(A)}$可以由协调时间差$t_i^{(A)} - t_1^{(A)}$给出：

$$t_i^{(A)} + \Delta\tau^{(A)} = \tau_i^{(A)} - \tau_0^{(A)} \tag{5.15}$$

式中：$\Delta\tau^{(A)}$为时钟A的协调时间与本地时间联系起来的时钟校正。类似的关系在时钟B中也存在：

$$t_i^{(B)} + \Delta\tau^{(B)} = \tau_i^{(B)} - \tau_0^{(B)} \tag{5.16}$$

式中：$\Delta\tau^{(B)}$为把时钟B的本地时间与协调时间联系起来的时钟校正。可以清楚地看出，时钟A和时钟B的时钟时间之间的关系为

$$\tau_i^{(B)} - \tau_i^{(B)} = \Delta\tau^{(A)} - \Delta\tau^{(B)} = \tau_0 \tag{5.17}$$

式中：τ_0 为时钟 A 和时钟 B 的钟差。

因此，在 HOM 干涉仪平衡条件下，通过比较光子对到达 A 和 B 两地的本地时间差，就可以得到两个时钟的钟差，从而实现同步。

上文已经从理论分析了在纠缠双光子为理想的频率反关联纠缠时 A 与 B 的本地时间差 t_A-t_B 满足的分布由二阶量子关联函数表示。不考虑路径中群速度色散影响的情况下，可达到的精度为 $1/(2\Delta\omega)$。在实际的数据处理过程中，需要将记录到的信号光子和闲置光子的到达时间数据 $\{t_i^{(A)}\}$ 和 $\{t_i^{(B)}\}$ 进行相关运算。首先，可以将上述数据组合为函数形式：

$$f_A(t) = \frac{1}{\sqrt{N}} \sum_{i=1}^{N} \delta(t - t_i^{(A)})$$
$$f_B(t) = \frac{1}{\sqrt{N}} \sum_{i=1}^{N} \delta(t - t_i^{(B)})$$
(5.18)

式中：$\delta(t)$ 为狄拉克函数。由函数 $f_A(t)$ 组成的经典信息通过经典信道从时钟 A 传输到时钟 B，之后在时钟 B 上进行数据函数 $f_A(t)$ 和 $f_B(t)$ 的相关运算：

$$g(\tau) = \int_{-\infty}^{\infty} \mathrm{d}t f_A(t) f_B(t-\tau)$$
(5.19)

把式（5.18）代入式（5.19）中可得

$$g(\tau) = \frac{1}{\sqrt{N}} \sum_{i=1}^{N} \sum_{j=1}^{N} \delta(t - t_i^{(A)} + t_j^{(B)})$$
(5.20)

从式（5.20）可以看到，当 $i=j$ 时，得到 N 个相同的 τ：$\tau = t_i^{(A)} - t_i^{(B)} = \tau_0$，即时钟 A 和时钟 B 的钟差。

上述方案无须知道两个时钟的相对位置，无须了解两个时钟间光学路径的介质性质。同步精度取决于光学延迟的控制精度和 HOM 干涉仪的二阶量子干涉符合测量可达到的精度，因此在远距离时钟同步中具有重要的实用意义。

5.3.3 传送带量子时间同步方案

基于传送带的色散消除量子时间同步方案[29]如图 5.5 所示，具有频率纠缠的两个光子从待同步钟 A 地出发，通过具有相同色散特性的传输路径后到达授时钟 B 地，然后由 B 地反射回 A 地，并在 A 地的 50:50 分束器上进行 HOM 二阶量子干涉符合测量。

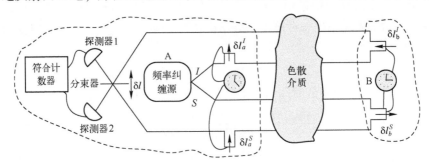

图 5.5 传送带量子时间同步方案原理图

为实现色散消除，该传送带方案分别在纠缠光子源发射端和光反射器的前端引入了随时间匀速变化的4段可控时延，即 $\delta l_a^I(t)$、$\delta l_a^S(t)$、$\delta l_b^I(t)$ 和 $\delta l_b^S(t)$。其中，$\delta l_a^I(t)$ 和 $\delta l_b^S(t)$ 随时间增加，$\delta l_a^S(t)$ 和 $\delta l_b^I(t)$ 随时间减少，引入的时延正比于 A 和 B 两地的时钟显示的时间：

$$\begin{cases} \delta l_a^I(t) = v(t-t_0^A), & \delta l_b^I(t) = -v(t-t_0^B) \\ \delta l_a^S(t) = -v(t-t_0^A), & \delta l_b^S(t) = v(t-t_0^B) \end{cases} \quad (5.21)$$

式中：t_0^A 和 t_0^B 分别是时钟 A 和时钟 B 的起始时间，则两个时钟的钟差可表示为 $t_0 = t_0^A - t_0^B$。v 是4段匀速变化延迟的延迟速率。由于匀速延迟的引入，利用 HOM 干涉符合测量获得的路径长度差就和钟差 τ 联系起来，通过观察符合计数的 HOM 凹陷偏移特性，就可以得到时钟 A 和时钟 B 的钟差，进而实现同步。在该同步方案中，同步精度不依赖时钟 A 和时钟 B 的距离或路径的介质特性。只依赖两个假设：①纠缠光子对从 A 地到 B 地所经历的时延与从 B 地到 A 地的时延完全相同，因而路径介质波动对同步精度的影响可以忽略；②路径介质对往返两个方向传播的光子的影响完全相同，因而可以忽略色散介质的空间非均匀性。

假设纠缠双光子为理想的频率反关联纠缠，其联合频谱函数 $\phi^2(\omega)$ 为带宽 $\Delta\omega$ 的高斯函数，符合计数率的表达式可以写为[29]

$$P_c \propto 1 - e^{-2\Delta\omega^2 \left(\frac{\delta l - \delta l_0}{c}\right)^2} \quad (5.22)$$

式中：$\delta l_0 = 2(1-1/\chi)c\tau$，当延迟速度 $v \ll c$，$\delta l_0 \approx 2v\tau$。可得到，$P_c$ 在 $\delta l = \delta l_0$ 处有一个宽度为 $c/(2\Delta\omega)$ 的凹陷。通过测量凹陷的位置就可以得到钟差 τ。当不考虑延迟速度 v 的控制精度影响，钟差 τ 的测量精度为 $\Delta\tau = 1/(4\Delta\omega\beta)$。

这种时间同步方案的优点是不用测量信号的到达时间，避免了由此引入的测量误差。同时，由于信号光和闲置光是频率纠缠的，进行符合测量的时候两光子在光纤中的色散效应会消除。然而，本方案中延迟速度 v 通常有一定的控制精度，如 Δv，钟差 τ 的测量精度将受限于

$$\Delta\tau = \sqrt{\left(\frac{1}{4\Delta\omega\beta}\right)^2 + \left(\frac{\Delta v}{v}\right)^2} \quad (5.23)$$

5.3.4 双向量子时间同步方案

如图5.6所示为双向量子时间同步方案的原理图[35]。这里以光纤传输路径为例，待同步的两个时钟分别位于 A、B 两地，由长度为 l 的光纤链路连接。两地分别有一个纠缠光源，其产生的频率纠缠光子对，分别称为信号光子（s）和闲置光子（i），作为时间信号。光纤环行器和传递光纤把 A、B 两地的时间信号和单光子探测器连接起来，构成双向回路。对于纠缠源 A，信号光子通过光纤从 A 地传递到 B 地，闲置光子保持在 A 地。信号光子到达 B 地的单光子探测器 D2 的时间被记为 $\{t_2^{(i)}\}$，闲置光子在 A 地经过色散补偿模块即光纤布拉格光栅（fiber bragg grating, FBG）FBG1 后被单光子探测器 D1 记录的时间记录为 $\{t_1^{(i)}\}$。其中 $i = 1, 2, \cdots, N$，N 表示测量时间内到达两探测器的光子对数。到达时间差 $t_2 - t_1$ 通过寻找光子到达时间 $\{t_2^{(i)}\}$ 和 $\{t_1^{(i)}\}$ 的最大符合来得到。

从经典的双向时间比对模型出发，假设 A、B 两个时钟之间的钟差为 $t_0=t_B^0-t_A^0$，则 $t_2-t_1=t_0+d/v_g$，其中 v_g 是信号光子在传递光纤里的群速度。同样，B 地纠缠源的信号光通过传递光纤从 B 地传递到 A 地，由探测器 D4 探测并记录的到达时间为 $\{t_4^{(i)}\}$，闲置光子在 B 地经过色散补偿模块 FBG2 后被单光子探测器 D3 记录的时间记录为 $\{t_3^{(i)}\}$。到达时间差 $t_4-t_3=-t_0+d/v_g'$ 通过寻找光子到达时间 $\{t_4^{(i)}\}$ 和 $\{t_3^{(i)}\}$ 的最大符合来得到，其中 v_g' 是 B 地纠缠源的信号光子在传递光纤里的群速度。假设两个纠缠源产生的频率纠缠光子对完全相同，则 $v_g'=v_g$。将得到的时间差 t_2-t_1 和 t_4-t_3 两式相减，得到两个时钟之间的钟差，即

$$t_0=\frac{(t_2-t_1)-(t_4-t_3)}{2} \qquad (5.24)$$

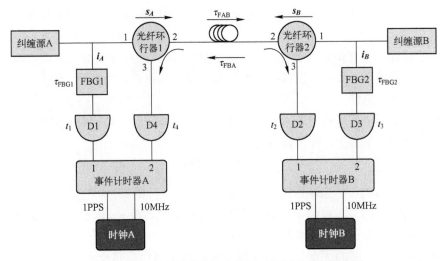

图 5.6 基于光纤链路的双向量子时间同步方案原理图

根据量子场论，在时空点 $(D1, t_1)$、$(D2, t_2)$、$(D3, t_3)$ 和 $(D4, t_4)$ 同时探测到光子的概率正比于光场的四阶关联函数[41]：

$$G^{(4)}=\langle E^{(-)}(t_1)E^{(-)}(t_2)E^{(-)}(t_3)E^{(-)}(t_4)E^{(+)}(t_1)E^{(+)}(t_2)E^{(+)}(t_3)E^{(+)}(t_4)\rangle \qquad (5.25)$$

式中：$E^{(\pm)}(t_j)$ 代表 t_j 时刻到达第 j 个探测器处电场的正的和负的分量，可以表示为

$$E_j^{(+)}(D_j,t_j)\propto \hat{a}_j(D_j,t_j)$$
$$E_j^{(-)}=(E_j^{(+)})^+ \quad (j=1,2,3,4) \qquad (5.26)$$

其中，$\hat{a}_j$ 表征在第 j 个探测器处电场的湮灭算符。设 $|\Psi\rangle$ 为输入场的态函数，给定 A 和 B 两地的频率纠缠光场标识为 $|\Phi\rangle_A$ 和 $|\Theta\rangle_B$，$|\Psi\rangle$ 可表示为这两个态函数的直积形式，即 $|\Psi\rangle=|\Phi\rangle_A\otimes|\Theta\rangle_B$。假设两地的频率纠缠光场为频率简并的理想频率反关联纠缠，则态函数可写为

$$\begin{cases} |\Phi\rangle_A=\int f(\Omega)\hat{a}_{s,A}^+(\omega_0+\Omega)\hat{a}_{i,A}^+(\omega_0-\Omega)d\Omega|0\rangle \\ |\Theta\rangle_B=\int g(\Omega)\hat{a}_{s,B}^+(\omega_0+\Omega)\hat{a}_{i,B}^+(\omega_0-\Omega)d\Omega|0\rangle \end{cases} \qquad (5.27)$$

式中：$\hat{a}_{s,A(B)}^+$ 和 $\hat{a}_{i,A(B)}^+$ 是指处在 A（或 B）地的信号光子和闲置光子的产生算符，$|0\rangle$ 指

真空态。$f(\Omega)$和$g(\Omega)$分别为两个频率纠缠态的联合频谱振幅函数。ω_0表示纠缠单光子的中心频率，Ω表示相对中心频率的偏离值。为简化计算，假设这两个谱型函数具有相同的分布且满足高斯函数，其带宽为$\Delta\omega$，即$|f(\Omega)|^2=|g(\Omega)|^2=\mathrm{e}^{-\frac{\Omega^2}{2\Delta\omega^2}}$。假设FBG1和FBG2的长度均为$l'$，$\beta(\omega)=n(\omega)\omega/c$和$\beta'(\omega)=n'(\omega)\omega/c$分别代表光纤链路和FBG的传播常数，经过传输路径后，在第j个探测器处电场的湮灭算符$\hat{a}_j$就可通过下列表达式给出其与纠缠光子之间的关系：

$$\begin{cases}\hat{a}_1(l',t_1)=\int\hat{a}_{i,A}(\omega)\mathrm{e}^{-\mathrm{i}\omega(t_1-t_A^0)}\mathrm{e}^{\mathrm{i}\beta'(\omega)l'}\mathrm{d}\omega\\ \hat{a}_2(l,t_2)=\int\hat{a}_{s,A}(\omega)\mathrm{e}^{-\mathrm{i}\omega(t_2-t_B^0)}\mathrm{e}^{\mathrm{i}\beta(\omega)l}\mathrm{d}\omega\\ \hat{a}_3(l',t_3)=\int\hat{a}_{i,B}(\omega)\mathrm{e}^{-\mathrm{i}\omega(t_3-t_B^0)}\mathrm{e}^{\mathrm{i}\beta'(\omega)l'}\mathrm{d}\omega\\ \hat{a}_4(l,t_4)=\int\hat{a}_{s,B}(\omega)\mathrm{e}^{-\mathrm{i}\omega(t_4-t_A^0)}\mathrm{e}^{\mathrm{i}\beta(\omega)l}\mathrm{d}\omega\end{cases} \quad (5.28)$$

其中，t_A^0和t_B^0表征钟A和B的本征初始时刻，因此两时钟钟差$t_0=t_A^0-t_B^0$，表示光纤链路的传播常数，$\beta(\omega)$与$\beta'(\omega)$在中心频率ω_0处的泰勒展开式可以写为[42]

$$\begin{cases}\beta(\omega)=\dfrac{n(\omega)\omega}{c}=\beta_0+\beta_1(\omega-\omega_0)+\dfrac{1}{2!}\beta_2(\omega-\omega_0)^2+\cdots\\ \beta'(\omega)=\dfrac{n'(\omega)\omega}{c}=\beta_0'+\beta_1'(\omega-\omega_0)+\dfrac{1}{2!}\beta_2'(\omega-\omega_0)^2+\cdots\end{cases} \quad (5.29)$$

式中：$\beta_1(\beta_1')$和$\beta_2(\beta_2')$分别表征光子在光纤链路（FBG）传播的群速度倒数和群速度色散（group velocity dispersion, GVD）。将式（5.29）代入式（5.28），并保持泰勒展开到二阶项，在满足远场近似条件下，可得到四阶关联函数的表达式：

$$G^{(4)}(\tau,\tau')=G^{(2)}(\tau)G^{(2)}(\tau')=\mathrm{e}^{-\frac{(\tau^2+\tau'^2)}{2\sigma^2}} \quad (5.30)$$

式中：$\sigma=\sqrt{1/(4\Delta\omega^2)+(\beta_2 l)^2\Delta\omega^2}$；$\tau=(t_4-t_3)+(t_B^0-t_A^0)-\beta_1 l+\beta_1' l'$；$\tau'=(t_2-t_1)+(t_A^0-t_B^0)-\beta_1 l+\beta_1' l'$。通过积分$\iint(\tau-\tau')G^{(4)}(\tau,\tau')\mathrm{d}\tau\mathrm{d}\tau'$，可以得到$\tau-\tau'$的期望值为$\langle\tau-\tau'\rangle=0$，因此可以得到与经典双向模型完全相同的结论：$\langle t_0\rangle=\dfrac{\langle(t_4-t_3)-(t_2-t_1)\rangle}{2}$。而$\tau-\tau'$的方差为

$$\Delta(\tau-\tau')=\left(\iint[(\tau-\tau')-\langle\tau-\tau'\rangle]^2 G^{(4)}(\tau,\tau')\right)^{\frac{1}{2}}\mathrm{d}\tau\mathrm{d}\tau' \quad (5.31)$$

$\tau-\tau'$的误差可以由式（5.32）得到：

$$\Delta(\tau-\tau')=\frac{1}{\sqrt{2}\Delta\omega} \quad (5.32)$$

钟差$t_0=t_A^0-t_B^0$的误差表达式：

$$\Delta t_0=\Delta\left(\frac{(t_4-t_3)-(t_2-t_1)}{2}\right)=\frac{1}{\sqrt{2}}\sqrt{\frac{1}{4\Delta\omega^2}+(\beta_2 l+\beta_2' l')^2\Delta\omega^2} \quad (5.33)$$

由式（5.33）可以看出，使β_2和β_2'的符号相反，选择合适长度的色散补偿光纤（dispersion compensating fiber, DCF）使$\lceil\beta_2 l+\beta_2' l'\rceil\to 0$，可以实现色散消除。对于理想的探测器，式（5.33）给出的是一对符合光子的时间差抖动。当探测到的平均光子对数

是 N 时，t_0 的标准差可表示为

$$\Delta t_{0,N} = \frac{\Delta t_0}{\sqrt{N}} = \frac{1}{\sqrt{2N}}\sqrt{\frac{1}{4\Delta\omega^2}+(\beta_2 l+\beta_2' l')^2 \Delta\omega^2} \tag{5.34}$$

5.4 关键技术

如前所述，频率纠缠光源的产生和二阶关联测量是基于频率纠缠源的量子时间同步技术的重要组成部分。同时，非定域色散消除效应是频率纠缠源独有的特性，可使经过长距离传输后的纠缠双光子仍然具有强时间关联性，不仅可提高二阶关联测量的精度，还为时间同步系统物理层的安全性提供检测手段。因此，频率纠缠光源、二阶关联测量，以及非定域色散消除是本节所讨论量子时间同步中的关键技术，下面将对其进行介绍。

5.4.1 频率纠缠光源

频率纠缠光源的产生和到达时间的量子探测是量子时间同步技术的重要组成部分。利用自发参量下转换过程制备频率纠缠光源的理论基础简介如下。

1. 自发参量下转换

频率纠缠源的量子特性将对量子时间同步的精度产生影响。实验中制备量子纠缠的方法有很多种，如自发参量下转换（spontaneous parametric down-conversion，SPDC）[43]、四波混频[44]、离子阱法[45]、光学参量放大[46]等，其中自发参量下转换是用于制备纠缠光子最简单、最高效的方法之一。从物理上讲，自发参量下转换是一个三波混频过程[43]，即一束高频泵浦激光聚焦在非线性介质上（通常为非线性晶体或光波导），湮灭一个高频光子，同时产生一对孪生低频光子，习惯上将这一对低频光子分别称为信号光子（s）和闲置光子（i），如图 5.7 所示。在此过程中，要想获得有效的参量下转换，泵浦光、信号光和闲置光三者之间需满足能量守恒和动量守恒条件：

$$\begin{cases} \omega_p = \omega_s + \omega_i \\ \boldsymbol{k}_p = \boldsymbol{k}_s + \boldsymbol{k}_i \end{cases} \tag{5.35}$$

式中：ω_j 表示光子的角频率；$\boldsymbol{k}_j(\omega_j)$ 为频率为 ω_j 的光子在非线性介质中的波矢，可表示为 $\boldsymbol{k}_j(\omega_j) = \boldsymbol{o}_j n_j(\omega_j)\omega_j/c$，$n_j(\omega_j)$ 为光波在介质中的折射率，c 为光子在真空中的传播速度，$\boldsymbol{o}_j$ 表示光子的波矢传播方向。j 为 p、s、i 分别代表泵浦光、信号光和闲置光。

图 5.7 自发参量下转换效应示意图

根据非线性晶体性质的不同，相位匹配条件分为 I 类和 II 类。I 类相位匹配条件下，自发参量下转换产生的一对光子的偏振方向是一致的；II 类相位匹配条件下转换光子的偏振方向相互垂直。共线参量下转换条件下，对偏振垂直的下转换光子进行分离和

处理尤为方便,所以Ⅱ类相位匹配被广泛用于高性能频率纠缠光子的制备。

2. 频率纠缠光源的理论模型

根据量子理论,自发参量下转换产生的量子态随时间的演化可表示为[47]

$$|\Psi(t)\rangle = \exp\left[\frac{1}{i\hbar}\int H_I(t')dt'\right]|\psi(t_0)\rangle \quad (5.36)$$

式中:$|\psi(t_0)\rangle$表示系统初态,一般为真空态;$H_I(t')$表示泵浦场与非线性晶体相互作用的哈密顿量,可表示为

$$H_I(t) = \frac{1}{2}\int_V P^{(NL)}(t) \cdot E_p^{(+)}(r,t)dr + \text{H.c.} \quad (5.37)$$

$$P^{(NL)}(t) = \epsilon_0 \iint \chi^{(2)}(t-t_1,t-t_2)dt_1dt_2 : E_s^{(-)}(r,t_1)E_i^{(-)}(r,t_2) \quad (5.38)$$

式中:V为沿x,y,z三个方向的有效作用范围;$P^{(NL)}$为非线性介质的非线性极化强度;ϵ_0为真空介电常量;$\chi^{(2)}$表示非线性晶体的二阶非线性系数;$E_j^{(+)}(r,t)$为j模式下电场的正频分量,j分别为泵浦光场(p)、信号光场(s)和闲置光场(i);$E_j^{(-)}(r,t)$为电场的负频分量,与电场的正频分量互为共轭。假设辐射光场为线偏振光场,考虑到电磁场的量子化条件,其电场振幅算符可写为以下标量形式[48-49]:

$$\begin{aligned} E_j^{(+)}(r,t) &= i\int \varepsilon_j \hat{a}_j(\omega_j)e^{i(k_j(\omega_j)r-\omega_j t)}\frac{d\omega_j}{2\pi} \\ E_j^{(-)}(r,t) &= (E_j^{(+)}(r,t))^+ = -i\int \varepsilon_j \hat{a}_j^+(\omega_j)e^{-i(k_j(\omega_j)r-\omega_j t)}\frac{d\omega_j}{2\pi} \end{aligned} \quad (5.39)$$

式中:ε_j为在相互作用空间V内的归一化因子,是一个与频率ω_j有关的慢变函数,一般视为常数。$\hat{a}_j(\omega_j)$是光场对应的湮灭算符,它与产生算符之间满足对易关系:

$$\begin{cases} [\hat{a}_j(\omega_j),\hat{a}_k(\omega_k)] = 0 \\ [\hat{a}_j^+(\omega_j),\hat{a}_k^+(\omega_k)] = 0 \\ [\hat{a}_j(\omega_j),\hat{a}_k^+(\omega_k)] = 2\pi\delta_{jk}\delta(\omega_j-\omega_k) \end{cases} \quad (5.40)$$

在不考虑归一化因子且假设共线平面波传播时,$H_I(t)$进一步可写为

$$H_I(t) = \kappa\int_{-\frac{L}{2}}^{\frac{L}{2}}dz\int d\omega_s\int \alpha(\omega_p)\hat{a}_s^+(\omega_s)\hat{a}_i^+(\omega_i)d\omega_i \times \\ e^{i\{[k_p(\omega_p)-k_s(\omega_s)-k_i(\omega_i)]z-(\omega_p-\omega_s-\omega_i)t\}} + \text{H.c.} \quad (5.41)$$

式中:$\alpha(\omega_p)$表示泵浦光的振幅谱型函数;L为非线性晶体的长度;κ为一个全局比例函数,后续计算中可以忽略。将时间演化算符$U_I(t) = \exp\left[\frac{1}{i\hbar}\int H_I(t')dt'\right]$进行泰勒展开,只考虑到一阶项,得到

$$U_I(t) \approx 1 + H_I(t) \quad (5.42)$$

根据微扰理论,信号光和闲置光的联合光子态的时域演变可以表示如下:

$$|\Psi(t)\rangle = \left(1 - \frac{i}{\hbar}\int_{-\infty}^{t} H_I(t')dt'\right)|0\rangle \quad (5.43)$$

在实际应用中,仅有非真空场可以被单光子探测器探测到。因此,只考虑公式中的第二项。一般情况下,泵浦脉冲的持续时间有限,因此式(5.43)的积分限可以近似

认为接近无穷大：$\int e^{i(\omega_p-\omega_s-\omega_i)t'}dt'=2\pi\delta(\omega_p-\omega_s-\omega_i)$。根据 δ 函数，可将态函数积分公式中的频率积分项缩减为两个：

$$|\Psi\rangle=\frac{2\pi\kappa}{i\hbar}\iint\alpha(\omega_s+\omega_i)\hat{a}_s^+(\omega_s)\hat{a}_i^+(\omega_i)d\omega_sd\omega_i\int_{-L/2}^{L/2}e^{i\Delta k(\omega_s,\omega_i)z}d\omega_i|0\rangle \quad (5.44)$$

式中：$\Phi_L(\omega_s,\omega_i)\cong\int_{-L/2}^{L/2}e^{i\Delta k(\omega_s,\omega_i)z}$ 定义为相位匹配函数。

对式（5.44）进行积分后得到

$$\Phi_L(\omega_s,\omega_i)\equiv\frac{\sin[\Delta k(\omega_s,\omega_i)L/2]}{\Delta k(\omega_s,\omega_i)/2} \quad (5.45)$$

因此，在参量下转换条件下产生的双光子态可表示为[15,50]

$$|\Psi\rangle=\iint\alpha(\omega_s+\omega_i)\Phi_L(\omega_s,\omega_i)\hat{a}_s^+(\omega_s)\hat{a}_i^+(\omega_i)d\omega_sd\omega_i|0\rangle \quad (5.46)$$

我们取 $A(\omega_s,\omega_i)=\alpha(\omega_s+\omega_i)\Phi_L(\omega_s,\omega_i)$，又称双光子的联合频谱振幅函数。双光子的联合频谱密度定义为 $|A(\omega_s,\omega_i)|^2$。假设泵浦光源为傅里叶变换受限脉冲，中心频率 $\omega_{p,0}$，带宽 σ_p，其振幅谱型函数可表示为

$$\alpha(\omega_s,\omega_i)\propto\exp\left[-\frac{(\omega_s+\omega_i-\omega_{p,0})^2}{2\sigma_p^2}\right] \quad (5.47)$$

共线条件下，准相位匹配的相位失谐量 Δk 表示为

$$\Delta k(\omega_s,\omega_i)=k_p(\omega_p)-k_s(\omega_s)-k_i(\omega_i)\pm 2\pi/\Lambda \quad (5.48)$$

对 $k_j(\omega_j)(j=s,i,p)$，进行泰勒展开，可以得到

$$k_j(\omega_j)=k_j^{(0)}+k_j^{(1)}(\omega_j-\omega_{j,0})+\frac{1}{2}k_j^{(2)}(\omega_j-\omega_{j,0})^2+\cdots \quad (5.49)$$

式中：$k_j^{(m)}=(d^mk_j/d\omega_j^m)(m=1,2,3,\cdots)$；$\omega_{j,0}$ 表示泵浦与下转换光的中心频率。此时，对准相位匹配的相位失谐量 Δk 进行级数展开，有

$$\begin{aligned}\Delta k(\omega_s,\omega_i)=&k_p(\omega_{p,0})-k_s(\omega_{s,0})-k_i(\omega_{i,0})\pm 2\pi/\Lambda+\\&(k_p^{(1)}(\omega_{p,0})-k_s^{(1)}(\omega_{s,0}))\widetilde{\omega}_s+(k_p^{(1)}(\omega_{p,0})-k_i^{(1)}(\omega_{i,0}))\widetilde{\omega}_i+\\&\frac{1}{2}(k_p^{(2)}(\omega_{p,0})(\widetilde{\omega}_s+\widetilde{\omega}_i)^2-k_s^{(2)}(\omega_{s,0})\widetilde{\omega}_s^2-k_i^{(2)}(\omega_{i,0})\widetilde{\omega}_i^2)+\cdots\end{aligned} \quad (5.50)$$

当满足准相位匹配条件时，$\Delta k^{(0)}=k_p(\omega_{p,0})-k_s(\omega_{s,0})-k_i(\omega_{i,0})\pm 2\pi/\Lambda=0$，下转换光子对围绕其中心频率的偏差可表示为 $\widetilde{\omega}_{s(i)}=\omega_{s(i)}-\omega_{i,0}$。在简并的条件下，$\omega_{s,0}=\omega_{i,0}=\omega_{p,0}/2$。在 II 类相位匹配条件下，$k_s^{(1)}(\omega_{p,0}/2)\neq k_i^{(1)}(\omega_{p,0}/2)$。此时 Δk 可以由其一阶以下的泰勒展开式近似，相位匹配函数简化为

$$\Phi_L(\omega_s,\omega_i)\equiv\frac{\sin[(\gamma_s\widetilde{\omega}_s+\gamma_i\widetilde{\omega}_i)L/2]}{(\gamma_s\widetilde{\omega}_s+\gamma_i\widetilde{\omega}_i)/2}\propto\mathrm{sinc}[(\gamma_s\widetilde{\omega}_s+\gamma_i\widetilde{\omega}_i)L/2] \quad (5.51)$$

式中：$\gamma_s=k_p^{(1)}(\omega_{p,0})-k_s^{(1)}(\omega_{p,0}/2)$，$\gamma_i=k_p^{(1)}(\omega_{p,0})-k_i^{(1)}(\omega_{p,0}/2)$。双光子的谱型振幅函数可写为

$$A(\widetilde{\omega}_s,\widetilde{\omega}_i)\propto\exp\left[-\frac{(\widetilde{\omega}_s+\widetilde{\omega}_i)^2}{2\sigma_p^2}\right]\mathrm{sinc}[(\gamma_s\widetilde{\omega}_s+\gamma_i\widetilde{\omega}_i)L/2] \quad (5.52)$$

态函数可写为

$$|\Psi\rangle = \iint A(\widetilde{\omega}_s,\widetilde{\omega}_i)\,\hat{a}_s^+\left(\frac{\omega_{p,0}}{2}+\widetilde{\omega}_s\right)\hat{a}_i^+\left(\frac{\omega_{p,0}}{2}+\widetilde{\omega}_i\right)\frac{d\widetilde{\omega}_s}{2\pi}\frac{d\widetilde{\omega}_i}{2\pi}|0\rangle \quad (5.53)$$

当泵浦源为准单色连续光源时，其谱型函数可近似为一个δ函数：$\alpha(\widetilde{\omega}_s+\widetilde{\omega}_i)\propto \delta(\widetilde{\omega}_s+\widetilde{\omega}_i)$。双光子态可以演化为以下表达式：

$$|TB\rangle = \int \mathrm{sinc}[(\gamma_s-\gamma_i)\widetilde{\omega}L/2]\hat{a}_s^+\left(\frac{\omega_{p,0}}{2}+\widetilde{\omega}\right)\hat{a}_i^+\left(\frac{\omega_{p,0}}{2}-\widetilde{\omega}\right)\frac{d\widetilde{\omega}}{2\pi}|0\rangle \quad (5.54)$$

式中：$D=\gamma_s-\gamma_i$表征信号光子和闲置光子间的相对走离。此时，信号光子和闲置光子具有理想的频率反相关特性，双光子的频谱分布由非线性晶体的相位匹配带宽决定。然而，任何激光泵浦源都有一定的线宽，随着泵浦光带宽的增加，频率反关联特性大大减弱。另外，为获得高的参量下转换效率，通常采用宽带宽、高峰值功率的脉冲激光泵浦。在脉冲泵浦条件下，当满足扩展相位匹配条件时，即$\gamma_s=-\gamma_i=\gamma$。此时，相位匹配函数近似为信号光子与闲置光子频率信号的差频函数：

$$\Phi_L(\omega_s,\omega_i)\cong\mathrm{sinc}[(\widetilde{\omega}_s-\widetilde{\omega}_i)\gamma L/2]=\Phi_L(\widetilde{\omega}_s-\widetilde{\omega}_i) \quad (5.55)$$

因此，双光子态的态函数可表示为

$$|\psi\rangle\propto\iint\alpha(\widetilde{\omega}_s+\widetilde{\omega}_i)\Phi_L(\widetilde{\omega}_s-\widetilde{\omega}_i)\hat{a}_s^+\left(\frac{\omega_{p,0}}{2}+\widetilde{\omega}_s\right)\hat{a}_i^+\left(\frac{\omega_{p,0}}{2}+\widetilde{\omega}_i\right)d\widetilde{\omega}_s d\widetilde{\omega}_i|0\rangle$$

$$(5.56)$$

当晶体足够长时，$\Phi_L(\widetilde{\omega}_s-\widetilde{\omega}_i)\xrightarrow{L\to\infty}\delta(\widetilde{\omega}_s-\widetilde{\omega}_i)$。代入式（5.56），得到理想频率一致纠缠的双光子态：

$$|DB\rangle\cong\int\alpha(2\widetilde{\omega}+\omega_{p,0})\hat{a}_s^+\left(\frac{\omega_{p,0}}{2}+\widetilde{\omega}\right)\hat{a}_i^+\left(\frac{\omega_{p,0}}{2}+\widetilde{\omega}\right)\frac{d\widetilde{\omega}}{2\pi}|0\rangle \quad (5.57)$$

需要注意的是，扩展相位匹配条件建立在满足准相位匹配的条件的基础上，$\gamma_s=-\gamma_i$也可以表示为$k_p^{(1)}(\omega_{p,0})=k_s^{(1)}(\omega_{p,0}/2)+k_i^{(1)}(\omega_{p,0}/2)$，对应群速度的相位匹配，即$\Delta k^{(1)}=0$。由于其特殊性，在实际中可以满足扩展相位匹配条件的非线性介质也受到限制。磷酸钛氧钾（KTP）晶体由于其非线性系数较大，光损伤阈值高及光折变效应较小等优点，是参量下转换产生频率纠缠源的理想晶体之一；周期极化的KTP晶体（PPKTP）也是实现扩展相位匹配条件的理想晶体。根据KTP晶体的折射率公式[4, 51-52]，当泵浦光场的中心波长为791nm时，可以满足群速度相位匹配条件，即$\Delta k^{(1)}=0$。当PPKTP晶体的极化周期为$\Lambda=46.146\mu m$时，将满足扩展相位匹配条件，产生的信号光子和闲置光子的中心波长在1582nm处，处于光纤通信波段，可直接应用到基于光纤链路的量子信息处理中。

3. 频率纠缠光源的量子特性

上面讨论了理想的频率反关联纠缠光源和频率一致纠缠光源的产生条件，频率关联特性由泵浦光的谱型函数和相位匹配函数决定。实际情况下，受限于泵浦光的频谱特性以及非线性晶体的相位匹配条件，产生的纠缠光子并不是理想的。因此，对频率纠缠光源的量子特性研究显得尤为重要[53-54]。这里将讨论频率纠缠态的纠缠类型、频率纠缠度及频率不可分性等特性，并介绍其量子特性的测量手段。

1) 频率纠缠类型

频率纠缠类型是指信号光子和闲置光子在频域的关联关系。由 5.3.4 节介绍，双光子的联合频谱密度可以表示为联合频谱振幅的模方，即 $S(\omega_s,\omega_i) = |A(\omega_s,\omega_i)|^2$，它表征了频率联合态的二维概率分布。由于对频谱特性的测量通常是在波长域实现的，可以引入两个重要变量：Λ_+ 和 Λ_-，$\Lambda_+ = \lambda_{s,0}\widetilde{\omega}_+/\omega_{s,0}$，$\Lambda_- = \lambda_{s,0}\widetilde{\omega}_-/\omega_{s,0}$，其中 $\widetilde{\omega}_+ \equiv \widetilde{\omega}_s + \widetilde{\omega}_i$，$\widetilde{\omega}_- \equiv \widetilde{\omega}_s - \widetilde{\omega}_i$，$\lambda_{s,0}$ 表示信号光的中心波长，因此双光子的联合频谱密度分布 $S(\omega_s,\omega_i)$ 可以写为 $S(\Lambda_+,\Lambda_-)$。简单地说，$\Delta\Lambda_+$ 就是双光子联合频谱沿正对角线方向的宽度，$\Delta\Lambda_-$ 是联合频谱沿反对角线方向的宽度。频率纠缠类型示意图如图 5.8 所示，对于所测量的双光子联合频谱，若 $\Delta\Lambda_- < \Delta\Lambda_+$，频率正关联；若 $\Delta\Lambda_- = \Delta\Lambda_+$，则频率不关联；若 $\Delta\Lambda_- > \Delta\Lambda_+$，则频率反关联。

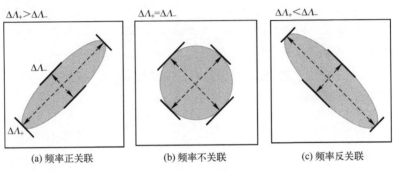

(a) 频率正关联　　(b) 频率不关联　　(c) 频率反关联

图 5.8　频率关联类型示意图

2) 频率纠缠度

频率纠缠度是衡量频率纠缠源量子特性的另一个重要因素。纠缠度最初来自数学上的施密特分解（Schmidt decomposition），当两个或多个部分构成的复合系统处于纯态 $|\psi\rangle$ 时，它的施密特分解可以写为

$$|\psi\rangle = \sum_n \lambda_n |i_A\rangle\langle i_B| \qquad (5.58)$$

式中：λ_n 为非负实数；称为施密特系数；正交归一化基 $|i_A\rangle$，$\langle i_B|$ 分别称为子系统 A 和 B 的施密特基矢。纠缠的度量采用关联施密特数（Schmidt number）K 来表征，可定义为[55]

$$K = \frac{1}{\sum_n \lambda_n^2} \qquad (5.59)$$

若 $K>1$，那么它必定为纠缠的。K 值越大，表明纠缠度越高。然而，K 通常不是直接可观测量，需要寻找与其数值近似且直接可观测的量来替代。对两粒子的纠缠系统，当量子态采用波函数表征时，可定义一个纠缠参量，即 R 来表征单粒子的波包宽度与双粒子的符合波包宽度的比值[56]。当波函数满足双高斯波函数的情况下，纠缠参量 R 与施密特数 K 是一致的[56]。Mikhailova 等进一步讨论了，在波函数为非双高斯情况下，纠缠参量 R 与关联施密特数 K 仍然具有很好的一致性[57]。

从双光子的联合频谱密度分布可给出信号光子和闲置光子的单光子频谱为

$$\begin{cases} S_s(\omega_s) = \int |A(\omega_s,\omega_i)|^2 d\omega_i \\ S_i(\omega_i) = \int |A(\omega_s,\omega_i)|^2 d\omega_s \end{cases} \tag{5.60}$$

以简并共线相位匹配条件下产生的纠缠光子态为例，信号光子的单光子频谱带宽可表示为

$$\Delta\omega_s = \int \widetilde{\omega}_s^2 S_s(\omega_s) d\omega_s \tag{5.61}$$

对应地，在 ω_i 给定条件下（如 $\omega_i = \omega_{p,0}/2$），波函数的模方 $|A(\omega_s,\omega_i)|^2$ 定义为双光子联合频谱，其频谱宽度可表示为

$$\Delta\omega_c = \int \widetilde{\omega}_s^2 |A(\omega_s,\omega_i = \omega_{p,0}/2)|^2 d\omega_s \tag{5.62}$$

纠缠参量可表示为 $R = \dfrac{\Delta\omega_s}{\Delta\omega_c}$，可以用可测的频率纠缠参量 R 作为频率纠缠度的量化值。

3) 频率关联系数

另一个可以用来度量频率纠缠源量子特性的参数称为频率关联系数。根据互关联的定义，频率纠缠源的联合频谱函数可用二元正态分布近似[58]：

$$A(\widetilde{\omega}_s,\widetilde{\omega}_i) \sim \exp\left[-\dfrac{1}{2(1-r^2)}\left(\dfrac{\widetilde{\omega}_s^2}{\sigma_s^2}+\dfrac{\widetilde{\omega}_i^2}{\sigma_i^2}-\dfrac{2r\widetilde{\omega}_s\widetilde{\omega}_i}{\sigma_s\sigma_i}\right)\right] \tag{5.63}$$

式中：r 为频率关联系数；$\sigma_{s(i)}$ 表示频率纠缠的信号（闲置）光子的单光子频谱带宽。根据 r 的数值，就可以给出信号光子和闲置光子间的频率关联特性：$r=-1$ 表示理想的频率反关联，$r=1$ 表示理想的频率正关联；$0>r>-1$ 代表频率反关联，$0<r<1$ 代表频率正关联，$r=0$ 代表频率不关联。

将相位匹配函数近似为一个高斯函数，可写为

$$\Phi_L(\omega_s,\omega_i) \propto \exp[-aL^2(\gamma_s\widetilde{\omega}_s+\gamma_i\widetilde{\omega}_i)^2] \tag{5.64}$$

式中：$a=0.04822$。可得到频率关联系数对参量下转换过程中的泵浦与非线性介质参数的依赖关系：

$$\begin{cases} r = -\dfrac{1+2a(\sigma_p L)^2\gamma_s\gamma_i}{\sqrt{1+2a(\sigma_p L\gamma_s)^2}\sqrt{1+2a(\sigma_p L\gamma_i)^2}} \\ \sigma_s^2 = \dfrac{1+2a(\sigma_p L\gamma_i)^2}{2aL^2(\gamma_s-\gamma_i)^2} \\ \sigma_i^2 = \dfrac{1+2a(\sigma_p L\gamma_s)^2}{2aL^2(\gamma_s-\gamma_i)^2} \end{cases} \tag{5.65}$$

当满足扩展相位匹配条件时，可以简化为

$$\begin{cases} r = -\dfrac{1-2a(\sigma_p L\gamma)^2}{1+2a(\sigma_p L\gamma)^2} \\ \sigma_s^2 = \sigma_i^2 = \dfrac{1+2a(\sigma_p L\gamma)^2}{8aL^2\gamma^2} \end{cases} \tag{5.66}$$

定义相位匹配带宽为 $\sigma_f = \sqrt{2}/(\sqrt{a}L|\gamma_s-\gamma_i|)$，则频率关联系数 r 可以写为 $r = -\frac{\sigma_f^2-\sigma_p^2}{\sigma_f^2+\sigma_p^2}$。可以看到，在扩展相位匹配条件下，通过操控泵浦光的频谱宽度和参量下转换晶体的相位匹配宽度，就可以实现下转换光子对的频谱关联特性从频率反关联到频率不关联，甚至频率正关联。频率关联系数 r 可以与频率纠缠参量 R 通过表达式 $R = \sqrt{1-r^2}$ 直接联系起来。

4) 频率不可分性

两个频率纠缠光子另一个重要的特性就是频率不可分性，纠缠双光子态的频谱不可分性表征了参量下转换产生的信号光子和闲置光子光谱分布的相似程度，当 $A(\omega_s,\omega_i) \neq A(\omega_i,\omega_s)$ 时，下转换双光子的频谱分布 $S_s(\omega)$ 和 $S_i(\omega)$ 不再一致。理论上其计算公式为信号光和闲置光频谱的重合度，可表示为

$$C = \frac{\iint |A(\omega_s,\omega_i)A(\omega_i,\omega_s)| \mathrm{d}\omega_s \mathrm{d}\omega_i}{\iint |A(\omega_s,\omega_i)|^2 \mathrm{d}\omega_s \mathrm{d}\omega_i} \tag{5.67}$$

其为量化双光子的频谱不可分性，Avenhaus 等引入了双光子频谱的相对重叠度的测量方法，但通过这种方法需要测量双光子的频谱，耗时较长，且系统较复杂。通常频率纠缠态的量子不可分性度量通过基于 Hong-Ou-Mandel（HOM）干涉的二阶量子符合测量来实现。

值得说明的是，频率不可分性和频率关联特性体现的是纠缠光子对在频域的两个不同的方面：光子对可以同时具有理想的频率不可分性和频率不关联特性；反之，光子对也可以具有良好的频率关联特性，但频域分布上可以明确区分。

5.4.2 二阶关联测量

二阶量子关联测量不仅可以实现对频率纠缠光源的到达时间测量，也是评估频率纠缠光源的量子特性——如频率纠缠度和频率不可分性——的重要工具，是频率纠缠光源用于各种量子信息处理系统中必不可少的工具。本节将首先对二阶关联测量的原理进行介绍。

假设 n 个理想单光子探测器分别置于空间点 $r_1, r_2, \cdots, r_n$，而且在 $t=0$ 时刻受到辐射光场的照射。根据量子场理论，n 个单光子探测器在时空点 $(r_1,t_1), (r_2,t_2), \cdots, (r_n,t_n)$ 均探测到一个光子的概率（n 个光子的光子符合计数率）$P^{(n)}(t)$ 可表示为

$$P^{(n)}(r_1,t_1,\cdots,r_n,t_n) \propto G^{(2n)}(r_1,t_1,\cdots,r_n,t_n) \tag{5.68}$$

式中：$G^{(2n)}$ 为光场的高阶相关函数，其表达式写为

$$\begin{aligned}G^{(2n)}(r_1,t_1,\cdots,r_n,t_n) &= \mathrm{Tr}[\hat{\rho}\hat{E}^{(-)}(r_1,t_1)\cdots\hat{E}^{(-)}(r_n,t_n)\hat{E}^{(+)}(r_n,t_n)\cdots\hat{E}^{(+)}(r_1,t_1)] \\ &= \langle \hat{E}^{(-)}(r_1,t_1)\cdots\hat{E}^{(-)}(r_n,t_n)\hat{E}^{(+)}(r_n,t_n)\cdots\hat{E}^{(+)}(r_1,t_1) \rangle\end{aligned} \tag{5.69}$$

式中：$\hat{E}^{(-)}(r_j,t_j)$ 和 $\hat{E}^{(+)}(r_j,t_j)$ 分别表征了到达第 j 个探测器的量子化辐射光场的电场振幅算符的负频和正频部分分量，$\hat{E}(r_j,t_j) = \hat{E}^{(-)}(r_j,t_j) + \hat{E}^{(+)}(r_j,t_j)$。假设辐射光场为线偏

振光场,其电场振幅算符可写为以下标量形式[48-49]:

$$\hat{E}^{(+)}(r,t) = i\sum_k \sqrt{\frac{\hbar\omega_k}{2\varepsilon_0 V}} \hat{a}_k(t) e^{i(k\cdot r - \omega_k t)}$$
$$\hat{E}^{(-)}(r,t) = -i\sum_k \sqrt{\frac{\hbar\omega_k}{2\varepsilon_0 V}} \hat{a}_k^+(t) e^{-i(k\cdot r - \omega_k t)}$$
(5.70)

式中:$\sqrt{\frac{\hbar\omega_k}{2\varepsilon_0 V}}$ 表征了第 k 个量子化谐振模式的振幅,其中 $\hbar$ 为普朗克常数,ε_0 为自由空间的介电常数,ω_k 为其角频率。对于该量子化的光场,$\hat{a}_k$ 和 $\hat{a}_k^+$ 分别表征了第 k 个模式的产生和湮灭算符,满足的不对易关系写为

$$\begin{cases} [\hat{a}_k, \hat{a}_{k'}^+] = \delta_{k,k'} \\ [\hat{a}_k, \hat{a}_{k'}] = [\hat{a}_k^+, \hat{a}_{k'}^+] = 0 \end{cases}$$
(5.71)

因此,当辐射光场可表示单个量子化谐振模式时,又可以写为

$$G^{(2n)}(r_1,t_1,\cdots,r_n,t_n) = \langle \Psi | \hat{a}^+(r_1,t_1)\cdots\hat{a}^+(r_n,t_n)\hat{a}(r_n,t_n)\cdots\hat{a}(r_1,t_1) | \Psi \rangle \quad (5.72)$$

式中:$|\Psi\rangle$ 为辐射光场的量子态函数。下面以二阶量子关联函数为例:

$$G^{(2)}(r_1,t_1,r_2,t_2) = \langle \Psi | \hat{a}^+(r_1,t_1)\hat{a}^+(r_2,t_2)\hat{a}(r_2,t_2)\hat{a}(r_1,t_1) | \Psi \rangle \quad (5.73)$$

在稳定场时,关联函数与时间原点无关:

$$G^{(2)}(r_1,t_1,r_2,t_2) = G^{(2)}(r_1,r_2;\tau = t_2 - t_1) \quad (5.74)$$

因此,二阶关联函数表征辐射场到达空间点 r_1、r_2 的时间正关联特性。

1. 基于单色仪与二阶关联测量的联合频谱测量

根据前面介绍,通过测量单光子频谱带宽与双光子符合宽度的比值可得到频率纠缠光子对的纠缠参量,从而实现频率纠缠特性的度量。为实现单光子及双光子联合频谱带宽,传统方法是将单色仪与二阶关联测量相结合,其原理实验装置如图 5.9 所示。在信号光路(或闲置光路)接入单色仪,另一路直接连接在单光子计数器上,便可组成一个频谱测量装置。扫描单色仪 1,记录下在设定波长处的符合计数值,这样便可测得信号光频谱,利用相同的方法可以得到闲置光的频谱分布。测量联合频谱时信号光路及闲置光路都要接入单色仪,通过扫描两路单色仪,即可测得频率纠缠光源的符合计数随信号光路及闲置光路的单色仪在设定波长处的变化,从而得到联合频谱分布。

由于单色仪通常有一定的分辨宽度,基于扫描单色仪和二阶关联积分测量到的信号光子和闲置光子的单光子频谱宽度和符合频谱宽度通常要比理论上的频谱宽度要宽。另外,由于该测量需要逐点扫描单色仪的出射频率,有限的双光子符合计数使得测量时间必然比较长,该方法不是最优的方法之一。

2. 基于波长-时间映射与二阶关联测量的联合频谱测量

为克服传统单色仪用于频谱测量的限制,基于色散介质的波长-时间映射技术色散傅里叶变换(dispersion fourier transform,DFT)成为实时光谱测量的重要工具,称为波长-时间映射拉曼光谱仪。

经典的波长-时间映射拉曼光谱仪的工作原理简述如下:一个待测脉冲激光被分成两束,其中一束光被第一个光电探测器接收后发出的电信号经延时器后作为第二个光电探测器的触发信号;另一束光通过色散介质后被第二个探测器接收。通过观测第二个探

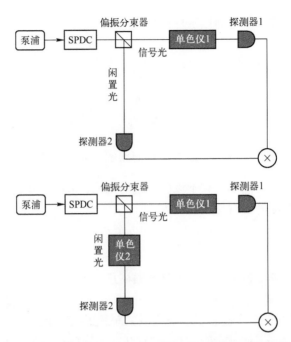

图 5.9　频率纠缠光子的单光子频谱和联合频谱测量装置示意图

测器输出信号的强度分布随时间的分布,进而通过傅里叶变换反演得到目标物体的一维光谱信息。基于色散傅里叶变换的波长-时间映射原理如图 5.10 所示,给定色散介质引入的色散量为 $\mathcal{D}$,时间与频谱带宽的映射关系可表示为 $\Delta\tau = |\mathcal{D}|\Delta\lambda$,其中 $\Delta\tau$ 表示测量到的输出信号时间分布宽度,$\Delta\lambda$ 为脉冲的频谱宽度。因此,光谱分辨率可表示为:$\Delta\lambda_{min} = \Delta\tau_{min}/|\mathcal{D}|$,其中 $\Delta\tau_{min}$ 通常由探测器的响应时间决定。

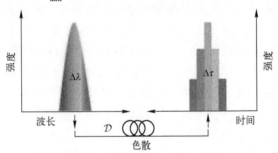

图 5.10　(见彩图) 基于色散傅里叶变换的波长-时间映射原理图

在探测器的响应时间给定情况下,为实现更精细的光谱分辨率,需要增大色散系数 $|\mathcal{D}|$,而光脉冲的重复频率设定了色散对脉冲时域展宽的最大值以及最大检测时间,进而限制了分辨率。此外,该方法只适用于泵浦光为脉冲光的情形,对连续泵浦激光产生的信号光子与闲置光子的光谱无法分辨。

为克服经典波长-时域映射技术中光脉冲源固有的重复频率对分辨率的限制,基于纠缠双光子的非定域波长-时间映射技术被提出并广泛研究[14, 59-60]。研究表明,该技术不仅可以实现类似于经典波长-时域映射中的频谱特性测量,由于频率纠缠特性,还可以实现对待测信号光子或闲置光子频谱特性的非定域映射。

以Ⅱ类相位匹配条件下的参量下转换为例，产生的偏振相互垂直的纠缠双光子被送入偏振分束器以实现信号光子和闲置光子的空间分离。信号光子通过中心频率为$\frac{\omega_{p,0}}{2}$、带宽为σ_f的带通滤波器，随后被送入单光子探测器，信号光子到达单光子探测器的时刻记为t_1。闲置光子被接入色散系数为$\mathcal{D}$的映射通道。由于色散，闲置光子的光谱实现从频域（波长）到时间的傅里叶变换。假设闲置光子的频域宽度为σ_i，双光子的符合宽度为σ_c，其在时域上的宽度为$|\mathcal{D}|\sigma_i$。被时域展宽的闲置光子送入单光子探测器，其到达单光子探测器的时刻记为t_2。

利用量子模型，信号光子和闲置光子的关联时间分布$G^{(2)}(t_1,t_2)$可表示为

$$G^{(2)}(t_1,t_2) \propto \left| \iint A(\widetilde{\omega}_s,\widetilde{\omega}_i)\exp\left(-\frac{\widetilde{\omega}_s^2}{4\sigma_f^2} + i\widetilde{\omega}_s t_1 + i\widetilde{\omega}_i(t_2-\tau) + i\mathcal{D}\widetilde{\omega}_i^2\right)\right|^2 \frac{d\widetilde{\omega}_s}{2\pi}\frac{d\widetilde{\omega}_i}{2\pi}$$
(5.75)

其中τ表示闲置光子在路径中感受到的时延。由于直接探测，只能得到关于t_1-t_2的关联分布$R^{(2)}(t_1-t_2)$，对上述函数进行关于t_1+t_2的积分得到

$$R^{(2)}(t_1-t_2) \propto \int G^{(2)}(t_1,t_2)d(t_1+t_2) \propto \exp\left[-\frac{(t_1-t_2-\tau)^2}{2\Delta^2}\right]$$
(5.76)

其中，$\Delta \approx |\mathcal{D}|\sigma_i\sqrt{\frac{\sigma_c^2+2\sigma_f^2}{\sigma_i^2+2\sigma_f^2}} = |\mathcal{D}|\sqrt{\frac{\sigma_c^2+2\sigma_f^2}{1+2\sigma_f^2/\sigma_i^2}}$表征了$R^{(2)}(t_1-t_2)$的时间宽度。从式（5.76）可以看到，信号光子光路上的光谱特性被非定域地映射到闲置光子光路的色散展宽上，称为非定域波长-时间映射。为分析该技术的最小可分辨率，假设$\sigma_f \ll \sigma_i$，此时$\Delta \approx \frac{|\mathcal{D}|\sigma_f}{\sqrt{2}}\sqrt{1+\frac{\sigma_c^2}{2\sigma_f^2}}$。当假设$\sigma_c \ll \sigma_f$，$\Delta \approx \frac{|\mathcal{D}|\sigma_f}{\sqrt{2}}$，对待测目标的光谱分辨率可表示为$\sigma_{f,\min} = \sqrt{2}\Delta/|\mathcal{D}|$。当$\sigma_c = \sigma_f$，$\sigma_{f,\min} = \Delta/|\mathcal{D}|$。因此，光谱分辨率最终受限于双光子的符合频谱宽度，符合频谱宽度越宽，分辨率越差。

另外，当$\sigma_f \gg \sigma_i$，$\Delta \approx |\mathcal{D}|\sigma_i$，此时色散介质的作用与经典的波长-时间映射作用完全相同，色散展宽的关联时间宽度正比于单光子的频谱宽度。

基于频率纠缠源的产生机制，信号光子与闲置光子成对发射，互关联只存在于一对光子内部，因而色散展宽不再受光脉冲的重复频率限制。另外，当$\sigma_c \gg \sigma_f$，$\Delta \approx |\mathcal{D}|\sigma_c/\sqrt{2}$时，可以看到，通过在信号光路加入足够窄的光谱滤波片，色散展宽的关联时间宽度正比于双光子符合宽度。因此，通过在信号光路上加与不加窄带波片条件下测量色散展宽的二阶量子关联时间宽度，即可实现对单光子的频谱宽度和双光子符合宽度之间的比值，从而得到频率纠缠度及频率关联系数的测量值[14]。

需要提及的是，连续激光作为泵浦源时，基于参量下转换产生的双光子符合宽度将取决于泵浦光的频谱宽度。因此利用该技术，还可以实现对连续激光的光谱宽度测量。

3. 频率不可分性及基于干涉的二阶关联测量

频率不可分性是频率纠缠光源的另一个重要特性，它描述了两个纠缠光子在频域分布上的重合度[61]。双光子的频谱不可分性可以通过上述基于扫描单色仪的方法来研究

双光子频谱的相对重叠度但采用这种方法不仅系统复杂、耗时较长，测量精度也受到单色仪的分辨率限制。从数学上讲，双光子干涉表征了双光子波包的卷积或者互关联，当两个纠缠的光子具有完全相同的波包时，发生"相消干涉"现象。因此，双光子是检验频率不可分性的重要工具。常用的有 Hong-Ou-Mnadel（HOM）干涉仪、Mach-Zehnder（MZ）干涉仪、Michelson 干涉仪、Fabry-Perot 干涉仪、Sagnac 干涉仪、Fizeau 干涉仪等。下面仅对基于前三种干涉仪的二阶量子关联测量进行简要介绍。

1) 基于 HOM 干涉仪的二阶量子关联测量

HOM 干涉仪[62]是测量双光子频率不可分性最常用的装置，如图 5.11 所示，两个光子分别从分束器（BS）的两个输入端入射，之后在分束器的输出端出射。一般情况下为了避免分束器透射率对实验结果的影响，分束器的透射率与反射率为 50/50，用符合装置测量双光子经过干涉仪后的符合计数。

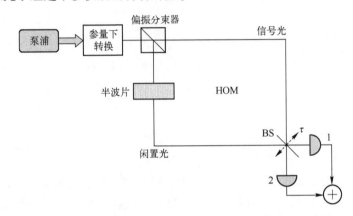

图 5.11 基于 HOM 干涉仪的二阶量子关联测量装置示意图

基于 HOM 干涉仪的二阶量子关联测量装置中，经过长时间积分后（大于双光子的持续时间）的光子符合概率 $P(\tau)$ 可描述为[63]

$$P(\tau) \propto \int_T dt_1 \int_T \langle \Psi | \hat{E}^{(-)}(t_1) \hat{E}^{(-)}(t_2) \hat{E}^{(+)}(t_2) \hat{E}^{(+)}(t_1) | \Psi \rangle dt_2 \quad (5.77)$$

式中：τ 为干涉仪的两臂之间的时间延迟；T 为探测器的测量间隔。$\hat{E}^{(\pm)}(t_{1,2})$ 分别代表了在第 1 个或第 2 个探测器处电场的正负分量。当探测器测量间隔 T 远大于双光子持续时间时，可近似为 $T \to \infty$。可得

$$P(\tau) \propto \int \frac{d\omega_1}{2\pi} \int |\langle 0 | \hat{a}_1(\omega_1) \hat{a}_2(\omega_2) | \Psi \rangle|^2 \frac{d\omega_2}{2\pi} \quad (5.78)$$

式中：$\hat{a}_1(\omega)$ 和 $\hat{a}_2(\omega)$ 表征在两个探测器前的光子湮灭算符。根据分束器的传输函数，探测器前的光子湮灭算符可以由信号光子和闲置光子的湮灭算符表述：

$$\begin{cases} \hat{a}_1(\omega) = \dfrac{\hat{a}_s(\omega) e^{i\omega\tau} + \hat{a}_i(\omega)}{\sqrt{2}} \\ \hat{a}_2(\omega) = \dfrac{\hat{a}_s(\omega) - \hat{a}_i(\omega) e^{-i\omega\tau}}{\sqrt{2}} \end{cases} \quad (5.79)$$

将式（5.79）代入式（5.78），双光子的符合计数率可以表示为

$$P(\tau) \propto \iint |A(\widetilde{\omega}_1,\widetilde{\omega}_2)\,\mathrm{e}^{\mathrm{i}\widetilde{\omega}_1\tau} - A(\widetilde{\omega}_2,\widetilde{\omega}_1)\,\mathrm{e}^{\mathrm{i}\widetilde{\omega}_2\tau}|^2 \frac{\mathrm{d}\omega_1}{2\pi}\frac{\mathrm{d}\omega_2}{2\pi} \tag{5.80}$$

从式（5.80）可以看出，基于 HOM 干涉仪的"相消干涉"取决于分束器上的两个光子的频率不可区分性，用于描述频率不可分性的 HOM 干涉可见度定义为

$$C = \frac{P_-(\infty) - P_-(0)}{P_-(\infty) + P_-(0)} \tag{5.81}$$

当双光子态的 HOM 干涉可见度为 1 时，表征纠缠光子对具有理想的频率不可分性。HOM 凹陷宽度由式（5.55）所示的相位匹配函数的带宽决定。基于 HOM 干涉的二阶量子符合测量已被验证可实现对偶数阶色散的消除，因此在高精度量子时间同步[7, 37]和分辨率增强的量子光学相干层析成像等有着重要的应用前景。

2）基于 MZ 干涉仪的二阶量子关联测量

基于 MZ 干涉仪的二阶量子关联测量装置如图 5.12 所示。对于 MZ 干涉仪来说，探测器前的光子湮灭算符可以写为

$$\begin{cases} \hat{a}_1(\omega) = \dfrac{\hat{a}_s(\omega)(\mathrm{e}^{\mathrm{i}\omega\tau}+1) + \hat{a}_i(\omega)(\mathrm{e}^{\mathrm{i}\omega\tau}-1)}{\sqrt{2}} \\[2mm] \hat{a}_2(\omega) = \dfrac{\hat{a}_s(\omega)(1-\mathrm{e}^{-\mathrm{i}\omega\tau}) + \hat{a}_i(\omega)(1+\mathrm{e}^{-\mathrm{i}\omega\tau})}{\sqrt{2}} \end{cases} \tag{5.82}$$

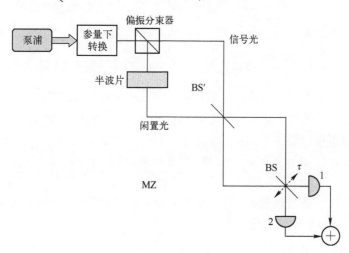

图 5.12 基于 MZ 干涉仪的二阶量子关联测量装置示意图

双光子的符合计数率可以表示为

$$P(\tau) \propto \iint |A(\widetilde{\omega}_1,\widetilde{\omega}_2)(1+\mathrm{e}^{\mathrm{i}\widetilde{\omega}_1\tau})(1+\mathrm{e}^{-\mathrm{i}\omega_1\tau}) + A(\widetilde{\omega}_2,\widetilde{\omega}_1)(1-\mathrm{e}^{-\mathrm{i}\widetilde{\omega}_2\tau})(1-\mathrm{e}^{\mathrm{i}\widetilde{\omega}_1\tau})|^2 \frac{\mathrm{d}\omega_1}{2\pi}\frac{\mathrm{d}\omega_2}{2\pi}$$
$$\tag{5.83}$$

若相位匹配函数 $A(\omega_1,\omega_2)$ 是对称函数，可简化为

$$P_\pm(\tau) \propto \int \frac{\mathrm{d}\omega_1}{2\pi} \int |A(\omega_1,\omega_2)|^2 [1 \pm \cos(\omega_1 \pm \omega_2)\tau] \frac{\mathrm{d}\omega_2}{2\pi} \tag{5.84}$$

其中，负号表征的是 HOM 二阶量子干涉符合计数概率，正号表征的是 MZ 二阶量

子干涉符合计数概率。因此，二阶干涉符合测量实验之中，HOM 干涉仪适用于探测频率反关联双光子态的时间关联特性，而 MZ 干涉仪适用于探测频率正关联双光子态的时间关联特性。

3) 基于 Franson 干涉仪的二阶量子关联测量

基于 Franson 干涉仪的二阶量子关联测量装置如图 5.13 所示，参量下转换产生的两个光子分别经过具有相同臂长差的不等臂 MZ 干涉仪后，被两个单光子探测器接收，用于符合测量。若两个干涉仪的臂长差 ΔT 满足以下条件，则可以发生双光子干涉：

$$\Delta T_{c1} \ll \Delta T \ll \Delta T_{c2} \tag{5.85}$$

式中：ΔT_{c1} 是单光子相干时间；ΔT_c 是双光子相干时间。基于 Franson 干涉仪的二阶量子关联测量模型描述如下：假设 $\hat{E}_{1,2}$ 分别代表了在第一个或第二个探测器处电场的正负分量，$\hat{D}_1$ 和 $\hat{D}_2$ 分别表示双光子在两个不等臂 MZ 干涉仪中经历的色散，以量子化算符表征。则探测器前的电场算符与参量下转换产生的双光子电场算符间的关系表示为[64]

$$\hat{E}_{1,2} = \frac{1}{\sqrt{2}} [\hat{E}_{s,i} + e^{i\phi_{1,2}} \hat{D}_{1,2}^+ \hat{E}_{s,i}(t - \Delta T) \hat{D}_{1,2}] \tag{5.86}$$

其中，$\phi_{1,2}$ 表示两个独立的相位控制参量，式 (5.86) 中的第二项在频域中可以表示如下：

$$\hat{D}_{1,2}^+ \hat{E}_{s,i}(t - \Delta T) \hat{D}_{1,2} = \int e^{-i\omega_{s,i}(t-\Delta T) - i\Phi_{s,i}(\omega_{s,i})} \hat{a}_{\omega_{s,i}} d\omega_{s,i} \tag{5.87}$$

在简并条件下，$\omega_{s,0} = \omega_{i,0} = \omega_{p,0}/2$，$\widetilde{\omega}_{s,i} = \omega_{s,i} - \omega_{p,0}/2$ 表示下转换光子围绕其中心频率的偏差。$\Phi_{s,i}(\widetilde{\omega}_{s,i}) = \sum_{n \geq 2} \frac{\widetilde{\omega}_{s,i}^n}{n!} \Delta(\beta_n L) \Phi_{s,i}(\widetilde{\omega}_{s,i}) = \sum_{n \geq 2} \frac{\widetilde{\omega}_{s,i}^n}{n!} \Delta(\beta_n L)$ 则表示 Franson 干涉仪的差分相位延迟，β_n 为光纤的 n 阶色散系数，实际中主要考虑二阶色散的影响。$\Delta(\beta_n L)$ 表示不等臂 MZ 干涉仪的长臂和短臂之间的差分量，L 是光纤的长度。因此，两个探测器间的符合计数率可以表示为

$$P_c \propto \int \langle \cos^2 \left[\frac{\widetilde{\phi} + \omega_p \Delta T - [\Phi_s(\Omega_s) + \Phi_i(\Omega_i)]}{2} \right] \hat{a}_s^\dagger \hat{a}_i^\dagger \hat{a}_i \hat{a}_s \rangle d\omega_s d\omega_i \tag{5.88}$$

这里 $\widetilde{\phi} = \phi_1 + \phi_2$，通过改变 $\widetilde{\phi}$，可以得到 Franson 干涉仪的最大符合值 $P_{c,\max}$ 和最小符合值 $P_{c,\min}$。Franson 干涉仪可见度为

$$V = \frac{P_{c,\max} - P_{c,\min}}{P_{c,\max} + P_{c,\min}} \tag{5.89}$$

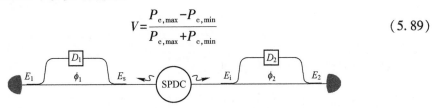

图 5.13 基于 Franson 干涉仪的二阶量子关联测量装置示意图[64]

可以看到，当信号光子和闲置光子各自经过不等臂 MZ 干涉仪时，经受大小相同但符号正好相反的差分相位延迟，即 $\Phi_s(\Omega_s) + \Phi_i(\Omega_i) = 0$，干涉可见度保持最大值。类似于 HOM 干涉仪，基于 Franson 干涉仪的双光子干涉也可以实现色散消除，而且由于符

合测量为非定域,可以应用于需要异地色散消除特性的各种量子信息处理系统中。

4. 符合测量技术

实际实验系统中,纠缠光子对的二阶关联时间分布不能直接测量,而是通过测量某一时间窗内的符合计数率 R_c 来实现,又称符合测量。符合测量是指对多个同时发生的关联事件的测量。假设用于符合测量的探测器积分时间为 T,测量到的符合计数率可以表示为

$$R_c \sim \int_0^T S(t_1 - t_2 - t_0) G^{(2)}(t_1 - t_2) \mathrm{d}t_1 \mathrm{d}t_2 \tag{5.90}$$

其中,$S(t_1-t_2-t_0)$ 表示中心在 t_0 处的符合窗口函数,通常可表示为

$$S(t_{1,i}-t_{2,j}-t_0) = \begin{cases} 1, & |t_{1,i}-t_{2,j}-t_0| \leq \tau_{BW}/2 \\ 0, & |t_{1,i}-t_{2,j}-t_0| > \tau_{BW}/2 \end{cases} \tag{5.91}$$

式中:τ_{BW} 代表符合测量的时间窗口。当时间窗口 τ_{BW} 的取值足够小,$S(t_1-t_2-t_0)$ 近似为一个 δ 函数时,可以得到二阶关联函数 $G^{(2)}(t_1-t_2)$ 在 t_0 处的分布。因此,对上述频率纠缠光源的时间关联测量可通过符合测量来实现,它严格界定了两个或多个信号在时间上的相关性,同时可消除了光强涨落的影响。

一般情况下,符合测量可采用商用的时间关联测量设备得到。然而时间关联测量装置需要将两路携带时间信号的纠缠光子一起送入该设备内再进行符合运算得到结果,测量的时间差范围受到符合测量装置本身的测量范围限制,典型的符合测量装置在不考虑符合测量精度的情况下,其时延差最大仅到秒量级。另外,在增加测量范围时,测量精度则会直线下降。事件计时器的出现使得异地的符合测量成为可能。所谓事件计时器是指一种应用广泛的皮秒精度的高速时间测量设备,可以对输入信号进行时间标记并输出,最早于 20 世纪 60 年代由美国马里兰大学的研究人员提出来。目前,事件计时器的测时精度也已达到皮秒量级[65-67],并成功应用于经典的激光测距及时间传递领域[68-69]。

利用事件计时器进行非定域符合测量的实验原理图如图 5.14 所示。Alice 和 Bob 处的单光子信号分别被本地的单光子探测器(single photon detector, SPD)探测到后,进入各自的事件计时器的输入端口,事件计时器对输入的单光子电信号以光子到达时间的方式记录并存储下来,并通过经典通信通道将 Bob 处的单光子信号到达时间信息传递到 Alice 处,最后通过二阶关联算法获得双光子的非定域符合分布。利用事件计时器进行符合测量的系统中,由于两个事件计时器记录双光子的到达时间信号是完全独立的过程,与商用的精密直接符合测量装备相比,无须给双光子信号的其中一路增加额外的相对时延,因此,在其他参数相同的情况下,系统中没有额外时延引入的抖动。这对于高精度的时间差测量应用具有积极的意义。

为实现非定域的二阶关联测量,2009 年新加坡国立大学研究人员提出利用分立事件计时器结合经典数据通道,将记录到的时间序列发送到同一个计算处理器,基于互相关运算[70]演示了纳秒量级的测量精度。国家授时中心的研究人员通过优化算法,进一步将单次测量精度提高到皮秒量级[71];并将该非定域符合测量技术应用到双向量子时间同步实验演示[8, 10],为实现异地量子时间对比和同步奠定了基础。

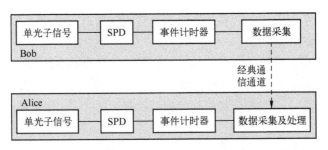

图 5.14 基于事件计时器的非定域符合测量的实验原理图

5. 非定域色散消除

非定域色散消除（nonlocal dispersion cancellation，NDC）效应最早由 Franson 在 1992 年提出[11]：纠缠双光子中一个光子所经历的色散可通过在另一路光子中加入等量相反的色散来抵消，从而消除色散对双光子波包展宽的影响，即经过色散传输后的双光子在时间上仍保持强关联特性。该效应在基于光纤链路的量子信息与测量应用中可以有效地消除色散退相干效应从而达到不损失光子的目的。

如图 5.15 所示，频率反关联的信号光子（s）和闲置光子（i）分别经过色散系数和长度分别为 $k''_{s(i)}$ 和 $l_{1(2)}$ 的色散介质传输，两个探测器探测到光子间符合概率正比于二阶关联函数[72]：

$$G^{(2)}(t_1-t_2) \approx e^{-(t_1-t_2-\bar{\tau})^2/2\sigma^2} \tag{5.92}$$

式中：$\sigma^2 = \gamma D^2 L^2 + [(k''_s l_1 + k''_i l_2)/2]^2/\gamma D^2 L^2$，$D = \gamma_s - \gamma_i$ 表示信号光子和闲置光子在非线性晶体中的群速度的倒数的差，L 为非线性晶体的长度，二者的乘积 DL 代表信号光子和闲置光子在非线性晶体中的时间走离，γ 是相位匹配函数近似为高斯函数时引入的系数。

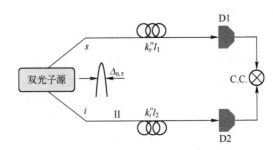

图 5.15 非定域色散消除实验装置简图

根据高斯函数的性质，易得二阶关联函数 $G^{(2)}$ 时间半高全宽（full width at half maximum，FWHM）为 $\Delta = 2\sqrt{2\ln2}\sigma$。由此可得，当 $k''_s l_1 = -k''_i l_2$ 时，经过色散传输后的双光子仍然保持很窄的二阶关联时间宽度，意味着纠缠双光子中一个光子所经历的色散可通过在另一路中加入等量相反的色散来抵消，从而消除了色散对双光子波包展宽的影响。

Wasak 等进一步提出了一个类贝尔不等式的表达形式，用于验证非定域色散消除效应中的纠缠特性及非定域性[73]：两个经典光束在色散相等和相反的色散介质中传输时

的时间相关性的最小展宽,可以用不等式表示:

$$\langle(\Delta\tau')^2\rangle \geqslant \langle(\Delta\tau)^2\rangle + \frac{(2\beta l)^2}{\langle(\Delta\tau)^2\rangle} \tag{5.93}$$

其中$\langle(\Delta\tau)^2\rangle$和$\langle(\Delta\tau')^2\rangle$分别代表经过色散介质前和经过色散介质后的双光子时间差方差。方便起见,假设$2\beta l = |k_s''l_1| = |k_i''l_2|$,根据Wasak等的推导[73],违背由式(5.131)给出的不等式将是能量–时间纠缠双光子的非定域性的明确验证。该不等式经过归一化后可表示为

$$W = \frac{\langle(\Delta\tau')^2\rangle\langle(\Delta\tau)^2\rangle}{(\langle(\Delta\tau)^2\rangle)^2 + (2\beta l)^2} \geqslant 1 \tag{5.94}$$

实际实验中,由于单光子探测器都具有一定的时间抖动,通常在几十皮秒以上,远大于纠缠双光子固有的时间关联宽度。因此,不等式中的$\langle(\Delta\tau)^2\rangle$应替换为$\langle(\Delta\tau)^2\rangle_{obs}$ = $\langle(\Delta\tau)^2\rangle_{source} + \langle(\Delta\tau)^2\rangle_{jitter}$。$\langle(\Delta\tau)^2\rangle_{jitter} \gg \langle(\Delta\tau)^2\rangle_{source}$将成为观测到的时间关联宽度的主要贡献项。

自非定域色散消除效应被首次提出以来,多个研究小组已开展了演示验证实验。最早的实验利用时间相关单光子计数器(TCSPC)开展了定域观测,在纳秒级分辨率下成功地验证了非定域色散消除效应。为克服单光子探测器的响应时间对测量分辨率的限制,光子对的频率上转换[12,74]实现了飞秒级时间分辨下的非定域色散消除[75-76]。但上述实验实现本质上都是定域的,可以用经典光场进行模拟,这限制了它们在真正的量子非定域性测试中的进一步应用。因此,特别需要开展非定域性检测。近来,MacLean等[77]利用对单光子探测的光学门控技术实验演示了对Wasak不等式的非定域违背,时间关联测量分辨率达到飞秒量级。但是,由于光学门控技术的复杂性,不适于长距离上非定域性验证的应用。因此,基于直接二阶量子关联测量的方法,为实现上述不等式的违背,应考虑两个方面:一是减少单光子探测器的抖动时间;二是增加色散幅度。最近,国家授时中心小组利用超导单光子探测器,在62km长距离光纤传输上成功演示了基于非定域色散消除效应违背Wasak不等式的实验。该实验为连续变量纠缠的量子非定域特性提供了实验证明[13],并且可以有效地扩展到长距离传输信道以进行进一步的无漏洞测试[78-80]。

5.5 系统实现

在实际应用中,量子时间同步系统主要包括三个部分:端机、业务系统、网络平台。各部分的组成和功能简述如下。

5.5.1 量子时间同步端机

量子时间同步端机是开展量子时间同步业务的核心设备,具备频率纠缠光子产生、非定域光纤色散消除、光子探测与高精度时间标记等功能,其主要组件包括高性能频率纠缠源、高稳定时钟源、事件计时器、单光子探测模块、光纤色散消除模块、数据传输模块等,各部件组成关系如图5.16所示。

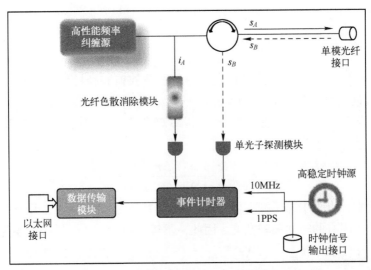

图 5.16　量子时间同步端机各部件组成图

频率纠缠源基于自发参量下转换效应产生光子对,通常称为信号光子和闲置光子。信号光子通过单模光纤接口输出至远端,闲置光子留在本地,经过光纤色散消除模块后被一个单光子探测模块接收,将光信号转换成电脉冲;同样地,位于远端的另一台量子安全时间同步端机发射的信号光子被另一个单光子探测模块接收;事件计时器用于两路光子到达时间的高精度标记;高稳定时钟源为事件计时器提供高稳定参考时钟信号,同时预留标准时钟信号输出接口,可为其他业务提供高精度时间信号;事件计时器记录的光子到达时间信息,经过数据传输模块连接太网接口后,被传送至量子安全时间同步业务系统,用于钟差测量与校准。

5.5.2　量子时间同步业务系统

一个基本的量子时间同步业务系统主要实现高精度钟差实时解算、时间同步安全性和工作状态监测等功能,从而确保点对点量子时间同步业务的实现。采用双向量子时间同步方案,基于两台量子安全时间同步端机,开展点对点皮秒级量子安全时间同步业务,该业务系统结构如图 5.17 所示。

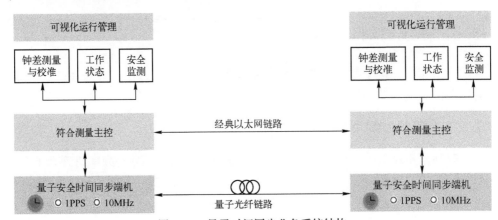

图 5.17　量子时间同步业务系统结构

如图 5.17 所示，利用符合测量主控实时解算钟差并进行时钟校准；结合经典以太网，在两路符合测量主控的协作下，集成时间同步系统安全性和工作状态监测等功能，实现高精度量子安全时间同步。

高精度钟差解算主要基于非定域量子符合测量技术，其测量精度直接决定了钟差测量精度。非定域量子符合测量技术指的是两个纠缠的光子传输至不同节点，由两台独立的事件计时器记录各自的到达时间，通过数据处理算法获取两个节点的光子到达时间差。非定域符合测量的性能主要由事件计时器（硬件）的时间标记精度及符合算法（软件）的计算能力共同决定。

安全性检测主要基于频率纠缠源的非定域色散消除效应和量子不可克隆特性。非定域色散消除效应是频率纠缠源独有的特性，利用该效应可保证经过长距离传输后的纠缠双光子仍然具有强时间关联性，为时间同步系统物理层的安全提供检测手段。

5.5.3 量子时间同步网络构建

在点对点量子安全时间同步的基础上，可以依托城域量子通信网络，通过波分复用和时分复用的调度管理，构建多节点拓扑可变的量子安全时间同步网络。其基本工作原理如图 5.18 所示，位于时钟同步节点的应用平台向总控中心发送时间同步请求，总控中心向量子网络主控制器发送拓扑切换指令，在 4 个节点（A、B、C、D）中任意 2 个节点之间建立光纤双向量子时间同步链路。图 5.18 中以节点 A 与节点 B 直连示例，基于量子安全时间同步端机及业务系统获取节点 A 与节点 B 之间的钟差信息，并通过经典信道返回总控中心，用于平台的时间校正；同时位于各节点的高稳时钟输出标准时间信号（10MHz、1PPS），为节点中的其他业务提供精准的时基坐标。

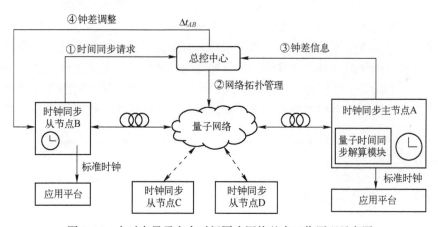

图 5.18　点对点量子安全时间同步网络基本工作原理示意图

此外，根据更长距离的时间同步应用需求，还可实现级联型量子安全时间同步网络应用模式。以三节点级联型量子安全时间同步网络为例，基本工作模式如图 5.19 所示，时钟同步主节点 A 作为级联站点，分别与时钟同步从节点 B 和时间同步从节点 C 进行时间比对。位于时钟同步主节点 A 处的量子时间同步解算模块分别获取节点 A 与节点 B、C 之间的钟差信息，并通过经典信道返回总控中心，最终实现节点 B 和节点 C 之间的钟差测量与时间同步。

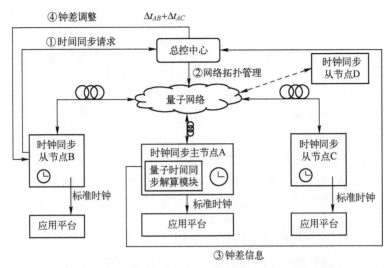

图 5.19 级联型量子安全时间同步网络基本工作模式示意图

5.6 小结

时间频率系统是国家的战略资源，随着科学技术的进步，时间同步技术飞速发展，已成为国计民生中不可或缺的基础工程，甚至关乎国家安全。本章主要围绕量子时间同步技术进行介绍，从其基本理论、发展历程、关键技术等角度进行阐述。相对于传统的时间同步技术，量子时间同步技术有望达到突破散粒噪声极限的海森堡噪声极限，实现亚皮秒量级的高精度时间同步。量子脉冲的频率纠缠具有的非定域色散特性，还可用于消除色散对同步精度的不利影响。此外，频率纠缠双光子具有的量子特性、单光子传输的不定时性和双光子的强时间关联性，满足物理层传递安全的必要条件，进一步与量子保密通信技术相结合，即可保证安全的时间同步。因此，基于频率纠缠光源的量子时间同步技术有望成为大幅度提升授时精度，保障授时安全性的新一代时间同步技术。

参考文献

[1] Einstein A. Zur Elektrodynamik bewegter Körper [J]. Annalen der Physik, 1905, 322 (10): 891-921.

[2] Imae M. Review of two-way satellite time and frequency transfer [J]. Journal of Metrrology Society of India, 2006, 21: 243-8.

[3] Samain E., Exertier P., Guillemot P., et al. Time transfer by laser link-t2l2: current status of the validation program; proceedings of the 24th european frequency and time forum (EFTF) [C]. European Space Agcy, Space Res & Technol Ctr, Noordwijk, NETHERLANDS, F Apr 13-16, 2010.

[4] Emanueli S., Arie A. Temperature-dependent dispersion equations for KTiOPO4 and KTiOAsO4 [J]. Applied Optics, 2003, 42 (33): 6661-5.

[5] 陈法喜, 赵侃, 周旭, 等. 长距离多站点高精度光纤时间同步 [J]. 物理学报, 2017, 66 (20): 33-41.

[6] Giovannetti V., Lloyd S., Maccone L. Quantum-enhanced positioning and clock synchronization [J]. Nature, 2001, 412 (6845): 417-9.

[7] Quan R., Zhai Y., Wang M., et al. Demonstration of quantum synchronization based on second order quantum coherence of entangled photons [J]. Scientific Reports, 2016, 6 (1): 30453.

[8] Hou F., Quan R., Dong R., et al. Fiber-optic two-way quantum time transfer with frequency entangled pulses [J]. Physical Review A, 2019, 100 (2): 023849.

[9] Liu Y., Quan R., Xiang X., et al. Quantum clock synchronization over 20-km multiple segmented fibers with frequency-correlated photon pairs and HOM interference [J]. Applied Physics Letters, 2021, 119 (14): 144003.

[10] Hong H., Quan R., Xiang X., et al. Demonstration of 50km fiber-optic two-way quantum clock synchronization [J]. Journal of Lightwave Technology, 2022, 40 (12): 3723-8.

[11] Franson J. D. Nonlocal cancellation of dispersion [J]. Physical Review A, 1992, 45 (5): 3126-32.

[12] O'donnell K. A., U'ren A. B. Time-resolved up-conversion of entangled photon pairs [J]. Physical Review Letters, 2009, 103 (12): 123602.

[13] Li B., Hou F., Quan R., et al. Nonlocality test of energy-time entanglement via nonlocal dispersion cancellation with nonlocal detection [J]. Physical Review A, 2019, 100 (5): 053803.

[14] Xiang X., Dong R., Quan R., et al. Hybrid frequency-time spectrograph for the spectral measurement of the two-photon state [J]. Optics Letters, 2020, 45 (11): 2993-6.

[15] Rubin M. H., Klyshko D. N., Shih Y. H., et al. Theory of two-photon entanglement in type-II optical parametric down-conversion [J]. Physical Review A, 1994, 50 (6): 5122-33.

[16] Giovannetti V., Lloyd S., Maccone L., et al. Clock synchronization with dispersion cancellation [J]. Physical Review Letters, 2001, 87 (11): 117902-6.

[17] Lamas-Linares A., Troupe J. Secure quantum clock synchronization; proceedings of the Conference on Advances in Photonics of Quantum Computing, Memory, and Communication XI, San Francisco, CA, F, 2018 [C]. 2018.

[18] Jozsa R., Abrams D. S., Dowling J. P., et al. Quantum clock synchronization based on shared prior entanglement [J]. Physical Review Letters, 2000, 85 (9): 2010-3.

[19] Krco M., Paul P. Quantum clock synchronization: multiparty protocol [J]. Physical Review A, 2002, 66 (2): 024305.

[20] Ren C. L., Hofmann H. F. Clock synchronization using maximal multipartite entanglement [J]. Physical Review A, 2012, 86 (1): 014301.

[21] Ben-Av R., Exman I. Optimized multiparty quantum clock synchronization [J]. Physical Review A, 2011, 84 (1): 014301.

[22] Zhang Y., Zhang Y., Mu L., et al. Criterion for remote clock synchronization with heisenberg-scaling accuracy [J]. Physical Review A, 2013, 88 (5): 6.

[23] Takahashi H., Neergaard-Nielsen J. S., Takeuchi M., et al. Entanglement distillation from gaussian input states [J]. Nature Photonics, 2010, 4 (3): 178-81.

[24] Duan L., Giedke G., Cirac J. I., et al. Inseparability criterion for continuous variable systems [J]. Physical Review Letters, 2000, 84 (12): 2722-5.

[25] Kong X., Xin T., Wei S., et al. Demonstration of multiparty quantum clock synchronization [J]. Quantum Information Processing, 2018, 17 (11): 297.

[26] Chuang I. L. Quantum algorithm for distributed clock synchronization [J]. Physical Review Letters, 2000, 85 (9): 2006-9.

[27] Eddington A. S. The mathematical theory of relativity [M]. Cambridge: Cambridge University Press, 1920.

[28] Zhang J., Long G. L., Deng Z., et al. Nuclear magnetic resonance implementation of a quantum clock synchronization algorithm [J]. Physical Review A, 2004, 70 (6): 062322.

[29] Giovannetti V. I., Lloyd S., Maccone L., et al. Conveyor-belt clock synchronization [J]. Physical Review A, 2004, 70 (4): 043808.

[30] Giovannetti V., Lloyd S., Maccone L. Quantum cryptographic ranging [J]. Journal of Optics B-Quantum and Semiclassical Optics, 2002, 4 (4): S413-S4.

[31] Valencia A., Scarcelli G., Shih Y. Distant clock synchronization using entangled photon pairs [J]. Applied Physics Letters, 2004, 85 (13): 2655-7.

[32] Bahder T. B., Golding W. M. Clock synchronization based on second-order quantum coherence of entangled photons; proceedings of the 7th International Conference on Quantum Communication, Measurement and Computing, Glasgow, Scotland, F Jul 25-29, 2004 [C]. 2004.

[33] Wang J., Tian Z., Jing J., et al. Influence of relativistic effects on satellite-based clock synchronization [J]. Physical Review D, 2016, 93 (6): 065008.

[34] Hou F., Dong R., Quan R., et al. Dispersion-free quantum clock synchronization via fiber link [J]. Advances in Space Research, 2012, 50 (11): 1489-94.

[35] Hou F., Dong R., Liu T., et al. Quantum-enhanced two-way time transfer; proceedings of the Quantum Information and Measurement (QIM) 2017, [C]. Paris, Optica Publishing Group, 2017.

[36] Lee J., Han S., Lee K., et al. Absolute distance measurement by dual-comb interferometry with adjustable synthetic wavelength [J]. Measurement Science and Technology, 2013, 24 (4): 045201.

[37] Quan R., Dong R., Zhai Y., et al. Simulation and realization of a second-order quantum-interference-based quantum clock synchronization at the femtosecond level [J]. Optics Letters, 2019, 44 (3): 614-7.

[38] Xie M., Zhang H., Lin Z., et al. Implementation of a twin-beam state-based clock synchronization system with dispersion-free HOM feedback [J]. Optics Express, 2021, 29 (18): 28607-18.

[39] Lee J., Shen L. J., Cere A., et al. Symmetrical clock synchronization with time-correlated photon pairs; proceedings of the Conference on Lasers and Electro-Optics (CLEO), [C]. San Jose, CA, F May 05-10, 2019.

[40] Quan R., Hong H., Xue W., et al. Implementation of field two-way quantum synchronization of distant clocks across a 7km deployed fiber link [J]. Optics Express, 2022, 30 (7): 10269-79.

[41] Glauber R. J. Quantum theory of optical coherence [J]. Physical Review, 1963, 130 (6): 2529.

[42] Agrawal G. P. Nonlinear fiber optics ed3 [M]. New York: Academic Press, 2001.

[43] Kitaeva G. K., Penin A. N. Spontaneous parametric down-conversion [J]. Journal of Experimental and Theoretical Physics Letters, 2005, 82 (6): 350-5.

[44] Fan J., Migdall A. Phase-sensitive four-wave mixing and raman suppression in a microstructure fiber with dual laser pumps [J]. Optics Letters, 2006, 31 (18): 2771-3.

[45] Cirac J. I., Zoller P. Quantum computations with cold trapped ions [J]. Physical Review Letters, 1995, 74 (20): 4091-4.

[46] Guo J., Cai C., Ma L., et al. Higher order mode entanglement in a type II optical parametric oscillator [J]. Optics Express, 2017, 25 (5): 4985-93.

[47] Kuzucu O., Fiorentino M., Albota M. A., et al. Two-photon coincident-frequency entanglement via extended phase matching [J]. Physical Review Letters, 2005, 94 (8): 083601.

[48] Scully M. O., Zubairy M. S. Quantum optics [M]. Cambridge: Cambridge University Press, 1997.

[49] Mandel L., Wolf E. Optical coherence and quantum optics [M]. Cambridge: Cambridge University Press, 1995.

[50] Grice W. P., U'ren A. B., Walmsley I. A. Eliminating frequency and space-time correlations in multiphoton states [J]. Physical Review A, 2001, 64 (6): 063815.

[51] Fradkin K., Arie A., Skliar A., et al. Tunable midinfrared source by difference frequency generation in bulk periodically poled KTiOPO4 [J]. Applied Physics Letters, 1999, 74 (18): 2723.

[52] Fan T., Huang C., Hu B., et al. 2nd harmonic-generation and accurate index of refraction measurements in flux-grown KTIOPO4 [J]. Applied Optics, 1987, 26 (12): 2390-4.

[53] Quan R., Wang M., Hou F., et al. Characterization of frequency entanglement under extended phase-matching conditions [J]. Applied Physics B-Lasers and Optics, 2015, 118 (3): 431-7.

[54] Hou F., Xiang X., Quan R., et al. An efficient source of frequency anti-correlated entanglement at telecom wavelength [J]. Applied Physics B-Lasers and Optics, 2016, 122 (5): 128.

[55] Grobe R., Rzazewski K., Eberly J. H. Measure of electron-electron correlation in atomic physics [J]. Journal of Physics B-Atomic Molecular and Optical Physics, 1994, 27 (16): L503-L8.

[56] Fedorov M. V., Efremov M. A., Volkov P. A., et al. Short-pulse or strong-field breakup processes: a route to study entangled wave packets [J]. Journal of Physics B-Atomic Molecular and Optical Physics, 2006, 39 (13): S467-S83.

[57] Mikhailova Y. M., Volkov P. A., Fedorov M. V. Biphoton wave packets in parametric down conversion: spectral and temporal structure and degree of entanglement [J]. Physical Review A, 2008, 78 (6): 062327.

[58] Sedziak K., Lasota M., Kolenderski P. Reducing detection noise of a photon pair in a dispersive medium by controlling its spectral entanglement [J]. Optica, 2017, 4 (1): 84-9.

[59] Baek S.-Y., Kwon O., Kim Y.-H. Nonlocal dispersion control of a single-photon waveform [J]. Physical Review A, 2008, 78 (1): 013816.

[60] Yang B., Sun H., Ott R., et al. Observation of gauge invariance in a 71-site bose-hubbard quantum simulator [J]. Nature, 2020, 587 (7834): 392.

[61] Avenhaus M., Eckstein A., Mosley P. J., et al. Fiber-assisted single-photon spectrograph [J]. Optics Letters, 2009, 34 (18): 2873-5.

[62] Hong C. K., Ou Z. Y., Mandel L. Measurement of subpicosecond time intervals between 2 photons by interference [J]. Physical Review Letters, 1987, 59 (18): 2044-6.

[63] Giovannetti V., Maccone L., Shapiro J. H., et al. Generating entangled two-photon states with coincident frequencies [J]. Physical Review Letters, 2002, 88 (18): 183602.

[64] Zhong T., Wong F. N. C. Nonlocal cancellation of dispersion in Franson interferometry [J]. Physical Review A, 2013, 88 (2): 020103.

[65] Yu A. Event timer a033 - et: current state and typical performance characteristics [J]. 17th international workshop on laser ranging, Bad kötzting (Germany), may 16-20, 2011.

[66] Samain E. An ultra stable event timer [J]. 2002, https://cddis.gsfc.nasa.gov

[67] Samain E., Fridelance P., Guillemot P. An ultra stable event timer designed for T2L2 [J]. https://paperzz.com/doc/7910072

[68] Samain E., Vrancken P., Guillemot P., et al. Time transfer by laser link (T2L2): characterization

and calibration of the flight instrument [J]. Metrologia, 2014, 51 (5): 503.

[69] Samain E., Exertier P., Courde C., et al. Time transfer by laser link: a complete analysis of the uncertainty budget [J]. Metrologia, 2015, 52 (2): 423.

[70] Ho C., Lamas-Linares A., Kurtsiefer C. Clock synchronization by remote detection of correlated photon pairs [J]. New Journal of Physics, 2009, 11: 13.

[71] Quan R., Dong R., Xiang X., et al. High-precision nonlocal temporal correlation identification of entangled photon pairs for quantum clock synchronization [J]. Review of Scientific Instruments, 2020, 91 (12): 123109.

[72] Baek S. Y., Cho Y. W., Kim Y. H., et al. Nonlocal dispersion cancellation using entangled photons; proceedings of the Conference on Lasers and Electro-Optics/Quantum Electronics and Laser Science Conference (CLEO/QELS 2009), Baltimore, MD, F Jun 02-04, 2009 [C]. 2009.

[73] Wasak T., Szankowski P., Wasilewski W., et al. Entanglement-based signature of nonlocal dispersion cancellation [J]. Physical Review A, 2010, 82 (5): 052120.

[74] Dayan B., Pe'er A., Friesem A. A., et al. Nonlinear interactions with an ultrahigh flux of broadband entangled photons [J]. Physical Review Letters, 2005, 94 (4): 043602.

[75] O'donnell K. A. Observations of dispersion cancellation of entangled photon pairs [J]. Phys Rev Lett, 2011, 106 (6): 063601.

[76] Lukens J. M., Dezfooliyan A., Langrock C., et al. Demonstration of high-order dispersion cancellation with an ultrahigh-efficiency sum-frequency correlator [J]. Physical Review Letters, 2013, 111 (19): 193603.

[77] Maclean J.-P. W., Donohue J. M., Resch K. J. Direct characterization of ultrafast energy-time entangled photon pairs [J]. Physical Review Letters, 2018, 120 (5): 053601.

[78] Shalm L. K., Meyer-Scott E., Christensen B. G., et al. Strong loophole-free test of local realism [J]. Physical Review Letters, 2015, 115 (25): 250402.

[79] Giustina M., Versteegh M. a. M., Wengerowsky S., et al. Significant-loophole-free test of bell's theorem with entangled photons [J]. Physical Review Letters, 2015, 115 (25): 250401.

[80] Christensen B. G., Mccusker K. T., Altepeter J. B., et al. Detection-loophole-free test of quantum nonlocality, and applications [J]. Physical Review Letters, 2013, 111 (13): 130406.

第6章
量子导航与定位

量子信息网络作为未来可提供高精度量子时间同步、高灵敏度环境感知和高性能信息处理等新质能力支撑的通信网络体系,具有可靠性好、灵敏度高、抗干扰能力强等原理性优势。量子导航与定位系统作为体系中提供量子空间基准信息的关键节点,对保障量子信息网络的抗干扰能力、网络覆盖范围以及自由空间信息交互能力均具有非常重要的意义。本章针对量子导航与定位的概念内涵与网络构建、发展历程、核心器件、导航与定位算法等内容进行介绍,旨在为从事量子信息领域相关研究的科研人员与师生提供参考。

6.1 基本理论

6.1.1 量子导航与定位的概念内涵与网络构建

1. 导航与定位的定义

导航是指监测和控制运动载体从一个地方移动到另一个地方的过程,主要关注终点相对起点的中间运动过程;定位则是指利用仪器或算法等对物体所在的位置进行测量,主要关注物体的绝对位置而非相对运动过程。因此,结合导航与定位,就可确定运动载体从起点到终点各点位中间所涉及的相对运动过程和绝对位置。按接收信息的方式,导航与定位可分为主动与被动(自主)两种,其中前者主要以卫星导航为代表,后者包括惯性导航、天文导航等导航手段,本书主要关注自主导航与定位方式。

2. 自主导航与定位的定义

自主导航与定位是指运动载体在不依赖外部支持的情况下,仅利用自身携带的测量设备实时确定自身相对某个坐标系的位置、姿态、速度、角速度和加速度等运动参数。从严格意义上讲,完全自主导航仅依赖自身的惯性导航设备,既不发射也不吸收外界任何声、光、电等信息,具有很好的隐蔽性和环境抗干扰能力;从更广义的角度来讲,所有不需要外部支持设备,可自主测得或主动获取外部信息的导航方式均为自主导航。因此,从某种意义上说,自成体系的卫星导航与定位网络也属于广义的自主导航范畴。

3. 量子导航与定位的定义

量子导航与定位是指通过量子效应的方式（量子传感、纠缠等）实现导航与定位系统，其中量子自主导航与定位则是在自主导航与定位定义的基础上，要求自身携带的测量设备为全量子系统（核心探测器件均基于量子效应）或半量子系统（仅部分核心探测器件基于量子效应）。目前，部分量子自主导航与定位相关器件成熟度还不高，难以实现完整的全量子自主导航与定位系统。因此，本书中提及的量子自主导航与定位系统仍为半量子系统。

4. 量子导航与定位网络的构建

类似于卫星定位利用节点组成网络的方式，如果将单个量子导航与定位系统看作提供量子空间基准信息的节点，多个（不少于 3 个）量子导航与定位系统通过一定规则布局并相互协同构成局部的量子导航与定位网络。以单节点自主导航与定位为例，通过多个节点组网的形式，使量子导航与定位网络不仅具有自主导航与定位系统的抗干扰、隐蔽性强等优势，同时还可通过各节点不同导航与定位技术、同一技术下不同系统之间的协作，借助组网方式充分发挥各自的优势，扩展系统的覆盖范围，提高系统的性能，使量子导航与定位网络同时具备导航与通信系统的特性。同时，量子导航与定位系统输出信号本质上全部或部分为量子信息，能够很好地与量子计算、探测、通信等量子信息领域的部分关键技术相互兼容，是未来量子信息网络与量子导航体系的关键节点与重要支撑，具有巨大的发展潜力。

5. 广义自主导航与定位常用实现方案

常用的自主导航与定位方法以惯性导航为主、天文导航等其他多种导航手段为辅，能够为各种武器系统提供精确实时的空间运动信息。惯性导航和天文导航系统都具有强自主性，前者可连续输出导航信息，但存在误差随时间积累的缺点；后者可输出误差不随时间积累的姿态和位置信息，但输出信息不连续。将二者结合构成惯性-天文组合导航系统，实现优势互补，可进一步提高导航系统的精度和可靠性。

特征匹配导航技术是通过将测量的环境特征信息与参考数据库进行比较来获得导航参数的一门技术。特征匹配导航技术可以利用的环境特征包括地形高度、环境图像、地球磁场、地球重力场、自然天体等。地形匹配、图像匹配、地磁匹配、重力匹配、地图匹配等特征匹配技术可以确定用户的位置，有的特征匹配技术可以确定用户的姿态，有的特征匹配技术可以确定用户的速度。特征匹配导航系统需要一定的导航信息来辅助工作，一般与其他的导航系统组合使用，与惯性导航系统组合是一种常见的组合导航方式。

此外，由于水介质的特殊性，诸如光学导航、无线电导航、卫星导航等常用的导航技术在水下难以被利用。相对于陆空导航，水下导航可利用信息源较少，实施起来相对困难。以无源、自主惯性导航系统为核心，结合计程仪、多普勒测速仪、水声定位、特征匹配等导航系统提供的信息，可构成水下自主导航与定位系统。

6.1.2 量子自主导航与定位的基本原理

量子自主导航与定位的基本原理和经典自主导航与定位的原理基本相同，仅核心探测器件构成有所不同，以下给出的经典自主导航与定位的原理同样适用于量子系统。

1. 自主导航的基本原理

由于自主导航以惯性导航为主，此处以惯性导航为例介绍其基本原理。惯性导航基本工作原理是以牛顿力学定律为基础，测量载体在惯性参考系的加速度、角加速度，使它对时间进行一次积分，求得运动载体的速度、角速度之后，进行二次积分求得载体的位置信息，然后将其变换到导航坐标系，得到在导航坐标系中的速度、姿态角和位置等信息。其中图 6.1 为通过数学平台替代复杂物理平台的捷联惯性导航系统工作原理。

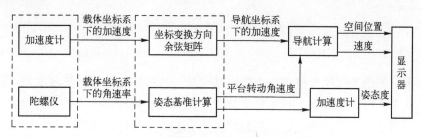

图 6.1 捷联惯性导航系统工作原理图

2. 自主定位的基本原理

在自主导航的基础上，为了实现自主定位，还需要获取运动载体的初始位置、速度、姿态信息。通常可通过初始对准技术实现对运动载体初始姿态信息的估计，而载体的初始位置与速度信息则通常需要借助辅助定位手段（卫星定位或特征匹配等方式）进行外部信息输入，从而实现系统的自主定位。因此，目前自主定位仍是广义而非严格的自主定位方式。

6.1.3 量子自主导航与定位的系统组成

量子自主导航与定位系统通常以量子惯性导航系统为主体，并根据应用场景由各类辅助导航系统构成。其中，量子惯性导航系统现阶段依然是半量子系统，目前成熟度最高的是基于核磁共振陀螺的量子惯性导航系统，主要由三轴核磁共振陀螺、三轴石英挠性加速度计、惯性导航系统电路、陀螺控制电路、装配框架及壳体等部件组成，结构框图如图 6.2 所示。

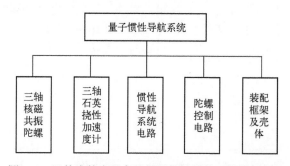

图 6.2 目前成熟度最高的量子惯性导航系统结构框图

其中，三轴小型核磁共振陀螺用作空间角速率敏感部件，通过测量在惯性参考系下敏感原子核自旋的拉莫尔（Larmor）进动频率随载体转动的变化量来实现转动测量，相比于其他类型陀螺，具有对加速度不敏感、抗冲击、耐振动、比例因子准确等优点，是目前唯一兼具小型化与高精度潜在优势的量子陀螺仪。

敏感线速度的惯性元件目前仍采用微小型石英挠性加速度计，随着量子加速度计的发展将逐步替换为光力加速度计或原子干涉加速度计等。石英挠性加速度计是一个质量-弹簧-阻尼系统，其结构特点是以电容器作为传感器，包括以石英玻璃材料经特种加工形成的挠性支撑、圆舌形石英摆片和力矩器线圈等组成部分，是惯性系统的基本测量部件之一。

6.2 发展历程

本书提到的量子惯性导航系统主要由基于量子效应的陀螺仪、新型加速度计等核心器件，以及系统级标定技术、初始对准技术等相关导航解算算法组成。虽然量子自主导航与定位的概念已提出多年，但在系统层面上目前还没有达到成熟应用的阶段，因此这里仅对其组成零部件与系统导航定位技术的发展做简要叙述。

6.2.1 核心器件发展

1. 原子陀螺仪

随着量子操控技术的发展，以各种原子为敏感介质的量子传感器得到了人们高度关注和迅速发展[1]，如能实时提供高精度频率信号的原子钟[2]，具有超高灵敏度的原子磁力仪[3]，以及一些利用超导效应的原子干涉传感器等[4-5]。20 世纪 60 年代末，美国就已经提出基于量子效应的陀螺概念，到了 80 年代末，随着激光冷却和操控原子技术的发展，原子陀螺仪得以实现[1]。原子陀螺仪是继转子陀螺仪、光学陀螺仪和 MEMS 陀螺仪之后的第四代新型陀螺仪，大多以碱金属原子、电子和惰性气体原子为介质，具有小体积和超高精度等优势，已成为国内外新型惯性导航器件的研究热点之一。

原子陀螺根据基本原理的不同可以分为原子干涉陀螺（atomic interferometer gyroscope，AIG）和原子自旋陀螺（atomic spin gyroscope，ASG）[6]两大类。原子自旋陀螺根据实现方式的不同又可分为核磁共振陀螺（nuclear magnetic resonance gyroscope，NMRG）、原子无自旋交换弛豫（spin exchange relaxation free，SERF）陀螺和氮空位（nitrogen vacancy，NV）色心陀螺等。具体分类和各类原子陀螺的特点见表 6.1。

表 6.1 原子陀螺的分类与对比　　　　　　　　　　　　单位：(°)/h

大类	小类	极限理论精度量级	优　势	潜在应用环境
原子干涉陀螺	AIG	10^{-10}	超高精度	远程长航时运动载体
原子自旋陀螺	SERF	10^{-8}	超高精度、小体积	导航级或战术级系统
	NMRG	10^{-4}	高精度、微小型	
	NV 色心	10^{-3}	小体积、快启动	

从表 6.1 中可以看到，AIG 和 SERF 优势在于超高精度，适宜应用在如大型飞机、潜艇、洲际导弹等远程长航时运动载体上。NMRG 的优势在于可以同时兼顾高精度及微小型化的要求，适宜应用在导弹、单兵小型作战装备等导航级或战术级系统上。NV 色心陀螺具有小体积和快启动等特点，瞄准芯片级导航系统应用，目前还处于学术探索与原理验证阶段。

1) 核磁共振陀螺

核磁共振陀螺具有高精度、易集成、低功耗、对载体线运动不敏感、抗振动等综合优势。在实现较高惯性测量精度的同时，能有效降低惯性导航系统的总体尺寸、质量和功耗，可以满足惯性导航、姿态控制领域对高精度微型陀螺仪器件的迫切需求，是新一代惯性器件的重要发展方向之一。核磁共振陀螺的原理是通过测量在惯性参考系下敏感原子系综核自旋的 Larmor 进动频率随载体转动的变化量来实现转动测量的。原子系综核自旋进动的测量可由系统内嵌磁力仪测量对应磁化强度矢量来实现[7]，并通过记录实时跟踪敏感原子 Larmor 进动频率的激励磁场，完成转动测量[8]。

20 世纪 60 年代，就已经有多家机构开展了 NMRG 的相关研究工作。在美国国防部高级研究计划局（Defense Advanced Research Projects Agency，DARPA）的资助下，美国 Northrop Grumman 公司在 Litton 公司工作基础上于 2005—2012 年进行了小型 NMRG 的工程化研制工作[9-12]。该项目共分四个阶段，第一阶段原理样机的体积有 3000cm^3，主要进行陀螺效应的验证，内部结构基本借鉴 Litton 公司 1979 年的设计[13-14]，实物图如图 6.3 所示。

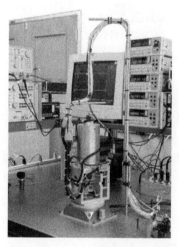

图 6.3　Northrop Grumman 公司第一阶段 NMRG 原理样机

第二阶段完成了集成化的原理样机制作，样机体积缩小到 55cm^3，内部结构实物图如图 6.4 所示，主要完成了惰性气体原子双同位素闭环的验证[15]。

第三阶段则进一步将样机进行集成，样机表头体积又缩小一个量级，仅为 6cm^3，内部结构及外部的实物图如图 6.5 所示，主要完成了基于速率转台的陀螺性能测试[15-16]，零偏稳定性达到 0.05(°)/h，角度随机游走为 0.01(°)/h$^{1/2}$，标度因数稳定性优于 2.5×10^{-5}，带宽 7Hz，磁屏蔽效能因子为 3×10^9。

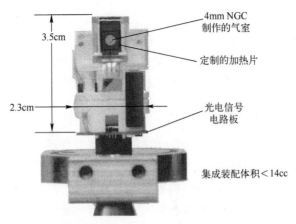

图 6.4 Northrop Grumman 公司第二阶段 NMRG 原理样机

图 6.5 Northrop Grumman 公司第三阶段 NMRG 实验室样机

第四阶段完成的样机实物如图 6.6 所示，样机表头的尺寸为 $10cm^3$，相比于第三阶段样机体积稍大，但实现了样机整体的真空封装，主要完成了近导航级的陀螺噪声性能测试[17]，零偏稳定性达到 $0.02(°)/h$，角度随机游走为 $0.005(°)/h^{1/2}$，标度因数稳定性进一步优化到了 $4×10^{-6}$，带宽则大幅提升到了 300Hz，磁屏蔽效能因子为 $1×10^{10}$，已经基本满足导航级陀螺性能要求。

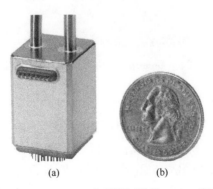

图 6.6 Northrop Grumman 公司第四阶段 NMRG 实验室样机

为进一步降低体积和功耗，可利用 MEMS 技术将传统 NMRG 进一步小型化，就形成了微核磁共振陀螺（或称芯片级核磁共振陀螺）。2007 年，美国国家标准与技术研究院（National Institute of Standards and Technology，NIST）设计了一种基于核磁共振的芯片级原子自旋陀螺，采用同一束激光完成光泵浦和探测[18-19]。2008 年，加利福尼亚大学欧文分校也设计了一个折叠式芯片级核磁共振陀螺[20]，体积非常小，长、宽、高均不到 5mm，如图 6.7（a）所示，并于 2017 年完成了基于此的样机设计[21]，实物如图 6.7（b）所示，但并未有精度报道。

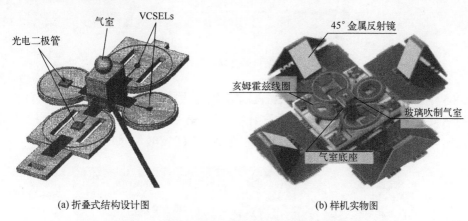

(a) 折叠式结构设计图　　　　　　　(b) 样机实物图

图 6.7　加州大学欧文分校芯片级核磁共振陀螺

目前，国内主要有北京航空航天大学、国防科技大学、北京自动化控制设备研究所、航天科技集团等机构开展了相关工作研究。在小型化 NMRG 方面，航天科技集团于 2016 年完成了实验室样机[22]，表头体积为 120cm^3。2014 年，北京自动化控制设备研究所研制出了表头体积为 250cm^3 的 NMRG 原理样机[23]，2016 年又完成了表头体积为 50cm^3 的实验室样机。国防科技大学于 2018 年完成了表头体积为 100cm^3 的实验室样机，各研究机构的样机精度近年来也得到显著提升。

综上所述，国外已经完成了小型化高精度的 NMRG 实验室样机，综合性能优异，基本满足导航级需要，目前正在进一步研制芯片级 NMRG。但是国内的实验室样机性能与国外仍存在差距，目前主要瓶颈在于各关键器件工艺较为落后，结构设计仍需继续改进，有望在不久的将来赶超国际先进水平。

2) 原子无自旋交换弛豫陀螺

原子无自旋交换弛豫陀螺通常是基于碱金属原子的电子自旋和惰性气体原子的核自旋检测来实现转动测量的，通过选取碱金属原子的电子自旋角动量（electron spin angular momentum，ESAM）和惰性气体原子的原子核自旋角动量（nuclear spin angular momentum，NSAM）构成如图 6.8（a）所示的结构。通过施加偏置磁场使碱金属原子的 ESAM 处于 SERF 态，能得到较长的弛豫时间。当载体如图 6.8（b）所示感受到外界转动激励时，磁场方向及探测激光方向随转动一起改变，NSAM 感受到磁场方向的变化并随之一起改变方向，而 ESAM 则因受到 NSAM 对磁场的补偿作用而保持原指向不变。因此，探测激光与 ESAM 之间的夹角反映了转动激励，由于补偿了磁场的影响，因而具有很高的理论精度。

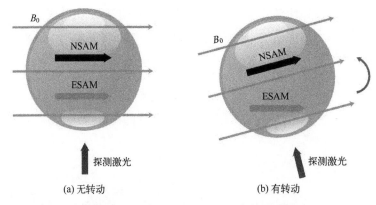

图 6.8　原子无自旋交换弛豫陀螺原理图

2005 年，美国普林斯顿大学的 Romalis 小组首次将 SERF 机理引入原子自旋陀螺中，利用碱金属原子 K 和惰性气体原子 ^{3}He 实现了第一个 SERF 原理样机[24-25]，其零偏稳定性约为 $4\times10^{-2}(°)/h$，角度随机游走达到 $2\times10^{-3}(°)/h^{1/2}$，如图 6.9 所示。

图 6.9　普林斯顿大学第一代 SERF 陀螺原理样机

2010 年，Romalis 小组又通过系统优化，实现了第二代 SERF 陀螺原理样机。第二代 SERF 陀螺原理样机的零偏稳定性已能达到 $9.072\times10^{-4}(°)/h$，优于第一代样机的精度约 50 倍[26]，如图 6.10 所示。

在国内，北京航空航天大学于 2008 年开始 SERF 陀螺的研究，并于 2011 年实现了原理样机，该原理样机采用碱金属原子 Cs 和惰性气体原子 ^{129}Xe 作为敏感介质[27]，启动时间很快，报道的角度随机游走达到 $4.2\times10^{-3}(°)/h^{1/2}$。虽然 SERF 陀螺的理论精度很高且相对于 AIG 具有小型化的潜力，但由于结构较为复杂，精度也会随着敏感体积的减小而降低，因此微型化的工程应用依然是难以解决的一个问题。

图 6.10 普林斯顿大学第二代 SERF 陀螺原理样机

3) 冷原子干涉陀螺

冷原子干涉陀螺与光学陀螺同样是一种基于 Sagnac 效应的陀螺仪，然而不同的是原子的物质波波长非常短，因此相比于光学陀螺它的相移探测理论灵敏度非常高，此外其还具有更好的长期稳定性，通过长时间积分能够达到更高的转动测量分辨率。

一种常见的冷原子干涉陀螺仪试验装置如图 6.11 所示[28]，原子分别囚禁在两个三维磁光阱中，利用移动光学粘胶技术，调节囚禁光频率失谐实现冷原子同时对抛形成冷原子束。原子干涉实现方式如下：首先通过光泵技术将原子制备到初始内态；然后使用 $\pi/2$-π-$\pi/2$ 型脉冲的拉曼激光脉冲相干的操作原子，形成双原子干涉环路，并用激光诱导荧光测量另一个基态的布居数分布；最后当扫描第三个拉曼激光脉冲的相位时，可以得到双原子干涉条纹。在双原子干涉环路中，转动信息转化成原子干涉条纹的相位信息，利用同步差分检测双原子干涉条纹，扣除重力引起的相移且共模抑制激光相位噪声后，就可提取出载体转动信息，从而实现原子干涉陀螺仪。

国际上 20 世纪 90 年代初就有多家单位开展了关于冷原子干涉陀螺仪的研究工作。1991 年，Steven Chu 等实现了第一台原子干涉仪[29]，1996 年斯坦福大学的 Kasevich 小组则在此基础上实现了第一台 AIG 原理样机[30]。此后 AOSense 公司与斯坦福大学的 Kasevich 小组对大体积的实验样机进行了优化与集成，并于 2006 年联合研制了体积约为 $1m^3$ 的第一台 AIG 集成化实验室样机如图 6.12 所示[31]，2008 年测试得到的角度随机游走达 3×10^{-5} (°)/$h^{1/2}$。此外，法国巴黎天文台也于 2006 年实现了六自由度原子干涉惯性测量器件[32]，并于 2009 年实现了集成化 AIG 实验室样机，体积约为 $1500cm^3$，零偏稳定性约为 2×10^{-3} (°)/h，角度随机游走达到 8.3×10^{-4} (°)/$h^{1/2}$。德国汉诺威大学也于 2008 年实现了体积约为 $1m^3$ 的集成化 AIG 实验室样机[33]。

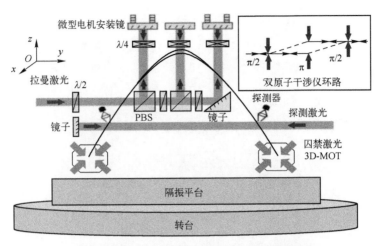

图 6.11 双环路冷原子干涉陀螺仪试验装置示意图

图 6.12 第一台 AIG 集成化实验室样机

中国近年来也非常重视原子干涉陀螺仪，中国科学院精密测量科学与技术创新研究院等相继开展了冷原子干涉陀螺仪研究，包括受激拉曼过程中的相关物理问题以及原子干涉仪中的技术难题并发展新方法[28]。

4) NV 色心陀螺

图 6.13 给出了一种常见的金刚石 NV 色心惯性测量原理，与 SERF 陀螺和 NMRG 中凭借自旋在惯性空间中的定轴性和进动特性来实现惯性测量[34-35]不同，金刚石 NV 色心惯性测量技术凭借的是惯性转动过程中色心自旋态累积的相位。通过沿着 NV 轴向的磁场 $B_\perp$ 引入 Zeeman 分裂，以区分电子自旋与核自旋的能级，再通过引入一个小的横向磁场，使该横向磁场的转动引起核自旋几何相位的积累。测量过程基于 Ramsey 时序如图 6.14 所示，系统最终测得荧光强度信号与电子态的相位有关。

尽管金刚石 NV 色心已广泛应用于磁场[36]、电场[37]和温度[38]等物理量的测量中，但是与金刚石 NV 色心惯性测量技术相关的研究还处于起步阶段。在几何相位惯性测量方面，1984 年 M. V. Berry 的研究工作揭示了量子体系的相位除了受动力学因素影响外，还受空间因素的影响,进而提出了几何相位的概念[39],几何相位理论已在许多物理体系中得到证实[40-42]。2012 年,澳大利亚墨尔本大学的 L. C. L. Hollenberg 团队首次提出了在 NV 色心量子体系中可以观测到几何相位,并分析了其与宏观转动的关系[43]。同年,美国加利福尼亚大学伯克利分校的 D. Budker 团队首次提出了基于 NV 色心系综的几何相位惯性测量方案[44]。2014 年,L. C. L. Hollenberg 团队发现当 NV 色心累积的几何相位是非阿贝尔几何相时,对外界磁场和演化路径的波动是鲁棒的,相应的惯性测量灵敏度与累积阿贝尔几何相的方案相比,在理论上能提升 1 个数量级[45]。2016 年,北京航空航天大学的房建成团队根据几何相位理论,分别建立了基于金刚石 NV 色心系综中 ^{15}N 核自旋和 ^{14}N 核自旋的惯性测量量子力学模型[46],并估算出角度随机游走优于 $0.1(°)/h^{1/2}$。2017 年,中国空间技术研究院西安分院的宋学瑞等提出了利用和 NV 色心耦合的临近单个 ^{13}C 核自旋实现基于几何相位的高空间分辨率惯性测量方案[47]。到目前为止,国内外的研究团队相继提出了基于金刚石 NV 色心体系中电子自旋,以及 ^{15}N、^{14}N 和 ^{13}C 核子自旋的几何相位惯性测量方案和理论模型,并报告了部分初步实验结果,但陀螺样机的研制目前仍处于原理验证和学术探索阶段。

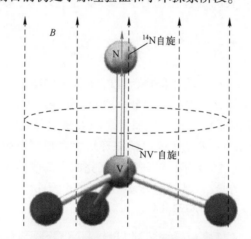

图 6.13　金刚石 NV 色心惯性测量原理

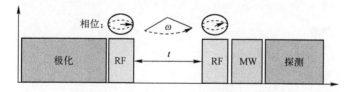

图 6.14　基于 Ramsey 时序的测量过程[36]

2. 加速度计

1) 冷原子干涉加速度计

目前,国际上对冷原子加速度计的公开报道不多,但对冷原子干涉重力仪却有很多报道。根据爱因斯坦广义相对论原理,加速度与引力具有相同的物理本质。因此广义上说,冷原子干涉加速度计与冷原子干涉重力仪有类似的原理,因此这里主要介绍冷原子干涉重力仪的发展概况。

冷原子干涉重力仪主要建立在原子的量子态理论和原子受激拉曼跃迁理论基础上，由于原子所处叠加态的干涉相位与运动路径中受到的重力加速度相关，检测原子的内态便可以获得重力加速度的信息，工作原理如图 6.15 所示[48]。

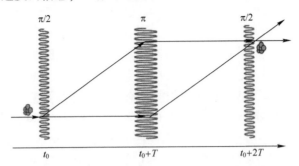

图 6.15　冷原子干涉重力仪的工作原理示意图

冷原子干涉重力仪的运行包含原子冷却、态制备、原子干涉、末态探测四个重要步骤[49]。第四步末态探测主要测量包含重力信息的基态上的原子数概率，得到包含加速度 g 信息的干涉条纹 S[48]

$$S(g)=\frac{N}{2}\left[1-\eta\cos\left(k_{\text{eff}}gT^2+\frac{\pi}{2}\right)\right] \tag{6.1}$$

式中：g 为重力加速度；N 为冷原子团的原子数；η 为干涉信号对比度；T 为干涉时间；k_{eff} 为使原子产生干涉的拉曼脉冲的有效动量。拟合干涉条纹便可以获得重力值。

冷原子干涉重力仪最早是由美国斯坦福大学的朱棣文研究组开展的相关研究工作。1998 年，该研究组的 Kasevich 等在实验室静态环境中实现了灵敏度为 $2.8\times10^{-9}g/\text{Hz}^{1/2}$ 的冷原子干涉重力仪[50-52]；2014 年，该研究组又完成了高度达 10m 的喷泉式冷原子干涉重力仪的搭建和测试工作[53]，其灵敏度为 $6.7\times10^{-12}g/\text{Hz}^{1/2}$，如图 6.16 所示为斯坦福大学的集成化可移动冷原子干涉器件。

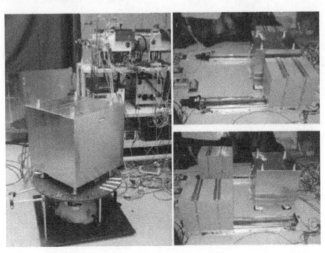

图 6.16　斯坦福大学研究组的集成化可移动冷原子干涉器件

2015 年，巴黎天文台和法国航空航天研究院等初步完成了欧洲航天局的 iSense 研究计划,通过对真空系统、磁场线圈、激光系统、光学器件和电控系统的集成化,研制出了集成化、可移动的冷原子干涉重力仪,理论灵敏度可达 $3.9×10^{-9}g/Hz^{1/2}$,其通过原子芯片对冷原子操控系统的集成达到了降低 SWaP(尺寸 size,质量 weight,功耗 power)的目的,如图 6.17 所示。

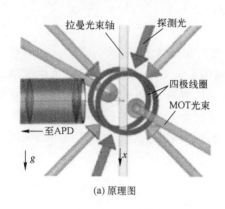
(a) 原理图

(b) 实物图

图 6.17 集成可移动冷原子干涉重力仪

在这些科学研究工作的推动下,原子干涉重力仪已逐步实现商业化的应用。图 6.18(a)为 AOSense 公司冷原子干涉重力仪的商业产品,该产品灵敏度优于 $10^{-9}g/Hz^{1/2[54]}$。图 6.18(b)为 Muquans 公司推出的冷原子干涉重力仪产品 AQG-A01[55],其探头体积为 $\phi38cm×70cm$,激光和控制电路的尺寸为 $100cm×50cm×70cm$,质量为 100kg,灵敏度约为 $5×10^{-8}g/Hz^{1/2}$。

(a) AOSense 公司的冷原子干涉重力仪

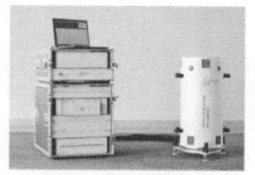
(b) Muquans 公司的冷原子干涉重力仪

图 6.18 商用冷原子干涉重力仪

目前,清华大学、中国科技大学、华中科技大学、中国科学院精密测量科学与技术创新研究院、浙江大学、中国计量科学研究院和北京航天控制仪器研究所等均开展了冷原子干涉重力仪的研究。其中华中科技大学的罗俊、胡忠坤研究组搭建的固定式冷原子干涉重力仪的灵敏度为 $4.2×10^{-9}g/Hz^{1/2[56]}$,已达到国际先进水平,但工程化、小型化可移动产品处于起步阶段。浙江大学开展可移动冷原子干涉重力仪研究工作较早[57-58],其研制的重力仪的灵敏度达到了 $1×10^{-7}g/Hz^{1/2}$,2017 年,华中科技大学、中国科学院精密测量科学与技术创新研究院等参加了由中国计量科学研究院在北京昌平组织的第10届全球绝对重力仪国际比对,研制的原子干涉重力仪取得了优于10μGal（1Gal = 1cm/s²）的成绩,与FG5-X相当。当前,随着原子干涉重力仪工程化的迅猛发展,同时考虑到航空、航海应对数据空间分辨率等需求,原子干涉重力仪与传统加速计的互补工作模式有望成为解决工程应用问题的主要手段。

2）光力加速度计

形象地说,光力加速度计可看作一根光弹簧,如图6.19所示。微球在轴向沿光方向移动的位移为 z 时,微球受到的力 $F=-kz$,其中 k 定义为光阱刚度。根据牛顿第二定律 $F=ma$,则微球的轴向瞬时加速度 $a=-kz/m$,其中 m 为测试质量。光力加速度计中测试质量通常为pg～ng级,原理分析时认为微球质量 m 是固定不变的,但实际测试中微球质量会由于光吸收发生变化,因而微球质量的不确定性是光力加速度计系统误差的主要来源之一[59]。

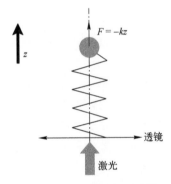

图6.19 光弹簧示意图[60]

光力加速度计的测试质量不受外界环境干扰并且它的光学检测精度高,可实现超灵敏加速度探测,应用于各种惯性导航、超精密微重力探测等领域。光力加速度计系统包含光阱捕获、光强调制、位移探测及信号处理四个模块。其中,光强调制系统用于为光阱提供功率可调的捕获激光,并构成微球反馈冷却的闭环控制环节。

国外研制光力加速度计系统的机构主要有美国麻省理工学院（MIT）、斯坦福大学与耶鲁大学。2006—2008年,MIT在恒定1g重力加速度的测试条件下,分别使用垂直单光束与水平双光束,利用直径为10μm的微球获得优于100μg/Hz$^{1/2}$的加速度灵敏度[60-61]。2018年,斯坦福大学采用外差探测法,用垂直单光束与直径为4.8μm的微球得到优于10μg/Hz$^{1/2}$的加速度灵敏度。2017—2020年,耶鲁大学使用垂直单光束与直径为23μm的微球[59],并进一步提高了系统光路的稳定性[62],将加速度灵敏度提升至（95±41）ng/Hz$^{1/2}$。

国内光力加速度计的研制起步稍晚,目前从事光力加速度计研究的主要有浙江大学、国防科技大学等机构的相关人员,他们在光阱芯片相关研究中积累了丰富的实践经验。其中,浙江大学胡慧珠等[63-64]设计了液浮式片上光阱传感单元,并对多种微球装载方法进行仿真模拟；国防科技大学的肖光宗等[65-66]系统研究了微球在水平双光束光阱作用下的动态特性和位移探测技术。中国科学技术大学的研究人员则主要开展对真空中微球的参量反馈调节机制的研究[67]。近几年,浙江大学和国防科技大学等也相继针对真空悬浮光镊加速度传感的若干关键技术开展了研究[68-69]。

6.2.2 系统导航与定位技术

1. 系统级标定技术

目前,惯性测量单元(inertial measurement unit,IMU)的标定方法主要包括分立式标定法和系统级标定法。分立式标定法通常需要精密转台提供准确的位置和姿态基准,对标定环境与设备要求较高[70]。同时传统分立式标定法还存在:①标定过程依赖转台,一般需要在实验室中完成标定;②转台提供的角速率和静态位置基准直接影响标定精度等弊端,使得标定精度很难进一步提升,并且标定成本较高。

与分立式标定法相比,系统级标定法则具有很多显著优势,例如[71]:不需要高精度转台提供准确的姿态和位置基准,可以实现惯性导航系统的现场标定和自标定,从而将标定环境拓展至实验室外,极大地降低人力和设备成本。系统级标定的基本原理是:在惯性导航系统进行导航解算时,惯性器件误差会传递到导航结果之中,误差传递规律遵循导航误差传播方程。此时通过设计一个合适的滤波器,就可以对导航解算误差进行观测,从而辨识出目标误差参数并对其真实值进行最优估计。

目前,系统级标定技术的研究主要集中在标定路径的编排和滤波器的设计上。在标定路径的编排方面,文献[70]设计了一种18次序旋转的标定路径编排,在该路径下,IMU的全部误差参数可以被显著激励,整个标定周期不超过20min,被SAGEM公司作为主要的激光陀螺捷联惯性导航系统滤波标定方案。文献[72]提出了捷联惯性导航系统标定路径编排需要满足的三个基本原则,并以此设计了有效的标定路径。文献[73]通过解析推导探讨了可以激励出全部标定参数的最简路径编排方案。文献[74]针对加速度计二次项误差和尺寸效应误差的标定需求,在18次序标定路径的基础上增加了6个具有大角速度输入的旋转次序,仿真与实验结果证明此标定路径有效。在滤波器的设计研究领域,文献[75]设计了两类不同维数的卡尔曼滤波器,针对器件误差特性的不同,合理选择滤波器维数,分别实现对激光陀螺和加速度计的全部误差参数的标定。文献[76]提出了一种基于陀螺仪量测的变维数卡尔曼滤波器模型,通过改变滤波参数设置可以准确估计陀螺零偏。文献[77]对传统扩展卡尔曼滤波器(extended kalman filter,EKF)进行了改进,通过重新定义速度误差,构建了新的滤波器状态方程和观测方程,提高了滤波器的稳定性与准确性。文献[78]针对晃动基座下的捷联惯性导航系统标定问题,提出了卡尔曼滤波器参数的设置方法准则和标定流程,可适用于舰船锚泊条件下的系统级标定。

2. 初始对准技术

高精度惯性导航系统初始对准可分为粗对准阶段和精对准阶段。粗对准指的是通过一些算法获得粗略的初始姿态,而精对准是在粗对准的基础上运用卡尔曼滤波等算法来获得更高精度的初始姿态。

高精度初始对准按照载体所处的运动环境不同可分为静基座对准、晃动基座对准与运动基座对准。针对静基座的捷联惯性导航系统初始对准问题,国内外学者已经做了大量的研究。20世纪70年代,Briting[79]首次提出了静基座的解析对准方法,该类方法自主性高并且容易实现，但其对准精度易受惯性测量器件零偏及噪声的影响。为此，在解析对准法的基础上，可采用多位置、旋转调制等方法来消除惯性器件零偏误差对对准精度的影响。就多位置方法而言，Lee J G[80]等提出了双位置对准方法，有效地实现了对准误差的最小化。武元新等[81]则是通过旋转调制的方法，即将整个惯性导航系统作为一个整体来旋转，工程实现简单，惯性器件正交性容易保证。

晃动基座下的初始对准由于没有线速度，同样是无须外部信息辅助的自对准过程。当基座存在明显晃动时，陀螺仪输出中敏感地球自转的角速度很难被提取，解析对准误差很大。为了解决上述问题，提出了基于经典控制理论的罗经对准[82]方法。但是该方法耗时长，存在实际应用困难。秦永元将 Gaiffe 等[83]在静态情况下提出的惯性系对准方法推广到晃动基座上，将姿态的求解转化为重点求解初始时刻姿态阵的问题[84]。严恭敏[85]在惯性系法的基础上，提出了基于频域分离算子的初始对准算法，其能够有效实现晃动情况下的初始对准。Silson P M[86]将惯性系对准中的姿态求解问题转化为著名的 Wahba 问题，消除了噪声，提高了计算精度。孙枫[87]提出用低通滤波器提取惯性系下的重力和地球自转角速度信息的方法，其可以实现晃动基座下的解析粗对准。刘锡祥[88]研究了重力视运动重构与参数识别法，其主要的优点是通过迭代最小二乘参数识别法有效地消除了器件随机噪声，提高了对准精度。

对于上述静基座及晃动基座下的初始对准问题国内外学者都已做了充分的研究，取得了丰硕的成果，而对于动基座，由于其运动情况的复杂性仍有许多方面需要研究。与静基座或晃动基座下的初始对准不同，运动基座下的对准无法仅通过惯性器件的测量输出来实现，其需要外部信息辅助。常见的外部辅助信息有多普勒测速仪、里程计、GPS等。严恭敏将常用的惯性系对准方法扩展到里程计辅助下的车载捷联惯性导航系统（strapdown inertial navigation system，SINS）行进间对准，并在实际车载实验中得到了较好的验证[89]。海军潜艇学院[90]则是对 SINS/多普勒组合导航系统进行了研究，根据载体匀速圆周运动提出了其相对应的初始对准方法。此外，马峰[91]等将神经网络应用到初始对准中，有效地改善了常规滤波算法实时性弱的缺点；Bhatt[92]研究了模糊理论和 DS 证据方法，并将其应用到多传感器信息融合中，有效地提高了对准精度。当然，当前最主流的辅助信息还是 GPS 提供的速度、位置信息。Silson P M[93]将 GPS 获得的速度信息用于构造运动中的粗对准方法的观测矢量，通过平均和交错速度矢量可以提高对准精度。文献［94］提出基于位置轨迹的对准方法，该方法构造的观测矢量只与 GPS 位置信息有关，其可从 GPS 接收机直接获得，扩大了应用范围。

6.3 核磁共振陀螺

6.3.1 基本原理

核磁共振陀螺通过测量在惯性参考系下敏感原子系综核自旋的 Larmor 进动频率随载体转动的变化量来实现转动测量，可"唯象"地看作原子绕轴进动的"量子陀螺"。其工作原理就是通过内嵌碱金属磁力仪对惰性气体原子核自旋产生的等效磁场

进行探测，得到在惯性参考系下与载体转动相关的进动圆频率 ω_o，开环模式下表达式为

$$\omega_o = \omega_L - \omega_R \tag{6.2}$$

在开环模式下，系统在横向施加的给定幅值激励磁场频率与惰性气体原子初始 Larmor 进动频率近似相等，此时激励磁场的能量被惰性气体原子吸收，探测到的惰性气体原子等效磁场横向投影达到峰值，形成核磁共振（nuclear magnetic resonance，NMR）现象，原理如图 6.20 所示。

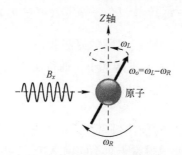

图 6.20　核磁共振陀螺转动测量原理示意图

图 6.20 中 $\omega_L = \gamma B_0$ 为惰性气体原子核自旋 Larmor 进动圆频率，γ 为惰性气体原子核旋磁比，B_0 为惰性气体原子处静磁场感应强度，ω_R 为载体相对惯性系转动圆频率。

核磁共振陀螺内部物理演化过程可简单描述如下：在热平衡状态下，原子自旋是杂乱无章的，总的磁化强度矢量基本为零，如图 6.21（a）所示；通过在静磁场环境下对其进行光泵浦极化，可产生非零的纵向磁化强度矢量，但横向磁化强度矢量因各原子进动相位互不相关而依然为零，无法产生宏观的进动效应，如图 6.21（b）所示；进一步通过在横向施加与敏感原子 Larmor 进动频率相近的交变激励磁场，可统一各原子的进动相位，从而使总的磁化强度矢量产生宏观的进动效应，如图 6.21（c）所示。

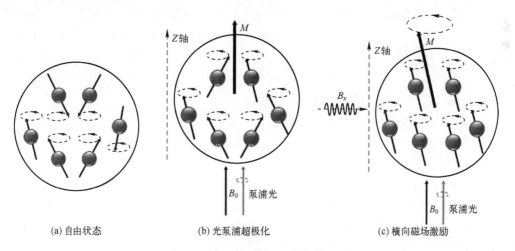

图 6.21　核磁共振陀螺内物理演化过程

1. 核磁共振陀螺内敏感原子的自旋探测

1) ^{87}Rb 原子 D1 线的光吸收截面

以常用碱金属^{87}Rb 原子为例，实际的^{87}Rb 原子 D1 线光吸收谱线是由第一激发态精细能级 $5^2P_{1/2}$ 上有限的寿命导致的辐射展宽，^{87}Rb 原子与原子气室内其他气体原子相互碰撞导致[95]的压致展宽，原子热运动引起多普勒效应所导致的多普勒展宽共同作用结果，总的光吸收谱线 $V(\nu-\nu_0)$ 将呈现 Voigt 线型，表达如下：

$$V(\nu - \nu_0) = \int_0^\infty L(\nu - \nu')G(\nu' - \nu_0)\mathrm{d}\nu' \tag{6.3}$$

式（6.3）可得到^{87}Rb 原子 D1 线实际的光吸收谱线，而为了更直观地表征^{87}Rb 原子对 D1 线附近不同频率光子吸收程度的大小，通常使用光子吸收速率 R_a 表达如下：

$$R_a = \int_0^\infty \Phi(\nu)\sigma(\nu)\mathrm{d}\nu \tag{6.4}$$

式中：光子通量 $\Phi(\nu)$ 表示单位时间内频率为 ν 的光子入射到单位面积上的光子数量；$\sigma(\nu)$ 为光吸收截面，用于表征敏感原子对不同频率光子的吸收分布。

2) 磁致旋光效应

为实现核磁共振陀螺内惰性气体原子核自旋 Larmor 进动频率的探测，需对它的磁化强度矢量（或等效磁场）进行探测。利用碱金属原子 Rb 与惰性气体原子 Xe 之间电子磁矩与核磁矩耦合导致的费米超精细相互作用来实现，Rb 原子与 Xe 原子相互之间感受到的磁场可表示为

$$B_{RX} = \frac{2}{3}\kappa_{RX}\mu_0 M^{\mathrm{Xe}} \tag{6.5}$$

$$B_{XR} = \frac{2}{3}\kappa_{XR}\mu_0 M^{\mathrm{Rb}} \tag{6.6}$$

式中：B_{RX} 表示 Rb 原子系综电子自旋感受到 Xe 原子系综核自旋产生的等效磁场；B_{XR} 为 Xe 原子系综核自旋感受到 Rb 原子系综电子自旋产生的等效磁场；κ_{RX} 和 κ_{XR} 分别为对应的增强因子；μ_0 为真空磁导率；M^{Rb} 和 M^{Xe} 分别为 Rb 原子系综和 Xe 原子系综的磁化强度矢量。普通磁场线圈对应的增强因子通常为 1，以^{87}Rb-^{129}Xe 为例[96]，对应的增强因子 $\kappa_{RX}^{129}\approx 500$。因此，相比于外置的磁场线圈，使用内嵌的碱金属磁力仪方案可探测更弱的 Xe 原子系综核自旋产生的等效磁场。

然而，碱金属磁力仪通常是探测光信号中包含有的磁场信息，而光信号与磁场之间的联系是基于磁致旋光效应来实现的。当线偏振光在没有通过磁性介质时，对应左旋圆偏振光和右旋圆偏振光成分之间的相位差为零，而通过磁性介质之后，则会产生非零的相位差，在偏振态上则体现为偏振面会旋转一个角度，称为 Faraday 旋转角[97]。在碱金属磁力仪中为了避免探测光中圆偏振光成分对碱金属原子不必要的泵浦作用而采用线偏振光作为探测光，针对^{87}Rb 原子 D1 线，不考虑超精细分裂时对线偏振光的吸收过程如图 6.22 所示。

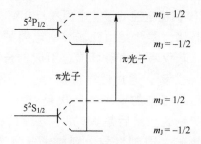

图 6.22 不考虑超精细分裂的 ^{87}Rb 原子电子自旋对线偏振光的吸收过程示意图

2. 核磁共振陀螺基本误差方程及误差来源

在开环模式下，当存在较大转动激励时，固定的激励磁场由于无法继续核磁共振而无法继续探测信号，使核磁共振陀螺的带宽受到限制。因此，通常需要施加一个实时跟踪陀螺输出频率而不断变化的激励磁场，形成闭环系统，从而扩展核磁共振陀螺的带宽。通过实时记录这个激励磁场频率的变化，可得到对应外界转动激励的变化。闭环模式下的输入及输出频率关系方程为

$$\omega_o = \Omega_z + \frac{1}{T_2^{Xe}}\tan\beta \tag{6.7}$$

式中：β 为系统施加在 X 轴的激励磁场与 Xe 原子系综产生的横向等效磁场之间的相位差；T_2^{Xe} 为 Xe 原子系综的横向弛豫时间。$\Omega_z = \gamma_{Xe}(B_z + B_{XRz}) + \omega_R$ 定义为 Xe 原子系综的 Z 轴有效 Larmor 进动圆频率，由于其中含有转动激励信号 ω_R，因此可看作输入频率，γ_{Xe} 为 Xe 原子核的旋磁比，B_z 为不考虑 Rb 原子系综产生磁场的 Z 轴静磁场强度，$B_{XRz} = 2\kappa_{XR}\mu_0\mu^{Rb}N_{Rb}P_z^{Rb}/3$ 为 Xe 原子系综感受到的 Rb 原子系综产生磁场的 Z 轴分量，P_z^{Rb} 为 Rb 原子系综沿 Z 轴的极化率。对式（6.7）求微分，可得到核磁共振陀螺输出频率基本误差方程为

$$\delta\omega_o = \gamma_{Xe}\delta B_z + \frac{2}{3}\gamma_{Xe}\kappa_{XR}\mu_0\mu^{Rb}(P_z^{Rb}\delta N_{Rb} + N_{Rb}\delta P_z^{Rb}) \\ + \frac{1}{T_2^{Xe}\cos^2\beta}\delta\beta - \frac{\tan\beta}{(T_2^{Xe})^2}\delta T_2^{Xe} \tag{6.8}$$

式中：$\delta\omega_o$ 为输出频率误差；δB_z 为不考虑 Rb 原子系综产生磁场的 Z 轴静磁场波动；δN_{Rb} 为 Rb 原子的原子数密度波动；δP_z^{Rb} 为 Rb 原子系综沿 Z 轴的极化率波动；$\delta\beta$ 为相位差的波动；δT_2^{Xe} 为 Xe 原子系综的横向弛豫时间波动，而 ω_R 由于是输入量因此在误差方程中不考虑在内。

3. 零偏稳定性及角度随机游走

衡量核磁共振陀螺静态性能最重要的两个指标是零偏稳定性和角度随机游走，分别表征了系统的长期稳定性和短期稳定性。下面分别就两者进行详细的讨论。

1）零偏稳定性

核磁共振陀螺在没有外界转动激励输入时仍会输出不同于惰性气体原子核自旋的 Larmor 进动频率的输出值，称为零位偏置。零位偏置通常情况下并不是恒定的，随时间缓慢变化导致的输出漂移则称为零偏稳定性，大小决定了核磁共振陀螺在实际应用时

的长期稳定性。下面对影响零偏稳定性的误差来源进行介绍。

首先是 Z 轴静磁场的漂移，主要是由磁场控制电路的电流漂移及原子气室所处磁场环境本身漂移导致的。若仅考虑由磁场漂移引起的长期漂移，对于零偏稳定性 $0.01(°)/h$ 的指标，以 ^{129}Xe 为例，通过计算得到对应的磁场漂移要求小于 $0.65fT$，这对系统内部磁场控制提出了很高的要求。其次是 $\delta\beta$ 波动引起的漂移，主要是电路控制系统延迟的累积所产生的。然后是 Xe 原子系综的横向弛豫时间漂移，主要受到原子气室温度漂移的影响，同时也会受到原子气室范围内磁场梯度漂移的影响；还有 Rb 原子系综沿 Z 轴的极化率漂移，由自旋极化的分析可知主要受到泵浦光功率及频率漂移的影响。最后是 Rb 原子的原子数密度漂移，也是主要受到原子气室温度漂移的影响。Rb 原子的原子数密度与 Rb 原子的饱和蒸气压 p_{Rb} 之间的关系如下

$$N_{Rb} = \frac{p_{Rb}}{k_B T} \tag{6.9}$$

而 Rb 原子饱和蒸气压与气室温度的关系可用式（6.9）的经验公式表示[98]

$$\lg p_{Rb} = 15.88253 + 0.00058663T - \frac{4529.635}{T} - 2.99138\lg T \tag{6.10}$$

结合式（6.9）和式（6.10），并作微分可得

$$\delta N_{Rb} = N_{Rb}\left(0.00058663\ln10 + \frac{4529.635\ln10}{T^2} - \frac{3.99138}{T}\right)\delta T \tag{6.11}$$

式中：δT 表示气室温度波动。因此 Rb 原子的原子数密度漂移仅受原子气室温度漂移的影响。

此外，除了 Rb 原子的原子数密度漂移之外，探测光的频率及由系统机械形变产生的探测光通过气室长度的漂移还会引起 Faraday 旋转角的漂移，这些因素也将在一定程度上引起核磁共振陀螺的零偏稳定性。

2）角度随机游走

核磁共振陀螺频率输出值由于各种噪声及波动带来的影响会产生类似白噪声的波动，称为角度随机游走（angle random walk，ARW），主要反映了频率输出值的线宽，大小决定了核磁共振陀螺在实际应用时的短期稳定性。假设在一段时间 t 内核磁共振陀螺的频率输出值波动为 $\delta\omega_o$，则对应的角度随机游走 ARW 可表示为

$$ARW = \delta\omega_o\sqrt{t} \tag{6.12}$$

因此，单位测量时间（或单位带宽）的 ARW 就等于核磁共振陀螺的频率输出值波动。针对核磁共振陀螺，角度随机游走又可表示为

$$ARW = \frac{\delta B_y^{Rb}}{2\pi B_y^{Xe} T_2^{Xe}} = \frac{1}{2\pi SNR_{Xe} T_2^{Xe}} \tag{6.13}$$

式中：δB_y^{Rb} 表示内嵌 Rb 原子磁力仪的横向磁场探测灵敏度；B_y^{Xe} 表示 Rb 原子系综感受到的 Xe 原子系综产生等效磁场的 Y 轴（位于横向但与探测光及施加的横向激励磁场方向垂直）分量；$SNR_{Xe} = \delta B_y^{Rb}/B_y^{Xe}$ 表示对应的 Xe 原子系综信号的信噪比。

6.3.2 核磁共振陀螺实现方案

核磁共振陀螺闭环实现方案如图 6.23 所示。静磁场 B_0、载体的转动角频率 ω_R 以及 ^{87}Rb 电子自旋极化共同叠加为一个等效磁场 B_{eff}，决定 ^{129}Xe 与 ^{131}Xe 核磁化强度矢量 M_{Xe} 的拉莫尔进动角频率 $\Omega=\gamma_{Xe}B_{eff}$。如果维持其他条件不变，^{129}Xe 与 ^{131}Xe 核磁化强度矢量 M_{Xe} 绕 Z 轴方向进动角频率的变化就可以反映载体转动角频率的变化。

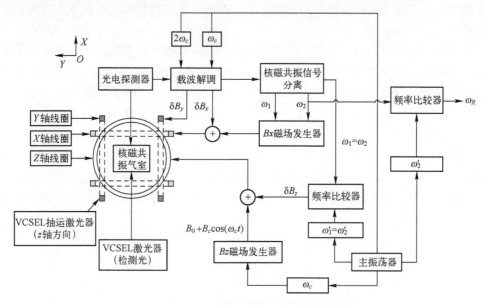

图 6.23 核磁共振陀螺闭环实现方案框图

为实现对 M_{Xe} 的测量，系统内嵌了 ^{87}Rb 磁力仪。利用 X 方向线偏振探测光的 Faraday 旋转可以得到原始信号并进行载波解调。为了避免 X 轴方向上横向激励磁场对输出信号的干扰，^{87}Rb 磁力仪采用参数调制方案，沿 Z 轴方向施加高频调制磁场，磁场角频率 ω_c 接近 ^{87}Rb 原子在 Z 轴方向磁场中的拉莫尔进动角频率。通过锁相放大器将磁力仪输出信号在角频率 ω_c 处解调，调整解调位相，锁相放大器两通道输出的 $\cos(\omega_c t)$ 和 $\sin(\omega_c t)$ 相敏解调结果分别对应于 ^{87}Rb 磁力仪测量得到的 Y 轴方向和 X 轴方向的磁场强度 B_y 和 B_x。如果不考虑磁场噪声，磁场 B_y 为 ^{129}Xe 与 ^{131}Xe 核磁化强度 Y 分量产生的等效磁场，磁场的频率对应于 ^{129}Xe 与 ^{131}Xe 核磁化强度矢量 M_{Xe} 绕 Z 轴的进动角频率 ω_1 和 ω_2。同时，将锁相环解调输出的 ^{129}Xe 与 ^{131}Xe 拉莫尔进动频率作为反馈信号施加到横向激励磁场，从而使激励磁场频率能够实时跟踪 ^{129}Xe 与 ^{131}Xe 拉莫尔进动频率的变化，从而实现 NMRG 的闭环控制。此时，^{129}Xe 与 ^{131}Xe 核磁化强度矢量 M_{Xe} 进动角频率的变化即对应载体转动角频率的变化。

理想情况下，气室内的磁场是均匀且没有剩磁的。但实际上，由于磁屏蔽筒屏蔽效率有限和磁场线圈电流的波动，气室范围内将不可避免地存在低频剩磁，从而引起输出频率的长时间漂移。因此，还必须对系统中的磁场进行主动补偿，磁补偿通过在线圈内加入低频反馈电流实现。

6.3.3 内嵌 Rb 原子磁力仪探测系统

1. 内嵌 Rb 原子磁力仪的三维磁场测量方案

为了实现高性能的被动磁屏蔽，一般采用多层的屏蔽层设计，采用高导电层与高导磁层相结合的方案。但是该方案结构复杂、体积较大，难以满足指标要求，还需要借助三维磁场原位补偿技术。三维磁场原位补偿技术就是通过在磁屏蔽内部再构建一个三维磁补偿结构，实现对磁场的检测与反馈补偿，在磁屏蔽结构简单的情况下实现较高的屏蔽效果。

为实现核磁共振陀螺内置的三维原子磁力仪磁补偿技术，需要利用高精度原子磁力仪的三维磁场高精度测量方法等技术。采用磁共振气室结合三维磁场线圈在 X 轴和 Y 轴方向上构建电子顺磁共振（electron paramagnetic resonance，EPR）磁力仪与 Z 轴方向构建 NMR 磁力仪，方案框图如图 6.24 所示。三维磁补偿首先采用激光对核自旋进行超极化，再对核自旋、电子自旋信号进行检测。根据电子核子的自旋作用动力学机理，通过在线圈上加一定的调制信号，采用 EPR 能够测量两个轴向的磁场，采用 NMR 能够测量剩下的一个轴的磁场，因此可以获取三轴的磁场信息，然后将此信息反馈到磁补偿线圈上以衰减外界磁场，同时补偿过程还辅以高精度的三轴磁场补偿算法，保证磁补偿的稳定性与精度性能。

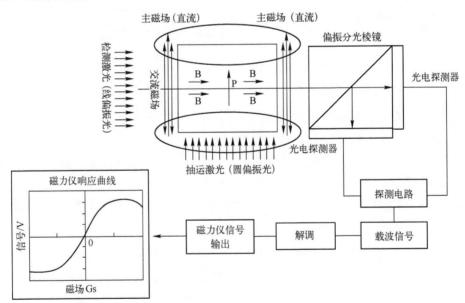

图 6.24 内嵌 Rb 磁力仪的三维磁场原位测量

通过磁场高精度原位测量方法，可获取高精度的三维磁场补偿效果，最终提升系统主动磁补偿的综合性能，支撑原子陀螺仪实现高精度的惯性测量。

2. 内嵌式 Rb 磁力仪理论

基于 Bloch 方程[99]从原理上对内嵌式 ^{87}Rb 磁力仪探测系统进行简要介绍。设磁力仪所处磁场为 $B=B_x x+B_y y+B_z z$，稳态磁化强度矢量沿 Z 轴方向，为 $M_0=M_0 z$。以下的分析考虑泵浦光的净泵浦作用沿 Z 轴方向，则考虑了弛豫的 Bloch 方程一般形式如下[100]

$$\frac{dM}{dt} = \frac{1}{\tau}(M_0 - M) + M \times \gamma B \tag{6.14}$$

式中：τ 为横向或纵向弛豫时间，沿 Z 轴时为纵向弛豫时间 T_1，在 X、Y 平面方向则为横向弛豫时间 T_2，γ 为碱金属原子的旋磁比，M 为总的磁化强度矢量。

为简化分析，碱金属原子磁力仪的磁场设置的各轴分量一般为

$$B_x = B_1 \cos(\omega_1 t), \quad B_y = 0 \tag{6.15}$$
$$B_z = B_0 + B_c \cos(\omega_c t) \tag{6.16}$$

式中：B_x 和 B_y 为所需探测的磁场；B_1 为所加的横向待测交变场的磁感应强度；ω_1 为横向交变场的频率；B_0 为给予宏观磁化矢量定向的静磁场；B_c 为沿 Z 轴的载波场的磁感应强度；ω_c 为载波场的频率，用于将信号调制到高频。此处假设 $|B_1| \ll |B_0|$，则稳态磁化强度矢量可近似认为保持在 Z 轴。

X、Y 平面上的磁矩与探测到的光强信号成正比，因此只需得到 M 在 X、Y 平面上的分量关于所加横向待测交变场的表达式。表达为分量形式，可得

$$\begin{cases} \dfrac{dM_x}{dt} = \gamma B_z M_y - \gamma B_y M_z - \dfrac{1}{T_2} M_x \\[6pt] \dfrac{dM_y}{dt} = \gamma B_x M_z - \gamma B_z M_x - \dfrac{1}{T_2} M_y \\[6pt] \dfrac{dM_z}{dt} = \gamma B_y M_x - \gamma B_x M_y - \dfrac{1}{T_1}(M_z - M_0) \end{cases} \tag{6.17}$$

式中：M_x、M_y、M_z 分别为 M 在 X、Y、Z 轴上的磁化强度投影分量。根据式（6.17）即可对磁力仪内部的磁场变化情况与磁矩进行仿真分析。

3. 三维磁场高精度主动补偿分析

核磁共振陀螺信号提取电路用于从拉莫尔信号中提取出载体的转动信息。提取电路输出信号的信噪比、稳定性、灵敏度等指标，制约着陀螺仪整机性能。因此，信号提取、处理及补偿算法是陀螺仪研究的重要内容。

三维磁场闭环补偿算法的原理如下：设 B_{x0} 与 B_{y0} 分别为 X 轴和 Y 轴方向的闭环控制量，在抽运光方向加一个 ω_c 的调制磁场，该频率与 B_0 场下电子自旋共振频率接近。通过锁相放大的方法解调出 ω_c 的一倍频信号与二倍频信号。其中，从一倍频信号可以获取 X 轴方向的磁场信息，而从二倍频信号则可以获取 Y 轴方向的磁场信息，因此可以通过解调的方法将 X 轴和 Y 轴方向磁场闭环锁定在零点。设磁矩矢量的调制部分公式如下：

$$\delta M_{x(p=1)}^{(\text{Rb})(n=1)} \propto -B_y J_1 \frac{\gamma_{\text{Rb}} B_c}{\omega_c} \left(J_2 \frac{\gamma_{\text{Rb}} B_c}{\omega_c} + J_0 \frac{\gamma_{\text{Rb}} B_c}{\omega_c} \right) \cos(\omega_c t)$$
$$+ B_x J_1 \frac{\gamma_{\text{Rb}} B_c}{\omega_c} \left(J_2 \frac{\gamma_{\text{Rb}} B_c}{\omega_c} - J_0 \frac{\gamma_{\text{Rb}} B_c}{\omega_c} \right) \sin(\omega_c t) \tag{6.18}$$

$$\delta M_{x(p=2)}^{(\text{Rb})(n=1)} \propto -B_y J_1 \frac{\gamma_{\text{Rb}} B_c}{\omega_c} \left(J_3 \frac{\gamma_{\text{Rb}} B_c}{\omega_c} - J_1 \frac{\gamma_{\text{Rb}} B_c}{\omega_c} \right) \cos(2\omega_c t)$$
$$+ B_x J_1 \frac{\gamma_{\text{Rb}} B_c}{\omega_c} \left(J_3 \frac{\gamma_{\text{Rb}} B_c}{\omega_c} + J_1 \frac{\gamma_{\text{Rb}} B_c}{\omega_c} \right) \sin(2\omega_c t) \tag{6.19}$$

外界横向磁场 B_{x0} 和 B_{y0} 首先通过同时解调 $\cos(\omega_c t)$ 项和 $\sin(2\omega_c t)$ 项得到，通过 PID 控制算法改变横向线圈电流大小；然后利用线圈施加磁场，抵消 X 轴和 Y 轴剩余磁场，横向磁场闭环控制框图如图 6.25 所示。

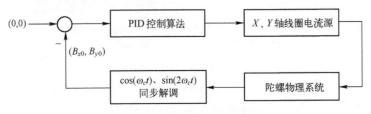

图 6.25　横向磁场闭环控制框图

在 Z 轴主磁场闭环控制方面，在 X 方向施加频率为 ω_1 和 ω_2 的磁共振激励信号，其中 ω_1 和 ω_2 为两种核自旋的共振频率。利用频率检测方法，两种核自旋的共振频率可表示为

$$\begin{cases} \omega_1 = \gamma_1 B_0 - \omega_R \\ \omega_2 = \gamma_2 B_0 - \omega_R \end{cases} \tag{6.20}$$

式中：γ_1、γ_2 为两种核自旋的旋磁比；B_0 为 Z 方向主磁场；ω_R 为陀螺转动角速度。此时通过检测的 $\omega_1-\omega_2$，与标准参考值 $\omega_1'-\omega_2'$ 比较，由于两种核子的观测频率的差只与 Z 轴磁场有关，而与载体转速无关，因此只要保证两种核子的观测频率的差稳定在一个值上，就可稳定 Z 轴磁场。以设定的 Z 轴磁场为输入，以 Z 轴线圈电压的直流偏置为控制输出，以两种核子的观测频率的差（对应观测的 Z 轴磁场）为反馈，采用 PID 控制算法改变补偿线圈的电流大小，改变 B_0 磁场实现 Z 轴磁场补偿，Z 轴磁场闭环控制框图如图 6.26 所示。

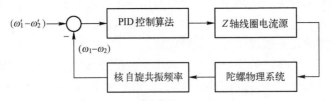

图 6.26　Z 轴磁场闭环控制框图

6.3.4　核自旋进动精密检测技术

核磁共振陀螺通过测量原子系综核自旋的 Larmor 进动频率在惯性参考系下随载体转动的变化量来实现转动测量，而原子系综核自旋进动的测量通常是通过内嵌的磁力仪测量其磁化强度矢量来实现的。原子气室作为贮存其工作物质的容器，通常包含碱金属原子（Rb、Cs）、惰性气体原子（Xe、He）及缓冲气体。碱金属原子不仅作为其内嵌的磁力仪的工作物质，同时通过光泵浦和自旋交换作用实现惰性气体原子核自旋的超极化。由于核自旋产生的磁场很弱，单核自旋通常无法通过碱金属磁力仪实现探测，因此需要对其原子系综进行探测。原子系综内各原子核自旋由于相位是随机的，因此其横向宏观磁化强度矢量为零，无法探测到其 Larmor 进动频率，需要在横向施加一个与惰性

气体原子 Larmor 进动频率近似相等的激励射频场来统一各原子核自旋的相位，实现其原子系综宏观的进动效应。最终通过记录这个实时跟踪惰性气体原子 Larmor 进动频率的激励射频场，实现核自旋进动闭环检测，完成转动测量。

因此，实现核自旋进动闭环检测，即如何精确、实时地跟踪探测到核自旋进动磁场，并施加反馈激励磁场，就成了核磁共振陀螺的关键技术之一。通常用于其信号跟踪的方法有反正切法、快速傅里叶变换法（fast fourier transform，FFT）、自激振荡以及锁相环（phase locked loop，PLL）方案等，其中 PLL 方案由于快速响应、准确跟踪的特点在核磁共振陀螺的频率跟踪中得到广泛的应用。

传统锁相环由一个鉴相器（phase detector，PD）、环路滤波器（loop filter，LF）和一个压控振荡器（voltage-controlled oscillator，VCO）组成，在信号的频率及相位变化较小时通过对其非线性系统进行线性近似可以实现较高精度的频率跟踪，但是对于快速变化的信号其线性近似的条件就不再满足，从而导致误差增大。正交锁相环（quadrature phase locked loop，QPLL）通过采用一个基于梯度下降法的新型鉴相器来替代传统的 PD，作为一种非线性检测方案避免了线性近似的问题，能实现宽带、快速及高精度的频率跟踪，具有良好的抑噪能力。其 VCO 的输出包括同相和正交两个分量，构造得到的目标函数为

$$y(t) = K_s(t)\sin\phi(t) + K_c(t)\cos\phi(t) \tag{6.21}$$

式中：$K_s(t)$ 为正交幅度；$K_c(t)$ 和相位 $\phi(t)$ 为需要估计的量，而相位可表示为

$$\phi(t) = \int_0^t [\omega_0 + \Delta\omega(\zeta)] \mathrm{d}\zeta \tag{6.22}$$

式中：ω_0 为固有振荡圆频率；$\Delta\omega(\zeta)$ 为采样时间 $\mathrm{d}\zeta$ 内圆频率的变化量，即可估计对应的相位值。根据需要估计的量重新定义参数矢量 $\boldsymbol{\theta}(t)$ 为

$$\boldsymbol{\theta}(t) = (K_s(t), K_s(t), \Delta\omega(t))^{\mathrm{T}} \tag{6.23}$$

并将目标函数 $y(t)$ 与输入信号 $u(t)$ 的差值函数 $e(t)$ 定义为

$$J(\boldsymbol{\theta}(t), t) = 0.5[u(t) - y(t)]^2 = e^2(t) \tag{6.24}$$

此时应用梯度下降法，即通过使函数的自变量向着函数梯度下降的方向移动，最终使函数达到极小值，参数拟合方程为

$$\frac{\mathrm{d}\boldsymbol{\theta}(t)}{\mathrm{d}t} = -\boldsymbol{\mu} \frac{\partial J(\boldsymbol{\theta}(t), t)}{\partial \boldsymbol{\theta}(t)} \tag{6.25}$$

式中：$\boldsymbol{\mu}$ 为影响 QPLL 方案收敛快慢与振荡的常数矩阵。通过上述的原理构建 QPLL 即可实现核自旋进动频率的实时跟踪。

另外，对于核磁共振陀螺来说，探测得到的 Xe 的 Larmor 进动圆频率与其所感受到的静磁场强度正相关。因此在系统相对于惯性系静止的情况下，若需要使探测到的频率稳定，就需要使 Xe 感受到的静磁场稳定。然而，在实际应用中，虽然地磁场等环境磁场的波动可以通过设置高屏蔽效率的磁屏蔽被动抑制六七个数量级，同时也可通过主动的磁补偿进一步主动抑制三四个数量级，磁场的影响仍然无法被忽略。为了抵消磁场带来的影响，通常使用 Xe 的两个同位素 [129]Xe 和 [131]Xe 来同时探测各自的 Larmor 进动圆频率，且由式（6.20）可以得到不受磁场影响的转动圆频率的表达式，即

$$\omega_R = \frac{\gamma_2 \omega_1 - \gamma_1 \omega_2}{\gamma_1 - \gamma_2} \tag{6.26}$$

通过双同位素方案可以从理论上消除磁场对转动频率的影响，在实际工程应用中也可以将磁场的影响大幅抑制。

6.4 光力加速度计

6.4.1 光力加速度计基本模型

1. 光阱技术简介

当一束光照射到物体后，物体表面对光束的反射或折射会导致部分入射光的传播方向发生改变，这部分光的动量将随之变化。改变的动量传递给物体，会使物体受到光所施加的作用力，这种力称为光力。光力十分微弱，在日常生活中很难被观测到，但在一定条件下，利用光力可以实现对微小物体的捕获与操纵，这种技术称为光阱技术，微粒被捕获的区域称为光阱。

微粒在光阱中的受力可以分为散射力与梯度力。其中，散射力沿光线传播方向，梯度力指向光势能降低方向。不考虑重力作用，当微粒在某一位置受到的散射力与梯度力的合力为零时，将被囚禁在这个受力平衡位置，也就是光阱中心处。根据力平衡方式不同，可以将光阱分为单光束光阱与双光束光阱两类。单光束光阱由高度会聚的激光束作用在微粒上达到稳定三维束缚。由于聚焦点附近存在很大的光强梯度，微粒受到较大的指向聚焦点的梯度力，因而被囚禁在焦点附近。在这种光阱结构中，梯度力对微粒起到了主要的限制作用，这种光阱称为单光束梯度力光阱，即光镊，见图6.27（a）。双光束光阱则由两束相向传输[101-102]或者有一定夹角[103]的激光组成，这种光阱对光束的聚焦能力要求较低，微粒沿垂直于光束方向受到指向光束中心的梯度力，沿光束方向受到来自方向相反的激光散射力作用，从而达到力平衡，见图6.27（b）。其他各种类型的光阱大多都是基于这两种结构衍生而来的。

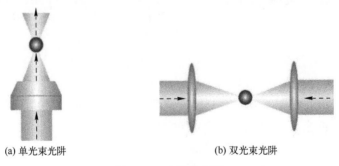

(a) 单光束光阱　　　　　　　(b) 双光束光阱

图6.27　光阱的分类

2. 基本原理

一个物体的运动轨迹可以通过测量位置、速度与加速度得到，但是在物体内部能够测量的只有加速度。加速度计的基本原理是牛顿第二定律，即质点动量的变化率与外力成正比。当质点受到外力作用而发生运动状态的变化时，其作用于施力物体上的反作用力就称为惯性力。光力加速度计利用光对物体的作用力，通过出射光的动量和角动量的变化来监测振子在惯性力作用下的运动状态变化，进而实现对其加速度的测量。其基本结构如图 6.28 所示，两束相向传播的高斯光束通过透镜会聚后形成三维光阱，微球被俘获在光阱中。在沿光轴方向上一定的范围内被激光束缚的微球类似于一个弹簧振子，其所受的光力正比于其相对于光阱中心的位移。以光阱中心为原点，则当光力加速度计的载体加速度为 0 时，微球相对于光阱中心的位移为 0；当载体加速度大于 0 时，微球将偏离光阱中心产生对应的位移。通过位置传感器监测微球的位移变化可实现对载体加速度的测量。

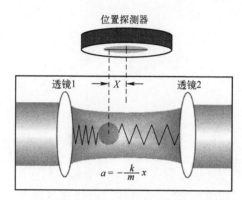

图 6.28　双光束光阱加速度传感原理

当加速度传感系统的壳体沿敏感轴有加速度输入时，微球由于惯性相对于载体产生一定的位移。若忽略微球在光阱环境中的布朗运动，光力加速度传感系统的数学模型为

$$m\frac{\mathrm{d}^2 x}{\mathrm{d}t^2} + \gamma \frac{\mathrm{d}x}{\mathrm{d}t} + \kappa x = ma \tag{6.27}$$

式中：x 为微球相对于壳体的位移；m 为微球的质量；κ 为光阱刚度；a 为微球的加速度；γ 为加速度计系统阻尼系数。在光阱系统中，阻尼主要来源于微球周围环境的黏滞阻力，阻尼系数可表示为 $\gamma = 6\pi\eta r_p$。其中 η 为光阱环境介质的黏滞系数，r_p 为微球半径。

将式 (6.27) 两边同时除以质量 m，得开环光力加速度传感系统的动态特性方程

$$\frac{\mathrm{d}^2 x}{\mathrm{d}t^2} + 2\xi\omega_0 \frac{\mathrm{d}x}{\mathrm{d}t} + \omega_0^2 x = a \tag{6.28}$$

式中：$\omega_0 = \sqrt{\kappa/m}$ 为加速度计的固有频率；$\xi = \gamma/2\sqrt{m\kappa}$ 为系统衰减系数；a 为加速度计相对于惯性空间的加速度。当加速度 a 为常量时，x 的一阶微分和二阶微分都为 0，则

$$x = \frac{a}{\omega_0^2} \tag{6.29}$$

这就是开环线式光力加速度传感系统的静态特性方程。

3. 噪声分析

零初始条件下，对光力加速度传感系统的开环运动方程进行拉普拉斯变换可得系统传递函数为

$$\chi(\omega) = \frac{X(\omega)}{A(\omega)} = \frac{1}{s^2 + 2\xi\omega_0 s + \omega_0^2} \tag{6.30}$$

转换成频率特性函数

$$G(j\omega) = \frac{X(j\omega)}{A(j\omega)} = \frac{1}{(\omega_0^2 - \omega^2) + j2\xi\omega_0\omega} \tag{6.31}$$

令 $G(j\omega) = |G(\omega)| e^{j\phi(\omega)}$，得到其幅频特性函数

$$G(\omega) = \frac{X(\omega)}{A(\omega)} = \frac{1}{\sqrt{(\omega_0^2 - \omega^2)^2 + (2\xi\omega_0\omega)^2}}$$

$$= \frac{\frac{1}{\omega_0^2}}{\sqrt{\left(1 - \left(\frac{\omega}{\omega_0}\right)^2\right)^2 + \left(2\xi\frac{\omega}{\omega_0}\right)^2}} \tag{6.32}$$

相频特性函数

$$\phi(\omega) = \pi - \arctan\frac{2\xi\omega_0\omega}{\omega_0^2 - \omega^2} \tag{6.33}$$

需要注意的是，加速度计的幅频特性和相频特性函数中均包含系统衰减系数，该系数主要来源于于光力加速度计中光阱区域的环境介质的粘滞阻力。常见的环境介质包括水、有机溶剂、空气等，如图6.29所示分别为空气和水环境下，光力加速度计的幅频响应曲线对比。相比于水环境，空气环境对微球的粘滞阻力更小，可以提供更大的测量带宽。

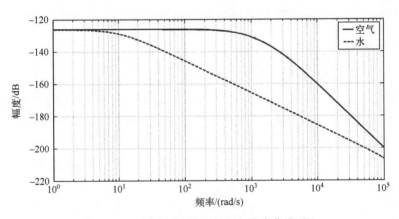

图 6.29　不同光阱环境下的幅频响应曲线对比

微球的无规则布朗运动以及探测器暗电流等会影响光力加速度传感系统的性能，降低加速度测量分辨率。为了对这些影响因素进行定量分析，将噪声微扰项作为信号输入，将加速度计系统对噪声的响应称为噪声等效加速度（noise equivalent acceleration，NEA），单位为 $g/\mathrm{Hz}^{1/2}$。

1）布朗运动噪声

1827年，Robert Brown 观察到花粉颗粒在水中进行无规则运动，后来这种悬浮在液

体或空气中的微粒的无规则运动就被称为布朗运动。布朗运动普遍存在于非真空环境中，是受到流体分子的不断碰撞而产生的。由于分子的热运动是随机的，因此微粒受到的碰撞力也是涨落不定的，造成了微粒的无规则运动。但是在光阱中的微粒不仅受到随机碰撞力的作用，也受到了光阱力的限制。因此光阱中微球运动的状态体现为固定位移叠加随机微扰项的受限布朗运动，微粒位置服从玻耳兹曼分布。

通过 Langevin 方程可推导出微球位置的单边功率谱为[104]

$$S_x(f) = \frac{k_B T}{\pi^2 \gamma (f_0^2 + f^2)} \qquad (6.34)$$

式中：T 为温度；k_B 为玻耳兹曼常数；$f_0 = k/2\pi\gamma$，称为布朗运动的转角频率。对微球位置信号的功率谱作 Lorenz 拟合可以得到 f_0，也就可以求出光阱的刚度。

微粒的无规则布朗运动将会影响加速度测量的分辨率与稳定性，称为布朗运动噪声。微球由于布朗运动产生的加速度功率谱密度 S_a^{th} 需满足[105]

$$z_{RMS}^2 = \int_0^\infty |G(j\omega)|^2 S_a^{th} d\omega \qquad (6.35)$$

式中：z_{RMS} 为微球进行布朗运动时的位移均方根，其表达式为[106]

$$z_{RMS} = \sqrt{\frac{k_B T}{k}} \qquad (6.36)$$

综合式（6.35）和式（6.36）可得出布朗运动引起的噪声等效加速度为

$$a_{th}(\omega) = \sqrt{S_a^{th}} = \frac{\sqrt{4 k_B T \gamma}}{m} \qquad (6.37)$$

由式（6.37）可见，布朗运动噪声受到阻尼系数 γ、温度 T、和微球质量 m 的综合影响。理论上，当微球处于绝对真空中时，分子热运动为零，布朗运动几乎可以忽略不计。因此采用真空封装光力加速度计是降低热噪声的有效方法。但是人工制造的真空环境仍含少量气体分子，因此布朗运动引起的加速度测量噪声仍需加以考虑。

2）激光散粒噪声

散粒噪声来源于激光的量子特性以及使用光电探测器测量时光电子或光生载流子的随机产生。由于该噪声是由一个个带电粒子引起的，因此称为散粒噪声。若使用光电探测器进行探测，散粒噪声功率谱密度可表示为[105]

$$S_p^{SN} = \frac{2\hbar \nu_0 P}{\eta_{qe}} \qquad (6.38)$$

式中：ν_0 为信号光的中心频率；P 为入射到探测器上的信号光功率；$\hbar$ 为约化普朗克常量；η_{qe} 代表量子效率，与探测器的响应度 R 有关，表达式为

$$\eta_{qe} = \frac{\hbar \nu_0}{e} R \qquad (6.39)$$

式中：e 为单位电荷。散粒噪声等效加速度为

$$a_{SN}(\omega) = \sqrt{S_a^{SN}} = \frac{1}{|G(j\omega)|} \sqrt{S_x^{SN}} = \frac{1}{J} \frac{1}{|G(j\omega)|} \sqrt{S_P^{SN}} \qquad (6.40)$$

式中：J 为探测器收集的光强信号与对应的微球位置之间的比值，由实验标定得到。

3) 光电探测器噪声

光电探测器中包含放大电路噪声、闪烁噪声、热噪声、产生-复合噪声等多种噪声源，对于光学测量系统影响较大。不同种类探测器的噪声水平存在很大区别，具体可以通过噪声等效功率（noise equivalent power，NEP）来衡量。由 NEP 表示的光电探测器的噪声功率谱密度为

$$S_P^{\text{NEP}}(\omega) = \text{NEP}^2 \qquad (6.41)$$

根据式（6.41）可推算出对应的噪声等效加速度为

$$a_{\text{NEP}}(\omega) = \sqrt{S_a^{\text{NEP}}} = \frac{1}{J}\frac{1}{|G(j\omega)|}\text{NEP} \qquad (6.42)$$

与散粒噪声相同，探测器噪声同样会受到传递函数中各项参数的影响。

4) 捕获激光的功率噪声

当双光束光阱中的两束捕获激光共用同一个激光器时，两束光的相对大小不会受到光源功率噪声的影响，光阱平衡位置不变。但是捕获激光强度的改变会导致光阱刚度变化，从而影响受限布朗运动的幅度，降低加速度测量分辨率。捕获激光的功率谱密度 S_{Pn} 与微球位移的功率谱密度 $S_x^{\delta P}$ 的关系为[107]

$$S_x^{\delta P} = \frac{S_{Pn}x^2}{P_0^2} \qquad (6.43)$$

式中：δP 为功率扰动；P_0 为捕获激光功率；设 t 时刻微球相对光阱中心的位移为 $x = x_{RMS} + \delta(t)$，其中 $x_{RMS} = \sqrt{k_B T/\kappa}$，则捕获激光功率噪声等效加速度可以表示为

$$a_{\delta P}(\omega) = \frac{1}{|G(j\omega)|}\sqrt{S_x^{\delta P}} = \frac{1}{|G(j\omega)|}\sqrt{\frac{k_B T}{\kappa}\frac{S_{Pn}}{P_0^2}} \qquad (6.44)$$

捕获激光噪声等效加速度 $a_{\delta P}$ 受到温度 T、光阱刚度 κ 与激光功率 P_0 的影响。

5) 量子噪声极限

由于受到海森堡测不准原理的限制，量子噪声无法用任何办法彻底消除，量子噪声极限是指采用量子测量技术能探测到的最小量子噪声，量子极限噪声等效加速度可以表示为[108]

$$a_{\text{SQL}} = \sqrt{S_a^{\text{SQL}}} = \frac{\sqrt{2\hbar\omega_0\gamma}}{m} \qquad (6.45)$$

式中：SQL 为标准量子极限。量子噪声等效加速度幅度很小，与微球质量 m 及光阱环境黏滞系数 γ 有关。

6.4.2 光力加速度计的结构

光力加速度计的基本结构图如图 6.30 所示，该系统由激光光源、光强调制系统、光阱系统、位移测量系统及信号处理模块组成。

光阱系统是加速度计系统的核心，主要用于悬浮检测质量并实现从加速度到微球位移的转换。检测质量一般为微纳米尺度的均匀微球。微球周围光阱环境包括液态光阱环境与气态光阱环境等。位移测量系统用于精确测量检测质量相对于光阱中心的位置变

化,位移测量能力决定了加速度传感系统的分辨率和带宽等性能。信号处理模块接收并处理位移测量系统检测到的微球位移信号。激光器与光强调制系统用于为光阱提供捕获激光并调节两束激光的光强相对大小。

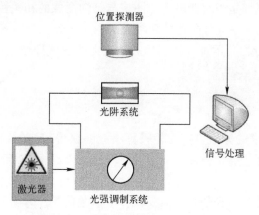

图 6.30 光力加速度计的基本结构图

6.4.3 高精度位移探测技术

在 6.4.2 节已经介绍,光力加速度计的加速度测量依赖微球位移的精确解析,光阱中微球的位移测量是光力加速度计的核心技术。微球位移测量方法较多,常见的包括图像处理法、位置探测器方法等。

1. 基于图像处理的位移测量方案

利用 CCD 或 CMOS 等图像传感器件拍摄微球被捕获的图片或视频,通过图像处理技术可提取出微球位移,选取合适的算法可以实现很高的分辨率。

1) 质心算法

一幅图像可以用一个二维矩阵 I 表示,矩阵元为代表灰度大小的数值,其中包含微粒信息和背景信息[109]。当微粒图像的灰度值能够明显与背景区分时,可以通过计算图像灰度中心找出微粒的位置,具体计算公式为

$$C_x = \sum_{i=1}^{n} \sum_{j=1}^{m} (x_i \cdot I_{ij}) \bigg/ \sum_{i=1}^{n} \sum_{j=1}^{m} (I_{ij}) \tag{6.46}$$

式中:x_i 为 x 轴方向上的像素坐标;I_{ij} 为图片中第 i 行第 j 列的灰度值。利用质心法计算微粒位置时,为了保证微粒位置是整个图像的灰度中心,要求背景越简单越好。一般的处理方法是设置一个灰度阈值,将处于阈值以下的灰度值设为零,处于阈值以上的灰度不变或者设为 1。

2) 高斯匹配算法

当微粒的散射或反射光斑近似满足高斯分布时,可以用高斯匹配的方法寻找微粒的位置。具体计算公式如下

$$G(x,y) = A\exp\left[-\frac{(x-x_0)^2 + (y-y_0)^2}{B}\right] \tag{6.47}$$

式中：A、B 为常数；x_0、y_0 为高斯曲线的中心。对每一幅图片进行高斯匹配处理可以得到微粒位置 (x_0, y_0)，比较不同图片的高斯匹配结果可得到微粒的位移[110-111]。

3) 相关算法

相关算法的基本原理是通过比较未知图像与已知图像的相关性来对微粒位置进行追迹。在一幅图像 I 中取一块包含微粒的区域 K（$n×m$ 矩阵）作为参考核，将任意一幅图像的灰度矩阵与 K 进行相关运算，找出相关性最大的位置即微粒的位置[112]。K 与 I 的相关度公式为

$$X_{x,y} = \sum_{i=0}^{n-1} \sum_{j=0}^{m-1} I_{x+i,y+j} \{ K_{i,j} \} \quad (6.48)$$

式中：(x, y) 为某一点的像素坐标。相关算法能够获得较高的精度，但是相较于前两种方法，该方法的运算量要大得多。

4) 绝对差算法

绝对差算法与相关算法类似，也需要取一个参考核 K，比较 K 与任意一幅图像的差异，不同的是绝对差算法是直接求灰度差[113]，得到以下结果

$$\text{SAD}_{x,y} = \sum_{i=0}^{n-1} \sum_{j=0}^{m-1} | I_{x+i,y+j} - K_{i,j} | \quad (6.49)$$

绝对差最小值的区域即对应微球位置，相对于之前的方法，绝对差算法在微粒位移测量中使用较少。

光学成像会受到衍射极限的影响，导致物体成像分辨率受到限制。微球位移的图像解算算法通过对不同时刻微球的整体图像特征进行匹配比较，将每幅图像信息转换为数字化信号，对信号进行统计处理，可以使位移测量分辨率突破衍射极限。以上四种算法各有优劣，质心算法运算量少，响应速度高，适用于实时位置监测，对图像质量及滤波效果要求较高；高斯匹配算法对背景要求较低，但是对光斑分布有限制；相关算法与绝对差算法能达到很高的位移测量分辨率，但是运算量很大，计算时间长，适合作为后期处理工具。相比之下，质心算法能够兼顾高精度与快速响应能力，更加适用于加速度传感系统，而且通过选用更大的成像倍率、使用图像开窗方法，还能够进一步提升质心算法的分辨率和处理速度。

2. 基于位置探测器的位移测量方案

位置探测器方法需要借助透镜系统收集捕获微粒的散射光，通过散射光在探测器上的分布变化确定微粒的位移。利用位置探测器方法进行微粒位移测量的光路中，按照散射光类型可分为前向散射光探测、后向散射光探测和侧向散射光探测[114-116]，按照散射光收集光路的特点可分为成像型[115]和干涉型[116]。

常用的位置探测器包括四象限探测器（quadrant photodetector，QPD）和二维位置传感探测器，以四象限探测器为例，常见的前向散射干涉型位移测量原理示意图如图 6.31 所示。光束经过微球后的前向散射光在聚光透镜后焦面与未经过微球的散射光在聚光透镜后焦面产生干涉，位于后焦面或其共轭面的 QPD 用于接收后焦面的干涉光斑实现微球位移测量。

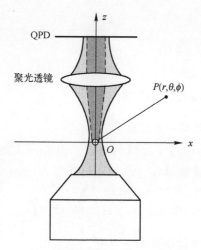

图 6.31 常见的前向散射干涉型位移测量原理示意图

设激光聚焦点位置坐标为 $r=0$。未经过微球散射时，激光光场可以表示为

$$E(r) \approx \frac{-ik\omega_0 I_t^{1/2}}{r(\pi\varepsilon_s c)^{1/2}} \exp(ikr - k^2\omega_0^2\theta^2/4) \quad (6.50)$$

式中：ω_0 为束腰半径；ε_s 为介电常数；c 为光速；I_t 为捕获激光的总功率；θ 为 P 点与光轴的夹角；$k=2\pi n_1/\lambda_0$，n_1 为光阱环境折射率，λ_0 为自由空间波长。若仅考虑微球沿 x 轴方向的横向位移时，有

$$E(x) = \frac{2I_t^{1/2}}{\omega_0(\pi\varepsilon_s c)^{1/2}} \exp(-x^2/\omega_0^2) \quad (6.51)$$

光镊系统可以俘获亚微米量级甚至纳米量级的微球，当微球尺寸远小于光波长时，微球的散射光场可由瑞利近似给出

$$E_s(r) \approx \frac{k^2\alpha}{r} E(x) \exp[ik(r - x\sin\theta\cos\phi)] \quad (6.52)$$

式中：α 为与微球半径有关的常量；(r,θ,ϕ) 为 P 点的坐标。仅考虑一阶干涉，则未经过微球的光和经过微球的散射光干涉后的光强满足

$$\frac{\delta I}{I_t} = \frac{2k^3\alpha}{\pi r^2} \exp(-x^2/\omega_0^2) \sin(kx\sin\theta\cos\phi) \exp(-k^2\omega_0^2\theta^2/4) \quad (6.53)$$

显然，光强分布依赖微球的空间坐标。此外，光强分布还与微球尺寸，聚焦透镜的数值孔径等参数有关，通过对相关参数的优化，该测量方法可以实现纳米级至亚纳米级的空间分辨率。

另外，还有一种改进型的测量方法，使用一个 D 型分光镜与一个平衡探测器共同组成一套位置探测器，可实现更高的时间与空间分辨率[117]。

除以上方案外，还有微分偏振干涉测量、光纤干涉测量、结构光测量等方案，也能实现较高的测量分辨率。各方法有不同的适用范围，可根据实际应用场景合理选择光力加速度计的位移测量方案。

6.5 导航与定位算法

6.5.1 参考坐标系与导航解算

1. 导航解算物理模型和坐标系定义

导航解算需要确定载体相对于地球的位置，由此需要建立地球模型。在 WGS-84 模型[118]中，地球被视为参考椭球体，其具体参数为

$$\begin{cases} 长半轴: R = 6378113.70\text{m} \\ 短半轴: r = R(1-f) = 6356752.31\text{m} \\ 椭球扁率: f = \dfrac{R-r}{R} = \dfrac{1}{298.2572} \\ 椭球偏心率: e = [f(2-f)]^{1/2} = 0.08181919 \\ 地球自转角速率: \omega_{ie} = 15.041067(°)/\text{h} \end{cases} \quad (6.54)$$

在此地球模型中，相对应的子午圈曲率半径 R_N 和卯酉圈曲率半径 R_E 用下式表示

$$\begin{cases} R_N = \dfrac{R(1-e^2)}{(1-e^2\sin^2 L)^{3/2}} \\ R_E = \dfrac{R}{(1-e^2\sin^2 L)^{1/2}} \end{cases} \quad (6.55)$$

式中：L 为载体所在处的纬度。

当载体距离参考椭球面的高度为 h 时，载体所处位置的重力加速度为

$$g(h) = g_0/(1+h/R_0) \quad (6.56)$$

式中：$g_0 = 9.780318(1+5.3024\times10^{-3}\sin^2 L - 5.9\times10^{-6}\sin^2 2L)\text{m/s}^2$，$R_0 = \sqrt{R_E R_N}$。

导航解算所涉及的坐标系通常有五类[119]，定义方式如表 6.2 所列。

表 6.2 坐标系定义方式

坐 标 系	定 义 方 式
惯性坐标系（i 系）	坐标原点位于地球中心，坐标轴相对于恒星无转动，3 个轴向分别定义为 Ox_i、Oy_i、Oz_i，构成右手坐标系，其中 Oz_i 指向地球极轴方向
地球坐标系（e 系）	坐标原点位于地球中心，3 个轴向分别定义为 Ox_e、Oy_e、Oz_e，坐标轴与地球固连，其中 Oz_e 指向地球极轴方向，Ox_e 沿格林尼治子午面和地球赤道平面的交线。该坐标系相对于 i 系绕 Oz_i 轴以地球自转角速率 ω_{ie} 转动
导航坐标系（n 系）	坐标原点位于载体所在位置，Ox_n、Oy_n、Oz_n 轴分别指向北、东、地，且以 N、E、D 来表示
载体坐标系（b 系）	坐标原点位于载体质心，Ox_b、Oy_b、Oz_b 轴分别沿载体横滚轴、俯仰轴和航向轴，分别指向载体运动前方、右方和下方
IMU 坐标系（m 系）	坐标原点位于 IMU 质心，理想情况下，Ox_m、Oy_m、Oz_m 轴分别与三轴陀螺仪所构成的坐标系 Ox_g、Oy_g、Oz_g 和三轴加速度计构成的坐标系 Ox_a、Oy_a、Oz_a 重合

2. 导航解算与误差方程

捷联惯性导航系统导航解算的实质是在已知载体初始姿态、速度和位置的条件下，递推解算每一时刻的导航信息。在理想情况下，载体的姿态、速度和位置的递推更新算法如下：

$$\dot{C}_b^n = C_b^n \omega_{ib}^b - \omega_{in}^n C_b^n \tag{6.57}$$

$$\dot{V}^n = C_b^n f^b - (2\omega_{ie}^n + \omega_{en}^n) \cdot V^n + g^n \tag{6.58}$$

$$\dot{L} = \frac{V_N}{R_N + h}, \quad \dot{\lambda} = \frac{V_E \sec L}{R_E + h}, \quad \dot{h} = -V_D \tag{6.59}$$

式中：ω_{in}^n 为 n 系相对于 i 系的角速度在 n 系下的投影；C_b^n 为 b 系到 n 系的变换矩阵；f^b 为比力在 b 系中的投影；ω_{ie}^n 为 e 系相对于 i 系的角速度在 n 系下的投影；ω_{en}^n 为 n 系相对于 e 系的角速度在 n 系下的投影；$V^n = [V_N \quad V_E \quad V_D]^T$ 为载体相对于地球的运动速度在 n 系下的投影；g^n 为 n 系下的重力加速度；L、λ、h 分别为纬度、经度和高度；R_N 为纬度 L 对应的子午圈曲率半径；R_E 为纬度 L 对应的卯酉圈曲率半径。

然而在实际情况下，陀螺测得的角增量和加速度计测得的比力增量存在误差，推导姿态、速度和位置的误差微分方程如下式（6.60）~式（6.62），具体推导过程详见文献[120]。

姿态误差方程

$$\dot{\phi} = \phi \times \omega_{in}^n + \delta\omega_{in}^n - C_b^n (\delta K_g + \delta M_g) \omega_{ib}^b - B_g^n \tag{6.60}$$

速度误差方程

$$\begin{aligned}\delta\dot{V}^n = &-\phi^n \times f^n + C_b^n (\delta K_a + \delta M_a) f^b \\ &+ \delta V^n \times (2\omega_{ie}^n + \omega_{en}^n) + V^n (2\delta\omega_{ie}^n + \delta\omega_{en}^n) + B_a^n\end{aligned} \tag{6.61}$$

式中：$\phi = [\phi_N \quad \phi_E \quad \phi_D]^T$ 为姿态误差角；δ 为对应矢量的误差；K_g 和 M_g 分别为陀螺标度因数与安装关系参数；K_a 和 M_a 分别为加速度计标度因数与安装关系参数。

位置误差方程

$$\begin{cases} \delta\dot{L} = \dfrac{\delta V_N}{R_N + h} - \delta h \dfrac{V_N}{(R_N + h)^2} \\ \delta\dot{\lambda} = \dfrac{\delta V_E}{R_E + h} \sec L + \delta L \dfrac{V_E}{R_E + h} \tan L \sec L - \delta h \dfrac{V_E \sec L}{(R_E + h)^2} \\ \delta\dot{h} = -\delta V_D \end{cases} \tag{6.62}$$

6.5.2 系统误差参数标定

惯性导航系统在工作情况下，陀螺和加速度计的各项参数误差经过导航解算流程产生系统输出姿态误差、速度误差和位置误差。系统级标定方法的主要思想是依据惯性导航系统的导航解算误差对陀螺和加速度计的各项参数误差进行辨识。建立惯性元件的数学误差模型是实现系统级标定和误差补偿的前提。

1. 陀螺误差模型

1) 零偏误差

零偏是指外界角速度为 0 时的陀螺输出值，单位以 (°)/h 表示。其一般由两部分组成，一部分为常值零偏，可以通过标定进行补偿；另一部为陀螺的随机游走噪声，不具有可补偿性[121]。常值零偏的数学模型记为：$\boldsymbol{B}_g = [B_{gx} \quad B_{gy} \quad B_{gz}]^T$。

2) 标度因数误差

标度因数是指陀螺输出信号与实际输入角速度之间的比例关系。实际工作时的标度因数与初始标定值之间的差异为标度因数误差，单位一般以 10^{-6} 记，数学模型记为

$$\widetilde{K}_g = K_g(I + \delta K_g) \tag{6.63}$$

$$\delta K_g = \begin{bmatrix} \delta K_{gx} & 0 & 0 \\ 0 & \delta K_{gy} & 0 \\ 0 & 0 & \delta K_{gz} \end{bmatrix} \tag{6.64}$$

式中：$\widetilde{K}_g$ 为标度因数的实际值；δK_g 为标度因数误差。

3) 安装误差

在 IMU 中，由于加工和装配工艺的限制，3 个陀螺仪敏感轴构成的坐标系 $Ox_g y_g z_g$ 并不是严格的正交坐标系，同时与载体坐标系也不重合，描述 $Ox_g y_g z_g$ 在 b 系中位置关系的参数为陀螺的安装关系参数，安装关系参数与初始标定值之间的差异为陀螺的安装误差，单位一般以角秒（″）来计，数学模型记为

$$\widetilde{M}_g = M_g(I + \delta M_g) \tag{6.65}$$

$$\delta M_g = \begin{bmatrix} 0 & \delta M_{gxy} & \delta M_{gxz} \\ \delta M_{gyx} & 0 & \delta M_{gyz} \\ \delta M_{gzx} & \delta M_{gzy} & 0 \end{bmatrix} \tag{6.66}$$

式中：$\widetilde{M}_g$ 为安装关系的实际值；δM_g 为安装误差。

一般情况下，按照此方式定义安装误差，陀螺和加速度计会产生 12 个安装误差角，但由于约束不足无法全部解耦。通过约束陀螺坐标系：即载体坐标系的 Ox_b 轴与陀螺敏感轴 Ox_g 重合，Oy_b 轴位于 $Ox_g y_g$ 平面内，安装误差参数减少三个，其形式为

$$\delta M_g = \begin{bmatrix} 0 & 0 & 0 \\ \delta M_{gyx} & 0 & 0 \\ \delta M_{gzx} & \delta M_{gzy} & 0 \end{bmatrix} \tag{6.67}$$

最后根据以上误差定义，可得陀螺输出误差模型如下

$$\delta \omega_{ib}^b = (\delta K_g + \delta M_g) K_g N_g + B_g + \varepsilon_g \tag{6.68}$$

式中：ω_{ib}^b 为 b 系相对于 i 系的角速度在 b 系下的投影；$\delta \omega_{ib}^b$ 为 ω_{ib}^b 的误差量；$N_g = [N_{gx} \quad N_{gy} \quad N_{gz}]^T$ 为陀螺输出的信号值；$\varepsilon_g = [\varepsilon_{gx} \quad \varepsilon_{gy} \quad \varepsilon_{gz}]^T$ 为陀螺的随机零偏。

2. 加速度计误差模型

1) 零偏误差

零偏是指外界输入比力为 0 时的加速度计输出值，单位一般以 μg 表示。加速度计零偏同样通常包括常值部分和随机偏置部分。常值零偏的数学模型记为：$\boldsymbol{B}_a = [B_{ax} \quad B_{ay} \quad B_{az}]^T$。

2）标度因数误差

标度因数是指加速度计输出信号与实际输入比力之间的比例关系。类似的其数学模型记为

$$\widetilde{K}_a = K_a(I+\delta K_a) \tag{6.69}$$

$$\delta K_a = \begin{bmatrix} \delta K_{ax} & 0 & 0 \\ 0 & \delta K_{ay} & 0 \\ 0 & 0 & \delta K_{az} \end{bmatrix} \tag{6.70}$$

式中：$\widetilde{K}_a$ 记为标度因数的实际值；δK_a 为标度因数误差。

3）安装误差

同样，加速度计安装关系参数与初始标定值之间的差异为安装误差，单位一般以角秒（″）来计，数学模型记为

$$\widetilde{M}_a = M_a(I+\delta M_a) \tag{6.71}$$

$$\delta M_a = \begin{bmatrix} 0 & \delta M_{axy} & \delta M_{axz} \\ \delta M_{ayx} & 0 & \delta M_{ayz} \\ \delta M_{azx} & \delta M_{azy} & 0 \end{bmatrix} \tag{6.72}$$

式中：$\widetilde{M}_a$ 为安装关系的实际值；δM_a 为安装误差。

最后根据以上误差定义，可得加速度计输出误差模型如下

$$\delta f^b = (\delta K_a + \delta M_a)K_a N_a + B_a + \varepsilon_a \tag{6.73}$$

式中：δf^b 为比力的误差量；$N_a = [N_{ax} \quad N_{ay} \quad N_{az}]^T$ 为加速度计输出的脉冲数；$\varepsilon_a = [\varepsilon_{ax} \quad \varepsilon_{ay} \quad \varepsilon_{az}]^T$ 为加速度计的随机零偏。

3. 系统级标定流程

系统级标定通常基于三轴转动机构，并辅以必要的导航计算机，实现惯性导航系统的在线系统级标定。系统级标定仿真实验流程如图 6.32 所示，首先编写模拟标定路径程序，模拟陀螺的角增量和加速度计的比力增量，通过导航解算得到实时速度误差和位置误差，并将导航误差作为观测量输入卡尔曼滤波器，最终输出标定结果。

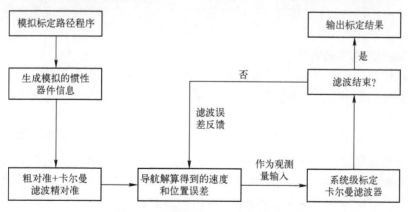

图 6.32 系统级标定仿真实验流程

卡尔曼滤波器的设计首先需建立状态方程，滤波器的状态方程为

$$\dot{X} = F \cdot X + W(t) \tag{6.74}$$

式中：$W(t)$为陀螺和加速度计的输出噪声，将其作为高斯白噪声处理；F为系统的状态变换矩阵，具体形式由系统的姿态、速度和位置误差微分方程；X为系统的状态矢量，其表达式如下

$$\begin{cases} X = [\phi_N \quad \phi_E \quad \phi_D \quad \delta V_N \quad \delta V_E \quad \delta V_D \quad \delta L \quad \delta \lambda \quad \delta h \\ \quad B_{gx} \quad B_{gy} \quad B_{gz} \quad B_{ax} \quad B_{ay} \quad B_{az} \quad \delta K_{gx} \quad \delta M_{gyx} \quad \delta M_{gzx} \\ \quad \delta K_{gy} \quad \delta M_{gzy} \quad \delta K_{gz} \quad \delta K_{ax} \quad \delta M_{ayx} \quad \delta M_{azx} \\ \quad \delta M_{axy} \quad \delta k_{ay} \quad \delta M_{azy} \quad \delta M_{axz} \quad \delta M_{ayz} \quad \delta K_{az}]^T \end{cases} \tag{6.75}$$

标定路径编排通常基于 Camberlein 所提出的 19 位置标定路径，可实现全部基本误差参数的有效激励。

6.5.3 初始对准

1. 初始对准基本概念

初始对准指的是确定惯性导航系统各坐标轴相对于参考坐标系初始指向的过程。捷联式惯性导航系统初始对准前的任务通常有两项：第一，载体运动前将初始速度和初始位置引入惯性导航系统；第二，载体坐标系与导航坐标系的初始变换矩阵确认。

初始对准误差是惯性导航系统的主要误差源之一，它直接影响惯性导航系统的性能。初始对准的水平精度主要取决于加速度计的零位偏置，而方位精度则主要取决于东西向陀螺仪漂移的大小。

2. 初始对准分类

按照捷联式惯性导航系统对准的阶段来分，对准过程分为粗对准和精对准两个阶段：①粗对准任务是得到粗略的捷联矩阵，为后续的精对准提供基础，此阶段精度可以低一些，但要求速度快；②精对准任务是精确校正真实导航坐标系与计算的导航坐标系之间的失准角，使之趋于零，从而得到精确的捷联矩阵。

按照捷联式惯性导航系统初始对准时载体的运行状态来分，对准可分为静基座对准和动基座对准。顾名思义，静基座对准时载体是不动的，而动基座对准是在载体运动状态下完成的。

3. 初始对准常用的方法

提高惯性导航系统初始对准精度的最佳途径之一，是利用卡尔曼滤波这一重要估计方法进行估计，常用的几种滤波算法有卡尔曼滤波算法、扩展卡尔曼滤波算法、无迹卡尔曼滤波算法等。

对于采用自主对准方式的惯性导航系统，一般用卡尔曼滤波技术估计系统的失准角和惯性导航系统误差，然后通过反馈控制使失准角达到规定的要求。它要求系统噪声和观测噪声的统计特性是已知的，并都为白噪声。如果系统噪声为有色噪声，则需要扩大状态变量，使系统噪声和观测噪声变成白噪声；如果观测噪声为有色噪声，则需要引入新变量以获取在有色噪声条件下的卡尔曼滤波方程。

4. 捷联式惯性导航系统初始对准基本流程

捷联式惯性导航系统初始对准流程可归纳为以下几步：

（1）利用当地地理纬度 L、重力加速度 g 和地球自转角速度 ω_{ic} 的信息，解析计算捷联矩阵 $C_b^{n_1}$；

（2）采集陀螺和加速度计的输出数据，粗略计算出数学平台误差角 φ_E^n、φ_N^n、φ_U^n，构造矩阵 $C_n^{n_1}$，对步骤（1）中 $C_b^{n_1}$ 进行修正，得到 C_b^n，即可完成粗对准；

（3）根据系统误差方程建立精对准的系统矩阵和量测矩阵，处理陀螺和加速度计的输出数据得到卡尔曼滤波所需的量测信息，然后估计数学平台失准角、陀螺仪漂移和加速度计偏置等状态量；

（4）根据精对准评估得到的数字平台失准角 φ_E、φ_N、φ_U，对步骤（2）中粗对准后的矩阵 C_b^n 进行反馈修正，同时对惯性器件的误差进行反馈校正，得到比较精确的初始姿态矩阵 $C_b^n(0)$，即可完成捷联式惯性导航系统的自对准。

捷联式惯性导航系统初始对准流程图如图 6.33 所示。

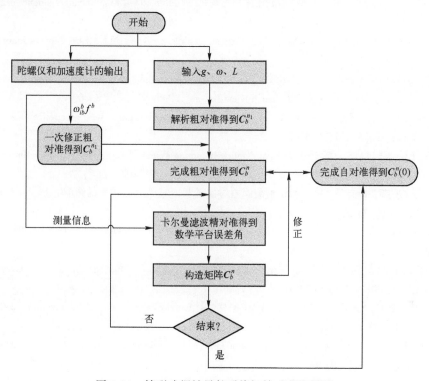

图 6.33 捷联式惯性导航系统初始对准流程图

6.6 小结

量子导航与定位系统作为量子信息网络中提供量子空间基准信息的关键节点，对保障量子信息网络的抗干扰能力、网络覆盖范围以及自由空间信息交互能力均具有非常重要的意义。本章主要围绕量子导航与定位的概念内涵、网络构建、发展历程、核心器件、导航与定位算法等内容进行了介绍。其中，针对核磁共振陀螺、原子无自旋弛豫交换陀螺、冷原子干涉陀螺、NV 色心陀螺、冷原子干涉加速度计、光力加速度计等有望用到量子导航与定位系统中的新型器件的原理、结构、发展等进行了总体阐述,并以核磁共振陀螺和光力加速度计为例对所涉及的关键技术进行了进一步说明。这些新型惯性导航器件大多利用原子干涉或原子自旋等量子效应对系统转动或加速度进行测量,与传统器件相比,具有精度高、体积小、功耗低等特点,十分有利于量子信息网络的建立。这些新型量子器件的蓬勃发展必将为构建量子信息网络提供有力支撑。

参考文献

[1] DEGEN C L, REINHARD F, CAPPELLARO P. Quantum sensing [J]. Reviews of Modern Physics, 2017, 89 (035002):41-45.

[2] KNAPPE S. MEMS atomic clocks [J]. Comprehensive Microsystems, 2008, 3 (18):571-612.

[3] KOMINIS I K, KORNACK T W, ALLRED J C, et al. A subfemtotesla multichannel atomic magnetometer [J]. Nature, 2003, 422 (6932):596-599.

[4] KITCHING J, KNAPPE S, DONLEY E A. Atomic sensors-a review [J]. IEEE Sensors Journal, 2011, 11 (9):1749-1758.

[5] DURFEE D S, SHAHAM Y K, KASEVICH M A. Long-term stability of an area-reversible atom-interferometer sagnac gyroscope [J]. Physical Review Letters, 2006, 97 (2):240801.

[6] FANG J, QIN J. Advances in atomic gyroscopes:a view from inertial navigation applications [J]. Sensors, 2012, 12 (5):6331-6346.

[7] RUST I C, KETEL S, HERSMAN F W. Optical pumping system design for large production of hyperpolarized ^{129}Xe [J]. Physical Review Letters, 2006, 96 (5):053002.

[8] 江奇渊, 罗晖, 杨开勇, 等. 相位检测误差对核磁共振陀螺输出频率的影响 [J]. 导航定位与授时, 2019, 6 (1):92-99.

[9] 万双爱, 孙晓光, 郑辛, 等. 核磁共振陀螺技术发展展望 [J]. 导航定位与授时, 2017, 4 (1):7-13.

[10] MEYER D, LARSEN M. Nuclear magnetic resonance gyro for inertial navigation [J]. Gyroscopy and Navigation, 2014, 5 (2):75-82.

[11] ABBINK H C, KANEGSBERG E, PATTERSON R A. NMR gyroscope:U. S. Patent 7, 239, 135 B2 [P]. 2007-07-03.

[12] HALL D B. Small optics cell for miniature nuclear magnetic resonance gyroscope:U. S. Patent 7, 863, 894 B2 [P]. 2011-01-04.

[13] GROVER B C, KANEGSBERG E, MARK J G, et al. Nuclear magnetic resonance gyro:U. S. Patent 4, 157, 495 [P]. 1979-06-05.

[14] KANEGSBERG E. A nuclear magnetic resonance (NMR) gyro with optical magnetometer detection [C]//Laser Inertial Rotation Sensors, International Society for Optics and Photonics, 1978:73-80.

[15] LARSEN M, BULATOWICZ M. Nuclear magnetic resonance gyroscope:for DARPA's micro-technology for positioning, navigation and timing program [C]. Frequency Control Symposium, IEEE, 2012:1-5.

[16] BULATOWICZ M D, LARSEN M S, GRIFFITH R. Nuclear magnetic resonance gyroscope mechanization:U. S. Patent 8, 159, 220 B2 [P]. 2012-04-17.

[17] LARSEN M S. Nuclear magnetic resonance and atom interferometer gyroscopes [C]//ISISS 2015 Tutorial, 2015:1-127.

[18] HODBY E, DONLEY E A, KITCHING J. Differential atomic magnetometry based on a diverging laser

beam [J]. Applied Physics Letters, 2007, 91 (011109): 1-3.

[19] KITCHING J, DONLEY E A, HODBY E, et al. Compact atomic magnetometer and gyroscope based on a diverging laser beam: U.S. Patent 7, 872, 473 B2 [P]. 2011-01-18.

[20] EKLUND E J. Microgyroscope based on spin-polarized nuclei [D]. Irvine: University of California, Irvine, 2008.

[21] NOOR R M, GUNDETI V, SHKEL A M. A status on components development for folded micro NMR gyro [C]//IEEE International Symposium on Inertial Sensors and Systems, IEEE, 2017: 156-159.

[22] 王学锋, 周维洋, 邓意成, 等. 核磁共振陀螺仪泵浦光频率波动抑制 [J]. 中国惯性技术学报, 2017, 25 (2): 236-239.

[23] 秦杰, 汪世林, 高溥泽, 等. 核磁共振陀螺技术研究进展 [J]. 导航定位与授时, 2014, 1 (2): 64-69.

[24] KORNACK T W, GHOSH R K, ROMALIS M V. Nuclear spin gyroscope based on an atomic comagnetometer [J]. Physical Review Letters, 2005, 95 (2): 230801.

[25] KORNACK T W. A test of CPT and lorentz symmetry using a K-^{3}He co-magnetometer [D]. Princeton: Princeton University, 2005.

[26] BROWN J M, SMULLIN S J, KORNACK T W, et al. New limit on lorentz and CPT-violating neutron spin interactions [J]. Physical Review Letters, 2010, 105 (1): 151604.

[27] FANG J, WAN S, QIN J, et al. A novel Cs-^{129}Xe atomic spin gyroscope with closed-loop faraday modulation [J]. Review of Scientific Instruments, 2013, 84 (8): 083108.

[28] 李润兵, 姚战伟, 鲁思滨, 等. 原子干涉陀螺仪精密测量及应用 [J]. 导航定位与授时, 2021, 8 (2): 8-17.

[29] KASEVICH M, CHU S. Atomic interferometry using stimulated raman transitions [J]. Physical Review Letters, 1991, 67 (2): 181-184.

[30] GUSTAVSON T L, BOUYER P, KASEVICH M A. Precision rotation measurements with an atom interferometer gyroscope [J]. Physical Review Letters, 1997, 78 (11): 2046-2049.

[31] TAKASE K. Precision rotation rate measurements with a mobile atom interferometer [D]. Palo Alto: Stanford University, 2008.

[32] GAUGUET A, CANUEL B, LEVEQUE T, et al. Characterization and limits of a cold-atom sagnac interferometer [J]. Physical Review A, 2009, 80 (6): 063604.

[33] MÜLLER T, GILOWSKI M, ZAISER M, et al. A compact dual atom interferometer gyroscope based on laser-cooled rubidium [J]. The European Physical Journal D-Atomic, Molecular, Optical and Plasma Physics, 2009, 53 (3): 273-281.

[34] WESTON J L, TITTERTON D H. Modern inertial navigation technology and its application [J]. Electronics & Commumunication Engineering Journal, 2000, 12 (2): 49-64.

[35] VERSHOVSKII A K, LITMANOVICH Y A, PAZGALEV A S, et al. Nuclear magnetic resonance gyro: ultimate parameters [J]. Gyroscopy and Navigation, 2018, 9 (3): 162-176.

[36] SANTAGATI R, GENTILE A A, KNAUER S, et al. Magnetic-field learning using a single electronic spin in diamond with one-photon readout at room temperature [J]. Physical Review X, 2019, 9 (2): 021019.

[37] MICHL J, STEINER J, DENISENKO A, et al. Robust and accurate electric field sensing with solid state spin ensembles [J]. Nano Letters, 2019, 19 (8): 4904-4910.

[38] FUKAMI M, YALE C G, ANDRICH P, et al. All-optical cryogenic thermometry based on nitrogen-vacancy centers in nanodiamonds [J]. Physical Review Applied, 2019, 12 (1): 014042.

[39] JASKULA J C, SAHA K, AJOY A, et al. Cross-sensor feedback stabilization of an emulated quantum spin gyroscope [J]. Physical Review Applied, 2019, 11 (5): 054010.

[40] MEAD C A. The geometric phase in molecular systems [J]. Review of Modern Physics, 1992, 64 (1): 51-85.

[41] TYCKO R. Adiabatic rotational splittings and berry's phase in nuclear quadrupole resonance [J]. Physical Review Letters, 1987, 58 (22): 2281-2284.

[42] APPELT S, WCKERLE G, MEHRING M. Deviation from berry's adiabatic geometric phase in a ^{131}Xe nuclear gyroscope [J]. Physical Review Letters, 1994, 72 (25): 3921-3924.

[43] MACLAURIN D, DOHERTY M W, HOLLENBERG L C L, et al. Measurable quantum geometric phase from a rotating single spin [J]. Physical Review Letters, 2012, 108 (24): 240403.

[44] LEDBETTER M P, JENSEN K, FISCHER R, et al. Gyroscopes based on nitrogen-vacancy centers in diamond [J]. Physical Review A, 2012, 86 (5): 27454-27455.

[45] KOWARSKY M A, HOLLENBERG L C L, MARTIN A M, et al. Non-abelian geometric phase in the diamond nitrogen-vacancy center [J]. Physical Review A, 2014, 90 (4): 042116.

[46] ZHANG C, YUAN H, TANG Z, et al. Inertial rotation measurement with atomic spins: from angular momentum conservation to quantum phase theory [J]. Applied Physics Review, 2016, 3 (4): 041305.

[47] SONG X R, WANG L J, FENG F P, et al. Nanoscale quantum gyroscope using a single ^{13}C nuclear spin coupled with a nearby NV center in diamond [J]. Journal of Applied Physics, 2020, 123 (11): 054010.

[48] GUSTAVSON T L. Precision rotation sensing using atom interferometry [D]. Palo Alto: Stanford University, 2000.

[49] 李嘉华, 姜伯楠. 原子干涉重力测量技术研究进展及发展趋势 [J]. 导航与控制, 2021, 8 (2): 8-17.

[50] PETERS A, CHUNG K Y, CHU S. High precision absolute gravity measurements using atom interferometry [J]. Metrologia, 2001, 38 (1): 25-61.

[51] DIMOPOULOS S, GRAHAM P W, HOGAN J M, et al. Atomic gravitational wave interferometric sensor (AGIS) [J]. Physical Review D: Particles and Fields, 2008, 78 (12): 122002.

[52] KASEVIEH M A, CHU S. Measurement of the gravitational acceleration of an atom with a light-pulse atom interferometer [J]. Applied Physics B, 1992, 54 (5): 321-332.

[53] SUGARBAKER A. Atom interferometry in a 10m fountain [D]. Palo Alto: Stanford University, 2014.

[54] AOSense. Gravimeter [EB/OL]. http://aosense.com/product/gravimeter/.

[55] MuQuans. Absolute quantum gravimeter [EB/OL]. http://www.muquans.com/pro-duct/absolute-quantum-gravimeter/.

[56] HU Z K, SUN B L, DUAN X C, et al. Demonstration of an ultrahigh-sensitivity atom-interferometry absolute gravimeter [J]. Physical Review A, 2013, 88 (4): 043610.

[57] WU B, WANG Z Y, CHENG B, et al. The investigation of a μGal-level cold atom gravimeter for field application [J]. Metrologia, 2014, 51 (5): 452-458.

[58] FU Z J, WU B, CHENG B, et al. A new type of compact gravimeter for long-term absolute gravity monitoring [J]. Metrologia, 2019, 56 (2): 025001.

[59] MONTEIRO F, GHOSH S, FINE A G, et al. Optical levitation of 10-ng spheres with nano-gacceleration sensitivity [J]. Physical Review A, 2017, 96 (6): 063841.

[60] BUTTS D L. Development of a light force accelerometer [D]. Cambridge: Massachusetts Institute of Technology, 2008: 19-28.

[61] KOTRU K. Toward a demonstration of a light force accelerometer [D]. Cambridge: Massachusetts Institute of Technology, 2010: 57-70.

[62] MONTEIRO F, LI W Q, AFEK G, et al. Force and acceleration sensing with optically levitated nanogram masses at microkelvin temperatures [J]. Physical Review A, 2020, 101 (5): 053835.

[63] SU H M, HU H Z, ZHANG L, et al. A chip of fiber optical trap [J]. Proceedings of SPIE, 2016, 10154 (1): 101540C.

[64] FU Z H, SHE X, LI N, et al. Launch and capture of a single particle in a pulse-laser-assisted dual-beam fiber-optic trap [J]. Optics Communications, 2018, 417 (1): 103-109.

[65] CHEN X L, XIAO G Z, LUO H, et al. Dynamics analysis of microsphere in a dual-beam fiber-optic trap with transverse offset [J]. Optics Express, 2016, 24 (7): 7575-7584.

[66] XIONG W, XIAO G Z, HAN X, et al. Back-focal-plane displacement detection using side-scattered light in dual-beam fiber-optic traps [J]. Optics Express, 2017, 25 (8): 9449-9457.

[67] 郑瑜. 真空光镊及其反馈控制 [D]. 合肥：中国科学技术大学, 2019.

[68] 蒋建斌. 真空光悬浮微粒位移探测系统 [D]. 杭州：浙江大学, 2020.

[69] 熊威. 基于双光束光阱的开环光力加速度传感理论与实验初步研究 [D]. 长沙：国防科技大学, 2019.

[70] 张树侠, 闫威. 激光陀螺捷联系统安装误差的标定 [J]. 中国惯性技术学报, 2000, 8 (1): 47-49.

[71] PITTMAN D N. Determining inertial errors from navigation-in-place data [C]. IEEE Position Location and Navigation Symposium, Monterey, CA, USA, 1992.

[72] GAO P, LI K, WANG L, et al. A self-calibration method for accelerometer nonlinearity errors in triaxis rotational inertial navigation system [J]. IEEE Transactions on Instrumentation & Measurement, 2017, 66 (2): 243-253.

[73] 孙谷昊. 激光陀螺惯组的系统级标定及对准方法研究 [D]. 哈尔滨：哈尔滨工业大学, 2017.

[74] 江奇渊, 汤建勋, 韩松来, 等. 36维Kalman滤波的激光陀螺捷联惯性导航系统级标定方法 [J]. 红外与激光工程, 2015, 44 (5): 1579-1586.

[75] GREWAL M S, HENDERSON V D, MIYASAKO R S. Application of kalman filtering to the calibration and alignment of inertial navigation systems [J]. IEEE Transactions on Automatic Control, 1991 (1): 4-13.

[76] 翁浚, 刘健宁, 邢俊红, 等. 变维数滤波器在捷联惯性导航系统级标定中的应用 [J]. 电子测量与仪器学报, 2021, 35 (5): 31-37.

[77] 崔加瑞, 吴文启, 王茂松, 等. 基于ST-EKF的光纤陀螺捷联惯性导航系统级标定方法 [C]. 河南：中国惯性技术学会, 2020: 425-430.

[78] 杨小康, 严恭敏, 李四海. 一种锚泊条件下捷联惯性导航系统级标定方法 [J]. 中国惯性技术学报, 2020, 28 (1): 1-7.

[79] BRITTING K R, PALSSON T. Self-alignment techniques for strapdown inertial navigation systems with aircraft application [J]. Journal of Aircraft, 1970, 7 (4): 302-307.

[80] LEE J G, PARK C G, PARK H W. Multiposition alignment of strapdown inertial navigation system [J]. IEEE Transactions on Aerospace and Electronic Systems, 1993, 29 (4): 1323-1328.

[81] WU Y, ZHANG H, WU M, et al. Observability of strapdown INS alignment: A global perspective [J]. IEEE Transactions on Aerospace and Electronic Systems, 2012, 48 (1): 78-102.

[82] BRITTING K R. Inertial navigation systems analysis [M]. New York: Wiley, 1971.

[83] GAIFFE F, COTTREAU K, FAUSSOT N, et al. Highly compact fiber optic gyrocompass for applications

at depths up to 3000 meters〔C〕. Proceedings of the 2000 International Symposium on Underwater Technology (Cat. No. 00EX418), IEEE, 2000: l55-160.

[84] 秦永元,严恭敏,顾冬晴,等.摇摆基座上基于信息的捷联惯性导航粗对准研究[J].西北工业大学学报, 2005, 23 (5): 681-684.

[85] 严恭敏,白亮,翁浚,等. 基于频域分离算子的 SINS 抗晃动干扰初始对准算法[J]. 宇航学报, 2011, 32 (7): 1486-1490.

[86] SILSON P M G. Coarse alignment of a ship's strapdown inertial attitude reference system musing velocity loci [J]. IEEE Transactions on Instrumentation and Measurement, 2011, 60 (6): 1930-1941.

[87] SUN F, SUN W. Mooring alignment for marine SINS using the digital filter [J]. Measurement, 2010, 43 (10): 1489-1494.

[88] LIU X, LIU X, SONG E, et al. A novel selfalignment method for SINS based on three vectors of gravitational apparent motion in inertial frame [J]. Measurement, 2015, 62 (1): 47-62.

[89] 严恭敏,秦永元,卫育新,等. 一种适用于 SINS 动基座初始对准的新算法[J]. 系统工程与电子技术, 2009, 31 (3): 634-637.

[90] 于德新,潘爽,岳昆. 基于 Doppler 辅助的飞行器惯性导航系统空中对准研究[J]. 新型工业化, 2015 (2): 38-43.

[91] 马峰,李富荣,张安. 神经网络在地-地导弹惯导系统初始对准中的应用[J]. 电光与控制, 2008, 15 (1): 17-21.

[92] BHATT D, AGGARWAL P, DEVABHAKTUNI V, et al. Seamless navigation via dempster shafer theory augmented by support vector machines [C]. Proceedings of the 25th International Technical Meeting of the Satellite Division of the Institute of Navigation, 2012: 98-104.

[93] SILSON P, JORDAN S. A novel inertial coarse alignment method [C]. AIAA Guidance, Navigation and Control Conference, 2010: 8330.

[94] XU X, XU D, ZHANG T, et al. In-motion coarse alignment method for SINS/GPS using position loci [J]. IEEE Sensors Journal, 2019, 19 (10): 3930-3938.

[95] ROMALIS M V, MIRON E, GATES G D. Pressure broadening of Rb D1 and D2 lines by ^{3}He, ^{4}He, N_2, and Xe: line cores and near wings [J]. Physical Review A, 1997, 56 (6): 4569-4578.

[96] MA Z L, SORTE E G, SAAM B. Collisional ^{3}He and ^{129}Xe frequency shifts in Rb-noble-gas mixtures [J]. Physical Review Letters, 2011, 106 (1): 193005.

[97] 李佳佳,陈畅,江奇渊,等. 探测光频率对核磁共振陀螺内嵌磁力仪影响研究[J]. 中国激光, 2022, 49 (21): 1-8.

[98] STECK D A. Rubidium 87D line data [EB/OL]. (2015-1-13). http://steck.us/alkalidata.

[99] BLOCH F. Nuclear induction [J]. Physical Review, 1946, 17 (7/8): 460-474.

[100] TORREY H C. Bloch equations with diffusion terms [J]. Physical Review, 1956, 104 (3): 563-565.

[101] WOERDEMANN M, BERGHOFF K, DENZ C. Dynamic multiple-beam counter-propagating optical traps using optical phase-conjugation [J]. Optics Express, 2010, 18 (21): 22348-22357.

[102] GORDON R, KAWANO M, BLAKELY J T, et al. Optohydrodynamic theory of particles in a dual-beam optical trap [J]. Physical Review B Condensed Matter, 2008, 7750 (24): 5125.

[103] LIU Y, YU M. Investigation of inclined dual-fiber optical tweezers for 3D manipulation and force sensing [J]. Optics Express, 2009, 17 (16): 13624-14638.

[104] NEUMAN K C, BLOCK S M. Optical trapping [J]. Review of Scientific Instruments, 2004, 75 (9): 2787-2809.

[105] KRAUSE A G, WINGER M, BLASIUS T D, et al. A high-resolution microchip optomechanical accelerometer [J]. Nature Photonics, 2012, 6 (11): 768-772.

[106] LI T. Measuring the instantaneous velocity of a brownian particle in air [M]. New York, NY: Springer, 2013: 39-58.

[107] KHEIFETS S. High-sensitivity tracking of optically trapped particles in gases and liquids: observation of brownian motion in velocity space [D]. Austin: University of Texas at Austin, 2014.

[108] CLERK A A, DEVORET M H, GIRVIN S M, et al. Introduction to quantum noise, measurement, and amplification [J]. Reviews of Modern Physics, 2010, 82 (2): 1155-1208.

[109] CHEEZUM M K, WALKER W F, GUILFORD W H. Quantitative comparison of algorithms for tracking single fluorescent particles [J]. Biophysical Journal, 2001, 81 (4): 2378-2388.

[110] ANDERSON C M, GEORGIOU G N, MORRISON I E, et al. Tracking of cell surface receptors by fluorescence digital imaging microscopy using a charge-coupled device camera [J]. Journal of Cell Science, 1992, 101 (2): 415.

[111] SCHÜTZ G J, SCHINDLER H, SCHMIDT T. Single-molecule microscopy on model membranes reveals anomalous diffusion [J]. Biophysical Journal, 1997, 73 (2): 1073-1080.

[112] GELLES J, SCHNAPP B J, SHEETZ M P. Tracking kinesin-driven movements with nanometre-scale precision [J]. Nature, 1988, 331 (6155): 450-453.

[113] BOHS L N, FRIEMEL B H, MCDERMOTT B A, et al. A real time system for quantifying and displaying two-dimensional velocities using ultrasound [J]. Ultrasound in Medicine and Biology, 1993, 19 (9): 751-761.

[114] MILLEN J, MONTEIRO T S, PETTIT R, et al. Optomechanics with levitated particles [J]. Reports on Progress in Physics, 2020, 83 (2): 026401.

[115] FINER J T, SIMMONS R M, SPUDICH J A. Single myosin molecule mechanics piconewton forces and nanometre steps [J]. Nature, 1994, 368 (6467): 113-119.

[116] GITTES F, SCHMIDT C F. Interference model for back-focal-plane displacement detection in optical tweezers [J]. Optics Letters, 1998, 23 (1): 7-9.

[117] LI T, KHEIFETS S, MEDELLIN D, et al. Measurement of the instantaneous velocity of a brownian particle [J]. Science, 2010, 328 (5986): 1673-1675.

[118] TITTERTON D H, WESTON J L. Strapdown inertial navigation technology [M]. United Kingdom: Institution of Electrical Engineers, Second Edition, 2004.

[119] 于海龙. 提高振动环境下激光陀螺捷联惯性导航系统精度的方法研究 [D]. 长沙: 国防科学技术大学, 2012.

[120] 秦永元. 惯性导航 [M]. 北京: 科学出版社, 2006.

[121] 江奇渊. 激光陀螺捷联惯性导航系统动态误差及长期参数稳定性研究 [D]. 长沙: 国防科学技术大学, 2014.

第 7 章
分布式量子传感

经过百余年的探索与革新，量子力学日益成熟，已经到了收获果实的季节。今天，量子技术正以前所未有的速度发展，孕育出众多创新应用，前景广阔。而量子传感当属最先进的领域之一。与大多数量子技术一样，量子物理提供的改进使量子传感的性能超越了经典技术的极限。

在经典传感方案中，受限于量子力学原理中的不确定关系，其灵敏度一般被标准量子极限所限制（也称散粒噪声极限）。"量子传感"，是指基于量子态的基本量子属性，如量子纠缠等，对物理参数进行传感，其灵敏度可以超越经典传感的极限，进一步达到海森堡极限。目前，量子传感已经广泛应用在各种传感方案中，在传感中利用其物理体系非经典的性质，来实现对物理参数的高精度传感。量子传感使许多任务得到了革新，如天文探测、显微镜、目标探测、数据读出、原子钟、生物探测等。最典型的案例之一即 LIGO，在引力波传感中，量子噪声已经是主要的噪声来源，可利用量子压缩态实现超越量子极限的探测。至今，已有不少量子精密测量的方案被提出和实现，但受限于量子体系的规模，其中多数只能够提高局部单个传感器或单个物理量的探测性能。然而，在实际的传感应用中，多数情形需要使用传感器网络对多个参数进行测量，因此局部的单参数到网络的多参数量子精密测量方案的推广研究具有重要意义。

量子纠缠为量子精密测量提供了关键量子资源，量子纠缠系统能使传感器网络实现更高精度的测量。将连续变量多组份纠缠态与传感器网络相结合，建立量子网络传感，实现单参数测量和多参数联合测量的性能提升。在模型中，通过调控连续变量多组份纠缠态，优化配置传感器量子网络，以实现分布式多参数量子传感的最优性能。

与之前的量子传感研究相比，我们将传感器网络与量子纠缠系统相结合，使量子传感具有非局域性，拓宽了量子传感应用场景。此外，量子网络的实现只需要压缩态制备、线性光学、平衡零拍测量等通用技术，可行性非常高。已有的跨都市区域的光纤连接，甚至更大尺度的卫星通信连接，为量子网络提供了各种应用场景，如用于校准连续变量量子密钥分配网络，进行多传感器冷原子温度测量，以及进行分布式干涉相位传感等。

本章安排如下：首先，给出分布式量子传感的相关量子光学基础理论及相关量子传感理论；其次，主要介绍基于量子压缩态的量子传感的发展历程，包括量子压缩态制备的相关关键技术；再次，给出基于光学量子网络的分布式量子传感原理以及关键技术；最后，介绍相关最新进展以及展望，包括基于多光子纠缠以及可拓展量子纠缠的量子精密测量最近实验进展。

7.1 基本理论

7.1.1 量子光学基础

1. 经典光场的量子化

在量子力学中,通过二次量子化,引入一对产生湮灭算符$\hat{a}^{\dagger}$和$\hat{a}$,可以将单模光场的量子化写为(假设场幅为实数,偏振态不变)

$$E(t)=|E_0|(\hat{a}e^{-i\omega t}+\hat{a}^{\dagger}e^{i\omega t}) \tag{7.1}$$

光场的能量由对应谐振子哈密顿量给出:

$$\hat{H}=\hbar\omega\left(\hat{a}^{\dagger}\hat{a}+\frac{1}{2}\right) \tag{7.2}$$

式中:$\hat{a}^{\dagger}$和$\hat{a}$满足对易关系$[\hat{a},\hat{a}^{\dagger}]=1$,是两个非厄米算符,因此在实验中无法直接被观测到。通过$\hat{a}^{\dagger}$和$\hat{a}$的线性组合,可构建一对可观测的厄米算符:正交振幅算符$\hat{X}$和正交位相算符$\hat{P}$,可表示为

$$\hat{X}=\hat{a}^{\dagger}+\hat{a}, \hat{P}=i(\hat{a}^{\dagger}-\hat{a}) \tag{7.3}$$

这里选用"1"作为归一化系数。$\hat{X}$和$\hat{P}$满足对易关系$[\hat{X},\hat{P}]=2i$。利用正交分量算符可以重新描述光场的哈密顿量:

$$\hat{H}=\frac{1}{2}\hbar\omega(\hat{X}^2+\hat{P}^2) \tag{7.4}$$

由于海森堡测不准关系的影响,在实验测量中无法同时确定$\hat{X}$和$\hat{P}$这两个可观测量,其噪声关系可由测不准关系给出:

$$\langle(\Delta\hat{X})^2\rangle\langle(\Delta\hat{P})^2\rangle\geq 1 \tag{7.5}$$

当$\langle(\Delta\hat{X})^2\rangle\langle(\Delta\hat{P})^2\rangle=1$成立时,满足此关系的态称为最小不确定态。

2. 光场的量子态

1) 光子数态

给定一个光子数算符$\hat{N}$,它被用作描述光场强度,用产生和湮灭算符表示为

$$\hat{N}=\hat{a}^{\dagger}\hat{a} \tag{7.6}$$

则量子光学中单模光场的哈密顿量表达式可写为

$$\hat{H}=\hbar\omega\left(\hat{a}^{\dagger}\hat{a}+\frac{1}{2}\right)=\hbar\omega\left(\hat{N}+\frac{1}{2}\right) \tag{7.7}$$

光子数算符对应的本征态为光子数态$|n\rangle$,也称 Fock 态。光子数态可以组成一组正交基矢,可表示为

$$\sum_{n=0}^{\infty}|n\rangle\langle n|=1 \tag{7.8}$$

将产生湮灭算符作用于光子数态时会激发或湮灭一个光子，关系式如下：

$$\begin{cases} \langle n+1 | \hat{a}^\dagger | n \rangle = \sqrt{n+1} \langle n+1 | n+1 \rangle = \sqrt{n+1} \\ \langle n-1 | \hat{a} | n \rangle = \sqrt{n} \langle n-1 | n-1 \rangle = \sqrt{n} \end{cases} \quad (7.9)$$

对于任意光子数态，可以计算得到正交振幅算符$\hat{X}$和正交位相算符$\hat{P}$及其平方的平均值：

$$\langle n | \hat{X} | n \rangle = \langle n | \hat{P} | n \rangle = 0 \quad (7.10)$$

$$\langle n | \hat{X}^2 | n \rangle = \langle n | \hat{a}^2 + \hat{a}^{\dagger 2} + \hat{a}\hat{a}^\dagger + \hat{a}^\dagger \hat{a} | n \rangle = 2n+1 \quad (7.11)$$

$$\langle n | (\hat{P}^2) | n \rangle = 2n+1 \quad (7.12)$$

所以，对于任意光子数态，$\hat{X}$和$\hat{P}$的量子涨落关系满足

$$\langle (\Delta \hat{X}^2) \rangle = \langle (\Delta \hat{P}^2) \rangle = 2n+1 \quad (7.13)$$

$$\langle (\Delta \hat{X}^2) \rangle \langle (\Delta \hat{P}^2) \rangle = (2n+1)^2 \quad (7.14)$$

2）真空态

平均光子数 $n=0$ 时的量子态是一种真空态，记为 $|0\rangle$。将产生算符$\hat{a}^\dagger$多次作用在真空态 $|0\rangle$ 上，可以得到光子数态 $|n\rangle$ 和真空态 $|0\rangle$ 之间的转换关系：

$$|n\rangle = \frac{(\hat{a}^\dagger)^n}{\sqrt{n!}} |0\rangle \quad (7.15)$$

真空态正交分量的量子涨落满足以下关系：

$$\langle (\Delta \hat{X}^2) \rangle_{n=0} = \langle (\Delta \hat{P}^2) \rangle_{n=0} = 1 \quad (7.16)$$

$$\langle (\Delta \hat{X}^2) \rangle \langle (\Delta \hat{P}^2) \rangle = 1 \quad (7.17)$$

所以，真空态是最小的不确定态，"1"为真空噪声变化。

3）相干态

1963年，Glauber教授首次提出并命名"相干态"，相干理论的建立标志着量子光学的诞生[1]。相干态 $|\alpha\rangle$ 介于经典态和非经典态之间，定义为湮灭算符$\hat{a}$的本征态：

$$\hat{a} | \alpha \rangle = \alpha | \alpha \rangle \quad (7.18)$$

式中：α 为 $|\alpha\rangle$ 的本征值，可以写成 $\alpha = |\alpha| e^{i\varphi}$，它的实部 $|\alpha|$ 描述相干态光场的振幅，虚部 $e^{i\varphi}$ 明显与相位相关。对真空态 $|0\rangle$ 进行平移可以获得相干态，即

$$|\alpha\rangle = \hat{D}(\alpha) |0\rangle \quad (7.19)$$

式中：$\hat{D}(\alpha)$ 为平移算符，$\hat{D}(\alpha) = e^{\alpha \hat{a}^\dagger - \alpha^* \hat{a}}$。该算符具有以下性质：

$$\begin{cases} \hat{D}^\dagger(\alpha) = \hat{D}(-\alpha) = [\hat{D}(\alpha)]^{-1} \\ \hat{D}^{-1}(\alpha) \hat{a} \hat{D}(\alpha) = \hat{a} + \alpha \\ \hat{D}^\dagger(\alpha) \hat{a}^\dagger \hat{D}(\alpha) = \hat{a}^\dagger + \alpha^* \end{cases} \quad (7.20)$$

相干态也可以用粒子数的基矢展开：

$$|\alpha\rangle = e^{-\frac{|\alpha|^2}{2}} \sum_{n=0}^{\infty} \frac{\alpha^n}{\sqrt{n!}} |n\rangle \qquad (7.21)$$

相干态的平均光子数为

$$\bar{n} = \langle \hat{N} \rangle = \langle \alpha | \hat{N} | \alpha \rangle = \langle \alpha | \hat{a}^{\dagger} \hat{a} | \alpha \rangle = |\alpha|^2 \qquad (7.22)$$

$\hat{N}^2$ 的期望值为

$$\langle \hat{N}^2 \rangle = \langle \alpha | \hat{N}^2 | \alpha \rangle = \langle \alpha | (\hat{a}^{\dagger} \hat{a})^2 | \alpha \rangle = |\alpha|^4 + |\alpha|^2 = \bar{n}^2 + \bar{n} \qquad (7.23)$$

所以相干态的光子数噪声可以表示为

$$\langle (\Delta \hat{N})^2 \rangle = \langle \hat{N}^2 \rangle - \langle \hat{N} \rangle^2 = |\alpha|^2 = \bar{n} \qquad (7.24)$$

于是可以得到 $\langle \Delta \hat{N} \rangle = \sqrt{\bar{n}}$，此式为散粒噪声基准（SNL），表示经典光场能够到达的最低极限，限制着精密测量时的测量精度。对于任意相干态，$\hat{X}$ 和 $\hat{P}$ 的量子涨落关系满足

$$\langle (\Delta \hat{X})^2 \rangle_{\alpha} = \langle (\Delta \hat{P})^2 \rangle_{\alpha} = 1 \qquad (7.25)$$

$$\langle (\Delta \hat{X})^2 \rangle_{\alpha} \langle (\Delta \hat{P})^2 \rangle_{\alpha} = 1 \qquad (7.26)$$

所以相干态也是最小不确定态。但真空态和相干态依然都受到海森堡测不准关系的约束。图7.1表示的相空间可以直观描述真空态光场和相干态光场的噪声起伏。

在这里还需要提到一个概念：标准量子极限（standard quantum limit，SQL），也称散粒噪声极限（shot noise limit，SNL）。通常用相干态两个正交分量 $\hat{X}$ 和 $\hat{P}$ 的量子涨落来表示该极限值。其实，SNL 和 SQL 是一致的，原因是 $\Delta \hat{N}$ 和 $\Delta \hat{X}$ 之间存在线性关系：$\Delta \hat{N} = \sqrt{\bar{n}} \Delta \hat{X}$，若 $\Delta \hat{X} = \sqrt{\langle (\Delta \hat{X})^2 \rangle_{\alpha}} = 1$，则 $\langle \Delta \hat{N} \rangle = \sqrt{\bar{n}}$。

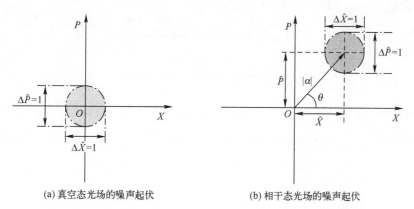

(a) 真空态光场的噪声起伏　　(b) 相干态光场的噪声起伏

图7.1　真空态和相干态在相空间的表示，圆的直径表示光场噪声起伏的大小，$|\alpha|$ 表示相干态的振幅，θ 表示相干态的相位

4）压缩态

在量子光学中存在一种重要的非经典态——压缩态，它能突破标准量子极限的限制。压缩态可以分为单模压缩态、双模压缩态，还可以被推广至多模压缩态。

（1）单模压缩态。单模压缩态光场是指：光场中某一方向的正交分量的噪声被压缩至低于标准量子极限，在不破坏海森堡测不准关系的前提下，另一个正交分量的噪声必然会被放大，即

$$\langle (\Delta \hat{X})^2 \rangle < 1, \langle (\Delta \hat{P})^2 \rangle > 1 \tag{7.27}$$

或者

$$\langle (\Delta \hat{X})^2 \rangle > 1, \langle (\Delta \hat{P})^2 \rangle < 1 \tag{7.28}$$

引入一个单模压缩算符 $\hat{S}(\xi)$：

$$\hat{S}(\xi) = \exp\left[\frac{1}{2}(\xi^* \hat{a}^2 - \xi \hat{a}^{\dagger 2})\right] \tag{7.29}$$

式中：ξ 为压缩参量，$\xi = re^{i\theta}$；r 为压缩因子，可在 $0 \leq r \leq \infty$ 范围内发生改变；θ 为压缩角，与压缩方向有关，取值范围为 $0 \leq \theta \leq 2\pi$。

将 $\hat{S}(\xi)$ 作用于产生湮灭算符，可以得到

$$\begin{cases} \hat{S}^\dagger(\xi) \hat{a} \hat{S}(\xi) = \hat{a}\cosh r - \hat{a}^\dagger e^{i\theta}\sinh r \\ \hat{S}^\dagger(\xi) \hat{a}^\dagger \hat{S}(\xi) = \hat{a}^\dagger \cosh r - \hat{a} e^{-i\theta}\sinh r \end{cases} \tag{7.30}$$

将 $\hat{S}(\xi)$ 作用于正交分量算符，可以得到

$$\hat{S}^\dagger(\xi)\hat{X}\hat{S}(\xi) = \hat{X}e^{-i\theta r}, \quad \hat{S}^\dagger(\xi)\hat{P}\hat{S}(\xi) = \hat{P}e^{i\theta r} \tag{7.31}$$

对于单模压缩真空态 $|\xi\rangle_0$，可以将 $\hat{S}(\xi)$ 作用于真空态 $|0\rangle$ 上得到，即

$$|\xi\rangle_0 = \hat{S}(\xi)|0\rangle \tag{7.32}$$

压缩真空态的正交分量的噪声为

$$\begin{cases} \langle (\Delta \hat{X})^2 \rangle = e^{2r}\sin^2\frac{\theta}{2} + e^{-2r}\cos^2\frac{\theta}{2} \\ \langle (\Delta \hat{P})^2 \rangle = e^{2r}\cos^2\frac{\theta}{2} + e^{-2r}\sin^2\frac{\theta}{2} \end{cases} \tag{7.33}$$

如果 $r = 0$，则 $\langle (\Delta \hat{X})^2 \rangle = \langle (\Delta \hat{P})^2 \rangle = 1$，说明光场并未被压缩。如果 $r \neq 0$，$\theta = 0$，则 $\langle (\Delta \hat{X})^2 \rangle = e^{-2r} < 1$ 且 $\langle (\Delta \hat{P})^2 \rangle = e^{2r} > 1$，说明光场在正交振幅分量方向被压缩，正交振幅压缩态的相空间分布如图 7.2（a）所示。当 $r \neq 0$，$\theta = \pi$，则 $\langle (\Delta \hat{X})^2 \rangle = e^{2r} > 1$ 且 $\langle (\Delta \hat{P})^2 \rangle = e^{-2r} < 1$，说明光场在正交位相分量方向被压缩，正交位相压缩态的相空间分布如图 7.2（b）所示。

单模压缩相干态 $|\xi\rangle_\alpha$ 也可以从真空态 $|0\rangle$ 中得到，即

$$|\xi\rangle_\alpha = \hat{D}(\alpha)\hat{S}(\xi)|0\rangle \tag{7.34}$$

计算压缩相干态正交分量的噪声，可以得到相同的结果，其相空间分布如图 7.3 中所示。

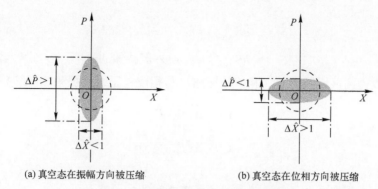

(a) 真空态在振幅方向被压缩　　(b) 真空态在位相方向被压缩

图 7.2　单模压缩真空态在相空间的表示
（虚线圆为相干态光场，椭圆为压缩态光场。）

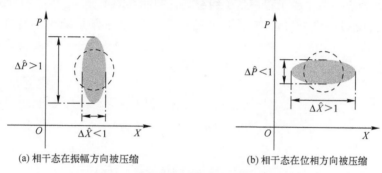

(a) 相干态在振幅方向被压缩　　(b) 相干态在位相方向被压缩

图 7.3　单模压缩相干态在相空间的表示
（虚线为相干态光场，椭圆为压缩态光场。）

（2）双模压缩态。用 $\hat{a}$ 和 $\hat{b}$ 表示两个模式不同的光场，当 $\hat{a}$ 和 $\hat{b}$ 以线性方式叠加后可以形成双模压缩态，也称纠缠态。正交分量算符写为

$$\hat{X}_{a,b}=\frac{\hat{a}^{\dagger}+\hat{a}+\hat{b}^{\dagger}+\hat{b}}{\sqrt{2}},\hat{P}_{a,b}=\frac{i(\hat{a}^{\dagger}-\hat{a}+\hat{b}-\hat{b}^{\dagger})}{\sqrt{2}} \tag{7.35}$$

$\hat{X}_{a,b}$ 和 $\hat{P}_{a,b}$ 同样满足对易关系 $[\hat{X}_{a,b},\hat{P}_{a,b}]=2i$。引入双模真空态 $|0,0\rangle=|0\rangle_{\hat{a}}|0\rangle_{\hat{b}}$ 和双模压缩算符：

$$\hat{S}_{ab}(\xi)=e^{\xi^{*}\hat{a}\hat{b}-\xi\hat{a}^{\dagger}\hat{b}^{\dagger}} \tag{7.36}$$

将 $\hat{S}_{ab}(\xi)$ 作用于 $|0,0\rangle$ 可以得到双模压缩真空态 $|\xi\rangle_{00}$：

$$|\xi\rangle_{00}=\hat{S}_{ab}(\xi)|0,0\rangle \tag{7.37}$$

将双模压缩算符和位移算符共同作用于 $|0,0\rangle$，得到双模压缩相干态 $|\xi\rangle_{\alpha,\beta}$：

$$|\xi\rangle_{\alpha,\beta}=\hat{D}_{\hat{a}}(\alpha)\hat{D}_{\hat{b}}(\beta)\hat{S}_{ab}(\xi)|0,0\rangle \tag{7.38}$$

式中：$\hat{D}_{\hat{a}}(\alpha)$、$\hat{D}_{\hat{b}}(\beta)$ 为两个不同模式光场的平移算符，具体为 $\hat{D}_{\hat{a}}(\alpha)=e^{\alpha\hat{a}^{\dagger}-\alpha^{*}\hat{a}}$，$\hat{D}_{\hat{b}}(\beta)=e^{\beta\hat{b}^{\dagger}-\beta^{*}\hat{b}}$。将 $\hat{S}_{ab}(\xi)$ 作用于这两个叠加光场的湮灭算符，可以得到

$$\begin{cases} \hat{S}_{ab}^{\dagger}(\xi)\hat{a}\hat{S}_{ab}(\xi) = \hat{a}\cosh r - \hat{b}^{\dagger}\mathrm{e}^{-\mathrm{i}\theta}\sinh r \\ \hat{S}_{ab}^{\dagger}(\xi)\hat{b}\hat{S}_{ab}(\xi) = \hat{b}\cosh r - \hat{a}^{\dagger}\mathrm{e}^{-\mathrm{i}\theta}\sinh r \end{cases} \quad (7.39)$$

由此可以得到振幅差压缩（相位和压缩）与相位差压缩（振幅和压缩）分别为

$$\Delta(\hat{X}_a - \hat{X}_b) = \Delta(\hat{P}_a + \hat{P}_b) = \mathrm{e}^{-2r} \quad (7.40)$$

$$\Delta(\hat{X}_a + \hat{X}_b) = \Delta(\hat{P}_a - \hat{P}_b) = \mathrm{e}^{-2r} \quad (7.41)$$

5) 纠缠态

纠缠态主要用来描述复合系统内的子系统之间的量子态不可分性，一个复合系统的态矢量在任何表象下均不能表示为子系统态矢量的张量积形式，则该复合系统处于不可分态，或称纠缠态。两个粒子存在量子纠缠时，即使空间上分离，在对一个粒子进行测量时也必然会使另一个粒子的波函数坍缩，该现象在经典系统中不存在。Einstein、Podolsky 和 Rosen 三人在关于量子力学波函数方法是否完备的争论中发表的著名论文里描述了纠缠的两个粒子的位置和动量之间的关系：

$$\begin{cases} \langle \delta^2(\hat{X}_A - \hat{X}_B) \rangle \to 0 \langle \delta^2(\hat{P}_A + \hat{P}_B) \rangle \to 0 \\ \langle \delta^2(\hat{X}_A + \hat{X}_B) \rangle \to \infty \langle \delta^2(\hat{P}_A - \hat{P}_B) \rangle \to \infty \end{cases} \quad (7.42)$$

或者

$$\begin{cases} \langle \delta^2(\hat{X}_A + \hat{X}_B) \rangle \to 0 \langle \delta^2(\hat{P}_A - \hat{P}_B) \rangle \to 0 \\ \langle \delta^2(\hat{X}_A - \hat{X}_B) \rangle \to \infty \langle \delta^2(\hat{P}_A + \hat{P}_B) \rangle \to \infty \end{cases} \quad (7.43)$$

除了上述介绍的两组份量子纠缠外，还有多组份量子纠缠，即纠缠态由大于或等于 3 个部分组成。多组份量子纠缠在量子信息处理等前沿量子技术中具有重要的应用价值，是构成量子网络必不可少的资源，目前多组份量子纠缠在离散变量和连续变量系统中均取得了不错的进展。

为了判断光场输出态是否为非经典态，可以根据各种非经典态判据对光场进行判断。下面介绍光场纠缠态的判据。

Duan 判据是连续变量系统中常用的两组份纠缠判据，用于判断两部分是否具有量子态不可分性。该判据是判定光场纠缠态的充分条件。该判据的表达式为[2]

$$D_{ij} = \langle \delta^2(\hat{X}_i - \hat{X}_j) \rangle + \langle \delta^2(\hat{P}_i + \hat{P}_j) \rangle \geqslant 4 \quad (7.44)$$

$\hat{X}$ 和 $\hat{P}$ 即两个模式的正交振幅和正交相位分量，$\langle \delta^2(\hat{X}_i - \hat{X}_j) \rangle$ 表示任意两个模式之间的正交振幅分量之差的方差，$\langle \delta^2(\hat{P}_i + \hat{P}_j) \rangle$ 表示任意两个模式之间的正交相位分量之和的方差。若两个模式的正交分量违反上面的不等式则说明这两个模式之间存在量子纠缠，并且这个联合关系 D_{ij} 越小，表示两个模式之间的纠缠越大。

此外，部分转置正定判据（the positive partial transposition criterion）也是常用的量子纠缠判据，该判据也称为 PPT 判据[2]。PPT 判据是一个二分判据，可以看作 Duan 判据的推广。可以将一个共有 $n + m$ 个模式的高斯态系统分为两个部分，其中一个部分含有 n 个模式，另一个部分含有 m 个模式。当 $n = 1$，研究这两个部分的两组份纠缠特性时，PPT判据为充分且必要判据。当研究的两个部分的模式数均大于1时，PPT判据为充分判据。当一个多组份系统被分为A和B两部分时，每个部分可能包括一个或多个模式，对A协方差矩阵进行转置操作等效于对A进行T_A操作，则

$$T_A = \left(\oplus_{k=1}^n \text{diag}(1,-1)\right)_A \oplus I_B \tag{7.45}$$

其中，式（7.45）的第一个因子为相空间的镜面反射；第二个因子为剩余的部分。其正定性可以通过转置后整个系统的协方差矩阵的辛本征值来进行判定。若该辛本征值的最小值大于零，即表示A和B两部分不满足不可分判据。若最小辛本正值小于零，则说明A和B两部分具有不可分性，满足不可分判据。

3. 量子态的描述方法

为了更方便、更直观地描述压缩态等量子态的特性，接下来将介绍两种常用的矩阵描述法。

1) 辛变换矩阵

将注入某个系统的一个光场用矩阵 $A = (\hat{a}_{01}, \hat{a}_{02})^T$ 表示，发生一定的相互作用后，输出光场可以用矩阵 $A' = (\hat{a}_{11}, \hat{a}_{12})^T$ 表示。于是，得到关系式：

$$A' = S_{AA'}A \Rightarrow \begin{pmatrix} \hat{a}_{11} \\ \hat{a}_{12} \end{pmatrix} = \begin{pmatrix} s_1 & s_2 \\ s_3 & s_4 \end{pmatrix}\begin{pmatrix} \hat{a}_{01} \\ \hat{a}_{02} \end{pmatrix} \tag{7.46}$$

式（7.46）可表示为

$$\begin{pmatrix} \hat{X}_{11} \\ \hat{X}_{12} \end{pmatrix} = \begin{pmatrix} u_{x1} & u_{x2} \\ u_{x3} & u_{x4} \end{pmatrix}\begin{pmatrix} \hat{X}_{01} \\ \hat{X}_{02} \end{pmatrix} \Rightarrow \hat{X}_{\text{out}} = U_x \hat{X}_{\text{in}} \tag{7.47}$$

$$\begin{pmatrix} \hat{X}_{11} \\ \hat{X}_{12} \end{pmatrix} = \begin{pmatrix} u_{x1} & u_{x2} \\ u_{x3} & u_{x4} \end{pmatrix}\begin{pmatrix} \hat{X}_{01} \\ \hat{X}_{02} \end{pmatrix} \Rightarrow \hat{X}_{\text{out}} = U_x \hat{X}_{\text{in}} \tag{7.48}$$

式中：U_X、U_P为系统的辛变换矩阵，$U_X = \begin{pmatrix} u_{x1} & u_{x2} \\ u_{x3} & u_{x4} \end{pmatrix}$，$U_P = \begin{pmatrix} u_{p1} & u_{p2} \\ u_{p3} & u_{p4} \end{pmatrix}$。若该系统中包含多个独立的子系统，则整个系统的辛变换矩阵可以由各个子系统的辛变换矩阵相乘得到。

2) 协方差矩阵

协方差矩阵（covariance matrix，CM）可以有效分析量子系统中存在的模式关联。定义一个包含所有正交分量算符的向量算符 R：

$$R = (\hat{X}_1, \hat{P}_1, \hat{X}_2, \hat{P}_2, \cdots, \hat{X}_N, \hat{P}_N)^T \tag{7.49}$$

式中：N为模式数。利用这个向量算符能构建协方差矩阵，N模系统的协方差矩阵含有$2N \times 2N$个矩阵元，内部元素可以表示为

$$\sigma_{ij} = \frac{1}{2}(R_i R_j + R_j R_i) - \langle R_i \rangle \langle R_j \rangle, (i,j = 1, 2, \cdots, 2N) \tag{7.50}$$

协方差矩阵中的每项元素代表其对应模式中不同正交分量之间的噪声起伏。所有二

阶项，如$\langle\hat{X}_i\hat{X}_j\rangle$、$\langle\hat{X}_i\hat{P}_j\rangle$、$\langle\hat{P}_i,\hat{P}_j\rangle$和$\langle\hat{P}_i,\hat{X}_j\rangle$都能在CM矩阵中得到。

例如，一个单模量子态协方差矩阵包含2×2个元素，可以表示为

$$\mathrm{CM}_{1-\mathrm{mode}} = \begin{pmatrix} \langle\hat{X}^2\rangle - \langle\hat{X}\rangle^2 & \langle\frac{1}{2}\{\hat{X},\hat{P}\} - \langle\hat{X}\rangle\langle\hat{P}\rangle\rangle \\ \langle\frac{1}{2}\{\hat{X},\hat{P}\} - \langle\hat{X}\rangle\langle\hat{P}\rangle\rangle & \langle\hat{P}^2\rangle - \langle\hat{P}\rangle^2 \end{pmatrix} \quad (7.51)$$

式中：$\{\hat{X},\hat{P}\} = \hat{X}\hat{P} + \hat{P}\hat{X}$。

对于双模系统，协方差矩阵含有16个矩阵元，由于元素较多，为了简化描述，将CM简写为若干个二阶矩阵的集合：

$$\mathrm{CM}_{2-\mathrm{mode}} = \begin{pmatrix} \boldsymbol{\sigma}_1 & \boldsymbol{\sigma}_{12} \\ \boldsymbol{\sigma}_{12}^{\mathrm{T}} & \boldsymbol{\sigma}_2 \end{pmatrix} \quad (7.52)$$

式中：$\boldsymbol{\sigma}_1$为模式1的协方差矩阵，$\boldsymbol{\sigma}_1 = \begin{pmatrix} \langle\Delta^2\hat{X}_1\rangle & 0 \\ 0 & \langle\Delta^2\hat{P}_1\rangle \end{pmatrix}$；$\boldsymbol{\sigma}_2$为模式2的协方差矩阵，$\boldsymbol{\sigma}_2 = \begin{pmatrix} \langle\Delta^2\hat{X}_2\rangle & 0 \\ 0 & \langle\Delta^2\hat{P}_2\rangle \end{pmatrix}$；$\boldsymbol{\sigma}_{12}$为模式1和模式2的交叉关联矩阵，具体表示为$\boldsymbol{\sigma}_{12} = \begin{pmatrix} \mathrm{Cov}(\hat{X}_1,\hat{X}_2) & \mathrm{Cov}(\hat{X}_1,\hat{P}_2) \\ \mathrm{Cov}(\hat{X}_2,\hat{P}_1) & \mathrm{Cov}(\hat{P}_1,\hat{P}_2) \end{pmatrix}$。

4. 参数估计

反函数法作为一种数据分析与处理的方法在实验过程中极为常用。我们假设对输入的量子态$\hat{\rho}(\phi)$进行测量，得到的测量结果为μ的条件概率为$p(\mu|\phi) = \mathrm{Tr}[\hat{\rho}(\phi)\hat{E}_\mu]$，于是，输出信号的期望可以写为

$$\langle\mu(\phi)\rangle = \sum_\mu \mu p(\mu|\phi) \quad (7.53)$$

如果进行n次两两相互独立的测量，得到一组测量结果记作$\boldsymbol{\mu} = \{\mu_1,\mu_2,\cdots,\mu_n\}$，我们希望通过这一组测量数据获得待测相位的信息。为了获得待测相位的信息，我们可以利用测量结果的平均值$\bar{\mu} = \sum_{i=1}^{n}\mu_i$。如果测量次数足够多，即$n$足够大，测量结果的平均值$\bar{\mu}$应该趋近该相位处的期望值，即当$n\to\infty$时，$\bar{\mu}\to\langle\mu(\phi)\rangle$。

通过求反函数，即可得到待测相位的信息。估计量的不确定度由误差函数给出。

我们考虑单次测量过程中对待测参数的估计。假设测量过程中，测量结果μ在期望附近的涨落非常小。于是，在$\hat{E}_\mu$附近将$\hat{\phi}(\mu)$进行泰勒展开，并忽略二阶及以上的高次项，可以得到

$$\hat{\phi}(\mu) \approx \hat{\phi}(E(\mu)) + \frac{\mathrm{d}\phi}{\mathrm{d}\mu}\bigg|_{E(\mu)}[\mu - E(\mu)] \quad (7.54)$$

即$\hat{\phi}(\mu) - \hat{\phi}(E(\mu)) \approx \frac{\mathrm{d}\phi}{\mathrm{d}\mu}\bigg|_{E(\mu)}[\mu - E(\mu)]$，接着在等式两边同时进行平方和求平均值

的运算，可以得到

$$\Delta^2\hat{\phi} = E\left\{\left[\frac{d\phi}{d\mu}\bigg|_{E(\mu)}[\mu - E(\mu)]\right]^2\right\}$$

$$= E\left\{\left[\frac{d\phi}{d\mu}\bigg|_{E(\mu)}\right]^2\right\} E\{[\mu - E(\mu)]^2\}$$

$$= \left[\frac{d\phi}{d\mu}\bigg|_{E(\mu)}\right]^2 \Delta^2\mu \tag{7.55}$$

对于无偏估计，有 $\hat{\phi}[E(\mu)] = \phi_l$，$\frac{d}{d\phi}\hat{\phi}[E(\mu)] = 1$，于是有

$$\frac{d\phi}{d\mu}\bigg|_{E(\mu)} = \frac{d}{d\phi}\hat{\phi}[E(\mu)] \times \left[\frac{dE(\mu)}{d\phi}\right]^{-1} = \left[\frac{dE(\mu)}{d\phi}\right]^{-1} \tag{7.56}$$

将式（7.56）代入式（7.55）可以得到

$$\Delta^2\hat{\phi} \approx \frac{\Delta^2\mu}{\left|\frac{dE(\mu)}{d\phi}\right|^2} \tag{7.57}$$

即

$$\Delta\hat{\phi} = \frac{\Delta\mu}{\frac{dE(\mu)}{d\phi}} \tag{7.58}$$

式（7.58）称为误差传递公式。其中待定参数方差为 $\Delta^2\hat{\phi} = E\{[\hat{\phi}(\mu) - \phi_l]^2\} = E(\hat{\phi}^2) - [E(\hat{\phi})]^2$。在得到式（7.58）过程中，我们忽略了二次项以上的高阶项，这样的近似有可能造成灵敏度变差，甚至可能造成相位信息的完全消失。因此，选取合理的实验方案在实验中极为重要，其他的数据处理方法包括极大似然估计和贝叶斯估计等。

7.1.2 量子传感原理

1. 基本原理

任意测量过程可以分成3个不同的过程：探测态的制备、探测态的演化和探测态的读出。这个过程通常被统计误差或者系统误差等因素限制。统计误差可以是偶然的（比如源于探测态或者测量系统的不充分的控制），也可以是物理上基础的（比如源于海森堡不确定性关系）。无论来源于哪种误差，我们都可以通过多次测量求平均值的方法来减小统计误差。这也是中心极限定理的必然结果。中心极限定理可以表述为具有相同标准差 $\Delta\sigma$ 的 n 次独立测量（测量次数 n 足够大）的平均值将会收敛于具有标准差 $\Delta\sigma/\sqrt{n}$ 的高斯分布。因此平均值的误差正比于 $n^{-1/2}$，这种形式在量子光学中也被称为标准量子极限（standard quantum limit，SQL），或散粒噪声极限（shot noise limit，SNL）。

1981年，Caves在图7.4所示的迈克尔逊干涉仪中指出传统干涉仪未使用的端口注入的真空量子噪声会将相位测量的灵敏度限制在标准量子极限，并分析了两种不同的量子噪声：输出光子数统计的扰动和作用在有质量物体上的辐射压力扰动，并提出了压缩

态的技术可以在增加辐射压力扰动的前提下减小光子数统计上的误差，反之亦然[3]。由灵敏度的定义可以看出，对灵敏度的改善不仅可以通过压缩噪声来实现，也可以通过对信号的量子放大来实现。一般的放大过程中，信号被放大的同时，噪声也会被放大。2014年，华东师范大学的F. Hudlist等人在SU(1,1)干涉仪中实现了信号的量子放大，而由于在第二个光学参量放大器（optical parametric amplifier, OPA）处的破坏性的量子干涉并没有使噪声放大，从而实现了与传统的马赫-曾德尔干涉仪相比，相同操作条件下信噪比高达约4.1dB的提升。图7.5描述了传统的马赫-曾德尔干涉仪和非传统的SU(1,1)干涉仪的基本结构与SU(1,1)干涉仪中测量的噪声水平[4]。

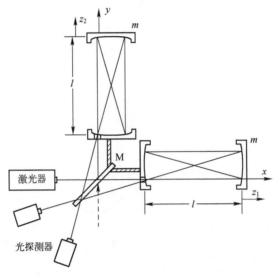

图7.4　两个端口输入的迈克尔逊干涉仪结构[3]

压缩性质的合理使用可以使测量相位得到的灵敏度超越标准量子极限，另外，量子纠缠拥有压缩态不能提供的非局域性的性质。如果纠缠被用来使探测态之间在与系统相互作用测量之前产生关联，就可以达到更好的统计形式，也就是通过非经典的策略实现对于标准量子极限的超越。然而量子力学通过海森堡不确定性关系给测量的灵敏度设定一个最终的极限，通常称为海森堡极限（n^{-1}的形式）。量子传感，作为量子技术的新兴领域的一部分，致力于研究这些测量的灵敏度的界限，以及能使我们达到这些界限的量子上的策略与方案。更普遍地说，量子传感解决通过量子效应的使用得到提升（可以是灵敏度、效率和实验方案的简化等）的测量和分辨的过程。

纠缠可以分为离散变量纠缠（discrete variable, DV）和连续变量纠缠（continuous variable, CV）。在离散变量纠缠中，变量只能取一些特定的分离的值，如电子的自旋、光子的偏振等；在连续变量纠缠中，变量可以取连续谱上的任意的值，如粒子的位移和动量，光场的正交分量等。2021年，中国科学技术大学Li、Zheng、Liu等在实验上实现了利用离散变量的量子传感，与独立的相位移动和相位移动的平均值的测量的灵敏度与散粒噪声极限相比分别提升了1.4dB和2.7dB。相比于离散变量多组份纠缠，连续变量多组份纠缠的优势之一是可以高度扩展的，因为它可以被确切地产生、分发和探测。同样重要的是，连续变量多组份纠缠当存在损耗时可以平稳地退化。因此，连续变量多组份纠缠为抗损耗的可扩展的分布式量子传感开辟了一条有吸引力的道路。

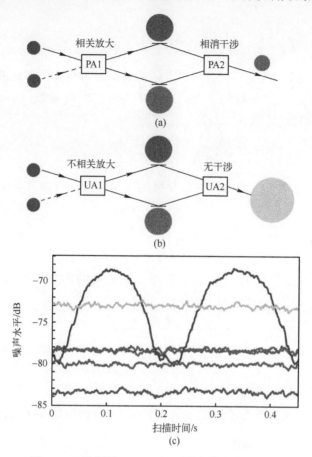

图 7.5 （见彩图）SU(1,1)干涉仪中的噪声水平

[（a）SU(1,1)干涉仪的基本结构；（b）传统的马赫-曾德尔干涉仪的基本结构；（c）噪声随扫描时间的变化。PA：关联的参量放大过程；UA：不存在量子干涉的非关联的放大过程；实心圆表示和（c）中的颜色一致处的噪声水平。在（a）中，具有真空噪声（红线）的相干态和输入端口的真空态（虚线）被共同注入 SU(1,1)干涉仪，然后被 PA1 放大（绿色和深棕色），然而在 PA2 处，由于破坏性的量子干涉，噪声水平又被重新降到散粒噪声（蓝线），然而在（b）中，无量子干涉，噪声被进一步放大（黄线）。]

2. 量子费雪信息

在数理统计学中，费雪信息（Fisher information）是一种度量随机变量 X 所含有的关于其自身随机分布函数的未知参数 θ 的信息量，信息量越大，对未知参数 θ 的估计越准确。严格地说，它是观测信息的期望值。

考虑一个传感过程，首先制备输入的探测态 $\hat{\rho}_0$，而传感过程中，探测态的演化由信道 $\Lambda_{\{\mu\}}$ 来表示，其中 $\{\mu\}$ 为未知参数的集合，设共有 n 个未知参数。经过演化后，有 $\hat{\rho}_{\{\mu\}} = \Lambda_{\{\mu\}}[\hat{\rho}_0]$，对于输出态 $\hat{\rho}_{\{\mu\}}$，有位移向量 $\boldsymbol{d}_{\{\mu\}} = \langle \hat{R}_{\{\mu\}} \rangle$ 和协方差矩阵 $\boldsymbol{V}_{\{\mu\}}$。在此过程中，为了对未知参数进行估计，构造了估计量 $\{\tilde{\mu}\}$，其性能由协方差矩阵 $\mathrm{Cov}(\{\tilde{\mu}\})$ 来表示。在协方差矩阵中，每项元素代表其对应模式中不同正交分量之间的噪声起伏，因此协方差中某项越小，对应的噪声起伏就越小，传感系统的性能更优秀。

于是，对于任意两个未知参数 $\xi,\eta \in \{\mu\}$，量子费雪信息矩阵的矩阵元表达式如下[5]：

$$F_{\eta\xi} = \frac{1}{2}\mathrm{tr}[\,(\partial_\xi \boldsymbol{V}_{\{\mu\}})L_\eta^{(2)}\,] + 2(\partial_\eta \boldsymbol{d}_{\{\mu\}}^T)\boldsymbol{V}_{\{\mu\}}^{-1}(\partial_\xi \boldsymbol{d}_{\{\mu\}}) \tag{7.59}$$

式中：下标 $\eta,\xi \in \{\mu\}$，两个下标分别对应任意两个未知参数，因此量子费雪信息矩阵 $\boldsymbol{F}$ 为 $n\times n$ 矩阵，n 为未知参数的个数。L_ξ 定义为对称对数导数（symmetric logarithmic derivative，SLD），其定义如下：

$$\hat{L}_\xi \hat{\rho}_{\{\mu\}} + \hat{\rho}_{\{\mu\}} \hat{L}_\xi = 2\frac{\partial \hat{\rho}_{\{\mu\}}}{\partial \xi} \tag{7.60}$$

而式（7.60）中的 $L_\eta^{(2)}$ 是对称对数导数的二阶部分，与协方差矩阵 $\boldsymbol{V}_{\{\mu\}}$ 相同，是 $2m\times 2m$ 的矩阵，表达式如下：

$$\boldsymbol{L}_\xi^{(2)} = \sum_{j,k=1}^{m}\sum_{l=0}^{3} \frac{(a_\xi)_l^{jk}}{v_j v_k - (-1)^l}\boldsymbol{S}^{-1}\boldsymbol{M}_l^{jk}\boldsymbol{S} \tag{7.61}$$

式中：$\boldsymbol{S}^{-1}$ 为将协方差矩阵对角化的辛矩阵；v_j, v_k 则为对角化后，每个模式的特征值，即

$$\boldsymbol{S}^{-1}\boldsymbol{V}_{\{\mu\}}\boldsymbol{S} = \bigoplus_{i=1}^{m} v_i \boldsymbol{I}_{2\times 2} \tag{7.62}$$

且

$$(a_\xi)_l^{jk} = \mathrm{tr}(\boldsymbol{S}^{-1}\partial_\xi \boldsymbol{V}_{\{\mu\}}\boldsymbol{S}\boldsymbol{M}_l^{jk}) \tag{7.63}$$

式中：$\boldsymbol{M}_l^{jk}$ 为一个 $2m\times 2m$ 的矩阵，对于其矩阵元，除了在位置 j、k 处的一个 2×2 的块矩阵外，其余都是 0，而位置 j、k 处的块矩阵的取值由 l 的取值来定义，可以写为

$$\{\boldsymbol{M}_l^{jk}\}_{l\in\{0,\cdots,3\}} = \frac{1}{\sqrt{2}}\{i\boldsymbol{\sigma}_y, \boldsymbol{\sigma}_z, \boldsymbol{I}_{2\times 2}, \boldsymbol{\sigma}_x\} \tag{7.64}$$

式中：$\boldsymbol{\sigma}_y$、$\boldsymbol{\sigma}_z$、$\boldsymbol{\sigma}_x$ 为泡利矩阵。

观察式（7.59）可以发现，量子费雪信息矩阵只与 $\boldsymbol{d}_{\{\mu\}}$ 和 $\boldsymbol{V}_{\{\mu\}}$，因为 $\boldsymbol{d}_{\{\mu\}}$ 和 $\boldsymbol{V}_{\{\mu\}}$ 中包含了未知参数和测量用的量子态的所有信息。

克拉美-罗界（Cramér-Rao Bound）根据量子费雪信息矩阵给出了无偏估计量的协方差矩阵 $\mathrm{Cov}(\{\widetilde{\boldsymbol{\mu}}\})$ 的下界：

$$\mathrm{Cov}(\{\widetilde{\boldsymbol{\mu}}\}) \geqslant (M\boldsymbol{F})^{-1} \tag{7.65}$$

因此，克拉美-罗界给出的下界，是在给定输入的探测态的情况下，无偏估计量的协方差矩阵的理论下界，无论如何配置测量过程，使用何种测量仪器、测量手段，都不能超过克拉美-罗界。如果一个传感系统的噪声涨落满足克拉美-罗界给定的极限，则可以断定，该传感系统是理论允许的最佳传感方案。

对于一般的单参数估计，输入的探测态中相干态占比很大，此时，克拉美-罗界有较为简单的形式[6]：

$$\Delta^2\theta_{\min} = \frac{\sigma_{\min}^2}{\sqrt{MN_\theta}}\left[4\|u_\theta'\|^2 + \left(\frac{N_\theta'}{N_\theta}\right)^2\right]^{-1} \tag{7.66}$$

式中：$\sigma_{\min}^2$ 为所有压缩模式中最小的噪声。设光场的模式为 $\{v_i(\boldsymbol{r},t)\}(i=1,2,\cdots,M)$，

则湮灭算符为 $\hat{a}(\boldsymbol{r},t) = \sum_i \hat{a}_i v_i(\boldsymbol{r},t)$，定义 $\overline{a}_\theta(\boldsymbol{r},t) = \langle \psi_\theta | \hat{a}(\boldsymbol{r},t) | \psi_\theta \rangle$，其范数 $\|\overline{a}_\theta\|$ 可表示为

$$\|\overline{a}_\theta\| = \left(\int |\overline{a}_\theta(\boldsymbol{r},t)|^2 d^2\boldsymbol{r}dt \right)^{1/2} \tag{7.67}$$

于是，我们定义平均光场模式

$$u_\theta(\boldsymbol{r},t) = \frac{\overline{a}_\theta(\boldsymbol{r},t)}{\|\overline{a}_\theta\|} \tag{7.68}$$

而 $N_\theta = \|\overline{a}_\theta(\boldsymbol{r},t)\|^2$，在总光子数很大时，其趋近平均光子数。

因此，对于总光子数很大（此时相干态占比一般也很大）的单参数估计问题，掌握输入态各个模式的信息，即可求得问题的克拉美-罗界。

3. 量子传感

一个完整的传感过程，分为"探测态的制备""探测态的演化"和"对演化后的输出态进行测量"3 个主要环节。"探测态的制备"主要方式有是利用光参量放大器（OPA）中周期性极化磷酸氧钛钾（PPKTP）晶体产生。"探测态的演化"利用一些传感器，如 EOM 调制器、干涉仪来完成将未知参数演化到态上的过程。最后"对演化后的输出态进行测量"一般使用零拍测量，进行测量。单节点传感过程如图 7.6 所示。

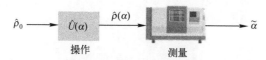

图 7.6 单节点传感过程

单模压缩态使传感能够超越标准量子极限，许多已经实现的量子传感都是利用压缩态的这一特点，但它们都仅限于利用量子态提高单个节点的传感器性能。另外，纠缠有单模压缩态所不具有的非局域性。例如，当双模压缩态的两个纠缠部分用于目标探测时，它使系统的信噪比优于最佳经典方案的信噪比。如图 7.7 所示，将多组份纠缠态和传感器网络相结合，组成量子网络，利用多组份纠缠可以显著提高传感器网络的传感性能和灵敏度。因此，连续变量多组份纠缠态为分布式量子传感开辟了一条可行的道路。

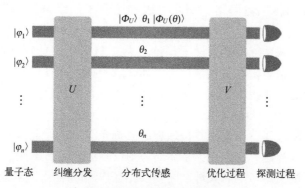

图 7.7 分布式量子传感

量子网络的出现，如光域的光纤连接，或在更长距离上使用的卫星通信连接，为分布式量子传感提供了多种应用场景。对于多个空间分离传感器，我们的分布式量子传感协议可以将每个传感器的单模压缩真空态替换为连续变量多组份纠缠态来进一步提升性能，使多节点传感系统有更高的灵敏度。

4. 量子网络

在过去 30 年中，量子信息科学领域取得大量的成就，从量子算法到量子态的远程传输协议。人们对量子系统和信息科学的结合有了进一步的认识。在量子信息科学的广泛背景下，量子网络在量子计算、量子通信的形式分析与物理实现方面都具有重要作用。概念量子网络如图 7.8 所示，量子信息在量子节点中生成、处理和存储。这些节点由量子通道连接，以高保真度将量子态从一个站点传输到另一个站点，并将纠缠分布到整个网络。对于量子计算而言，节点间的量子连接有一个重要优势：由经典通道连接的量子节点网络由 k 个节点组成，每个节点有 n 个量子比特（Qubit），其状态空间为 $k \cdot 2^n$，而全量子网络的状态空间则为 2^{kn}，呈指数级增大，这对于信息的处理与存储有着重要意义。

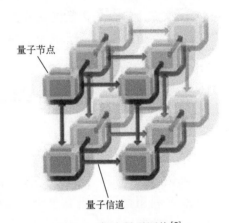

图 7.8　概念量子网络[7]

从另一个角度看量子网络，可以将节点视为物理系统的组成部分，并利用量子通道进行交互，在这种情况下，量子网络协议的底层物理过程可用于模拟量子多组份系统的演化，例如利用量子态进行传感的过程。众所周知，许多重要应用可以视为具有空间分布参数的传感器网络，因此可以利用量子网络进行分布式传感，称为分布式量子传感。

大多数的量子网络系统都使用量子比特（基于材料的二能级系统，如离子或量子点）作为量子网络的节点。在这种情况下，组成多体量子网络的各节点是已定义的物理对象，节点之间的多体纠缠表现为多体属性，各节点在物理上相互分离，并且可以独立测量。

于是，对于传感过程，多模光源是理想的候选光源。实际上，多模纠缠特性受初始量子态和测量过程的控制。可以说，多体纠缠不仅是源的固有属性，而且是源、测量行为以及可能作用于测量结果的后处理之间复杂相互作用的结果。应该注意的是，这并不完全等同于量子网络，因为在一般情况下，这一概念需要远程物理节点来处理量子信息。然而，在基于测量的框架内，量子信息仍然可以用纯光学系统处理，因此这两种不同类型的网络之间的应用差异变得很小。

对于多模光源（为了简化，假定为标量场），可以写为[8]

$$\hat{E}^{(+)}(\boldsymbol{r},t) = \sum_i \hat{a}_i f_i(\boldsymbol{r},t) \tag{7.69}$$

式中：$f_i(\boldsymbol{r},t)$ 代表不同的光场模式的基；$\hat{a}_i$ 为对应模式的湮灭算符。对于多模光场构成的量子网络，可以改写为

$$\hat{E}^{(+)}(\boldsymbol{r},t) = \sum_i \hat{b}_i g_i(\boldsymbol{r},t) \tag{7.70}$$

式中：$g_i(\boldsymbol{r},t)$ 表示另一组模式基；$\hat{b}_i$ 为对应的湮灭算符，而改写过程是通过幺正变换实现的：

$$\begin{cases} g = U^{\dagger} f \\ b = Ua \end{cases} \tag{7.71}$$

式中：U 为作用于模式向量空间的幺正变换，对于多模量子态可以从任意模式基中检查给定量子态，于是可以使用平衡零拍测量检测给定模式的特性。

为了产生量子网络使用的 N 模量子态，一种方式是利用单模压缩态，然后利用分束器和相移器组成的 N 台干涉仪来制备 N 个纠缠的量子态。任何模态的幺正算子都可以使用一系列分束器来构造，由于单模压缩器现在能实现高达 15dB 的压缩量。因此，从实验角度来看，这是一种十分有利的方式，但随着 N 增加，实验中的实现变得越来越复杂，并且缺乏灵活性，因为分束器网络的重新配置并不简单。另一种方式是使用单个器件直接生成多模量子态，如利用非线性晶体的参量下转换产生双光子对。

在分布式量子传感中，对于多参数估计的研究是主要的目标。在此情况下，模式中单独估计参数不是最优的，即使每个模式都存在光子纠缠，估计量的方差也仅限于 $\sqrt{M}/N$，其中 N 表示 M 个模式中的纠缠光子总数，有 $M \leq N$，并不能达到海森堡极限 $1/N$，而量子网络中模式之间的纠缠可以显著提高多参数估计的灵敏度，如果分布式传感在模式和光子中都存在纠缠，则可实现达到海森堡极限的传感。

7.2 发展历程

7.2.1 量子态的制备

1. 自发参量下转换

纠缠光源被广泛地应用于量子信息、量子计量等领域。目前，制备纠缠光子源最常用的方法是自发参量下转换（SPDC），其以高频强光为泵浦光作用于非线性晶体，产生两个低频纠缠光子对，分为信号光和闲置光。常用的非线性材料包括偏硼酸钡（barium metaborate，BBO）、磷酸二氢钾（potassium dihydrogen phosphate，KDP）、周期性极化磷酸氧钛钾（periodically polarized potassium titanyl phosphate，PPKTP）和周期性极化铌酸锂（periodically poled lithium niobate，PPLN）等。

设泵浦光频率为 ω_p,信号光和闲置光为 ω_s、ω_i。SPDC 过程是泵浦光、信号光、闲置光在非线性晶体中的三波混频过程,满足"相位匹配"条件:$\omega_p = \omega_s + \omega_i$、$\boldsymbol{k}_p = \boldsymbol{k}_s + \boldsymbol{k}_i$。

利用双折射介质的特性来实现相位匹配,使光子对在偏振方向上产生了纠缠。有两种类型的相位匹配。Type-Ⅰ:泵浦光为 e 光,信号光和闲置光为 o 光,输出光子对偏振相同,都与泵浦光垂直。Type-Ⅱ:泵浦光和信号光为 o 光,闲置光为 e 光,输出光子对偏振相反。

1) Type-Ⅰ型自发参量下转换

Type-Ⅰ型自发参量下转换量子光源是最早发展起来的一种量子光源,典型的实验装置如图 7.9 (b) 所示。将 45°线偏振泵浦光注入两块相邻且光轴垂直的 BBO 晶体,生成关联光子对,发射到半开角 3.0°的锥形中。

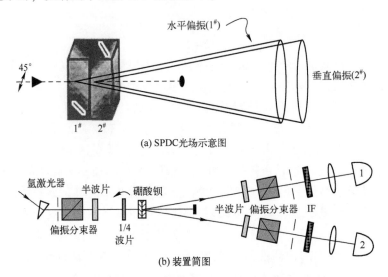

图 7.9　Type-Ⅰ型自发参量下转换量子光源实验装置

对于频率简并的情况,产生的下转换光子由于偏振相同,频率也一样,故呈现同心圆分布。制备出的纠缠双光子对可以表示为 $|\phi\rangle_{12} = (|H\rangle_1|H\rangle_2 + |V\rangle_1|V\rangle_2)/\sqrt{2}$,其中 H 和 V 分别表示水平偏振和垂直偏振。

2) Type-Ⅱ型自发参量下转换

Type-Ⅱ型自发参量下转换的实验装置简图如图 7.10 所示,通过相位匹配产生纠缠光子对,光子对出射后分别经过双折射晶体 C_1、C_2。HWP0 和 C_1、C_2 可补偿两束光因双折射造成的离散效应。制备出的纠缠光子对可表示为 $|\phi\rangle_{12} = (|H\rangle_1|V\rangle_2 + e^{i\phi}|V\rangle_1|H\rangle_2)/\sqrt{2}$。通过调整 HWP1 和 QWP1,改变 ϕ,从而制备不同的纠缠态。

Type-Ⅱ型自发参量下转换的光场示意图如图 7.11 所示。当相位切割角逐渐增大时,两个圆锥面都向泵浦光方向靠拢,发生交叠,此时两个圆交叉的两个点有可能是 e 光也可能是 o 光,如果其中一个是 e 光,则另一个为 o 光,这样两个方向上的一对光子便形成了偏振纠缠的双光子态。

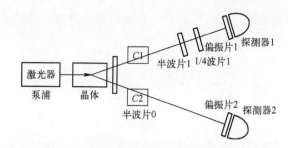

图 7.10 Type-Ⅱ型自发参量下转换量子光源装置简图

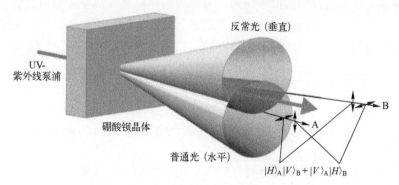

图 7.11 Type-Ⅱ型自发参量下转换光场示意图

2. 光学参量过程

通过参量转换制备压缩光可以说是目前为止应用最成功、使用最广泛的方法。光学参量过程有两类：一是参量下转换过程中没有种子光注入谐振腔，称为光学参量振荡（optical parametric oscillation，OPO），产生的是真空态压缩光；二是参量下转换过程中有种子光注入谐振腔，称为光学参量放大（optical parametric amplification，OPA），产生的是明亮压缩态光场。

OPA 过程中，把一束泵浦光（频率 ω_p）和一束信号光（频率 ω_s）注入非线性晶体中，发生参量下转换过程，得到一束闲置光（频率 $\omega_i = \omega_p - \omega_s$），这束闲置光和泵浦光进行参量下转换，于是有信号光发射出来。持续进行这一过程，泵浦光的能量将转移到信号光上，实现信号光的放大，如图 7.12 所示。

图 7.12 OPA 过程示意图

而在 OPO 过程中，为了使能量转移更高效，将 OPA 过程置于一个谐振腔中，让 ω_s 光或者 ω_s 光和 ω_i 光同时在腔内产生谐振效果。当泵浦光能量超越阈值，使谐振腔的放大超过损耗时，此时 ω_s 光或者 ω_s 光和 ω_i 光建立了振荡，如图 7.13 所示。

实际上，只需利用参量散射或荧光过程中带来的噪声光子的放大就能够实现光学参量振荡，可以理解为，只需在非线性光学晶体上照射一束频率为 ω_p 的泵浦光，没必要再将信号场射入,自发辐射过程依然会导致差频信号的产生,且满足能量和动量守恒的条件。

图 7.13　OPO 过程示意图

光参量振荡器的谐振腔可以同时对信号频率和空间频率共振,也可以对其中一个频率共振。前者通常称为双共振光学参量振荡器(DRO),后者通常称为单共振光参量振荡器(SRO)。而利用光参量过程制备压缩光,是实验中的一项重要技术。

7.2.2　量子传感网络

通常,多参数估计方案致力于估计所有未知参数,有的方案则专注得到单个参数,而忽略其余参数。量子传感网络与两者均不同,其目的是得到多参数的全局属性。

纠缠系统的量子传感网络如图 7.14(a)所示,量子线路处理量子初态 $\hat{\rho}_0$ 以创建一

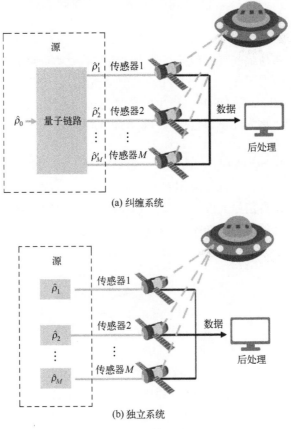

图 7.14　量子传感网络

个由 M 个传感器共享的纠缠探测态，随后对所有传感器产生的测量数据进行处理，推断出被探测对象的全局参数。在图 7.14（b）所示的量子网络中，M 个传感器所用的量子态为独立的（如 $\hat{\rho}_1 \otimes \hat{\rho}_2 \otimes \cdots \otimes \hat{\rho}_M$），获得测量数据后进行处理，推断对象的全局参数。纠缠系统的量子传感网络的理想灵敏度通常为 $1/M$，而独立系统的测量灵敏度则受到标准量子极限 $1/\sqrt{M}$ 的限制。

一个完整的传感过程，分为"探测态的制备"、"探测态的演化"和"对演化后的输出态进行测量"三个主要环节。"探测态的制备"主要方式有利用光参量放大器（OPA）中 PPKTP 晶体产生。"探测态则的演化"利用一些传感器，如 EOM 调制器、干涉仪来完成将未知参数演化到态上的过程。最后"对演化后的输出态进行测量"一般使用零拍测量，进行测量。

量子传感网络将单参数传感情形推广到了 M 个参数和 M 个传感器节点，考虑一般情况下量子传感网络的过程：其幺正运算为 M 个幺正运算的直积 $\hat{U} \equiv \otimes_{l=1}^{M} \hat{U}(\alpha_l)$，其中有 M 个未知参数。为了进行测量，将 M 个处在 $\hat{\rho}_M$ 态的探针输入并得到输出态：

$$\hat{\rho}_M(\boldsymbol{\alpha}) = \hat{U}(\boldsymbol{\alpha}) \hat{\rho}_M \hat{U}^{\dagger}(\boldsymbol{\alpha}) \tag{7.72}$$

未知参数为 $\boldsymbol{\alpha} = \{\alpha_m\}_{m=1}^{M}$。一般的多参数估计，多致力于估计所有参数或仅专注于某个参数。而在在分布式传感中，目的是获得一个全局参数，常见的为加权平均数：

$$\overline{\alpha} = \boldsymbol{w} \cdot \boldsymbol{\alpha} \equiv \sum_{l=1}^{M} w_l \alpha_l \tag{7.73}$$

其中，权重 $\boldsymbol{w} = \{w_m\}_{m=1}^{M}$ 为非负且和为 1。考虑一标量解析函数 $f(\boldsymbol{\alpha})$，可通过获得一个粗略的估计值 $\widetilde{\boldsymbol{\alpha}}$，然后在其附近线性展开可得 $f(\boldsymbol{\alpha}) \approx f(\widetilde{\boldsymbol{\alpha}}) + \sum_l \partial_{\alpha_l} f(\widetilde{\boldsymbol{\alpha}})(\alpha_l - \widetilde{\alpha}_l)$，通过适当的除以测量的个数，将估计标量函数的问题简化为式（7.73）中估计加权平均的问题。

量子传感网络以一个四节点的相位传感网络为例，传感网络的 4 个未知参数分别为 ϕ_1、ϕ_2、ϕ_3、ϕ_4，都是微小的相移（图 7.15）。

电光调制器（EOM）产生 1550nm 光束的 3MHz 的边带，随后射入光参量振荡器（OPO）作为源。OPO 腔在低于振荡阈值的情况下被泵浦，并在其输出端的 3MHz 处产生位移压缩光。然后由三个 50∶50 的分束器组成分束器网络（BSN），将压缩光分成 4 个组份。每个组份输入不同的传感器节点，探测由波片控制的光学相移。传感任务的目标式估计整个传感网络的全局参数，即平均相移。为此，零拍探测器（HD）测量每个传感器的正交位移。对 4 个传感器的测量数据进行后处理，得到平均相移。

可以看到，求平均后的信号的噪声功率显著降低，其信噪比与单个传感器节点的信噪比更高。另外，纠缠方案在所有平均光子数水平上都优于独立方案，而独立方案因为每个传感器节点都用了单模压缩光，性能优于标准量子极限。

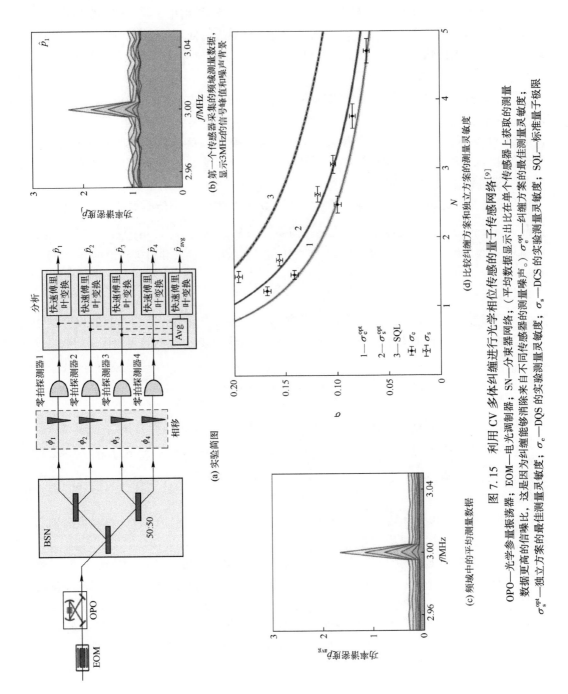

图 7.15 利用 CV 多体纠缠进行光学相位传感的量子传感网络[9]

OPO—光学参量振荡器；EOM—电光调制器；SN—分束器网络；（平均数据显示出比单个传感器的测量数据更高的信噪比，这是因为纠缠能够消除来自不同传感器的测量噪声。）σ_c^{opt}—纠缠方案的最佳测量灵敏度；σ_s^{opt}—独立方案的最佳测量灵敏度；σ_c—DCS 的实验测量灵敏度；σ_s—DQS 的实验测量灵敏度；SQL—标准量子极限

7.2.3 关键技术

1. 参量下转换产生压缩光

目前，压缩光的制备主要手段是简并参量下转换，也称简并光参量放大。设泵浦光为 $\hat{b}$，频率 ω_c。入射到非线性晶体中，通过非线性作用产生无数对频率相同的光子对 $\omega = \omega_p/2$，这个过程的哈密顿算符可以表示为

$$\hat{H} = \hbar\omega\hat{a}^\dagger\hat{a} + \hbar\omega_p\hat{b}^\dagger\hat{b} + i\hbar\chi^{(2)}(\hat{a}\hat{a}\hat{b}^\dagger - \hat{a}^\dagger\hat{a}^\dagger\hat{b}) \tag{7.74}$$

式中：$\hat{a}$ 表示由参量下转换产生的信号光场；$\chi^{(2)}$ 是二阶非线性系数。假设泵浦场远远大于信号场，那么由参量下转换消耗的泵浦场光子数则可以忽略不计。泵浦光为相干态时，包含时间演化的泵浦光可以表示为 $|\beta e^{-i\omega_p t}\rangle$，$\beta$ 是场的振幅。因此 $\hat{b}$ 和 $\hat{b}^\dagger$ 可以近似为 $\beta e^{-i\omega_p t}$ 和 $\beta^* e^{i\omega_p t}$。然后近似的哈密顿算符就可以写为

$$\hat{H} = \hbar\omega\hat{a}^\dagger\hat{a} + i\hbar\chi^{(2)}(\beta^*\hat{a}\hat{a}e^{i\omega_p t} - \beta\hat{a}^\dagger\hat{a}^\dagger e^{-i\omega_p t}) \tag{7.75}$$

由于在简并参量下转换过程中，泵浦场的频率是信号场的两倍，所以哈密顿量可以简化为

$$\hat{H} = i\hbar\chi^{(2)}(\beta^*\hat{a}\hat{a} - \beta\hat{a}^\dagger\hat{a}^\dagger) \tag{7.76}$$

对应的演化算符为

$$\hat{U} = \exp\left(-\frac{i}{\hbar}\hat{H}t\right) = \exp(\eta^* t\,\hat{a}\hat{a} - \eta t\,\hat{a}^\dagger\hat{a}^\dagger) \tag{7.77}$$

即压缩算符，式中 $\eta = \beta\chi^{(2)}$。对于 OPO 过程，忽略泵浦光损耗，于是，有

$$\hat{H} = \hbar\omega\hat{a}^\dagger\hat{a} + \frac{i\hbar}{2}(\varepsilon\hat{a}^\dagger\hat{a}^\dagger - \varepsilon^*\hat{a}\hat{a}) + \hat{a}\hat{\Gamma}^\dagger + \hat{a}^\dagger\hat{\Gamma} \tag{7.78}$$

定义 $\gamma_1 = T/2\tau$，其中 T 为输出镜透射率，τ 是光在腔内循环一周的时间 $\tau = L/c$。式中 L 为光在谐振腔内往返一周的长度，c 是真空中光的速度。在没有信号场输入的情况下，我们认为是真空场耦合进入腔内，那么 OPA 腔输出的光的噪声谱方差可以用式（7.79）和式（7.80）计算

$$V_1^{\text{out}}(\omega) = 1 + \frac{4\gamma_1|\varepsilon|}{(\gamma_1 - |\varepsilon|)^2 + \omega^2} \tag{7.79}$$

$$V_2^{\text{out}}(\omega) = 1 - \frac{4\gamma_1|\varepsilon|}{(\gamma_1 + |\varepsilon|)^2 + \omega^2} \tag{7.80}$$

式中：$\omega = 0$ 时，表示 OPA 腔长在共振点。引入泵浦参量因子 $\zeta = \varepsilon/\gamma_1$，上述方程组可以简写为

$$V_1^{\text{out}}(\omega) = 1 + \frac{4\zeta}{(1-\zeta)^2 + \left(\dfrac{\omega}{\gamma_1}\right)^2} \tag{7.81}$$

$$V_2^{\text{out}}(\omega) = 1 - \frac{4\zeta}{(1+\zeta)^2 + \left(\dfrac{\omega}{\gamma_1}\right)^2} \tag{7.82}$$

在制备压缩态光场的过程中，需要众多光学器件、复杂的腔型结构和多路反馈控制

系统。光学系统的稳定性、谐振腔的机械结构、腔镜镀膜参数、OPO 内腔光学损耗以及不同光波之间相对相位的控制等都会影响 OPO 输出压缩态光场的压缩度。各种光学器件的调装以及反馈控制系统中的每个参数都需要合理设置和互相兼容,任何一个环节的疏漏及偏差都可能导致整个系统无法正常运转,使 OPO 产生压缩态光场的压缩度显著降低。制备高压缩度的压缩态光场需要系统各部分之间相互协调兼容,稳定可靠地运转。

在输出光学参量振荡器、传输和探测过程中不可避免地会对压缩态产生损耗,为此定义了几种主要的损耗,如逃逸效率、传输效率、干涉效率和量子效率。下面就每个限制因素的具体影响作更详细的讨论[10]。

1) 逃逸效率

光参量振荡器逃逸效率定义如下:

$$\eta_{\mathrm{esc}} = \frac{T}{T+L_{\mathrm{cav}}} \tag{7.83}$$

式中:T 表示 OPO 腔的输出耦合效率;L_{cav} 表示内腔损耗。提高 OPO 腔的逸出效率,可以提高压缩度。同时可以看出,要提高腔的逃逸效率可以有两种方法:一种是提高腔的输出耦合效率;另一种是降低内腔损耗。提高腔的输出耦合效率不仅会降低腔的精细度,且腔的阈值功率随着 $(T+L_{\mathrm{cav}})^2$ 的增大而增大,阈值增大后需要更高的抽运光功率,对激光器输出功率提出更高的要求。而且功率提高之后会带来一系列新的问题,比如非线性晶体的热效应,经典噪声的引入等。因此,想要获得尽可能高的压缩度的压缩光就必须选择一个合适的输出耦合效率 T,并且尽可能降低内腔损耗 L_{cav}。

而减小内腔损耗的关键之一就是采用高质量的镀膜以及吸收系数小的非线性晶体。另外,合适的腔型设计不仅可以降低衍射损耗,还可以增加参量转换效率减小非线性损耗。

2) 传输效率

假设一个偏振分光棱镜的实际反射率为 R_1,那么压缩光通过此棱镜的传播效率为

$$\varepsilon_1 = 1 - R_1 \tag{7.84}$$

光路中所有的传播损耗都可以看作引入了无关联的真空场与压缩光进行干涉,即光在传播过程中的损耗相当于压缩光耦合了真空噪声,这会降低压缩光的压缩度,提高传播效率可以提高压缩度。

3) 量子效率

光电二极管的量子效率,即光入射到探测器产生的电子空穴对与光子数的百分比。量子效率达不到理想情况相当于压缩态在传输过程中引入了损耗,所以选择量子效率高的平衡探测器对于压缩度的测量非常重要。

实际测量中,通过测量光电二极管的光谱响应率 R_λ,即入射光功率与产生的电功率(光电流)的关系,其单位为安培每瓦特(A/W)。感光二极管将光子转化为电子的量子效率可以表示为

$$\eta_{\mathrm{qe}} = \frac{R_\lambda hc}{\lambda e} \approx \frac{1240 R_\lambda}{\lambda} \tag{7.85}$$

式中：$\hbar$ 为普朗克常数；c 为自由空间中光的传播速度；λ 为光的波长（nm）；e 为单电子电荷。光电二极管实际的量子效率取决于半导体基底的材料和光波的波长以及生产厂家的工艺。

4) 零拍干涉效率

在利用平衡零拍探测技术对光场压缩度进行探测时，本底光与信号光在 50∶50 光学分束器（BS）上进行相干耦合，耦合的空间模式匹配程度用干涉可见度 θ 来表征，即

$$\theta = \frac{I_{\max} - I_{\min}}{I_{\max} + I_{\min}} \tag{7.86}$$

式中：$I_{\max}$ 和 $I_{\min}$ 分别为扫描信号光与本底光的相对位相时干涉光强极大值和极小值，由于压缩光和本底光的偏振和空间模式不完全匹配造成的两束光在 50∶50 分束器上不完全干涉会降低平衡零拍干涉效率，平衡零拍干涉效率越高，所能测得的压缩度就越高。因此，为了对光场压缩度进行有效探测，需调节信号光与本底光的干涉度接近 100%。

5) 电子学噪声

由于电子元件的差异，不同的平衡零拍探测器有不同的电子学噪声。当挡住两个光电二极管的入射光，用频谱仪测量探测器的交流输出时，得到的就是探测器的电子学噪声。然后向平衡零拍探测器的两支二极管注入相同的光功率，用频谱仪测量得到的就是此时本底光功率下的散粒噪声基准。这个散粒噪声基准相对于电子学噪声的抬高决定了所测压缩度的误差。如果抬高不够大就会使电子学噪声淹没压缩态光场的噪声，减小可探测到的压缩度。所以在平衡零拍探测器的设计中，要想办法降低探测器的电子学噪声，增加探测器的增益。

2. 压缩带宽

半高半宽（HWHM）压缩带宽可以定义为：随着分析频率的增加，最小压缩噪声方差 V_1 升高至 $V_1 + 0.5(1 - V_1)$ 时对应的频谱宽度，这里的方差再次归一化为单位真空噪声。

OPO 腔可以产生压缩光，对于低于阈值的 OPO，压缩和反压缩正交方差噪声谱可以用下式计算：

$$V_{1,2}(\Omega') = 1 \pm \eta \frac{4\sqrt{\dfrac{P_{sh}}{P_{th}}}}{\left(1 \mp \sqrt{\dfrac{P_{sh}}{P_{th}}}\right)^2 + (\Omega')^2} \tag{7.87}$$

式中：$\Omega' = f/\left(\dfrac{1}{2}v\right)$ 为归一化的频率；η 为总探测效率，P_{sh} 为泵浦功率；P_{th} 为阈值功率；f 为频谱仪的分析频率；v 为光学参量振荡器的半高线宽（FWHM）。

Δv 表示 OPO 腔的线宽，也决定了输出压缩光的带宽，由腔体结构和具体的镀膜参数决定，具体关系表示如下

$$\Delta v = \frac{\text{FSR}}{F} \tag{7.88}$$

$$\text{FSR} = \frac{c}{2L} \tag{7.89}$$

$$F = \frac{\pi \sqrt[4]{r_1 r_2}}{(1-\sqrt{r_1 r_2})} \tag{7.90}$$

$$P_{\text{th}} = \left| \frac{\pi}{F\sqrt{E_{\text{NL}}}} \right|^2 \tag{7.91}$$

式中：FSR 为自由光谱范围；L 为腔长；r_1 为输入耦合镜的反射率；r_2 为输出耦合镜的透射率；P_{th} 为参量振荡的阈值功率；E_{NL} 为单程转换系数。

可以看到，腔长和带宽是成反比的，缩短腔长 L 可以增加频带宽度。$r_1 r_2$ 的值减小，频带宽度增加；通常 OPO 腔为欠耦合腔，r_1 接近 1，因此主要通过降低 r_2 实现宽带设计。然而，相应的 T 值就会增加，该因子的变化会对逃逸效率和振荡的阈值功率产生影响。透射率增加，会导致阈值功率 P_{th} 增加，使得光在腔内的循环效率降低，不利于参量转换，需要更高的激光能量注入，同样不利于系统维护稳定。因此，在具体的实验中，应该对各种因素考虑完善的条件下，选择恰当的透射率，以便获得需要的带宽。

3. 平衡零拍测量

正交分量算符虽然是可观测量，却无法直接用探测器测量，而平衡零拍探测技术（balanced homodyne detection，BHD）可以有效地解决这一问题。另外，对于一些弱场信号的探测，光电探测器也很难响应，所以同样需要用到平衡零拍探测法。

BHD 技术最早由 Yuen 和 Shapiro 提出，其探测原理如图 7.16 所示，两束光之间的相对相位为 ϕ，经过耦合后的两束输出光 $\hat{a}_1$ 和 $\hat{a}_2$ 分别由光电探测器 D1 和 D2 进行探测。这两束输出光场表示为

$$\begin{cases} \hat{a}_1 = \frac{1}{\sqrt{2}} \hat{a}_{\text{sig}} + \frac{1}{\sqrt{2}} \hat{a}_{\text{LO}} \\ \hat{a}_2 = \frac{1}{\sqrt{2}} \hat{a}_{\text{sig}} - \frac{1}{\sqrt{2}} \hat{a}_{\text{LO}} \end{cases} \tag{7.92}$$

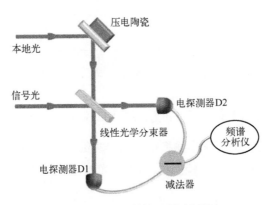

图 7.16 平衡零拍探测法原理图

减法器将两个探测器的光电流进行相减,这样就可以频谱仪分析出待测信号光的信息。相减后输出的差电流表示为

$$\begin{aligned}\hat{I}_- &= \hat{a}_1^\dagger \hat{a}_1 - \hat{a}_2^\dagger \hat{a}_2 \\ &= \frac{1}{2}(\hat{a}_{sig}^\dagger \hat{a}_{sig} + \hat{a}_{sig}^\dagger \hat{a}_{LO} + \hat{a}_{LO}^\dagger \hat{a}_{sig} + \hat{a}_{LO}^\dagger \hat{a}_{LO}) - \\ &\quad \frac{1}{2}(\hat{a}_{sig}^\dagger \hat{a}_{sig} - \hat{a}_{sig}^\dagger \hat{a}_{LO} - \hat{a}_{LO}^\dagger \hat{a}_{sig} + \hat{a}_{LO}^\dagger \hat{a}_{LO}) \\ &= \hat{a}_{sig}^\dagger \hat{a}_{LO} + \hat{a}_{LO}^\dagger \hat{a}_{sig} \end{aligned} \quad (7.93)$$

实验所用的本地光 $\hat{a}_{LO}$ 为相干光,其功率远远大于待测光束 $\hat{a}_{sig}$ 的功率,可以对 $\hat{a}_{LO}$ 进行经典化处理,即 $\hat{a}_{LO} = |\alpha_{LO}| e^{i\phi}$,则式(7.93)可以写为

$$\begin{aligned}\hat{I}_- &= |\alpha_{LO}|(\hat{a}_{sig} e^{-i\phi} + \hat{a}_{sig}^\dagger e^{i\phi}) \\ &= |\alpha_{LO}|(\hat{X}_{sig}\cos\phi + \hat{P}_{sig}\sin\phi) = |\alpha_{LO}|\hat{X}(\theta) \end{aligned} \quad (7.94)$$

所以,利用平衡零拍测量到的光场的信号强度与正交分量大小成正比。当 $\phi=0$ 时测量到的是正交振幅算符 $\hat{X}$;当 $\phi=\pi/2$ 时测量到的是正交位相算符 $\hat{P}$;任意选择相对相位 ϕ 的值,可以得到任意方向上的正交分量的值。本地光在探测过程中起到了放大待测信号的作用,因此平衡零拍探测法也常被用来探测弱场信号。

7.2.4 量子传感应用

1. LIGO

目前的先进 LIGO(Advanced LIGO)是 LIGO 项目的第二代干涉仪,其使用臂长 4km 的双循环迈克尔逊干涉仪,臂上有法布里珀罗腔。量子噪声是 LIGO 灵敏度的基本限制之一,主要表现在量子散粒噪声和量子辐射压力噪声。在 400Hz 以上时,散粒噪声将是主要的限制性噪声源,辐射压力噪声可以忽略不记,其完全被其他噪声掩盖。为了抑制量子噪声,引入压缩真空源,如图 7.17 所示。

将压缩真空源注入干涉仪中,使 LIGO 干涉仪对 50Hz 以上信号的灵敏度提高了 3dB,从而将预期检测率提高了 40%。如图 7.18 所示[11-12],在 50Hz 以上时,压缩源的注入总能降低干涉仪的量子噪声,在非量子噪声最小的 110~1400Hz 频段,甚至能使量子噪声低于经典理论极限。过去的经验表明在高频率下测得的灵敏度很难在低频时依旧保持,而在利用压缩光源获得的灵敏度改进,在各频段都有作用,这更体现了量子传感技术是引力波天文学不可或缺的技术。

2. 生物测量

量子噪声对光学测量中的灵敏度造成了根本限制,经典光信噪比的极限为标准量子极限 $1/\sqrt{N}$,这一限制对于生物测量尤为重要,因为必须限制光功率,以免损坏样品。这种量子噪声极限,通常称为散粒噪声,只能通过量子关联来超越。2013 年,Taylor 等人开发了一种基于激光的微粒跟踪技术,该技术对低频噪声源具有免疫力,并可设计利用非经典光,证明了在生物测量中灵敏度可以超越标准量子极限,其灵敏度超过标准量子极限 2.4dB。使细胞质粘滞弹性的测定比经典方法高出 64%。如图 7.19 所示[13]。

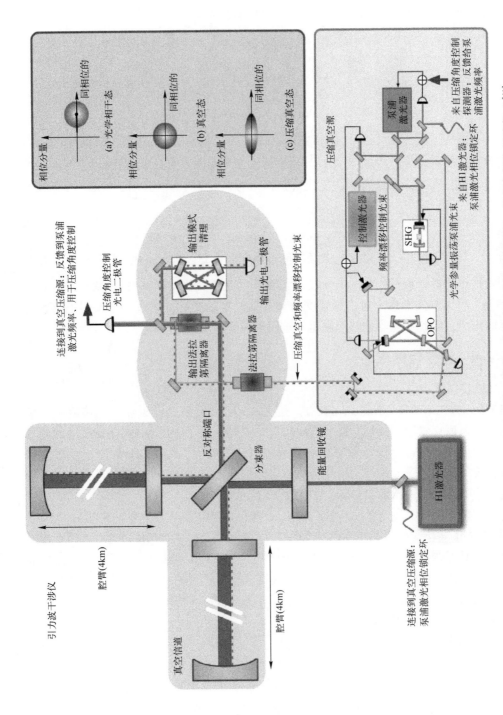

图 7.17 （见彩图）LIGO 干涉仪示意图（灰色方框为量子压缩源，蓝色方框为干涉仪）。[11] OPO—光学参量振荡器；SHG—光学和频。

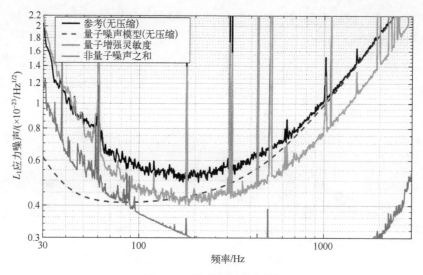

图 7.18　噪声频谱密度[12]

图 7.19　生物测量示意图,测量酵母细胞的粘弹性[13]

3. 量子照明

背景光和传感器噪声的存在会降低图像的对比度。为了克服这种退化,T. Gregory 等提出了量子照明协议,协议利用了光子对之间的空间相关性。利用目前的技术,他们实现了高达 5.8 倍的背景光和杂散光抑制,并有高达 11 倍的图像对比度改善,且对环境噪声和传输损耗都具有适应性[14]。量子照明协议不同于通常的量子方案,即使存在噪声和损耗,也能保持优势。提出的方法可以使基于实验室的量子成像应用于背景光和噪声抑制,是一个非常重要的实际应用,典型的例子如低光子通量下的成像和量子激光雷达。其实验装置示意图如图 7.20 所示。

用于 II 型下转换的 BBO 晶体(BBO crystal)被紫外激光器泵浦,通过 SPDC 产生纠缠光子对。探测光束与放置在晶体远场(far field)中的目标物体(Target object)相互作用,而参考光束具有自由光路。透镜 $L_1 = 75\,\text{mm}$、$L_2 = 400\,\text{mm}$ 和 $L_3 = 50\,\text{mm}$ 包括量子臂光学元件,用于转换为远场,然后在 EMCCD 相机上缩至 $1/8$。利用透镜 $L_4 = 300\,\text{mm}$

和 $L_3 = 50mm$，通过放置在晶体图像平面上的显微镜载波片滑盖（MS）的反射，将由热光照明的掩模投影到相机上[14]。

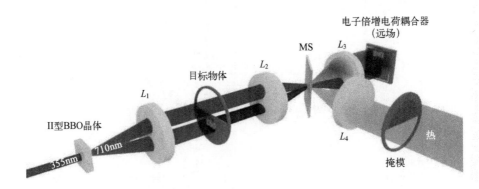

图 7.20　量子照明实验装置示意图[14]

4. 磁力计

在许多物理、生物和医学应用中，高灵敏度测量磁场的能力是一项关键要求。如在地磁异常、空间磁场的测量以及生物磁场的测量，或大脑中产生的电场和磁场的测量。

光学磁强计是目前最灵敏的设备，它基于磁原子群的光读出。两种不同的量子噪声源决定了该技术的基本灵敏度：原子投影噪声和光学偏振噪声，这是散粒噪声的一种表现。随着当今最先进的磁强计接近标准量子噪声限值，了解这些限值对于未来的发展至关重要。

目前已经提出了一对降低这些基本噪声源的技术，原子系综的自旋压缩和探测光的偏振压缩，有可能将噪声降低到海森堡极限，但在自旋弛豫受到限制的长时间区域除外。最近的实验已经实现了利用光学量子非破坏（QND）测量的自旋压缩，以及自旋压缩在磁强计中的应用。F. Wolfgramm 展示了一种基于热非极化铷原子系综法拉第效应的光散粒噪声限制磁强计。通过使用非共振偏振压缩探测光，我们将磁强计的灵敏度提高了 3.2 dB。[15]这项技术可以提高最先进的磁强计的灵敏度和原子自旋系综的量子非破坏性测量。量子增强磁力计的实验装置如图 7.21 所示。

5. 量子显微镜

在光学相位测量的应用中，差分干涉对比显微镜被广泛应用于探测不透明材料或生物组织，在很多测量任务中，需对探针光强度进行限制以避免损坏样品。然而，给定光强度的信噪比受到标准量子极限的限制，只有使用 N 个量子关联粒子才能打破标准量子极限，灵敏度提升为 $\sqrt{N}$。Takafumi 等报告了一种纠缠增强显微镜的演示，这是一种共焦型差分干涉对比显微镜，其中纠缠光子对源（$N=2$）用于照明。与传统光源相比，在玻璃表面雕刻 Q 形浮雕的图像具有更好的可见性。信噪比是标准量子限值的（1.35±0.12）倍，如图 7.22 所示[16]。

该图显示了带有两束光的例子。实验中，泵浦光束使用 405nm 半导体激光（线宽为 0.02nm）；使用截止波长低于 715nm 的锐截止滤波器和带宽为 4nm 的带通滤波器；方解石晶体处的光束位移为 4mm；偏振分束器用于反射垂直极化分量，透射水平极化分量，光束 a 和 b 分别表示水平和垂直偏振光的光路。

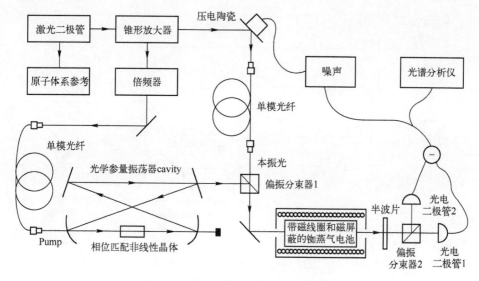

图 7.21 量子增强磁力计的实验装置[15]

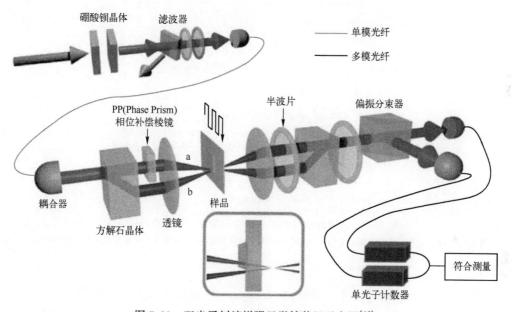

图 7.22 双光子纠缠增强显微镜装置示意图[16]

6. 激光指示器

激光束指向方向的测量灵敏度最终受到光的量子性质的限制，N. Treps 等通过实验制作了一种量子激光指示器，以降低这一限制。这种光束的方向测量精度高于普通激光束。激光指示器由 3 个正交横模中的三束不同光束组合而成，其中两束在压缩真空态，一束在强相干场中[17]。其结果展示了多通道空间压缩及其在提高光束定位灵敏度和成像方面的应用。实验示意图如图 7.23 所示。

实验中，通过在正交横模中混合多个非经典光束，产生了多模空间压缩光束，对系统的噪声进行了削弱。实验中实现了 (3.1±0.1) dB 的水平降噪和(2.0±0.1) dB 的垂

245

直降噪,如图 7.24 所示。

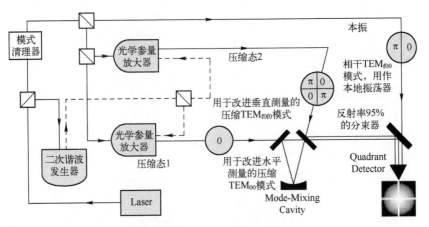

图 7.23　激光指示器装置示意图[17]

虚线,532nm 光;实线,1064nm 光。

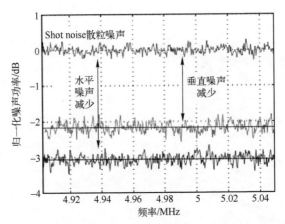

图 7.24　测量光谱显示水平和垂直测量中的噪声降低[17]

顶部轨迹对应于量子噪声极限(QNL),而较低的两个轨迹对应于空间压缩光束垂直和水平测量中的噪声

7. 量子增强 Sagnac 干涉仪

萨格纳克(Sagnac)干涉仪最初由 G.Sagnac 于 1913 年发明,可用作旋转传感器。然而,如果 Sagnac 干涉仪的反射镜不位于往返行程长度的一半,则它对反射镜的位移也很敏感。通过将两个反向传播光束包围的区域设置为零,可以使干涉仪对旋转不敏感,而对位移保持敏感。T.Ebarle 等通过实验证明,压缩光的注入可以有效地增强 Sagnac 干涉仪。其在干涉测量设备中实现了有史以来最强的量子测量噪声压缩。受干涉仪内部光损耗的限制,实验实现了高达 8.2 dB 的非经典灵敏度提升。直接对压缩光激光输出进行的测量显示压缩为 12.7 dB。结果表明,压缩光增强 Sagnac 干涉仪的灵敏度可以超过信号频率宽谱的标准量子极限,如图 7.25 所示[18]。

使用 1064nm 的连续波激光束产生压缩光,注入零面积 Sagnac 干涉仪,并通过平衡零差检测干涉仪读数。利用偏振分束器和法拉第旋转器将压缩场通过干涉仪的暗口注入其中[18]。

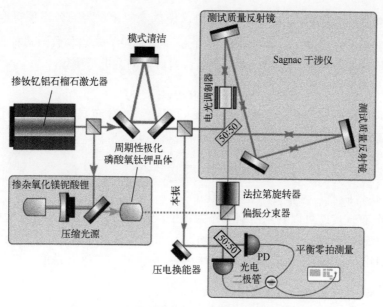

图 7.25 量子增强 Sagnac 干涉仪实验示意图[18]

7.3 分布式量子传感协议

7.3.1 量子单参数估计

对于单参数估计，设未知参数为 α，系统制备的探测态为 $\hat{\rho}_0$，在实验过程中 α 对探测态的演化可以用幺正变换 $\hat{U}(\alpha) = \exp[-i\hat{H}\alpha]$ 来表示，其中 $\hat{H}$ 是厄密算符。为了对未知参数 α 进行估计，使幺正变换作用于探测态上，得到输出态：

$$\hat{\rho}(\alpha) = \hat{U}(\alpha)\hat{\rho}_0\hat{U}^\dagger(\alpha) \tag{7.95}$$

显然，测量过程将未知参数 α 的信息演化到了测量结果 $\hat{\rho}(\alpha)$ 中，于是，对于输出态 $\hat{\rho}(\alpha)$ 的测量可用来估计 α。此估计过程的灵敏度可以由方差来评估，即均方根 $\delta\alpha^2 = \langle(\tilde{\alpha}-\alpha)^2\rangle$，其中 $\delta\alpha$ 为标准差。为了提高估计的灵敏度，可使用独立的 M 个探测器对同一对象进行测量。在这种情况下，初态为乘积的形式 $\hat{\rho}_0^{\otimes M}$，将每次测量的输出态 $\hat{\rho}(\alpha)$ 进行处理，可得到 $\tilde{\alpha}$。作为典型的独立同分布情况，根据大数定律，可得其灵敏度 $\delta\alpha_M = \delta\alpha/\sqrt{M}$，即标准量子极限（standard quantum limit，SQL）。

对于单参数估计，一个典型的估计方法是矩估计法。

有一个量子态 $\hat{\rho}(\alpha)$，记为 $|\alpha\rangle$，其中 α 为未知参数，有一力学量 $\hat{x}$，则力学量的期望值为 $E(\hat{x}) = \langle\alpha|\hat{x}|\alpha\rangle$。利用此关系构造估计量 $\hat{\alpha}(E(\hat{x}))$。进行 n 次测量后，得到一组样本的观测值 $(x_1, x_2, \cdots, x_n)$，样本的期望为 $E_0 = \sum_n x_i/n$，用样本的期望代替力学量的期望代入估计量的表达式 $\hat{\alpha}(E(\hat{x}))$，即可得到未知参数的估计值 $\alpha = \hat{\alpha}(E_0)$。

而分布式传感协议通常使用具有 M 个节点的传感器网络，如图 7.26 所示。与单个传感器节点的测量过程相比，分布式传感协议中代表演化过程的幺正算符应该为 M 个幺正算符的直积 $\hat{U} \equiv \otimes_{l=1}^{M} \hat{U}(\alpha_l)$，其中，每个 α_l 对应着一个未知参数，共有 M 个未知参数，与单个传感器节点情况相同，为了测量，需对探测态进行演化：

$$\hat{\rho}_M(\boldsymbol{\alpha}) = \hat{U}(\boldsymbol{\alpha})\hat{\rho}_M \hat{U}^\dagger(\boldsymbol{\alpha}) \tag{7.96}$$

式中：$\hat{\rho}_M$ 为每一路的探测态，未知参数为 $\boldsymbol{\alpha} = \{\alpha_m\}_{m=1}^{M}$，分布式量子传感协议致力于获得一个全局参数，常见的估计结果为加权平均数：

$$\overline{\alpha} = \boldsymbol{w} \cdot \boldsymbol{\alpha} \equiv \sum_{l=1}^{M} w_l \alpha_l \tag{7.97}$$

式中：权重 $\boldsymbol{w} = \{w_m\}_{m=1}^{M}$ 为非负值且归一化的。

一般的分布式传感可以利用压缩态作为每个传感器的输入态，来提升性能，实现对经典分布式传感的超越，如图 7.26（b）所示。而分布式量子传感则将纠缠的压缩源分配到各个传感器上，利用各传感器之间的纠缠关系，进一步提升性能，如图 7.26（a）所示。

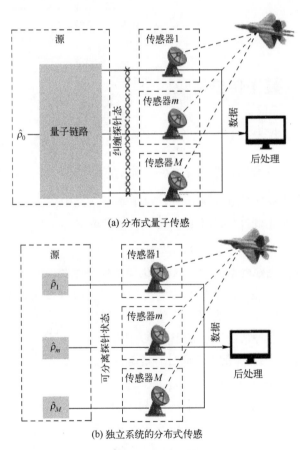

(a) 分布式量子传感

(b) 独立系统的分布式传感

图 7.26 分布式传感

分布式传感系统广泛地应用于现实生活的各个领域，上到卫星定位、环境气象观测，下到振动传感、压力探测。因此，提高分布式传感系统的测量灵敏度是十分有意义的工作。

7.3.2 分布式量子传感

为了在分布式传感（distributed quantum sensing，DQS）协议中体现量子优势，我们在普通的分布式传感方案上最大的改进就是引入连续变量多组份纠缠态，将多组份纠缠态分配到不同的传感器上，组成量子网络。通过纠缠系统的量子特性使传感性能得到提升，如图 7.27 所示。

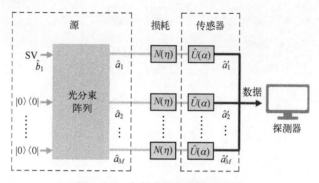

图 7.27 分布式量子传感示意图

在 DQS 协议中，首先利用压缩源 $\hat{b}_1$ 和分束器来制备多组份纠缠态 $\hat{a}_1, \hat{a}_2, \cdots, \hat{a}_M$，并将其分配到每一路作为探测态，此处假设使用的是平衡分束器，能够将压缩源均分到每一个传感器上。每个探测态 $\hat{a}_i$（$i=1,2,\cdots,M$）之间因为共享同一个初始的压缩源而具有关联：

$$\hat{b}_1 = \sum_{m=1}^{M} \frac{\hat{a}_m}{\sqrt{M}} \tag{7.98}$$

制备好探测态后，将其输入传感器，进行传感过程，然后得到输出态，最后对每一路的输出态作零拍测量并进行后处理。这即是协议的整个流程。

为了简化讨论，假设每一个传感器节点的未知参数相同，都是 α。实验中一定会存在损耗，我们用纯损耗模型对实验的非理想性进行模拟，设每一路有 $N(\eta)$，η 为透过率，$N(\eta)$ 代表的损耗模型可表述为

$$\hat{a} \rightarrow \sqrt{\eta}\hat{a} + \sqrt{1-\eta}\hat{e} \tag{7.99}$$

式中：$\hat{e}$ 是真空态。

从式（7.99）来看，由于损耗的存在，使输入态被削弱，同时引入真空态，由于输入态的一个正交方向的涨落被压缩了，而真空态各方向涨落相同，因此，经过损耗后，量子态的涨落将增加，而系统的灵敏度将下降。

1. 纠缠系统的灵敏度

下面考虑 M 个节点的分布式相位传感过程，假设每个节点的输入态都经过独立的相移 ϕ_j，假设相移都非常小，而传感系统的目的是以尽可能优的灵敏度估计平均相移 $\phi_{\text{avg}} = \frac{1}{M}\sum_{j=1}^{M}\phi_j$。另外，假设输入的态是单模压缩态，由 $|r,\alpha\rangle = \hat{D}(\alpha)\hat{S}(r)|0\rangle$ 描述，其中 r 为位移，α 为压缩度，设其正交算符为 $\hat{q}_0, \hat{p}_0$。单模压缩态经过分束器后分发到各

个传感器，对于正交分量，有关系 $\hat{P}_0 = \frac{1}{M}\sum_{j=1}^{M}\hat{p}_j$，$\hat{q}_0 = \frac{1}{M}\sum_{j=1}^{M}\hat{q}_j$，如图 7.28 所示。

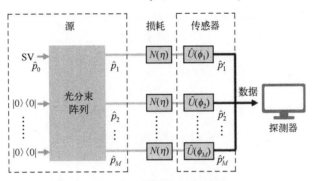

图 7.28 纠缠系统示意图

相移对光场的作用体现在产生与湮灭算符上，即 $\hat{a}_j \to \hat{a}_j e^{-i\phi/2}$，$\hat{a}_j^{\dagger} \to \hat{a}_j^{\dagger} e^{i\phi/2}$（$j$ 代表不同的模式）。而两个正交算符为 $\hat{q}_j = (\hat{a}_j + \hat{a}_j^{\dagger})/\sqrt{2}$，$\hat{p}_j = (\hat{a}_j - \hat{a}_j^{\dagger})/\sqrt{2}i$，易得任意一个模式经过相移后为

$$\hat{p}_j' = \hat{q}_j \sin\left(\frac{\phi_j}{2}\right) + \hat{p}_j \cos\left(\frac{\phi_j}{2}\right) \tag{7.100}$$

考虑到损耗模型，式（7.100）变为

$$\hat{q}_j' = (\sqrt{\eta}\hat{q}_j + \sqrt{1-\eta}\hat{q}_{\text{vac}})\cos\left(\frac{\phi_j}{2}\right) + (\sqrt{\eta}\hat{p}_j + \sqrt{1-\eta}\hat{p}_{\text{vac}})\sin\left(\frac{\phi_j}{2}\right) \tag{7.101}$$

$$\hat{p}_j' = (\sqrt{\eta}\hat{q}_j + \sqrt{1-\eta}\hat{q}_{\text{vac}})\sin\left(\frac{\phi_j}{2}\right) + (\sqrt{\eta}\hat{p}_j + \sqrt{1-\eta}\hat{p}_{\text{vac}})\cos\left(\frac{\phi_j}{2}\right) \tag{7.102}$$

式中：$\hat{q}_{\text{vac}}$ 和 $\hat{p}_{\text{vac}}$ 为真空态的算符；$\hat{q}_j$ 和 $\hat{p}_j$ 为压缩态的算符，设输入的压缩态满足 $\langle\hat{q}_j\rangle = \sqrt{2}\alpha_e$，$\langle\hat{p}_j\rangle = 0$，则对上式求力学量平均值为

$$\langle\hat{p}_j'\rangle = \langle\sqrt{\eta}\hat{q}_j\rangle\sin\phi_j = \sqrt{2\eta}\alpha_e\sin\phi_j \approx \sqrt{2\eta}\alpha_e\phi_j \tag{7.103}$$

我们可以看出，每个节点的相位移动 ϕ_j 可以直接由测量 $\hat{p}_j$ 的值估计得到。因此，M 个节点间的平均相移 $\phi_{\text{avg}} = \frac{1}{M}\sum_{j=1}^{M}\phi_j$ 可以由估计量 $\hat{P}_{\text{avg}} = \frac{1}{M}\sum_{j=1}^{M}\hat{p}_j'$ 估计，即

$$\langle\hat{P}_{\text{avg}}\rangle \approx \sqrt{\frac{2\eta}{M}}\alpha_e\phi_{\text{avg}} \tag{7.104}$$

$\hat{P}_{\text{avg}}$ 对 ϕ_{avg} 的斜率和方差分别为

$$\frac{\partial\hat{P}_{\text{avg}}}{\partial\phi_{\text{avg}}} = \sqrt{\frac{2\eta}{M}}\alpha_e \tag{7.105}$$

$$\langle\Delta\hat{P}_{\text{avg}}^2\rangle = \frac{1}{M^2}\left\langle\Delta\left(\sum_{j=1}^{M}\hat{p}_j'\right)^2\right\rangle$$

$$\approx \frac{\eta}{M^2}\left\langle\Delta\left(\sum_{j=1}^{M}\hat{q}_j\phi_j\right)^2\right\rangle + \frac{1-\eta}{M^2}\left\langle\Delta\left(\sum_{j=1}^{M}\hat{p}_{\text{vac}}\right)^2\right\rangle + \frac{\eta}{M^2}\left\langle\Delta\left(\sum_{j=1}^{M}\hat{p}_j\right)^2\right\rangle$$

$$\approx \frac{1-\eta}{M^2} \sum_{j=1}^{M} \langle \hat{p}_{\text{vac}}^2 \rangle + \frac{\eta}{M^2} \left\langle \Delta \left(\sum_{j=1}^{M} \hat{p}_j \right)^2 \right\rangle$$

$$= \frac{\eta}{M^2} M \langle \Delta \hat{p}_0^2 \rangle + \frac{1-\eta}{M^2} \sum_{j=1}^{M} \langle \hat{p}_{\text{vac}}^2 \rangle \tag{7.106}$$

式 (7.106) 的第一个约等号处，我们利用了探测态的正交相位分量和正交振幅分量之间没有关联的特征和小相位角近似，$\sin\phi_j \approx \phi_j$，$\cos\phi_j \approx 1$。第二个约等号处舍去了二阶小量项。

可以看到，估计量的方差与输入态正交相位分量的涨落有关，于是要求输入的压缩态的压缩方向为该方向，即 $\langle \Delta \hat{q}_j^2 \rangle = \frac{1}{2} e^{2r_s}$，$\langle \Delta \hat{p}_j^2 \rangle = \frac{1}{2} e^{-2r_s}$。于是，得到纠缠系统的灵敏度为

$$\sigma_e = \frac{\sqrt{\langle \Delta \hat{P}_{\text{avg}}^2 \rangle}}{\left| \frac{\partial \hat{P}_{\text{avg}}}{\partial \phi_{\text{avg}}} \right|} = \frac{\sqrt{e^{-2r_e} - 1 + \frac{1}{\eta}}}{2\alpha_e} \tag{7.107}$$

每个探测器接收到的平均光子数为

$$N_e = N_{e,\text{coh}} + N_{e,\text{sqz}} = \frac{\eta}{M}(\alpha_e^2 + \sinh^2 r_e) \tag{7.108}$$

2. 独立系统的灵敏度

独立系统的传感过程与纠缠系统类似，有

$$\hat{p}_j' = (\sqrt{\eta}\hat{q}_j + \sqrt{1-\eta}\hat{q}_{\text{vac}}) \sin\left(\frac{\phi_j}{2}\right) + (\sqrt{\eta}\hat{p}_j + \sqrt{1-\eta}\hat{p}_{\text{vac}}) \cos\left(\frac{\phi_j}{2}\right) \tag{7.109}$$

但独立系统每一路输入的压缩真空态是独立的，不具有纠缠关系，如图 7.29 所示。

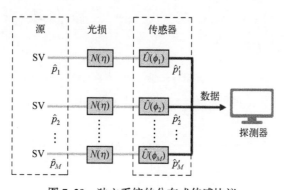

图 7.29 独立系统的分布式传感协议

设每一路输入的压缩态正交算符的平均值和方差为 $\langle \hat{q}_j \rangle = \sqrt{2}\alpha_s$，$\langle \hat{p}_j \rangle = 0$，$\langle \Delta \hat{q}_j^2 \rangle = \frac{1}{2} e^{2r_s}$，$\langle \Delta \hat{p}_j^2 \rangle = \frac{1}{2} e^{-2r_s}$，于是，对式 (7.109) 求力学量平均值，得到

$$\langle \hat{p}_j' \rangle = \langle \sqrt{\eta}\hat{x}_{s,j} \rangle \sin\phi_j = \sqrt{2\eta}\alpha_s \sin\phi_j \approx \sqrt{2\eta}\alpha_s \phi_j \tag{7.110}$$

M 个节点间的平均相移 $\phi_{avg} = \frac{1}{M}\sum_{j=1}^{M}\phi_j$ 可以由估计量 $\hat{P}_{avg} = \frac{1}{M}\sum_{j=1}^{M}\hat{p}_j$ 估计：

$$\langle \hat{P}_{avg} \rangle \approx \sqrt{2\eta}\alpha_s\phi_{avg} \tag{7.111}$$

估计值的方差为

$$\begin{aligned}\langle \Delta\hat{P}_{avg}^2 \rangle &= \frac{1}{M^2}\left\langle \Delta\left(\sum_{j=1}^{M}\hat{p}'_j\right)^2\right\rangle \\ &\approx \frac{1-\eta}{M^2}\sum_{j=1}^{M}\langle \hat{p}_{vac}^2\rangle + \frac{\eta}{M^2}\left\langle \Delta\left(\sum_{j=1}^{M}\hat{p}_j\right)^2\right\rangle\end{aligned} \tag{7.112}$$

于是，得到了独立系统的灵敏度

$$\sigma_s = \frac{\sqrt{\langle \Delta P_{avg}^2\rangle}}{\left|\frac{\partial P_{avg}}{\partial \phi_{avg}}\right|} = \frac{\sqrt{e^{-2r_s}-1+\frac{1}{\eta}}}{2\alpha_s\sqrt{M}} \tag{7.113}$$

对于独立系统，每一路输入的量子态光子数为

$$N_s = N_{s,coh} + N_{s,sqz} = \eta(\alpha_s^2 + \sinh^2 r_s) \tag{7.114}$$

3. 分布式传感灵敏度优化及比较

一个传感系统的功率是其重要的参数，对于上述传感方案，系统总功率与量子态光子数正相关，而我们发现系统的灵敏度同样与光子数有关。因此，有必要对灵敏度进行优化，以得到光子数给定时的最佳灵敏度。于是，我们将输入到每一路传感器的光子数设为 N，利用拉格朗日乘数法，通过改变 r 和 α 的值，得到最优灵敏度。

1) 纠缠系统的灵敏度优化

纠缠系统的灵敏度的拉格朗日函数如下，其中 λ 为拉格朗日乘数法的参数：

$$L_e(r_e,\alpha_e,\lambda) = \sigma_e + \lambda(N_e - N) = \frac{\sqrt{e^{-2r_e}-1+\frac{1}{\eta}}}{2\alpha_e} + \lambda\frac{\eta}{M}(\alpha_e^2 + \sinh^2 r_e) - \lambda N \tag{7.115}$$

拉格朗日量的驻点方程组为

$$\begin{cases}\nabla_{\alpha_e}L_e = -\frac{\sqrt{e^{-2r_e}-1+\frac{1}{\eta}}}{2\alpha_e^2} + 2\lambda\frac{\eta}{M}\alpha_e = 0 \\ \nabla_{r_e}L_e = -\frac{e^{-2r_e}}{2\alpha_e\sqrt{e^{-2r_e}-1+\frac{1}{\eta}}} + 2\lambda\frac{\eta}{M}\sinh r_e \cosh r_e = 0 \\ \nabla_{\lambda}L_e = \frac{\eta}{M}(\alpha_e^2 + \sinh^2 r_e) - N = 0\end{cases} \tag{7.116}$$

解方程组，并利用解得的参数获得最优的灵敏度为

$$\sigma_e^{opt} = \frac{1}{2MN}\sqrt{\frac{MN(1-\eta)+\frac{\eta}{2}(\Lambda_M+1)}{1+\frac{\eta}{MN}}} \tag{7.117}$$

其中，$\Lambda_M = \sqrt{1+4MN(1-\eta)}$。

2) 独立系统的灵敏度优化

独立系统的灵敏度的拉格朗日函数为

$$L_s(r_s,\alpha_s,\lambda) = \sigma_s + \lambda(N_s - N) = \frac{\sqrt{e^{-2r_s}-1+\frac{1}{\eta}}}{2\alpha_s} + \lambda\eta(\alpha_s^2 + \sinh^2 r_s) - \lambda N \quad (7.118)$$

拉格朗日量的驻点方程组为

$$\begin{cases} \nabla_{\alpha_s}L_s = -\frac{\sqrt{e^{-2r_s}-1+\frac{1}{\eta}}}{2\alpha_s^2} + 2\lambda\eta\alpha_s = 0 \\ \nabla_{r_e}L_e = -\frac{e^{-2r_s}}{2\alpha_s\sqrt{e^{-2r_s}-1+\frac{1}{\eta}}} + 2\lambda\eta\sinh r_s\cosh r_s = 0 \\ \nabla_{\lambda}L_e = \eta(\alpha_e^2 + \sinh^2 r_s) - N = 0 \end{cases} \quad (7.119)$$

解式（7.119），并利用解得的参数获得最优的灵敏度为

$$\sigma_s^{\text{opt}} = \frac{1}{2\sqrt{M}N}\sqrt{\frac{N(1-\eta)+\frac{\eta}{2}(\Lambda_1+1)}{1+\frac{\eta}{N}}} \quad (7.120)$$

其中，$\Lambda_1 = \sqrt{1+4N(1-\eta)}$。

对于理想情况，没有损耗（$\eta = 1$）时，两种系统的灵敏度分别为

$$\sigma_e^{\text{opt}} = \frac{1}{2MN}\sqrt{\frac{MN}{1+MN}} \quad (7.121)$$

$$\sigma_s^{\text{opt}} = \frac{1}{2\sqrt{M}N}\sqrt{\frac{N}{1+N}} \quad (7.122)$$

由式（7.121）和式（7.122）可以明显看出，纠缠系统的灵敏度对于节点数 M 和每一路探测的光子数 N 都服从海森堡极限的形式，独立系统的灵敏度对于每一路探测的光子数 N 服从海森堡极限的形式，对于节点数 M 服从标准量子极限的形式。与独立系统的分布式传感相比，纠缠系统实现了 $\sqrt{M}$ 的灵敏度提升。纠缠系统和独立系统对光子数 N 均为海森堡极限是因为输入态为单模压缩态（也就是压缩的性质），两种系统对节点数 M 的不同是由于独立系统虽然每一个节点都使用了压缩的量子源，但节点之间的关系是经典的，然而纠缠系统通过平衡分束器阵列分配同一个压缩的量子源给 M 个节点，使节点间产生了关联。

而在非理想情况下，不再能达到海森堡极限，当 $\eta \to 0$，两种系统的灵敏度都趋于 $1/2\sqrt{MN}$，服从标准量子极限形式，因为此时输入的压缩态已经完全损耗了。定义纠缠系统相对于独立系统的灵敏度增益为 $G = \sigma_s^{\text{opt}}/\sigma_e^{\text{opt}}$。灵敏度增益 G 与 M 和 N 的关系图像如图 7-30 所示。

从图 7.30 中可以看出，对于给定的光子数，无论节点数 M 和透过率 η 取任何合理

的值，对于通过改变压缩光子数和相干光子数的比值优化后得到的灵敏度，纠缠系统总是优于独立系统，且节点数 M 越大，纠缠系统对独立系统测量的灵敏度提升就越明显。

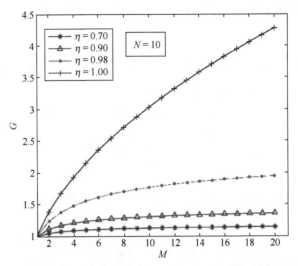

图 7.30　不同损耗的情况下，每个节点具有 10 个光子时进行平均相位移动分布式传感，纠缠系统对独立系统灵敏度的提升与节点数 M 的关系

从图 7.31 中可以看出，对于给定的节点数，无论光子数 N 和透过率 η 取任何合理的值，对于通过改变压缩光子数和相干光子数的比值优化后得到的灵敏度，纠缠系统总是优于独立系统。考虑节点数 $M=4$ 的情况，对于理想情况下，光子数 N 越大，纠缠系统对独立系统测量的灵敏度提升就越明显，提升的最大值为 $G=\sqrt{M}=2$；对于非理想情况下，纠缠系统对独立系统测量的灵敏度提升的最大值出现在有限的光子数 N 处，并不是光子数 N 越大提升越明显，而且当光子数 N 很大时，对于非零的损耗，两种系统的灵敏度趋于一致，也就是说，纠缠系统对独立系统灵敏度的提升不明显，测量的灵敏

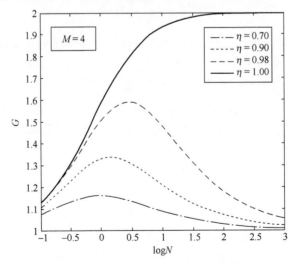

图 7.31　不同损耗的情况下，四个节点间的平均相位移动分布式传感，纠缠系统对独立系统的灵敏度增益与光子数 N 的关系

度的优势逐渐消失，但是独立系统需要制备 M 个压缩源，纠缠系统只需制备一个压缩源，这也是纠缠系统相对于独立系统的一个实际应用上的优势，节点数 M 越大（量子网络扩展的规模越大），纠缠系统的这个优势就越明显。

综上所述，我们证明了模式纠缠（这里是以多模式光场的共同的正交分量的压缩的形式）是如何提升分布传感装置的灵敏度的。应用在实际系统中的主要限制是探测效率，限制了最终可以达到的灵敏度的提升。其他方面的技术挑战包括独立于探测光将相位锁定的本底光提供给每个节点和抑制不贡献传感的压缩光光谱部分。另外，由于探测光通过一个简单的分束器阵列产生，于是可以很容易地提升到更多个模式，这样灵敏度的提升也会大得多。

7.3.3 射频信号的分布式量子传感

迄今为止，几乎所有的纠缠增强传感案例都是将探测态和本地参照纠缠在一起，在单个传感器节点上进行的，如在光学传感方面，已经有了广泛的探索，多是基于射频场和微波光谱的研究。于是，将 DQS 协议推广到射频场传感就显得十分有意义。为了得到射频场的未知参数，需要使用如电光调制器之类的器件，将射频场的未知参数调制到 DQS 协议中的纠缠探测态上，以实现对未知参数的估计。本节主要讲述基于量子纠缠网络实现射频（radio frequency，RF）信号的分布式量子传感。

1. RF 信号传感单元

本节基于电光效应建立 RF 信号传感模型。对于一个射频场，在第 m 个传感器节点处的场可表示为 $\varepsilon_m(t) = E_m \cos(\omega_c t + \varphi_m)$，$\omega_c$ 是载波频率，φ_m 是场的相位，也是就待估计的未知参数。另外，测量用的探测态由光参量放大器产生，中间模为 $\hat{a}_c^{(m)}$，是相干态，其位移为 α，模式的载波频率为 Ω；此外还有两个压缩态的边带模 $\hat{a}_\pm^{(m)}$，频率为 $\Omega \pm \omega_c$。为了将待测值调制到探测态上，将利用电光调制器（electro-optic modulator，EOM）对探测态进行相位调制。对于模式 $\hat{a}_\omega e^{-i\omega t}$，经过调制后，得到 $\hat{a}_\omega e^{-i\omega t} e^{iA_m \cos(\omega_c t + \varphi_m)}$，式中 $A_m = \pi\gamma E_m/V_\pi$，是电光调制器的参数。利用贝塞尔函数的雅可比-安格尔展开：

$$\hat{a}_\omega e^{-i\omega t} e^{iA_m \cos(\omega_c t + \varphi_m)} = \hat{a}_\omega \sum_{n=-\infty}^{\infty} i^n J_n(A_m) e^{i(-(\omega - n\omega_c)t + n\varphi_m)} \tag{7.123}$$

得到经过相位调制后 3 个模式：

$$\begin{aligned}
\hat{a}_c^{(m)\prime} &= J_0(A_m)\hat{a}_c^{(m)} + iJ_1(A_m)\hat{a}_-^{(m)} e^{i\varphi_m} + iJ_1(A_m)\hat{a}_+^{(m)} e^{-i\varphi_m} \\
\hat{a}_+^{(m)\prime} &= J_0(A_m)\hat{a}_+^{(m)} + iJ_1(A_m)\hat{a}_c^{(m)} e^{i\varphi_m} + iJ_1(A_m)\hat{a}_{2+}^{(m)} e^{-i\varphi_m} \\
\hat{a}_-^{(m)\prime} &= J_0(A_m)\hat{a}_-^{(m)} + iJ_1(A_m)\hat{a}_{2-}^{(m)} e^{i\varphi_m} + iJ_1(A_m)\hat{a}_c^{(m)} e^{-i\varphi_m}
\end{aligned} \tag{7.124}$$

式中：$\hat{a}_{2\pm}^{(m)}$ 是高阶模。边带模式 $\hat{a}_\pm^{(m)}$、$\hat{a}_{2\pm}^{(m)}$ 的正交分量平均值为 0，而中间模为相干态，其正交分量平均值为 α_m，于是有 $\langle \hat{a}_\pm^{(m)\prime} \rangle = iJ_1(A_m) e^{\pm i\varphi_m} \alpha_m$。此时，光场算符可以写为

$$\hat{E}^{(m)} = \hat{a}_c^{(m)\prime} e^{-i\Omega t} + \hat{a}_+^{(m)\prime} e^{-i(\Omega + \omega_c)t} + \hat{a}_-^{(m)\prime} e^{-i(\Omega - \omega_c)t} \tag{7.125}$$

设本振光场为 $E_{LO}^{(m)}(t) = E_{LO} e^{-i(\Omega t + \theta)}$，于是平衡零拍探测得到的光电流，有

$$I(t) = \text{Re}[\hat{E}^{(m)}] = \text{Re}[E_{LO} e^{i\theta}(\hat{a}_c^{(m)\prime} + \hat{a}_+^{(m)\prime} e^{-i\omega_c t} + \hat{a}_-^{(m)\prime} e^{i\omega_c t})] \tag{7.126}$$

然后，使用本征信号为 $\cos(\omega_c + \phi_0)$ 的混频器对光电流进行混频，将 ω_c 处的光谱分量移动到基带，滤波后，基带光电流为

$$I_B^{(m)} = -\text{Re}[e^{i\theta} \hat{b}^{(m)\prime}] \quad (7.127)$$

其中,定义了模式

$$\hat{b}^{(m)\prime} = \frac{(\hat{a}_+^{(m)\prime} e^{i\phi_0} + \hat{a}_-^{(m)\prime} e^{-\phi_0})}{\sqrt{2}} \quad (7.128)$$

因此,在估计射频场参数时,只需考虑有效模式 $\hat{b}^{(m)\prime}$ 的测量,同样定义输入的有效模式

$$\hat{b}^{(m)} = \frac{(\hat{a}_+^{(m)} e^{i\phi_0} + \hat{a}_-^{(m)} e^{-\phi_0})}{\sqrt{2}} \quad (7.129)$$

可以得到有效模式的演化过程:

$$\hat{b}^{(m)\prime} = J_0(A_m) \hat{b}^{(m)} + i\sqrt{2} J_1(A_m) \cos(\phi_0 + \varphi_m) \hat{a}_c^{(m)} + \text{v.c.} \quad (7.130)$$

式中: J_0 和 J_1 分别为零阶和一阶贝塞尔函数,当 A_m 很小时零阶贝塞尔函数为1。因为 $\varphi_m \ll 1$,设置 $\phi_0 = \pm\pi/2$,于是有

$$\hat{b}^{(m)\prime} = \hat{b}^{(m)} + g_m i\sqrt{2} J_1(A_m) \varphi_m \hat{a}_c^{(m)} + \text{v.c.} \quad (7.131)$$

式中: $g_m = \pm 1$,正负由 ϕ_0 决定;$\hat{b}^{(m)}$ 为双模压缩态,用作每一路输入的探测态,而 $\hat{b}^{(m)\prime}$ 则是经过演化后的输出态。可见,经过调制,将每个节点处射频场的相位信息 φ_m 调制到了演化过程的表达式中,方便我们构造其估计量,如图7.32所示。

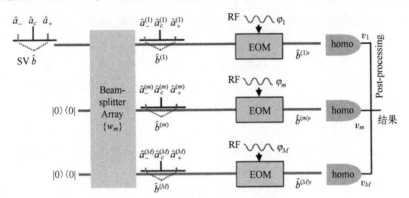

图 7.32 RF 信号的分布式传感[19]

2. 系统量子噪声

本节分析基于量子纠缠网络实现 RF 信号传感的量子噪声特性。如图 7.32 所示,测量系统的整体过程与分布式量子传感的理论模型没有区别,但为了对一般化情况进行讨论,有三处变化。首先,每一路的未知参数 φ_m ($m = 1, 2, \cdots, M$) 并不是相同的,整个测量系统的目的是得到的是 M 个未知参数的全局参数 $\bar{\varphi} = \sum_m c_m \varphi_m$,$c_m$ 可以视作每一路的权重。其次,分束器阵列不再是平衡分束器,每一路分配到的压缩源比重为 $\omega_m (\sum \omega_m^2 = 1)$,即每一路输入的探测态 $\hat{b}^{(m)} = \omega_m \hat{b} + \text{v.c.}$, $\text{v.c.} = \sum_{i=1}^{i=M-1} w_{im} \hat{e} (m = 1, 2, \cdots, M)$,$\omega_m$ 和 w_{im} 是代表分束器阵列的矩阵 $T_{M \times M}$ 的矩阵元,注意,此处的真空态 $\hat{e}$ 是由分束器阵列的输入端引入的。最后,还要对输出态进行后处理,随后再进行测量,设后处理系数

为 v_m ($\sum v_m^2 = 1$)，于是测量结果可以表示为

$$\hat{L} = s \sum_m v_m \mathrm{Im}(\hat{b}^{(m)\prime}) \tag{7.132}$$

式中：s 为为了方便计算添加的常系数，测量结果的力学量平均值为

$$\langle \hat{L} \rangle = s\beta \sum_m v_m g_m \omega_m \varphi_m \tag{7.133}$$

显然，当 $\langle \hat{L} \rangle = s\beta \sum_m v_m g_m \omega_m \varphi_m = \sum_m c_m \varphi_m$ 时，$\hat{L}$ 是全局参数 $\overline{\varphi}$ 的估计量，其中 $\beta = \sqrt{2} J_1(A_m)\alpha$，此时，几个系数存在关系：

$$c_m = s g_m v_m \omega_m \beta \tag{7.134}$$

下面求系统估计量 $\hat{L}$ 的方差，以评估系统性能：

$$\mathrm{var}[\hat{L}] = s^2 \mathrm{var}\Big[\sum_m [v_m \omega_m \mathrm{Im}(\hat{b}) + v_m \mathrm{Im}(\mathrm{v.c.})] \Big] \tag{7.135}$$

前面已介绍，真空态部分 $\mathrm{v.c.} = \sum_{i=1}^{i=M-1} w_{im} \hat{e}$，分束器的矩阵 $\boldsymbol{T}_{M \times M}$ 应该为幺正矩阵，c_{mn} 和 w_m 为其中的 M^2 个元，于是有 $\sum_m \big(\sum_{i=1}^{i=M-1} w_{im}^2 + \omega_m^2 \big) = 1$。接下来对式（7.135）进一步化简，将方括号内的第一项减去 $\sum_m v_m \omega_m \hat{e}$，再加在第二项上且将其与第二项合并，提出括号，可得

$$\mathrm{var}[\hat{L}] = s^2 \Big(\mathrm{var}[\mathrm{Im}(\hat{b})] - \frac{1}{4} \Big) \Big(\sum_m v_m \omega_m \Big)^2 + \frac{s^2}{4} \sum_m v_m^2 \tag{7.136}$$

利用关系式（3-41），对方差结果进行替换，可以得到

$$\mathrm{var}[\hat{L}] = \frac{1}{\beta^2} \Big(\mathrm{var}[\mathrm{Im}(\hat{b})] - \frac{1}{4} \Big) \Big(\sum_m c_m g_m \Big)^2 + \frac{1}{4\beta^2} \sum_m \Big(\frac{c_m}{\omega_m} \Big)^2 \tag{7.137}$$

式（3-44）为系统估计量的方差，与灵敏度正相关。对于一般的传感问题，首先需要设计传感过程，将未知参数通过传感器演化到量子态上，再对量子态进行测量，并利用设计的估计量和测量结果，求出未知参数的估计值。注意到，在式（7.137）中，估计量方差不仅与 $\mathrm{var}[\mathrm{Im}(\hat{b})]$ 相关，还与 c_m，g_m，ω_m 有关，这些系数均为量子网络的参数。因此，对于一般的传感问题，要提升灵敏度，不仅需要高压缩度，使探测态的涨落尽可能小，还要对量子网络进行合适的配置，以获得最佳性能。

7.4 关键技术

7.4.1 典型实验装置

图 7.33 是分布式量子传感的一个典型实验装置示意图[19]，其传感任务为射频场相位传感。其中，1550nm 无跳模半导体激光器（新 Focus Velocity TLB-6728）产生约 10nW 的光，由基于光纤的相位调制器调制（PM）由 24-MHZ 信号驱动，基于 PoundDreverHall（PDH）技术为腔体锁定创建两个边带。调制光随后被掺铒光纤放大器（EDFA）提升至约

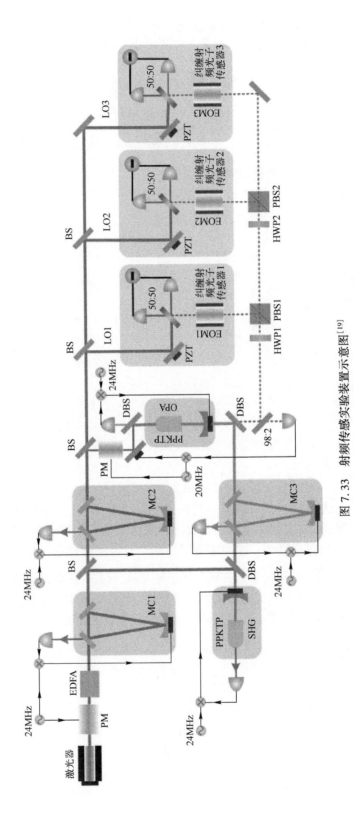

图 7.33 射频传感实验装置示意图[19]

1W 并耦合到自由空间。1550nm 光首先被锁定的 1550nm 模式清洁腔（MC）过滤，然后分成两个臂一路作为二次谐波（SHG）的泵浦光，另一路作为本征光（LO）进行零拍测量。半整体式 SHG 腔需要一个弯曲的腔镜在 775nm 处具有 10% 的反射率，在 1550nm 处具有 94% 的反射率和 O 型周期性极化 $KTiOPO_4$（PPKTP）晶体温度稳定在 34.0°C。PPKTP 晶体具有在 1550nm 和 775nm 处具有高反射率的曲面和一个在两个波长都涂有抗反射涂层的平面。SHG 腔使用 24MHz 边带锁定，并在 500mW 1550nm 泵浦下产生约 300mW 的 775nm 光。775nm 的光首先由锁定的 775nm MC 过滤，然后通过弯曲腔镜注入 OPA 腔，其中嵌入了第二个相同的 PPKTP 晶体，温度稳定在 40.5°C。OPA 腔的曲面镜在 775nm 处具有 95% 的反射率，在 1550nm 处具有 87.5% 的反射率。为了产生相位压缩光，从 LO 分出一束弱的 1550nm 光束并由自由空间 PM 调制以创建 20MHz 边带。调制的 1550nm 弱光束在 775nm/1550nm 二向色分束镜（DBS）上反射，然后作为种子光注入 OPA 腔中。OPA 腔被通过 DBS 传输的 775nm 光的 24MHz 边带锁定。从 OPA 曲面腔镜的 1550nm 输出的 2% 被记录，用于 20MHz 边带锁定 1550nm 种子光束和 775nm 泵浦之间的相位，以便 OPA 工作在参量放大的区域。当相位锁定，OPA 腔发出量子光束，该量子光由驻留在 11MHz 边带模式中的有效压缩真空态组成，而中心光谱模式是位移相位压缩态。由于较大的正交位移操作，中心光谱模式可以很好地近似为经典相干态。单个空间模式量子光被两个可变分束器（VBS）转移到三个射频光子传感器中，每个分束器都由一个半波片（HWP）和偏振分束器（PBS）组成。两个 VBS 的分束比决定了 CV 多组份纠缠态。每个射频光子传感器都配备 EOM，这些 EOM 由具有 11MHz 载波频率的探测 RF 信号驱动。由于相位调制，中心模式中的部分相干态被转移到 11MHz 边带的正交位移操作上，以适应相位压缩态。正交位移操作的幅度取决于探测的射频场的幅度和相位，在 EOM 之后，量子信号和 LO 信号在 50:50BS 上进行干涉。通过微调两束光的光斑尺寸，在每个传感器上可实现超过 97% 的经典干涉对比度。BS 的两个输出是由两个光电二极管检测，每个光电二极管的量子效率约为 88%，采用平衡零拍设置。差分光电流为由增益为 $20×10^3$ V/A 的跨阻放大器放大。输出电压的直流分量信号用于锁定 LO 和量子信号之间的相位，以便 LO 始终处具有位移的压缩相位正交量。每个传感器的电压信号的 11MHz 分量首先由电子混频器解调，由 240kHz 低通滤波器滤波，并由具有 4GHz 模拟带宽的示波器（LeCroy WaveRunner 8404M）记录（仅使用了 200MHz 带宽）。

7.4.2 分布式全局参数的测量

在测量中，我们的目的是得到全局参数 $\overline{\varphi} = \sum_m c_m \varphi_m$，不同的 c_m 将构造出不同的全局参数，对于不同的全局参数，需要对传感器网络进行配置，以使性能提升最大。显然当 $c_m = 1/M$ 时，全局参数是各节点相位的均值 $\overline{\varphi}$，而当 c_m 取其他值时，也具有其物理意义。接下来，我们以三节点系统进行举例说明。

如图 7.34 所示，由于到达角（angle of arrival，AOA）

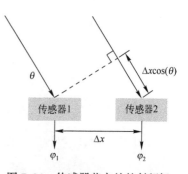

图 7.34　传感器节点处的射频场

θ 的存在，两个节点处的相位有微小差值 $\frac{(\varphi_2-\varphi_1)\lambda}{2\pi\Delta x}=\cos\theta$，于是，求出相位差便可得到射频场的到达角。对相位差的测量也是有意义的。

考虑求中心节点的相位差，首先假设 $x_1<x_2<x_3$，假设第二个节点处的射频场相位为 $\varphi(x_2)=\varphi(x_2)$，且每个节点之间的相位差极小，易得每个节点处相位值：

$$\varphi(x_1)=\varphi(x_2)-\varphi^{(1)}(x_2)\Delta x+\frac{1}{2}\varphi^{(2)}(x_2)\Delta x^2+O(\Delta x^3) \tag{7.138}$$

$$\varphi(x_3)=\varphi(x_2)+\varphi^{(1)}(x_2)\Delta x+\frac{1}{2}\varphi^{(2)}(x_2)\Delta x^2+O(\Delta x^3) \tag{7.139}$$

当 $c_3=c_1+1$，$c_2=-1-2c_1$，$c_1=-c_3$ 时，有 $\langle\hat{L}\rangle=\varphi^{(1)}(x_2)\Delta x+O(\Delta x^2)$，即估计值为中心节点的相位差，此时 $[c_1\ c_2\ c_3]=[-0.5\ 0\ 0.5]$。

同理，在边缘节点处的相位差为

$$\varphi(x_2)=\varphi(x_1)+\varphi^{(1)}(x_1)\Delta x+\frac{1}{2}\varphi^{(2)}(x_1)\Delta x^2+O(\Delta x^3) \tag{7.140}$$

$$\varphi(x_3)=\varphi(x_1)+\varphi^{(1)}(x_1)2\Delta x+\frac{1}{2}\varphi^{(2)}(x_1)4\Delta x^2+O(\Delta x^3) \tag{7.141}$$

当 $c_3=c_1+1$，$c_2=-1-2c_1$，$c_2+4c_3=0$ 时，有 $\langle\hat{L}\rangle=\varphi^{(1)}(x_1)\Delta x+O(\Delta x^3)$，此时估计值为边缘节点 1 的相位差，有 $[c_1\ c_2\ c_3]=[-1.5\ 2\ -0.5]$。因此，通过对全局参量权重 c_m 的构造，系统可以求出关于射频场不同的参数，为实际应用提供了很好的拓展性。

7.4.3 优化后处理

1. 量子网络的最优噪声

对于一般的传感任务，如 RF 传感问题，需要对量子网络进行配置，以得到最优灵敏度，RF 传感问题的估计量方差为

$$\text{var}[\hat{L}]=\frac{1}{\beta^2}\left(\text{var}[\text{Im}(\hat{b})]-\frac{1}{4}\right)\left(\sum_m c_m g_m\right)^2+\frac{1}{4\beta^2}\sum_m\left(\frac{c_m}{\omega_m}\right)^2 \tag{7.142}$$

因为 ω_m 是每路分配的探测态中，压缩源的比重，因此需要满足归一化条件 $\sum_m \omega_m^2=1$，由于双模压缩态某一正交方向涨落小于 $1/4$，因此 $\text{var}[\text{Im}(\hat{b})]-\frac{1}{4}<0$。为了使 $\text{var}[\hat{L}]$ 最小，因此 g_m 应该与 c_m 同号，此时方差为

$$\text{var}[\hat{L}]=\frac{1}{\beta^2}\left(\text{var}[\text{Im}(\hat{b})]-\frac{1}{4}\right)\left(\sum_m |c_m|\right)^2+\frac{1}{4\beta^2}\sum_m\left(\frac{c_m}{\omega_m}\right)^2 \tag{7.143}$$

于是，要使 $\text{var}[\hat{L}]$ 最小，就需要 $\sum_m\left(\frac{c_m}{\omega_m}\right)^2$ 最小。

利用拉格朗日乘数法，设 λ 为拉格朗日乘数法的参数，有

$$L(\omega_m,\lambda)=\sum_m\left(\frac{c_m}{\omega_m}\right)^2+\lambda\left(\sum_m \omega_m^2-1\right) \tag{7.144}$$

于是，拉格朗日乘数法驻点组为

$$\begin{cases} \dfrac{\partial L}{\partial \omega_m} = \sum_m \left(-\dfrac{2\,c_m^2}{\omega_m^3} + 2\lambda\omega_m \right) = 0 \\ \dfrac{\partial L}{\partial \lambda} = \sum_m \omega_m^2 - 1 = 0 \end{cases} \quad (7.145)$$

从式（7.145）中可知 $\omega_m \propto \sqrt{c_m}$，再利用其归一化关系，可以得到

$$\omega_m = \dfrac{\sqrt{c_m}}{\sqrt{\sum_m c_m}} \quad (7.146)$$

此时，系统估计量具有最小方差：

$$\mathrm{var}[\hat{L}] = \dfrac{1}{\beta^2}\mathrm{var}(\mathrm{Im}(\hat{b}))\left(\sum_m |c_m|\right)^2 \quad (7.147)$$

从结果来看，分束器阵列的压缩源比重 ω_m 和后处理系数 v_m，都是为了构造出合适的无偏估计量 $\hat{L}$，并使其有最小的方差。当 $\mathrm{var}[\hat{L}]$ 取最小值时，v_m 的最佳取值与 ω_m 相同，而 ω_m 的最佳取值则由全局参数的权重 c_m 决定。因此，对于不同情形的测量任务，利用分束器阵列制备出合适的多体纠缠态是十分重要的，这将直接决定测量系统的性能。另外，系统估计量的最小方差与压缩源的方差正相关，而压缩源的方差与压缩度正相关，因此，为了使系统有更优的灵敏度，需要更高压缩度的压缩源，这也和预期相符。其中 $\hat{b}$ 是制备多组份纠缠态的压缩源，对于经典情况，如最接近经典的量子态，相干态，有 $\mathrm{var}[\mathrm{Im}(\hat{b})] = 1/4$。而在纠缠量子态情况下，$\mathrm{var}[\mathrm{Im}(\hat{b})] = \dfrac{\mathrm{e}^{-2r}}{4} < \dfrac{1}{4}$，式中 r 为压缩度。根据标准量子极限的定义，将经典情况下的估计量的最小方差定义为系统的标准量子极限，根据上式，有 $\mathrm{SQL} = \dfrac{1}{4\beta^2}\left(\sum_m |c_m|\right)^2$。为了在作图时直观的比较方差与标准量子极限的大小，我们定义灵敏度比例为 $\mathrm{ratio}(\hat{L}) = 20\log(\mathrm{var}[\hat{L}]/\mathrm{SQL})$（dB），显然当比例 ratio 等于 0 时，估计量方差 $\mathrm{var}[\hat{L}]$ 等于标准量子极限。而当比例 ratio<0，意味着估计量方差超越了标准量子极限。

对于一般的传感问题，为了使系统的性能最优，需要对制备的纠缠探测态进行调控，典型的调控方式就是利用分束器阵列，通过改变其中每个分束器的透射率，就能实现不同的探测态分配。在量子网络中，不同传感器的量子噪声是相关，不同的配置将会改变量子噪声的涨落。这种行为体现了传感器共享的纠缠态之间存在量子关联。只有当多组份纠缠态为适当的形式时，系统才具有最优的灵敏度。

2. 分布式量子传感灵敏度优化

对于三节点的射频场传感系统，制备多组份纠缠态的分束器阵列中有两个分束器。为了进一步讨论制备的纠缠态与系统性能的关系，给定全局参数的权重 $[c_1 \ c_2 \ c_3]$ 后，我们固定一个分束器透射率，而使另一个分束器透射率为变量，在此条件下，研究估计量的方差随透射率变化的情况，借助下式（7.148）和式（7.149）：

$$\text{var}[\hat{L}] = \frac{1}{\beta^2}\left(\text{var}[\text{Im}(\hat{b})] - \frac{1}{4}\right)\left(\sum_m c_m g_m\right)^2 + \frac{1}{4\beta^2}\sum_m \left(\frac{c_m g_m}{\omega_m}\right)^2 \quad (7.148)$$

$$\text{var}[\hat{L}] = \frac{1}{\beta^2}\text{var}(\text{Im}(\hat{b}))\left(\sum_m |c_m|\right)^2 \quad (7.149)$$

式（7.148）是一般情形下估计量方差的表达式，而式（7.149）是在取合适的 v_m 和 ω_m，使方差最小时，方差的表达式。其中 $\hat{b}$ 是制备多组份纠缠态的压缩源，对于经典情况，如最接近经典的量子态、相干态，有 $\text{var}[\text{Im}(\hat{b})] = 1/4$。而在纠缠量子态情况下，$\text{var}[\text{Im}(\hat{b})] = \frac{e^{-2r}}{4} < \frac{1}{4}$，式中，$r$ 为压缩度。根据标准量子极限的定义，我们将经典情况下的估计量的最小方差定义为系统的标准量子极限，有 $\text{SQL} = \frac{1}{4\beta^2}\left(\sum_m |c_m|\right)^2$。为了在作图时直观地比较方差与标准量子极限的大小，我们定义灵敏度比例为 $\text{ratio}(\hat{L}) = 20\log(\text{var}[\hat{L}]/\text{SQL})$ (dB)，显然当比例 ratio=0 时，估计量方差 $\text{var}[\hat{L}]$ 等于标准量子极限。而当比例 ratio<0，意味着估计量方差超越了标准量子极限。接下来，我们对具体过程作图并讨论。

如图 7.35 所示，当 $[c_1\ c_2\ c_3]=[0.5\ 2\ -0.5]$ 时，全局参数 $\overline{\varphi}$ 为边节点的相位差。量子网络配置最优时，分束器 1（后续简写为 VBS1）的透射率应该为 0.5，因此我们将 VBS1 的透射率固定为 0.5（分束比为 50:50），而使 VBS1 的透射率从 0 到 1（分束比从 100:0 变道 0:100）。在此情形下每一路输入态分配到压缩源的比重 ω_m 与 VBS1 的透射率 r 存在关系，于是有

图 7.36 中，透射率为负是指 g_3 与 c_3 反号的情形，当两者反号时，意味着对应路的输出态在测量时符号改变。注意右边的曲线，可以看到，只有当透射率在一定范围时，DQS 的性能才超越了标准量子极限，且 DQS 的最佳性能仅在适当选择透射率时实现，这突出了为不同射频传感任务定制不同的多组份纠缠态的必要性。对于经典情形，左右的曲线是对称的，都存在相同的最小方差情形，而纠缠情况下的曲线则表现出了强烈的不对称性。两者的区别充分体现了传感器网络的量子关联，在经典情形下，量子噪声在不同传感器上是独立的，经过测量后获得的无偏估计量不会改变噪声功率，而在纠缠情

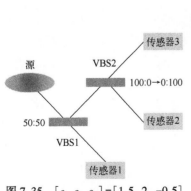

图 7.35 $[c_1\ c_2\ c_3]=[1.5\ 2\ -0.5]$ 时分束器阵列示意图

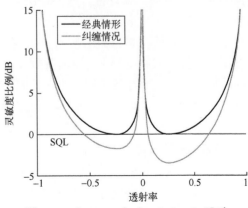

图 7.36 $[c_1\ c_2\ c_3]=[1.5\ 2\ -0.5]$ 时系统的性能表现随透射率的变化

形下,不同传感器的量子噪声是相关的,将每一路的输出态以适当的比例加在一起,就能减小量子噪声,实现超越标准量子极限的测量性能。

7.5 最新进展

7.5.1 可拓展多模纠缠在量子传感中的应用

目前,已有的量子传感协议多是对单个物理量进行传感的系统,虽然实现了性能的突破,但在需要对多个物理量进行传感的情形,只能对传感系统进行多次调整以对不同参数进行测量,这缺乏灵活性,对于实际问题有诸多不便。近期,有研究者提出一种用于并行估计光场多个参数的多模方法,实现了量子增强传感[20]。

光频梳由"锁模激光器"产生,是一种超短脉冲激光。超短光脉冲的载波由单一频率的光构成,这种光会在光谱上的频率的位置显示为一条竖线。光频梳的特点是相邻脉冲频率间隔相同,在许多类型的精密测量中起着关键作用,包括频带光谱、光学原子钟、时间位移同步、化学探测器等,因此测量光频梳的光脉冲的光谱特性是众多精密测量的重要组成部分,为了提升此类精密测量的性能,需要对光脉冲进行更加精确的测量。

在这项工作中,演示了对表征频率光频梳的脉冲光场的多个参数测量。为了实现这种并行多参数估计,开发了一种多像素频谱分辨率检测器(MPSR),如图 7.37 所示。

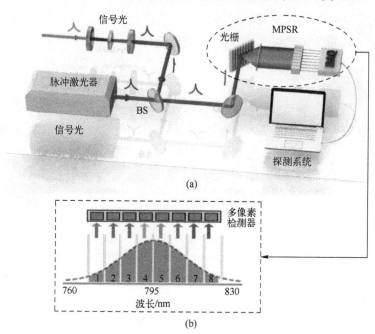

图 7.37 实验装置简图[20]

(a) 激光场中频率、能量和光谱带宽波动的并行多模测量。这三个参数都在脉冲激光腔内进行调制。然后使用多模压缩资源,使这些量的测量超出标准量子极限。这是通过强反射分束器将压缩源与激光场混合来实现的。合成光束经过微透镜阵列后被光栅分散并成像到光电二极管阵列上对应于 8 个像素中每个像素的光电流被传输到计算机进行后处理。BS:分束器,10/90;光栅效率 93%。
(b) 使用八像素光电二极管阵列同时查询等效宽度的相应光谱盒。

对单次测量的多信道数据进行后处理,得到光场的中心频率、平均能量和光谱带宽。同样使用该频谱解析装置,通过同时测量所有空间分离的频谱分量来重构量子频率梳的全协方差矩阵。此外,适当使用超快压缩光脉冲可以提高中心频率和平均能量信噪比(SNR)以及光谱带宽测量值。三个参数估计中的两个,即平均能量和频谱带宽,可以同时超过量子极限,该方法一般用于实现在标准量子极限和超过标准量子极限的许多参数的同时测量,也可以应用于其他量子信息处理,例如量子计算,如图 7.37 所示。

此工作为在光频梳内测量频率和能量以及频谱带宽的测量能力超过标准量子极限提供了方案。重要的是,测量设备是通用的,能够同时估计表征光脉冲的多个参数。在散粒噪声极限下并行测量了三个参数,即中心频率和平均能量以及频谱带宽。这三个参数对平均能量、中心频率和频谱带宽的灵敏度分别提高了 19%、15% 和 29%,超过了散粒噪声的限制。此外,在一特定配置下,其中三个参数中的 2 个,即平均能量和频谱带宽,可以同时进行超越标准量子极限的测量。

7.5.2 纠缠光子的分布式传感

在量子系统中,因为光子具有高迁移率和与环境的低交互作用等特性,且生成、操纵和检测光子是成熟可行的技术。因此,开发生成合适的光子态的平台和技术具有重要意义,能够在不同的传感任务中提供量子增强。对于量子传感,利用量子资源的纠缠或压缩,使传感系统能够实现超越散粒噪声极限的估计精度,其灵敏度能接近海森堡极限,这也被认为是量子传感能达到的最大灵敏度。在单参数估计问题中,海森堡极限可以利用连续变量量子态(如压缩态)和离散变量量子态(如纠缠光子)来实现,已有许多实验证明了这一点。第 7.3 节中已经证明,在基于连续变量的多参数估计中,不同模式中单独估计每个参数并不是最优的,即使每个模式的量子态都被压缩,估计的灵敏度也仅限于 $\sqrt{M/N}$,其中 N 为 M 个模式的总光子数,有 $M \leq N$。需要利用纠缠网络中模式的纠缠来进一步提高灵敏度,使灵敏度极限达到海森堡极限。在基于离散变量的多参数估计中,近期研究表明,光子传感有着类似的性质,当使用纠缠光子时,传感灵敏度能超过散粒噪声极限,而如果探测态在模式和粒子中都存在纠缠,则有可能实现最终的海森堡极限。

如图 7.38 所示,探测态 ρ 有四种不同的制备及分发方式,分别为模式与粒子均为独立(MsPs)、模式独立而粒子纠缠(MsPe)、模式纠缠而粒子独立(MePs)、模式与粒子均纠缠(MePe)。制备好 M 个模式以分发到 M 路传感器上,作为输入的探测态,并在分别经过 M 个不同未知参数 θ_m 后,进行零拍测量及后处理。同样可以证明[21],在理论无损的情况下,使用 MePs 策略可以使灵敏度超越 MsPs 状态实现的灵敏度,但模式纠缠并不是克服散粒噪声限制所必需的。而在只存在粒子纠缠(MsPe)的情况时,可实现模式分离时的最高灵敏度。最后,海森堡极限只有在同时存在粒子纠缠和模式纠缠的情况下才能达到。

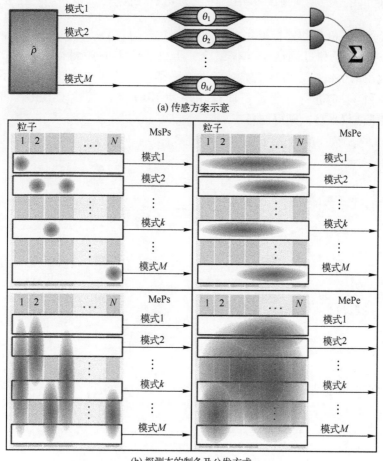

图 7.38 基于光子的分布式量子传感方案[21]

近期，Liu 等人对单个相移和平均相移进行了基于离散变量的分布式量子传感的实验演示，在实验中，基于模式纠缠和粒子纠缠（MePe），使单个相移和多传感器平均相移的传感误差分别相对于散粒噪声减少了 1.40dB 和 2.70dB。

在对单个相移进行传感时，利用三个高保真双光子纠缠源，进行了三个独立的相移传感，三个传感器均实现了对标准量子极限的超越，估计值的均方差分别降低了1.44dB、1.43dB、1.43dB。

在对平均相移进行传感时，通过构造高保真多光子干涉仪，对四种探测态制备与分发方式（MsPs、MePs、MsPe、MePe）进行了实验，结果表明，与 MsPs 的散粒噪声相比，MePs、MsPe、MePe 的灵敏度分别提升了 1.56dB、1.43dB、2.70dB，与理论预期相符，充分体现了模式纠缠与粒子纠缠并行时所带来的更大提升。

实验装置如图 7.39（a）所示，利用中心波长为 390nm、脉冲持续时间为 150fs、重复频率为 80MHz 的紫外脉冲激光器聚焦于三个 BBO 晶体组合（C-BBO），以生成三

对纠缠光子对,并分配到通道 1~6 中,生成的光子对状态为 $|\phi^+\rangle = \frac{1}{\sqrt{2}}(|H\rangle + |VV\rangle)$,$H$、$V$ 分别代表水平极化和垂直极化。为制备探测态 $|\phi_{\text{MePe}}\rangle$,$|\phi_{\text{MePs}}\rangle$,$|\phi_{\text{MsPe}}\rangle$,将三对自发参量下转换过程和可调谐干涉仪组合,生成了所需的探测态,如图 7.39(b)~(d),干涉仪由两个偏振分束器组成,可进行平移。为了制备态 $|\phi_{\text{MePe}}\rangle$,两个分束器使光子 2、3 和 4、5 进行了干涉。通过用单片 BBO 晶体替代 C-BBO,可以制备态 $|\phi_{\text{MePs}}\rangle$。将干涉仪平移,则可制备态 $|\phi_{\text{MsPe}}\rangle$[22]。

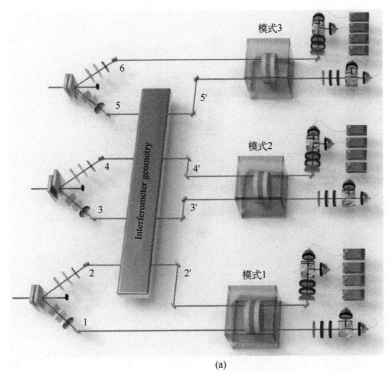

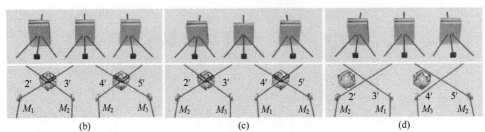

图 7.39 并行策略的实验装置简图

(a) 超快紫外光泵浦激光器通过 BBO 或 C-BBO 产生三个下转换光子对。在每个通道中,透镜用于确保光束的准直。波长为 $\lambda_{\text{FWHM}} = 4\text{nm}$ 的窄带通滤波器用于抑制信号光子和空闲光子之间的频率相关效应。干涉仪的不同组合制备出三种模式的探针态,然后进行演化。最后,由一个 PBS、HWP、QWP 和两个单光子探测器组成系统测量装置。(b)~(d) 产生量子态模式 MePe (b)、MePs (c)、MsPe (d) 的干涉仪配置。[22]

目前,对基于光子的量子传感研究还较少,但因为光子具有易生成、易操纵、易检测的特点,将是量子传感发展的新窗口。

7.6 小结

基于量子纠缠的分布式量子传感可以提升全局多参数的测量能力,尤其对于各种矢量弱信号测量具有重要意义。随着激光技术、微纳光学技术、量子技术等的不断发展,今后新型量子纠缠以及微纳光学结构将进一步提升量子分布式传感的应用范围和测量精度,并有望在未来超越经典测量技术的上限,实现量子优势。同时,量子信息方案的交叉混合,如与量子通信、量子时间同步等的融合,分布式量子传感与新型量子网络的多种综合业务系统协同也将是一个重要的发展方向。

参考文献

[1] GLAUBER R J. Coherent and incoherent states of the radiation Field [J]. Physical Review, 1963, 131 (6): 2766-2788.

[2] CAI Y, HAO L, ZHANG D, et al. Multimode entanglement generation with dnal-pumped four-wave-mixing of Rubidium Atoms [J]. Opt Express, 2020, 28 (17): 2578-92.

[3] CAVES C M. Quantum-mechanical noise in an interferometer [J]. Physical Review D, 1981, 23 (8): 1693-1708.

[4] HUDELIST F, KONG J, LIU C, et al. Quantum metrology with parametric amplifier-based photon correlation interferometers [J]. Nature Communications, 2014, 5 (1): 3049.

[5] NICHOLS R, LIUZZO-SCORPO P, KNOTT P A, et al. Multiparameter Gaussian quantum metrology [J]. Physical Review A, 2018, 98 (1): 012114.

[6] PINEL O, FADE J, BRAUN D, et al. Ultimate sensitivity of precision measurements with Gaussian quantum light: a multi-modal approach [J]. Physical Review A, 2012, 85 (1): 010101 (R) [4 pages].

[7] KIMBLE H J, The quantum internet [J]. Nature, 2008, 453 (7198): 1023-1030.

[8] CAI Y, ROSLUND J, FERRINI G, et al. Multimode entanglement in reconfigurable graph states using optical frequency combs [J]. Nature Communications, 2017, 8 (1): 15645.

[9] GUO X, BREUM C R, BORREGAARD J, et al. Distributed quantum sensing in a continuous-variable entangled network [J]. Nature Physics, 2020, 16 (3): 281-284.

[10] BACHOR H A, RALPH T C, A guide to experiments in quantum optics [M]. John Wiley & Sons, 2019.

[11] AASI J, ABADIE J, ABBOTT B, et al. Enhanced sensitivity of the LIGO gravitational wave detector by using squeezed states of light [J]. Nature Photonics, 2013, 7, 613-619.

[12] TSE M, YU H C, KIJBUNCHOO N, et al. Quantum-enhanced advanced LIGO detectors in the era of gravitational-wave astronomy [J]. Physical Review Letters, 2019, 123 (23): 8.

[13] TAYLOR M A, JANOUSEK J, DARIA V, et al. Biological measurement beyond the quantum limit [J]. Nature Photonics, 2013, 7 (3): 229-233.

[14] GREGORY T, MOREAU P-A, TONINELLI E, et al. Imaging through noise with quantum illumination [J]. Science Advances, 2020, 6 (6): eaay2652.

[15] WOLFGRAMM F, CERÈ A, BEDUINI F A, et al. Squeezed-light optical magnetometry [J]. Physical Review Letters, 2010, 105 (5): 053601.

[16] ONO T, OKAMOTO R, TAKEUCHI S, et al. An entanglement-enhanced microscope [J]. Nature Communications, 2013, 4: 7.

[17] TREPS N, GROSSE N, BOWEN W P, et al. A quantum laser pointer [J]. Science, 2003, 301 (5635): 940-943.

[18] EBERLE T, STEINLECHNER S, BAUCHROWITZ J, et al. Quantum enhancement of the zero-area sagnac interferometer topology for gravitational wave detection [J]. Physical Review Letters, 2010, 104 (25): 251102.

[19] XIA Y, LI W, CLARK W, et al. Demonstration of a reconfigurable entangled radio-frequency photonic sensor network [J]. Physical Review Letters, 2020, 124 (15): 150502.

[20] CAI Y, ROSLUND J, THIEL V, et al. Quantum enhanced measurement of an optical frequency comb [J]. npj Quantum Information, 2021, 7 (1): 82.

[21] GESSNER M, PEZZÈ L, SMERZI A, et al. Sensitivity bounds for multiparameter quantum metrology [J]. Physical Review Letters, 2018, 121 (13): 130503.

[22] LIU L Z, ZHANG Y Z, LI Z D, et al. Distributed quantum phase estimation with entangled photons [J]. Nature Photonics, 2021, 15 (2): 137-142.

第8章
分布式量子计算

8.1 基本理论

全球量子信息网络的终极目标是在地球表面上任意两点之间建立起能传递量子状态和量子纠缠的通道。基于这样的网络，人们不仅能够进行量子保密通信，还能够利用量子计算机进行远程的数据处理，以此来实现包括盲量子计算和私人数据库搜索等重要应用。从长远来看，将分散在世界各地的量子计算机利用量子网络连接起来组成"量子互联网"将会是一个更加重要的应用。在未来，这样的"量子互联网"的算力将会远超过任意一台单独的量子计算机。

利用量子网络将多台量子计算机整合起来的计算方式也称分布式量子计算。分布式量子计算的一大优势在于，通过使用分布式的量子算法，可以大幅提高量子计算机数据处理的能力，得到"1+1>2"的效果。从物理的层面看，分布式量子计算的另外一个优势在于可以避免量子芯片规模化过程中出现的一系列现阶段难以克服的技术困难。以超导量子计算机为例，随着单块量子芯片上的比特数目增多，比特之间的相互作用会导致严重的串扰，影响操控精度；量子芯片需要放在稀释制冷机中工作，而制冷机内的空间有限，不允许放置尺寸太大的芯片；每个比特都需要两条控制引线，随着引线的数目变多，输入的能量越来越多，影响芯片工作；这一系列的问题都在制约大规模超导量子计算机的发展。分布式量子计算使用模块化的方法，将一系列小规模的、空间分离的量子计算机有机地组合起来，把需要大型量子计算机完成的复杂任务分解成可以在小型量子计算机上完成的任务，这样既可以更高效地解决问题又避免了大型计算机研发遇到的困难。一般来说，分布式量子计算的算力会随着物理资源的线性增加而呈指数级增长，因此是非常有潜力的量子计算方案。

为了更好地理解分布式量子计算，我们首先介绍一些量子计算的基本概念。量子计算是量子物理学、信息科学和计算机科学的交叉学科，它利用量子叠加态、量子纠缠等量子力学的独特性质来提升数据处理的能力[1]。量子计算机的计算单元是量子比特，它跟经典的比特不同，不仅可以处在量子的 0 态（记为 $|0\rangle$）和 1 态（记为 $|1\rangle$），还可以处在两者任意的叠加态上。当存在多个量子比特时，它们可以处在纠缠态上，使它们的状态不可分离。一个著名的例子是两比特的贝尔态，单看任意一比特，都处在最大混合态上，没有储存任何信息，但是两个比特在一起就构成了一个可以储存信息的状

态。纠缠态是一种独特的量子资源，很多新奇的量子现象和高效的量子算法都依赖这种资源。

目前，量子计算已经有几种不同的理论方案，其中包括跟经典计算机类似的线路方案、基于量子绝热定理的绝热量子计算方案[2]和基于测量的单向量子计算[3]等。其中的线路方案跟经典计算机类似，基本流程包括在量子比特上制备初态，在量子比特上进行量子门操作，对量子比特进行测量以读取最后的计算结果等步骤。一台量子计算机通常不能直接生成任意的量子门，但是为了实现通用量子计算，需要保证量子计算机中可以施加的量子门能以任意精度逼近需要的量子门，也就是说需要能直接施加的量子门构成一个通用门的集合。这样的集合有很多种，可以根据物理体系本身的特点或者计算方案进行选择。

线路模型的计算过程通常用量子线路表示，量子线路由连线和量子门构成，其中连线用于表示信息在线路中的传递，而量子门表示对信息的处理。与经典线路不同的是，作用在量子线路中的量子门的种类复杂得多。经典的比特只有 0 和 1 两种状态，因此对单比特的操作也只有状态的取反。但是，量子比特可以处在 $|0\rangle$ 和 $|1\rangle$ 的叠加态上，因此需要的操作有无数种。比如，对应经典的比特翻转操作，将 $|0\rangle$ 和 $|1\rangle$ 互相翻转的量子门就是 Pauli-X 门，通常记为 σ_x，在 $\{|0\rangle, |1\rangle\}$ 的表象下（以后不加说明的情况下单比特门都采取这一表象）的矩阵形式为

$$\sigma_x = \begin{pmatrix} 0 & 1 \\ 1 & 0 \end{pmatrix} \tag{8.1}$$

值得注意的是，由于量子状态的演化是线性的，因此 σ_x 作用在任意的一个单比特状态 $\alpha|0\rangle + \beta|1\rangle$（$|\alpha|^2 + |\beta|^2 = 1$）上，都将其变换为 $\alpha|1\rangle + \beta|0\rangle$，即将 $|0\rangle$ 和 $|1\rangle$ 的位置互换。其他几个比较典型且常用的是 Pauli-Y、Pauli-Z 算符、Hadamard 门和 T 门，它们的矩阵表示如下：

$$\sigma_y = \begin{pmatrix} 0 & -i \\ i & 0 \end{pmatrix}, \quad \sigma_z = \begin{pmatrix} 1 & 0 \\ 0 & -1 \end{pmatrix}, \quad H = \frac{1}{\sqrt{2}} \begin{pmatrix} 1 & 1 \\ 1 & -1 \end{pmatrix},$$

$$T = \begin{pmatrix} 1 & 0 \\ 0 & e^{i\pi/4} \end{pmatrix} \tag{8.2}$$

对于一个量子比特来说，把它从一个给定的初始态演化到任意一个其他状态，我们需要无数多个单比特量子门。实际上这些单比特量子门可以进行分类，如要改变 $|0\rangle$ 和 $|1\rangle$ 前面的布居数，可以使用以下一类旋转门来实现：

$$R_y(\gamma) = e^{-i\frac{\gamma}{2}\sigma_y} = \begin{pmatrix} \cos\frac{\gamma}{2} & -\sin\frac{\gamma}{2} \\ \sin\frac{\gamma}{2} & \cos\frac{\gamma}{2} \end{pmatrix} \tag{8.3}$$

类似地，两个基矢前面的相位变化可以用绕着 σ_z 的旋转来实现：

$$R_z(\beta) = e^{-i\frac{\beta}{2}\sigma_z} = \begin{pmatrix} e^{-i\frac{\beta}{2}} & 0 \\ 0 & e^{i\frac{\beta}{2}} \end{pmatrix} \tag{8.4}$$

上面提到的 T 门可以写为 $R_z(\pi/8)$，所以有时候也称 $\pi/8$ 门。另外，一个常用的

R_z 门是 $R_z(\pi/4)$，通常称为相位门，记为 S。实际上，任何一个单比特量子门 U 都可以拆成上面两类旋转的乘积，其具体形式为

$$U = e^{i\alpha} \begin{pmatrix} e^{-i\frac{\beta}{2}} & 0 \\ 0 & e^{i\frac{\beta}{2}} \end{pmatrix} \begin{pmatrix} \cos\frac{\gamma}{2} & -\sin\frac{\gamma}{2} \\ \sin\frac{\gamma}{2} & \cos\frac{\gamma}{2} \end{pmatrix} \begin{pmatrix} e^{-i\frac{\delta}{2}} & 0 \\ 0 & e^{i\frac{\delta}{2}} \end{pmatrix} \tag{8.5}$$

式中：$e^{i\alpha}$ 为一个不重要的全局相位；α、β、γ 和 δ 为 4 个由 U 决定的参数。当然，U 可以拆成不同形式、不同数目的单比特门的乘积形式，上面的拆解只是一个比较常见的方法。

多量子比特门通常分为两类，一类能改变多比特的状态但是不产生纠缠，是非纠缠门，典型的例子是 2bit 的 Swap 门，矩阵形式为

$$\text{Swap} = \begin{pmatrix} 1 & 0 & 0 & 0 \\ 0 & 0 & 1 & 0 \\ 0 & 1 & 0 & 0 \\ 0 & 0 & 0 & 1 \end{pmatrix} \tag{8.6}$$

另一类能改变比特之间的纠缠，常见的例子是控制非门，其矩阵形式为

$$\text{CNOT} = \begin{pmatrix} 1 & 0 & 0 & 0 \\ 0 & 1 & 0 & 0 \\ 0 & 0 & 0 & 1 \\ 0 & 0 & 1 & 0 \end{pmatrix} \tag{8.7}$$

CNOT 可以将直积态 $(|0\rangle+|1\rangle)\otimes|1\rangle$（忽略掉显然的归一化系数）变为一个最大纠缠态（贝尔态）$|01\rangle+|10\rangle$。

控制非门是控制量子门的一个特例，用状态描述可以写为 $|c\rangle|t\rangle \to |c\rangle|t+c\rangle$，这意味着如果控制比特的状态是 $|1\rangle$，就把目标比特的状态进行翻转；相反如果控制比特的状态是 $|0\rangle$，那么目标比特的状态不变。按照同样的描述方式，一个一般的控制量子门 U 可以写为 $|c\rangle|t\rangle \to |c\rangle U^c|t\rangle$，其中 U^c 代表满足控制条件后在目标比特上的作用。当然这种描述方式也可以推广到更一般的情况：U 作用在 $n+k$ 个量子比特上，其中 n 个比特是控制比特，k 个比特是目标比特。在这种情况下，U 可以写为

$$U|x_1 x_2 \cdots x_n\rangle|\psi\rangle = |x_1 x_2 \cdots x_n\rangle U^{x_1 x_2 \cdots x_n}|\psi\rangle \tag{8.8}$$

式中：$|x_1 x_2 \cdots x_n\rangle$ 为控制比特要满足的状态；$|\psi\rangle$ 为目标比特的状态，$U^{x_1 x_2 \cdots x_n}$ 为作用在目标比特上的幺正操作。

在经典计算机中，对比特执行的操作是有限的，因此只需包括 3 个操作的一个集合就能实现任意的算法，这样的集合称为通用集合。虽然对量子比特的操作有无限多个，但是存在同样的通用集合，利用这些集合中的元素能够以任意高的精度逼近任何量子门。一个例子是 Hadamard 门、S 门、T 门和 CNOT 门。除此之外，所有的二能级幺正门也是通用的，所有的单比特门和任意两个比特之间的 CNOT 也是通用的[1]。在实现一个量子算法的时候选择哪个通用集合需要考虑两方面的因素：第一是集合中的量子门必须在特定的物理硬件中实现；第二是集合中的量子门必须高效地近似算法中所需要的量子门。实际上，由于物理体系本身特性的约束，很多量子门（如二能级量子门）是不容

易实现的，因此选择这样的集合作为通用集在实验上是不合适的。另外，像 H 门、S 门、T 门和 CNOT 门实现一些特定量子门的时候需要消耗的资源是呈指数级的，因此不适合所有算法。通常来说，在给定了一个小的通用集的情况下，要利用多项式个量子门来近似任意一个量子门是不可能的。因此，如何兼顾到物理体系提供的可能性和通用集的有效性来实现量子算法是量子计算中的一个富有挑战性的问题。

量子力学给计算提供了新的资源和可能性，但也附带了一些约束。一个重要的约束是对未知量子态进行投影测量的时候，会不可避免地影响量子的状态，这意味着我们不能轻易地通过测量量子体系的状态来获知计算过程的细节。不能随意对量子状态进行测量可以引申出量子不可克隆定理：对于未知的量子态，我们是不能以 100% 的概率进行复制的。这个定理暗示了我们不能把一个未知的状态进行备份。对于量子计算来说，这通常是一个缺点，原因是不能监控量子状态会增加纠错的难度；但是对于量子通信来说，不能对量子状态进行测量就意味着不能进行窃听，否则会被感知到，因此是量子通信安全性的基础。

8.1.1 量子计算物理系统

尽管量子计算的理论框架是清晰的，但想要在真实的物理系统中实现这样的理论构想并不是一件容易的事。David DiVincenzo 提出了要实现量子计算必需的 5 个条件[4]。

1. 定义良好的量子比特和可扩展性

现实的物理体系通常不是天然的二能级系统，而是多能级系统，用多能级系统定义量子比特的时候需要有两个能级具有相当的独立性。定义良好是指这两个状态需要对应着容易调节的物理参数和已知的内部哈密顿量，对它们进行调控的时候不会影响到其他能级，量子状态也不容易跃迁到其他能级上去。可扩展性要求量子比特跟其他比特的相互作用的形式是清楚的，同时在进行比特之间的耦合的时候，某个比特的状态不会被演化到另一个体系其他的能级上去。

2. 能够将量子比特制备到一些基本的初始态

任何计算方案都会要求把寄存器初始化到某个特定的初始态上，因此量子计算机必须有能力将所有的量子比特制备到某些基本的初始态上。其中最基础的要求是将所有的量子比特都制备到基态上（$|0\rangle$）：从所有比特都是 $|0\rangle$ 出发，可以通过施加量子门来制备出所需要的其他的状态。量子纠错码对这一能力提出了更高的要求，由于纠错的过程需要在每次测量完成之后把测量比特重置到 $|0\rangle$ 上。因此，不仅要求有这样的基态制备能力，还要快速实现，以便减少其他比特的闲置时间。

将一个量子比特制备到比特的基态上通常有两种方法：第一种是 $|0\rangle$ 本身就是系统哈密顿量的基态，因此可以通过"自然"冷却的方式将系统的状态冷却到基态上；第二种是对比特进行 σ_z 的测量，这样比特的状态就会坍缩到 $|0\rangle$ 或者 $|1\rangle$ 上，如果状态坍缩到 $|1\rangle$ 上，通过比特翻转就可以将比特制备到 $|0\rangle$ 上。

除了线路量子计算方案，绝热量子计算和单向量子计算都需要将用于计算的比特制备到一定的初始态上。绝热量子计算需要将比特的状态制备到初始哈密顿量的基态上，由于初始哈密顿量可选择性比较高，因此制备难度不太大。与之不同的是，单向量子计算需要的初始态是所有量子比特的一个高度纠缠态，通常叫作集群态（cluster state），它的实验实现一直是一个重大挑战。

3. 远超过门操作时间的退相干时间

量子体系通过跟周围环境耦合产生退相干效应。退相干是量子体系逐渐出现经典性的一个重要机制，因此它也是危害量子计算机的主要因素。通常用退相干时间刻画量子比特受环境影响的程度，虽然在理论上有各种各样的描述方法，但是实验上通常用 T_1 和 T_2 定量描述。理想上，退相干时间越长越好，因为只有退相干时间远远超过量子门的作用时间，才有可能在量子计算机上实现量子算法。值得注意的是，不同体系的退相干时间差别很大，有的体系退相干时间很长，但是作用量子门的时间也比较长，因此退相干时间和门时间的相对比值才有意义。不过退相干时间也不需要无限长，首先这在技术上几乎不可能，其次没有必要，因为通过量子纠错的技术，可以及时发现比特上的错误并加以纠正，所以退相干时间只要能够实现容错量子计算就可以了。

4. 能实现一个通用的量子门集合

正如上面讨论过的那样，能实现一个通用的量子门集合是量子计算的基本要求。在线路方案中，量子算法形式上可以拆成一系列的量子门的乘积，这些量子门需要由一个通用集合中的元素进行高效的逼近，而这个集合中的元素则需要体系中可控的哈密顿量来生成。在这样的背景下，一个体系中可用的哈密顿量种类就成为决定它是否适合作为量子计算机候选体系的关键因素。尤其是比特之间的相互作用，如果不能够控制开和关，将会给比特的控制带来非常大的麻烦，在比特数目变多的时候，这样的相互作用还会带来串扰，影响比特的控制精度。

5. 对量子比特进行单独测量

利用量子线路执行完量子算法以后，要通过对比特进行测量读出计算得到的结果。理想的单比特测量过程（投影测量）会把比特的状态以一定的概率坍缩到 $|0\rangle$ 或者 $|1\rangle$ 上，而且这个过程不会对周围其他的比特产生影响。但是，现实中由于量子比特和测量设备的耦合强度有限，这样理想的情况不会出现。幸运的是，理论上可以说明，即便量子测量的可信度达不到 1，仍然可以通过使用多次测量的方式给出可信的测量结果。

1) 超导量子比特

超导量子比特是实现大规模量子计算的重要候选者[5]。1999 年，Nakamura 等就制备出了第一个基于超导系统的量子比特。从那时起，超导量子比特的数目、每个比特的质量、对比特的操控精度等都获得了很大的进步。2014 年，谷歌公司的量子团队在集成了 5 个超导比特的芯片上展示了保真度超过 99.4% 的 2b 量子门，这已经达到了表面码的要求。2019 年，谷歌公司的量子团队又首次利用 53 个超导比特展示了量子优越性，引发了量子计算机研究的全球热潮。

超导比特的重要组成部分是约瑟夫森结，它通常由两个超导电极和它们中间的一个绝缘层构成。这样的结构可以等效为一个电感值依赖于器件的偏置条件的非线性电感。将约瑟夫森结并联一个电容，可以形成一个非线性的 LC 振荡电路。由于约瑟夫森结的非线性，这个量子化的非谐振子的能级之间的能量差不是常数，因此可以选择较低的两个能级定义量子比特。

超导量子比特的一个优势是具有很高的设计灵活性，通过调节电路元件的参数，可以设计出具有不同能级结构和相互作用的超导量子比特；另外一个优势是超导量子比特使用宏观量子态进行信息编码，比较容易与控制和读取电路产生强耦合，实现高速的量子信息处理。同时，超导量子比特一般在微波频段设计工作，因此可以利用大量成熟的微波射频技术和设备。最后，超导量子线路可以通过微纳加工技术制备并很好地集成在平面电路中，具有良好的可扩展性。因为具备上述优势，超导量子计算成为目前最有前景的量子计算技术路线之一。产业界与学术界基于该平台开展的一系列重要工作有力地推动了整个量子计算领域的进步。

目前超导比特主要有三种设计：电荷比特、磁通比特和相位比特。这几种比特可以通过它们的约瑟夫森能 E_J 和电荷能 E_C 的比值来区分。对于电荷比特来说 $E_C \gg E_J$，对应的量子变量是穿过约瑟夫森结的库伯对的数量；磁通比特的 $100 > E_J/E_C > 1$，它的状态由超导线圈中的电流的方向表示；相位比特中的 $E_J \gg E_C$，比特定义在搓衣板势场中的最低的两个能级上。

目前已经有各种不同的超导比特的设计，比较常见的包括 Transmon 类（这一类有很多不同的设计，像 Transmon、Xmon、Gmon、3D Transmon 等）、flux qubit、Fluxonium、0-π qubit、Hybrid qubit 等。不同种类的超导比特的寿命有很大差别，T_1 时间最长的 Fluxonium 2014 年就达到了 8100μs，而 flux qubit 最高的只有 55μs。

2) 离子阱量子比特

1995 年，Ignacio Cirac 和 Peter Zoller 提出了可用囚禁在射频场中的离子来构建量子计算机，在这一理论构想提出不久，实验上就实现了控制非门和多比特的纠缠门。由于离子量子比特的跃迁谐振频率只由离子种类和外界磁场决定，因而相对于超导和半导体量子点等人造量子比特，离子阱系统不存在由于加工工艺不稳定导致的比特之间的差异性。通过施加非匀强的外磁场，可以使阱中不同离子的跃迁频率各不相同，从而实现对离子的选择性操控。由于其高保真度的操控性，离子阱一直都是建造量子计算机重要的候选平台[6]。

离子阱比特是少数几种能全部满足 DiVincenzo 判据的系统。离子内禀的电子状态可以表示 $|0\rangle$ 和 $|1\rangle$，目前的离子阱比特大致可以分为四类：超精细结构比特，比特状态由离子能级劈裂的超精细结构表示；拉曼比特，比特状态是磁场中的子能级；精细结构比特，比特状态是精细结构能级；光学比特，比特状态由光学跃迁形成。每种设计都有自己的优点和不足，需要综合考虑其实验实现。

对离子量子比特的初始化和测量操作均由激光实现。量子比特初始化的技术称为"光泵"。利用一束或多束不同波长的激光激发离子的多个跃迁，同时保证仅有目标能级不被激发，则离子在一定时间后就会以充分接近 1 的概率退激到目标能级，从而实现离子量子态的初始化，量子态探测的技术称为"荧光探测"。利用特定频率和偏振的激光将量子比特的两个态之一（称为"亮态"）激发到更高的能级，并随后通过自发辐射退激发回来，在循环往复的激发和退激发过程中，离子会辐射出大量的光子；反之，量子比特的另一个态（称为"暗态"）则不会被激发，因而不会辐射任何光子。通过激光照射离子并利用光电倍增管等光子探测器收集离子散射的光子，可实现对离子量子比特的测量。

被囚禁在同一个势阱中的多个离子会在势阱和库仑斥力的共同作用下形成稳定的晶格结构。由于激光光子具有较大的动量，离子晶格的简谐振动可通过激光进行控制，进而可以实现离子量子比特与晶格振动的量子纠缠。此外,晶格的简谐振动是阱中所有离子的集体运动模式,因而可以作为不同离子间产生量子纠缠的媒介。通过同时对阱中多个离子进行操作,可实现它们的量子纠缠。

由于退激发后的离子和它自发辐射出的光子之间存在纠缠,这些光子也可以作为离子间实现纠缠的媒介。例如,通过对两个离子辐射出的光子进行 Hong-Ou-Mandel 干涉测量,即可概率性地实现两个离子的量子纠缠。利用这种方案可以实现处于不同阱中的离子的远程纠缠。

相比于其他的量子计算物理平台,囚禁离子系统具有以下主要特点。一是与外界环境隔绝程度高。离子通过电磁场囚禁在超高真空环境中,与外界环境不存在直接接触,发生背景气体粒子碰撞的频率也极低。因此相比于超导、量子点等固体系统,囚禁离子系统无须极低温环境,来自外界的干扰也仅有电磁场噪声一项。二是严格的全同性。同种离子具有完全相同的物理性质,不同于人造量子比特,其各项物理性质受限于加工工艺的稳定性,具有一定的随机性。三是全连接性。处于同一阱中的多个离子可以通过共同的简谐振动模式直接实现纠缠,不同于超导、半导体量子点和冷原子等系统,一般仅位置相邻的量子比特可直接发生相互作用。

随着系统规模的扩大,离子数的增多,作为系统核心部分的离子阱的构型也在逐渐发展。最初的离子阱,其势阱电极由 4 根平行的圆柱形金属杆构成。而后,由于对离子量子态的探测保真度直接受制于对离子辐射光子的收集率,圆柱形的电极被刀片形的电极所取代,以降低对离子光学空间角的遮挡。当离子数较多时,阱电极安装位置的细微失配会显著影响系统的稳定性和性能,因此又出现了以陶瓷、石英等为基材、通过微纳加工和蒸镀等工艺制备电极结构的一体化离子阱和芯片型离子阱,这类离子阱整体一次成型,无须手工安装多个零部件,且整体尺寸比刀片阱要小,离子一般囚禁于芯片的表面或基材切出的深槽中。此外,还有一些为离子远程纠缠方案专门设计的、光子收集率可达 90%以上的光纤离子阱和抛物面离子阱。

囚禁离子系统因与外界环境隔离度高,小规模系统性能优越,因此在量子计算的早期发展中备受瞩目。目前,囚禁离子系统的单比特门和两比特门保真度分别达到了 99.9999%和 99.91%,远高于其他量子计算平台;单量子比特的相位相干时间也长达 1h。但是,这些指标是在仅包含 1~2 个离子的小规模系统中实现的。对于更大规模的系统,由于离子晶格的整体尺度和质量更大,在囚禁稳定性和振动模式操控难度方面都会面临困难,相应地,这些因素也会影响量子门操作的性能。这些瓶颈问题从原理上限制了囚禁离子系统的规模在量级上的提升,目前实验上实现的可用于量子计算的系统规模最大为 32 个离子,用于量子模拟的为 53 个离子。

鉴于单个阱中的离子数难以实现数量级的提升,当前主流的规模化方案是使用多个囚禁区域,每个区域仅囚禁少量的离子,但是离子可以在不同区域之间交换和移动,即所谓"量子电荷耦合器件"(QCCD)架构。QCCD 架构以芯片阱为基础,利用半导体工艺在基材表面制备二维的电极结构。通过调节不同电极上施加的射频或直流信号的电压,即可实现离子在芯片表面的移动。

3) 光学量子比特

光量子系统是实现量子计算和量子通信的重要系统之一,它在室温大气环境下具有抗退相干、单比特操纵简单精确、提供分布式量子计算的接口等优势[7]。光量子系统的另外一个优势在于可以在多个自由度（如偏振、路径、频率、轨道角动量等）编码量子比特，因此具有丰富的技术选择性。由于其便捷的可操控性，量子计算和量子通信领域很多里程碑式的实验演示都是首先利用光学量子比特实现的。经过20多年的发展，人们已经基于光学体系实现了量子隐形传态、单向量子计算、量子计算优越性等多个重要成果。

根据计算的功能划分，基于光学系统的量子计算机可以分为专用量子计算模型（如玻色采样）和通用的量子计算模型（如单向量子计算）。同时，根据光量子态编码信息的方式，光量子计算又可以分为离散变量光量子计算模型和连续变量光量子计算模型。为了实现通用量子计算，光量子计算体系还需解决确定性高精度两比特门、大规模可扩展纠缠态制备等关键技术。

光学量子计算的核心硬件包括量子光源、光量子线路、单光子探测和量子模拟机。量子光源主要用于制备特定的输入初始态，常见的量子光源包括确定性的单光子源、压缩真空态光源和纠缠光子对光源。制备了光量子比特以后，需要对光量子比特进行相干操纵。基于自由空间的线性光学实验中可以采用散装的分束器、波片和相移片等线性光学器件实现对量子比特的调控。例如，我们可以用 45° 的半波片实现光子偏振比特的翻转；利用半波片和 1/4 波片组合，实现任意单比特操作。随着量子比特的增加，实验上需要对量子线路进行小型化和集成化，将基本的光学元件集成到光芯片上。例如，基于波导的光量子计算通过把光学干涉网络集成为波导芯片来进行光量子计算。2008 年，英国科学家 Politi 等在一块硅基二氧化硅芯片上构造了分束器的线性网络，进行了两个光子的干涉和简单的光子逻辑门实验演示。由于波导芯片都是整片加工的，相对自由空间光学元件性能更加稳定，可扩展性更强。这种技术目前的一个缺点在于器件表面如果不是绝对平滑就会造成散射衰减以及光纤的衰减，导致效率不够高。因此，集成光学技术还需要进一步发展。

光量子计算的结果也是利用单光子探测器对光量子比特进行测量读出的。常用的探测器主要包括基于雪崩二极管的单光子探测器和超导单光子探测器。相比而言，超导单光子探测器的探测效率高、暗记数低，类型上主要包括转变边缘探测器和纳米线单光子探测器两种。工作原理是通过单光子能量局域加热边缘的超导薄膜或纳米线，将局部的超导态转换为非超导状态，实现电流或电压突变，以此来探测光子。

4）金刚石色心量子比特

金刚石氮空位（NV）色心量子计算利用 NV 色心的电子自旋及金刚石中的碳-13 核自旋作为固态量子比特，能够在室温下实现量子计算[8]。金刚石色心比特的另外一个优势是在室温下也具有很长的退相干时间，可达毫秒量级，NV 色心附近还有众多相干时间在室温下就长达秒量级的核自旋，其可以作为存储比特，这使它成为储存量子信息的一个好的平台，可以用于制造量子中继器。

在面心立方的金刚石晶格中，当 5 个呈正四面体的碳原子中沿着 [111] 轴的两个原子分别被一个氮原子和一个空位取代，就会形成一个氮空位中心。氮原子给出两个多余的电子，加上 3 个碳原子各给出一个电子，就会组成一个中性的 NV^0。NV 色心是当中性 NV 色心再从环境中捕获一个电子时，形成的带负电的 NV^-。这种带负电的 NV 电子自旋可以作为量子比特，通过激光脉冲实现初始化和测量，量子态的翻转可以用微波脉冲实现。

室温下金刚石 NV 色心的基态为自旋三重态，分别用 $|ms=0\rangle$ 和 $|ms=\pm1\rangle$ 表示，可利用 NV 色心的自旋三重态作为量子比特系统。三重态基态与激发态间跃迁相应的零声子线为 637nm，基态的自旋三重态中 $|ms=\pm1\rangle$ 在无磁场时是简并的，它们与 $|ms=0\rangle$ 态之间的能隙对应的微波频率为 2.87GHz。有了良好的量子比特，我们还需要对 NV 色心自旋态进行初始化、操控和读出，即实现量子比特基准态的制备、量子逻辑门操作和量子比特的测量，以满足 DiVincenzo 判据对量子计算体系的物理要求。

要把金刚石色心比特制备到基态，首先用 532nm 的激光激发基态电子，由于电子跃迁是电偶极跃迁，与电子自旋无关，所以跃迁前后的自旋是守恒的。$|ms=0\rangle$ 的基态电子到 $|ms=0\rangle$ 的声子边带，同时 $|ms=\pm1\rangle$ 的基态电子到 $|ms=\pm1\rangle$ 的声子边带。在此之后，$|ms=0\rangle$ 的电子绝大多数都直接跃迁到基态辐射荧光，而 $|ms=\pm1\rangle$ 的电子除一部分直接跃迁到基态辐射荧光外，另一部分通过无辐射跃迁到单重态再到三重态的 $|ms=0\rangle$ 态（系间串跃过程）。经过多个周期之后，基态 $|ms=\pm1\rangle$ 上的布居度会越来越少，而 $|ms=0\rangle$ 上的布居度会越来越多。总的效果相当于在激光的照射下，布居度从 $|ms=\pm1\rangle$ 转移到了 $|ms=0\rangle$，从而实现了自旋极化，室温下 NV 色心电子自旋的极化率可达 95% 以上。

对 NV 色心自旋态的操控，使用的是自旋磁共振技术。在外加磁场作用下，通过施加与拉莫进动频率一致的微波，利用微波场与自旋的相互作用，来调控自旋状态。首先打开激光，将 NV 色心自旋态初始化到 $|ms=0\rangle$ 态；然后关闭激光，打开微波，微波脉冲的频率等于共振频率；最后再施加激光，将 NV 色心自旋态读出。施加的微波脉冲宽度不同，自旋演化的状态就不同。将微波脉冲宽度与荧光计数对应起来，就可以得到拉比振荡的曲线。实现了拉比振荡，即说明实现了对 NV 色心自旋的相干操控，量子比特在 $|ms=0\rangle$ 态和 $|ms=1\rangle$ 态之间振荡。共振驱动的情况下，当 $\omega_1 t=\pi$ 时，量子比特从 $|ms=0\rangle$ 态完全转到了 $|ms=1\rangle$ 态，实现了一个非门操作，因此这个脉冲也称 π 脉冲。当 $\omega_1 t=\pi/2$ 时，我们得到 $|ms=0\rangle$ 态和 $|ms=1\rangle$ 的叠加态，即 $|0\rangle \to (|0\rangle+i|1\rangle)/\sqrt{2}$，因此这个脉冲也称 π/2 脉冲。

对 NV 色心自旋态的读出原理为（选取基态的 $|ms=0\rangle$ 和 $|ms=1\rangle$ 作为量子比特）：NV 色心的自旋极化是将量子比特的初态极化到 $|0\rangle$ 态，由于 $|ms=\pm1\rangle$ 态有更大的概率通过无辐射跃迁回到基态，所以 $|ms=0\rangle$ 态的荧光强度比 $|ms=\pm1\rangle$ 态的荧光强度大，前者比后者的荧光强度大 20%~40%。根据 $|ms=0\rangle$ 态和 $|ms=\pm1\rangle$ 态对应荧光强度的差别，可以区分 NV 色心的自旋态，实现对自旋量子比特状态的读出。由于单次实验得到的 $|ms=0\rangle$ 态和 $|ms=\pm1\rangle$ 态的荧光强度并不明显，室温下对 NV 色心电子自旋量子比特的测量一般为多次实验重复测量，测得的结果为某个观测量的平均值。

5）量子点量子比特

量子点量子比特可以利用半导体工业上发展成熟的纳米制备工艺，因此最容易进行大规模集成。在半导体结构中单个电子电荷的位置和运动相对容易控制和测量，因此可以用于定义量子比特[9]。目前，已经有多种不同的基于半导体的量子点比特的设计，在这种设计中对电子的束缚有静电场和物理约束，同时获得比特的状态定义在电荷或者自旋的自由度上。

半导体量子点主要有基于硅基的量子点和基于砷化镓的量子点两种。以硅基的量子点为例，它主要利用半导体量子点构建可编程的自旋量子比特阵列，其自旋的载体是量子点中囚禁的电子或空穴，阵列中的量子比特可以通过电脉冲实现驱动或耦合，完全符合 DiVincenzo 的判据。具体地说，首先在硅基的衬底材料中，通过微纳加工方法，由加工的多个电极或者原子核形成电学的库仑势阱，由于势阱尺寸小（10~100nm 级别），可以看成嵌入三维衬底材料的零维势阱，构成量子点。其中，电子或空穴能量是量子化的，其基态在外加磁场下产生塞曼劈裂，形成自旋相关的能级。首先利用这些自旋关联的基态能级可以编码量子信息；然后通过电脉冲的电磁场实现自旋的驱动或者自旋与自旋之间相互作用实现耦合（也就是量子计算所需要的基本逻辑操作）来执行量子计算的算法量子线路；最后对电子或空穴的自旋量子比特读出测量，完成计算。

相对于其他适合构建量子计算机的物理系统，硅基量子计算具有的优势主要有 3 个方面。第一，其绝大部分的微纳加工工艺与传统的金属-氧化物-半导体（MOS）工艺兼容，有大规模可扩展芯片加工的潜力，在商业化阶段将易于和半导体行业对接。第二，在可大规模生产的全固态、芯片化的量子计算方案中，比特相干时间最长（如硅基的磷原子的原子核自旋相干时间可达到 30s，电子自旋相干时间超过 500ms），其量子门操作精度也在各种技术路线中居于前列，已经超过容错量子计算方案要求的阈值。第三，在电子、空穴或原子核的自旋上进行比特编码，是基于电学调控的量子计算平台，有全电学操控的优势。

6）拓扑量子比特

拓扑量子计算是实现容错量子计算的一种方案，它与量子纠错码的不同之处在于它不靠主动的人为干预来发现比特上的错误并加以改正，而是从物理硬件的层面保护量子状态不受局域噪声的影响[10]。这一方案最初由 Alexei Kitaev 提出，拓扑量子比特编码在一个 2 维多体量子体系的元激发上（也称任意子），这些激发形成了拓扑序体系的简并基态空间，其他的状态都跟这个基态空间分离，因此这样的比特具有拓扑性质。要在拓扑的量子比特上进行量子计算，需要从真空中创造出成对的这样的元激发，在空间将它们分开，然后将它们绕对方转一圈（辫子操作）以形成逻辑操作，最后将它们融合到一起进行测量。

要实现拓扑量子计算，有两个问题必须克服。第一，任意子之间的量子隧穿会导致误差，这个过程在 0K 下也可以发生。但是这个过程的强度可以通过增大任意子之间的空间分裂呈指数级的压制，因此任意子之间的空间距离需要远远大于某个常数（依赖体系拓扑序的特征长度）。第二，在有限温度下，热激发准粒子会导致误差。这种误差可以通过在给定温度下增大激发能呈指数级的压缩，因此实验进行的温度一定要足够低，这样才会有足够少的热激发产生。

上述的拓扑量子比特理论上有可能在几种物理体系中找到。首先是分数量子霍尔效应中的 $v=5/2$ 状态，非阿贝尔任意子和它的统计最早就是在这个体系中被提出的。到目前为止，这个体系已经被研究得非常透彻。另一个体系是具有同样统计规律的马拉约那费米子，马拉约那费米子有可能在二维的无自旋超导材料中存在。

8.1.2 量子算法

1. Shor 算法

数论中一个熟知的结论是一个整数有唯一的质因子分解，但是想找到这些质因子是个困难的问题。这一规律被用来设计 RSA 密码，进行网络数据的加密。一般认为，当一个大整数达到了 1000 位及以上时，几乎不可能对其进行质因子分解了，因此基于这种长度设计的密码应该是安全的。这一传统认识在 1995 年的时候受到了挑战，美国的数学家 Peter Shor 提出了可以在多项式时间内解决质因子分解问题的量子算法[11]。与最好的经典算法相比，Shor 算法具有指数加速的效果。经典计算机需要上百年才能完成的大数分解，在量子计算机上仅需要几分钟就能完成。

有位数学家在 20 世纪 70 年代指出解决质因子分解问题的关键在于解决整数的求阶运算。求阶运算是指，对于满足 $x<N$，且无公因子的正整数 x 和 N，x 模 N 的阶定义为最小正整数 r 使得 $x^r = n \mod(N)$，求阶运算就是求出对特定的 x 和 N 的确定阶数。比如，5^0 和 5^6 对 21 的模数相同，因此其阶数为 $r=6$。

我们先假设 N 只能分解为两个质因数，当 r 为偶数时，可以做以下因式分解：

$$x^r - 1 = (x^{r/2} + 1)(x^{r/2} - 1) \tag{8.9}$$

式中：$x^r - 1$ 为 N 的整数倍；$x^{r/2} - 1$ 不是 N 的整数倍（否则阶数就为 $r/2$ 了）。若 $x^{r/2} \pm 1$ 皆不是 N 的倍数，而 $(x^{r/2}+1)(x^{r/2}-1)$ 却是，则说明 $x^{r/2} \pm 1$ 中各含一个 N 的质因子。因此，在此时分别求两者的最大公因数 $\gcd(x^{r/2} \pm 1, N)$ 即可找出 N 的两个质因子。当然，也有可能存在 $x^{r/2} + 1$ 是 N 的倍数的情况，此时则需要重新选取 x，不过这种情况发生的概率比较小，只要寻找少数次的 x 的调试就可以完成上述分析。

量子求阶算法需要将相位估计算法作用在幺正算符 U 上，这里的 U 满足

$$U|y\rangle \equiv |xy \mod(N)\rangle \tag{8.10}$$

式中：$y \in \{0,1\}^{\otimes L}$ 且 $L = \lceil \log N \rceil$，这里 $\lceil \cdot \rceil$ 表示向上取整。假设存在量子态：

$$|u_s\rangle \equiv \frac{1}{\sqrt{r}} \sum_{k=0}^{r-1} e^{-i2\pi sk/r} |x^k \mod(N)\rangle \tag{8.11}$$

式中：$0 \leq s < r$，则 $|u_s\rangle$ 为 U 的本征态，因为

$$U|u_s\rangle \equiv \frac{1}{\sqrt{r}} \sum_{k=0}^{r-1} e^{-i2\pi sk/r} |x^{k+1} \mod(N)\rangle = e^{i2\pi s/r} |u_s\rangle \tag{8.12}$$

通过量子相位估计算法我们可以高精度地得到 U 的本征值 $e^{i2\pi s/r}$，进而再结合一些额外的工作，即可得出 r 的值。

由于上面使用了量子相位估计，这一算法的正确执行需要满足以下两个条件：①控制算符 $C_u = \sum_j |j\rangle\langle j| \otimes U^j$ 可以高效实现，②U 的本征态 u_s 可以高效制备。在当前的问题下，条件①可以通过"模指数"方法轻易得到，条件②的满足却并不容易，因为 $|u_s\rangle$ 的制备意味着我们需要知道 r 的值。要解决这一问题，需要注意到以下关系：

$$\frac{1}{\sqrt{r}} \sum_{s=0}^{r-1} |u_s\rangle = |1\rangle \tag{8.13}$$

这意味着我们只需在相位估计算法中的第一个寄存器中使用 $t=2L+1+\left\lceil\log\left(2+\frac{1}{2\epsilon}\right)\right\rceil$ 个量子比特，并将第二个寄存器制备在平庸的 $|00\cdots01\rangle$ 态，那么在算法的最后，我们总能以至少 $1-\epsilon$ 的概率获得某一 s/r 的精度为 $2L+1$ 比特的估计值。

随之而来的问题是相位估计仅仅告诉我们 s/r 的有限精度下的估计值 $\widetilde{\phi}$，将 $\widetilde{\phi}$ 化成分数形式后，$\widetilde{\phi}=\frac{s'}{r'}$ 与 $\frac{s}{r}$ 在计算 r 的值的过程中是否等价需要证明。在我们当前讨论的问题中对于特定的 x 和具有 L 位比特大小的 N，为求其阶 r 使得 $x^r=1\mod(N)$。假定我们已经通过相位估计方法得到了某 s/r 的精度为 $2L+1$ 比特的估计值 $\widetilde{\phi}$，由连分式的理论可知我们只需按照以下操作即可得到正确的 s/r 及 r 的值。

(1) 对于相位估计得到的 $\widetilde{\phi}=\frac{s'}{r'}$ 做连分式展开，记为 $[a_0,a_1,\cdots,a_M]$，由于 $0\leq\widetilde{\phi}<1$，连分式展开中的 $a_0=0$。

(2) 记 $p_0=a_0$，$q_0=1$；$p_1=a_1p_0+1$，$q_1=a_1q_0$。

(3) 对于 $2\leq k\leq M$，作递推关系 $p_k=a_kp_{k-1}+p_{k-2}$ 及 $q_k=a_kq_{k-1}+q_{k-2}$，从而可以得到一系列数对 (p_0,q_0)、(p_1,q_1)、$\cdots$、(p_M,q_M)。根据上述知识显然有 $\widetilde{\phi}$ 的 k 阶渐近可以表示为 $[a_0,a_1,\cdots,a_k]=p_k/q_k$，且对任意的 k，渐近表示 p_k/q_k 总是不可约的。

(4) 依次从小到大在 $k\in[0,M]$ 范围内，找到满足 $|p_k/q_k-\widetilde{\phi}|<\frac{1}{2N^2}=\frac{1}{2^{2L+1}}$ 的最小的 k 对应的 p_k/q_k，即真实的 s/r，也即 $r=q_k$。

一个值得注意的问题是，由于连分式展开渐近得到的 s_k/r_k 一定是不可约分数。虽然上述定理保证了该值与真实的值相等，即 $\frac{s}{r}=\frac{s_k}{r_k}$，却并不能保证 $r_k=r$，即偶然的量子坍缩可能导致末态的 s/r 可约，从而使我们的算法给出错误的结果。这个问题可以通过多次运行算法来解决，因此 Shor 算法是一个概率性的算法。我们知道，小于 r 的正整数中至少有 $\frac{r}{2\log_2 r}>\frac{s}{2\log_2 N}$ 个是质数，因而简单地重复算法 $2\log_2 N$ 次，总可以得到互质的 s_k、r_k，进而得到正确的解。

其次，对于得到的不互质的 s_k，r_k，必有 r 是 r_k 的倍数，此时记 $x'=x^{r_k}$ 并依上述算法计算 x' 的阶 r'。若得到新的 s、r'_k 互质，那么 $r_kr'_k$ 即为 r 的真实值；若新的 s'_k、r'_k 仍不互质，继续如此迭代下去，得到 $r_kr'_kr''_k\cdots$ 即 r 的真实值。这里的迭代次数最多仅需要 $O(\log_2 r)=O(\log_2 N)=O(L)$ 次。

另一种操作起来更简单的方法是连续运行上述算法两次，得到 s'_1、r'_1 及 s'_2、r'_2，假设两次运行得到的数对都不互质，那么 s_1 和 s_2 互质的概率为

$$1-\sum_q p(q|s'_1)p(q|s'_2)=\frac{1}{4} \tag{8.14}$$

因此我们至少有 $\frac{1}{4}$ 的概率得到互质的 s'_1、s'_2，那么 r'_1 和 r'_2 的最小公倍数为 r 的真实值。

2. Grover 算法

Grover 算法也称量子搜索算法，是用于搜索未经整理的数据库中特定条目的量子算

法，它的搜索复杂度为 $O(\sqrt{N})$，其中 N 为数据库的规模[12]。在经典算法中，由于平均来说人们不得不检查 $N/2$ 次才能找到所需的条目，因此不可能有复杂度低于 $O(N)$ 的算法出现。这意味着 Grover 算法比经典算法具有平方加速的效率。事实上，Bennett 等已经证明了能解决这个搜索问题的量子算法的复杂度至少是 $O(\sqrt{N})$ 量级的，所以 Grover 算法是近似最优的。

假设我们的数据库（或者搜索空间）$\mathcal{H}$ 中有 N 个元素（$N=2^n, n\in N_+$），每个元素可以用一个整数 x 代表。同时，我们还拥有一个判断函数 f，其根据元素相应的整数 x 来判断该元素是否为我们的搜索目标，使 $f(x)=1$ 的解构成了目标空间 $\mathcal{H}_S$，其中的元素数目 M 满足 $1\leqslant M\leqslant N$。我们的目的是找到目标空间中一个给定的元素。

我们首先将经典问题翻译成量子语言。每个元素用 n 个量子比特构成的希尔伯特空间中的量子态 $|x\rangle$ 代表，判断函数则相应地由黑箱（Oracle）O 代替。该黑箱作用于 n 量子比特和若干辅助比特 $|\phi\rangle_a$ 上，有

$$O|x\rangle|\phi\rangle_a = |x\rangle|\phi\oplus f(x)\rangle_a \tag{8.15}$$

式中：$\oplus$ 表示模 2 加法。在 Grover 搜索中，要求上述模 2 加法的结果满足

$$|\phi\oplus f(x)\rangle_a = (-1)^{f(x)}|\phi\rangle_a \tag{8.16}$$

即黑箱 O 的整体效果，如果 x 是目标空间的一个解，则状态增加一个相位因子 -1；如果不是解，则状态无任何改变。在这种情况下，我们可以将相位因子吸收进工作比特中，而保持辅助比特不变，从而可以忽略辅助比特的存在，只考虑工作比特的变化：

$$O|x\rangle = (-1)^{f(x)}|x\rangle \tag{8.17}$$

要达到这样的效果，可以将辅助比特初始化为

$$|\phi_0\rangle_a = \frac{1}{\sqrt{2}}(|0\rangle - |1\rangle) \tag{8.18}$$

并让 O 在 $f(x)=1$ 时对辅助比特取反，在 $f(x)=0$ 时什么都不做。这样可得

$$O|x\rangle|\phi_0\rangle_a = \frac{1}{\sqrt{2}}O|x\rangle(|0\rangle - |1\rangle) = (-1)^{f(x)}|x\rangle|\phi_0\rangle_a \tag{8.19}$$

数据库的量子态可以写为

$$|\psi_0\rangle = \frac{1}{\sqrt{N}}\sum_{i=0}^{N-1}|i\rangle \tag{8.20}$$

式中：$i=(i_{n-1}\cdots i_1 i_0)_{(2)} = \sum_{k=0}^{n-1} i_k 2^k$。然后对状态进行 Grover 迭代。每一次迭代的时候施加算符 G 在状态上，有

$$G = H^{\otimes n}(2|0\rangle\langle 0| - I)H^{\otimes n}O \tag{8.21}$$

式中：I 为所有工作量子比特上的单位算符。

设某次迭代开始前工作量子比特的状态为

$$|\psi\rangle = \sum_{i\in\mathcal{H}_S}\alpha_i|i\rangle + \sum_{j\in\mathcal{H}_S^\perp}\beta_j|j\rangle \tag{8.22}$$

将 Grover 迭代算符 G 作用于其上，可得

$$|\psi'\rangle = \sum_{i\in\mathcal{H}_S}\underbrace{\left(\alpha_i + \frac{2\lambda}{N}\right)}_{\alpha_i'}|i\rangle + \sum_{j\in\mathcal{H}_S^\perp}\underbrace{\left(-\beta_j + \frac{2\lambda}{N}\right)}_{\beta_j'}|j\rangle \tag{8.23}$$

式中：$\lambda = -\sum_{i\in\mathcal{H}_S}\alpha_i + \sum_{j\in\mathcal{H}_S^\perp}\beta_j$。由于初始态中各成分的系数均相同，可见经历 Grover 迭代后，目标空间 $\mathcal{H}_S$ 中各成分的系数 α_i' 仍保持相同，记第 k 次迭代后的系数 α_k 为 $\frac{1}{\sqrt{M}}\sin\frac{\theta_k}{2}$。与非目标态组成的空间 $\mathcal{H}_S^\perp$ 类似，我们记第 k 次迭代后的系数 β_k 为 $\frac{1}{\sqrt{N-M}}\cos\frac{\theta_k}{2}$。故第 k 次迭代后的量子态也可写为

$$|\psi_k\rangle = \sin\frac{\theta_k}{2}\underbrace{\frac{1}{\sqrt{M}}\sum_{i\in\mathcal{H}_S}|i\rangle}_{\text{归一化态矢量}|\psi_{\mathcal{H}_S}\rangle} + \cos\frac{\theta_k}{2}\underbrace{\frac{1}{\sqrt{N-M}}\sum_{j\in\mathcal{H}_S^\perp}|j\rangle}_{\text{归一化态矢量}|\psi_{\mathcal{H}_S^\perp}\rangle} \quad (8.24)$$

$$= \sin\frac{\theta_k}{2}|\psi_{\mathcal{H}_S}\rangle + \cos\frac{\theta_k}{2}|\psi_{\mathcal{H}_S^\perp}\rangle$$

在第 k 次迭代结束后测量工作量子比特，得到的量子态处于目标空间 $\mathcal{H}_S$ 的概率（成功概率）为

$$P_S = \left|\sin\frac{\theta_k}{2}\right|^2 = \left|\sin\left(k+\frac{1}{2}\right)\theta_0\right|^2 \quad (8.25)$$

式中：$\sin(\theta_0/2) = \sqrt{M/N}$，$\cos(\theta_0/2) = \sqrt{(N-M)/N}$。在 θ_0 较小时，若要使得成功概率不低于预设值 P_0，则需要

$$k \geq \frac{\arcsin\sqrt{P_0}}{\theta_0} - \frac{1}{2} \quad (8.26)$$

若 $M \ll N$，$\theta_0 \approx 2\sqrt{\frac{M}{N}}$，此时要让成功概率接近 1，有

$$k \approx \frac{\pi}{4}\sqrt{\frac{N}{M}} \quad (8.27)$$

由此可知 Grover 算法的复杂度为 $O(\sqrt{N})$。

3. Grover-Long 算法

在 Grover 搜索算法中，算法成功概率并不一定准确地达到 100%，原因是对于给定的 N 和 M，并不一定存在整数 k 使得 $P_S = 1$ 严格成立，因此原始的 Grover 算法也是一个概率算法。具体来说，在数据库很大的情况下，$N \ll M$，此时采取近似最优步数 $k \approx \pi\sqrt{N/M}/4$ 可以给出接近 1 的成功概率；在数据库规模不大时，即使选取了最优的 k，此时存在的成功率误差仍然不可忽视。

龙桂鲁于 1999 年提出了量子搜索的相位匹配条件[13]，并基于此给出了成功概率为 1 的精确搜索算法[14]，后来被国际上称为龙算法或者 Grover-Long 算法。该算法得到了实验的验证，它极大地提升了 Grover 算法的搜索能力，可以为基于 Grover 搜索的其他量子算法带来计算上的显著优化。

Grover-Long 算法中选取的工作比特的初态为均匀叠加态：

$$1|\psi_0\rangle = \sin\theta_0|\psi_{\mathcal{H}_S}\rangle + \cos\theta_0|\psi_{\mathcal{H}_S^\perp}\rangle$$

其中

$$\begin{cases} |\psi_{\mathcal{H}_S}\rangle = \frac{1}{\sqrt{M}} \sum_{i \in \mathcal{H}_S} |i\rangle, \quad \langle |\psi_{\mathcal{H}_S^\perp}\rangle = \frac{1}{\sqrt{N-M}} \sum_{j \in \mathcal{H}_S^\perp} |j\rangle \\ \sin\theta_0 = \sqrt{\frac{M}{N}}, \quad \cos\theta_0 = \sqrt{\frac{N-M}{N}} \end{cases}$$

和原始的 Grover 搜索一样,我们需要进行搜索迭代,迭代算符 Q 定义如下:

$$\begin{cases} Q = H^{\otimes n} S_0 H^{\otimes n} S_t \\ S_t = I + (e^{i\phi} - 1) |\psi_{\mathcal{H}_S}\rangle\langle\psi_{\mathcal{H}_S}| \\ S_0 = I + (e^{i\phi} - 1) |0\rangle\langle 0| \end{cases} \tag{8.28}$$

由式(8.28)可知,精确搜索算法中的迭代算符与 Grover 算法的不同之处在于将相位转动角由 π 改变为相位参数 ϕ。这样可以针对不同的搜索问题确定相应的 ϕ 值,由此实现100%概率的成功搜索。ϕ 表达式的推导采用了 $O(3)$ 群与 $U(2)$ 群的对应关系,其具体表达式可以写为

$$\phi = 2\arcsin\left(\frac{\sin\left(\frac{\pi}{4J+6}\right)}{\sin\theta_0}\right) \tag{8.29}$$

式中:$J+1$($J=0,1,2,\cdots$)为旋转次数。

式(8.29)在

$$1 - |\sin\theta_0| \leqslant \sin\left(\frac{\pi}{4J+6}\right) \leqslant |\sin\theta_0| \tag{8.30}$$

时有实数解。由于 $\sin\theta_0 = \sqrt{\frac{M}{N}}$,所以有

$$J \geqslant \frac{\pi}{4\arcsin\sqrt{\frac{M}{N}}} - \frac{3}{2} \tag{8.31}$$

即为了构造出精确搜索的 Q,我们需要 J 不小于

$$J_{op} = \left\lceil \frac{\pi}{4\arcsin\sqrt{\frac{M}{N}}} - \frac{3}{2} \right\rceil \tag{8.32}$$

所以相应的精确搜索算法需要至少迭代操作 $J_{op}+1$ 次。

综上所述,Grover-Long 算法跟原始 Grover 算法的不同之处在于它的旋转角度不再是固定的 π,而是针对不同的搜索问题(M 和 N 的值)确定不同的参数 J,进而给出针对这一搜索问题的旋转角度 ϕ,以此构造特定的 Q 门并将其在均匀叠加态作用 $J+1$ 次。通过使用定制化的旋转角度,理论上能够以100%的成功率得到目标态,实现完全精确的量子搜索。

4. 对偶量子计算

前面我们介绍过的所有量子算法在进行操作的时候都是让系统处在幺正演化的情形中,也就是根据任务需要设计不同的幺正算符,并连续地作用在量子态上。清华大学的

龙桂鲁于 2002 年提出的对偶量子计算方案将对量子态的处理扩展到了使用幺正算子线性组合的方式。在对偶量子计算的框架下，算法可以一定概率实现非幺正演化，从而扩展了构造量子算法的方式。

对偶量子计算利用量子力学的波粒二象性，通过对不同狭缝的波函数进行并行操作实现非幺正演化处理。在对偶计算机中，计算机的波函数被分成若干个子波并使其通过不同的路径，在不同路径上进行不同的量子计算门操作，而后这些子波重新合并产生干涉，给出计算结果。对偶量子计算可以通过广义量子门实现任意幺正算符的线性组合。Gudder 定理证明，所有的线性有界算符都可以由广义量子门实现，幺正算符只是广义量子门集的极值点。

为了实现幺正算符的线性组合，对偶量子计算引入了两种新的操作：量子分波操作和量子合波操作。其中，分波操作将初始的波函数分为许多振幅减小的相同的部分波函数，相当于把希尔伯特空间进行了扩展，增大了计算空间。分波操作的物理意义也很清楚，即分波操作相当于使量子系统通过 d 个狭缝，其波函数被分为 d 个子波，各子波具有相同的波函数，不同之处在于质心运动的位置。同样地，合波操作的物理意义就是把所有的子波重新叠加成一个波函数。应该注意的是将同一个量子系统的波函数分为多个子波并不违反量子不可克隆定理。上述分波与合波的构想很容易在普通的量子计算机上实现。考虑一个具有 n 比特的量子系统，要想模拟将 n 个比特的状态通过 d 个狭缝的过程，只需另一个具有 d 能级的辅助系统即可。在下面的讨论中我们把执行计算任务需要的 n 个比特称为工作比特，把充当辅助能级的比特称为辅助比特。

我们现在考虑一台由 n 个工作比特和一系列辅助比特组成的对偶量子计算机。其中，分波操作记为作用在辅助系统上的幺正算符 V，合波操作记为作用在辅助系统上的幺正算符 W。辅助系统对工作比特的控制由受控操作完成，整个对偶计算的线路图如图 8.1 所示。

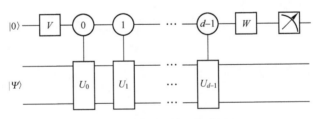

图 8.1 对偶计算的线路图

对偶量子计算的过程分为以下 4 个步骤。

第一步：首先将量子系统初始化为 $|\Psi\rangle|0\rangle$，其中 $|\Psi\rangle$ 是工作比特的状态，$|0\rangle$ 是辅助比特的状态。将分波算符 V 作用在辅助系统上，系统的状态变为

$$V|\Psi\rangle|0\rangle = |\Psi\rangle V|0\rangle = |\Psi\rangle \sum_{i=0}^{d-1}|i\rangle\langle i|V|0\rangle = \sum_{i=0}^{d-1} V_{i0}|\Psi\rangle|i\rangle \quad (8.33)$$

其中的系数 V_{i0} 足归一化条件，由此可见 V_{i0} 是幺正矩阵 V 的第一列元素，代表了分波的结构，与其对应的 $|\Psi\rangle|i\rangle$ 为在第 i 个狭缝处的子波。

第二步：在工作比特上进行辅助系统控制的幺正操作 $U_0, U_1, \cdots, U_{d-1}$。经过这一系列操作以后，整个系统演化为

$$\sum_{i=0}^{d-1} V_{i0} U_i | \Psi \rangle | i \rangle \qquad (8.34)$$

这一步的物理意义是分别在不同的狭缝上进行不同的幺正操作。

第三步：将合波算符 W 作用在辅助系统上，得到以下量子态：

$$\sum_{i=0}^{d-1} U_i | \Psi \rangle V_{i0} W | i \rangle = \sum_{i,k=0}^{d-1} W_{ki} V_{i0} U_i | \Psi \rangle | k \rangle = \sum_k L_k | \Psi \rangle | k \rangle \qquad (8.35)$$

式中：$W_{ki} = \langle k | W | i \rangle$，$L_k = \sum_i W_{ki} V_{i0} U_i$ 就是对偶量子门。通常情况下，对于封闭系统的幺正演化，只需 L_0 这一个对偶算符就够了；对于开放系统的演化，则需要考虑 k 个量子门。

第四步：从式（8.35）中可见，在施加完合波算符以后，辅助系统处于叠加态。经过对辅助系统的测量，不同的辅助系统的状态对应着不同的系统输出态。假定我们测到辅助系统处在 $| k \rangle$ 状态上，这意味着此时工作系统的状态为 $L_k | \Psi \rangle$，即只有一个对偶算符作用在工作比特上。通过定义复数 $c_i = W_{ki} V_{i0}$，对偶算符可以进一步写为

$$L_k = \sum_i c_i U_i \qquad (8.36)$$

由此可见，对偶量子门是一系列的幺正算符的线性叠加，通常是不幺正的。在有限的希尔伯特空间中，任意线性有界的算符都可以表示成对偶算符。

值得注意的是，在工作系统的一系列末态中，只有辅助系统测到 $| 0 \rangle$ 的那个状态是我们需要的，因此对偶量子算法是一个概率性算法。这一算法的成功概率为

$$P = \langle \Psi | L_0^T L_0 | \Psi \rangle \qquad (8.37)$$

所以当系统进行完上面四步操作以后，我们便对辅助系统进行测量，如果测得的结果是 $| 0 \rangle$ 就意味着算法成功了；如果测到其他的结果，则意味着算法失败了，需要重新执行一遍上面的步骤再次进行测量，直到测到 $| 0 \rangle$ 为止。经过 n 次这样的测量以后，算法的成功概率会逐渐趋向 1。当然，也可以利用 Grover-Long 算法对振幅进行放大，提高测量的成功概率。

8.2 发展历程与关键技术

2008 年，Kimble 等提出了量子互联网的概念，即通过量子信道和经典信道的合作将分散的量子器件连接起来，利用指数扩张的计算空间来完成一台量子计算机不可能完成的任务。事实上，由于受到量子测量、量子不可克隆定理等量子力学性质的约束，在物理上实现分布式量子计算是一个非常具有挑战性的任务。要在不同的节点之间交换信息，需要完成量子态、量子纠缠和量子门的传递。量子态和量子纠缠的传递可以使用提前纠缠起来的量子比特通过量子隐形传态、量子纠缠转移来分别完成；但更一般的信息传递需要通过物质和飞行比特的接口来实现。通过底层的硬件连接，实现局域和远程的量子操作，将分离的硬件整合成一个虚拟的量子处理器，在此基础上再实现分布式量子算法。

8.2.1 量子硬件的发展历程和关键技术

目前，分布式量子计算的很多硬件上的关键技术还处在起步阶段。比如，分布式量

子计算需要在不同的独立芯片间建立起可靠的量子信道连接，以此实现芯片之间的量子态传输、量子纠缠和跨芯片的量子操控等。以超导量子芯片为例，目前已经提出了几种不同的技术路线。

第一种是利用微波飞行光子实现跨芯片远距离互联，该技术路线以瑞士苏黎世联邦理工学院的Wallraff组为代表。1997年，Cirac和合作者提出一个基于腔量子电动力学体系的理论方案，通过拉曼跃迁调控原子与传输线的耦合，可以塑造辐射出去的飞行光子的波包形状，利用时间反演对称性，使其不被接收端反射，实现100%量子态传输。2018年，瑞士苏黎世联邦理工学院的Wallraff组、美国耶鲁大学的Schoelkopf和Devoret组分别在实验上实现了Cirac的理论方案。他们使用1m长的铌钛超导同轴线连接两个超导量子处理器，利用微波驱动处理器上的辅助腔来调节与信道的耦合强度和相位，塑造飞行光子的波包形状。2019年，美国芝加哥大学的Schuster组利用普通射频同轴线连接两个超导芯片，通过该同轴线的一个驻波模与芯片上的谐振腔形成的暗态来传输量子态。该实验表明，在较短距离内，可以通过驻波模式实现芯片间量子态传输，无须使用循环器等插入损耗大的器件。2020年，Wallraff组在其2018年实验的基础上，把两台稀释制冷机通过一个5m长的低温通道连接起来，展示了跨稀释制冷机的量子态传输。由于技术上与2018年的实验基本一致，其量子态传输保真度并没有提升。在2022年3月召开的美国物理年会上，Wallraff组报告了30m距离跨制冷机的最大纠缠态生成的结果，这是目前本领域的最新进展。

第二种是通过驻波模式实现模块的近距离耦合，2021年由芝加哥大学的Cleland组创造了跨芯片量子态传输最高的保真度91.1%。得益于量子态传输保真度的提升，该实验还首次展示了3b最大纠缠态（GHZ态）的跨芯片传输，并制备了跨芯片的6b GHZ纠缠态。

第三种是通过倒装芯片实现直接耦合。倒装芯片工艺的核心思想是综合考虑部件功能和布局方便性，将量子线路的不同部分设计和制备在不同的子芯片上，然后通过倒装芯片键合技术在一个承载芯片中相互连接。2021年Rigetti公司展示了他们通过芯片倒装技术实现的模块化的超导量子电路。该器件由4个各包含8个超导量子比特的集成电路组成。同年12月，Rigetti公司又发布了下一步的80b模块化集成方案，利用他们开发的独特的多芯片集成工艺，将两个40b的芯片集成到一起，得到80b量子处理器Aspen-M。

离子阱是量子计算机研究早期比较受关注的体系，但是如果要把大量的量子比特放在同一个势阱中是非常不现实的，其中主要的原因包括在施加量子门的时候比特之间会有串扰，对不同比特操作的并行性不高，退相干会随着比特数目增多等。为了克服这些问题，研究人员提出了分段势阱的方案，在这样的方案中，离子通过可改变的势场被拖拽到不同的区域中，单独的离子可以被放置在储存区域中，当需要跟其他比特一起进行操作的时候可以移动到相互作用区域。当然，这种分段的设计需要对势场进行非常精细的调控以避免在不同的势阱中移动比特的时候丢失比特。

关于分段势阱的第一个方案是直接的设想是采用整体设计的方法，即将每个势阱单独加工，然后排列起来，互相连接成一个整体。这种设计的优势在于特别方便实现表面码，不足之处在于需要把整个体系放在真空设备中，而且需要的比特数目非常多。第二个方案是将量子计算机分解成小的电子逻辑单元，每个单元可以作为分段势阱中的一部分，通常具有几十个到几千个比特，互相之间用两个远距离的离子和光子进行耦合。这种通信信道使得利用独立的逻辑单元构成一个大的量子计算机成为可能。总体而言，操控速度和势阱的设计将成为离子阱体系规模化的主要阻碍。

超导体系是最早实现量子优越性的体系，美国的谷歌、IBM和中国的团队都已经有能力在一个芯片上集成50个以上的超导量子比特。虽然超导体系在集成性上具有很大的优势，但是技术上仍然面临很多挑战。其中一个原因是超导量子电路不能像传统数字电路那样使用控制线路复用技术，对于通过可调耦合器控制相邻比特之间耦合的架构来说，每个超导量子比特和每个耦合器都需要配备单独的控制线，才能保证量子逻辑门的高保真度，这导致超导量子芯片需要的控制线路总数与量子比特数成正比。另外，作为当前主流类型之一的transmon超导量子比特，其典型尺寸是0.5mm量级（其他类型的超导量子比特的尺寸具有相同的数量级）。除了必须为每个transmon配备的控制线和读取谐振腔等部件占用了很大面积外，transmon的工作原理也决定了其本身尺寸，如果太小，就更容易发生退相干。这些因素综合起来无法简单地通过缩小量子比特的尺寸来增加集成度，所以相应的芯片面积会随量子比特数目的增长而不断增加。

受到上述控制线扇出数目和量子芯片尺寸等因素的限制，单个芯片上能够集成的超导量子比特数目是有限的，粗略估计的在一个300mm的晶圆上可集成的量子比特数目上限是1万个。尽管目前单个超导量子芯片的集成度还远未达到该极限，但是将来要想更进一步扩展超导量子处理器，达到百万量子比特的规模，现有的芯片设计架构是无法实现的。为了解决这个问题，可以从多个方面努力，比如可以改进超导量子线路，使用更加节省空间和控制线数目的设计，但显然这个途径可提升的程度非常有限，除非能发明和现有比特工作原理完全不一样的超导量子比特。另一个思路则是化整为零，以单个超导量子芯片为模块，通过实现多个模块之间的互联来构建大规模分布式的超导量子计算机。这种方式能够大大降低集成化的难度。谷歌和IBM在2020年发布的技术路线图中计划采用的也是这种方式。

线性光学是最早演示量子计算的平台之一，但是很快就转到了集成光学的研究阶段，在集成光学的芯片中，每个光子沿着体材料中刻蚀的博导传播。现在已经发展到将通用量子计算所需要的所有元素都集成到一个芯片中的阶段。

线性光学芯片架构的扩展主要有两种方案。第一种方案是用熔合越来越多原件的方式逐渐架构起一个3维的Raussendorf格子。这一方案的不足之处在于其中每个小的集群制备在不同的物理位置上，想要综合利用它们需要使用光学的方法储存这些集群并设计它们的传播线路，因此这种方法有很高的设计复杂度，并且需要损耗率非常低的光学开关。第二种方案是采用弹道模型，让光子通过熔合门构成的固定网络以此产生出一个不完备的图态。这种模型通过使用纠缠来提高熔合门成功的概率，目前单门成功概率已经超过63%，这样的概率保证了能够产生一个穿过网格空间所有自由度的不断的连接。弹道模型的优势在于不需要储存和移动光子，但是需要实时计算如何将一个不完整的网络转换成Raussendorf格子。总的来说，线性光学芯片的制备比较容易，但是光学量子计算无论从理论上还是从实验上都有很长的路要走。

量子点将单个电子囚禁在不同的半导体材料中，可以通过光、电场或者磁场进行控制。由于量子点比特对环境噪声比较敏感，在操控精度上不如超导或者离子阱，不过近几年也取得了很大的进展。理论上讲，量子点可以利用已有的半导体工艺进行大规模的集成和快速操控，但是实验上的实现还需要很长的开发时间。尽管实验上已经展示了量子点体系的操控精度已经达到了表面码的容错阈值，但是与超导、离子阱、线性光学等体系不同，稳定的制备量子点体系还存在很多需要解决的技术难题。规模化的另一个问题在于如何控制多个量子点，最近比较流行的趋势是采用电学的控制方法，但是这一方法的问题在于芯片上的布线会使量子点不能靠得很近，进而增加了扩展的难度。

8.2.2 量子方案中的关键技术

1. 量子纠缠转移

量子纠缠是量子计算的重要资源，在实际应用中如何产生和传递量子纠缠是至关重要的问题。1993 年，Zukowski 等提出了交换纠缠对的方法，他们利用两对处在最大纠缠态上的比特对，通过对这 4 个比特中没有互相纠缠的两个比特进行贝尔测量，测量的结果是剩余的两个比特被纠缠了起来，这一理论很快获得了实验验证。这一方案的好处是可以非局域地进行操作。

我们考虑 4 个量子比特，分别记为 a、b、c 和 d，其中 a 和 b 处在最大纠缠态上 $(|ab\rangle+|\overline{ab}\rangle)/\sqrt{2}$，$c$ 和 d 处在最大纠缠态上 $(|cd\rangle+|\overline{cd}\rangle)/\sqrt{2}$ $(a,b,c,d=0,1$，其中 $|\overline{a}\rangle$ 为 $|a\rangle$ 值的取反，以此类推)。在这样的标记下，4 个比特的总体状态可以写为

$$|\psi\rangle = \frac{1}{2}(|ab\rangle+|\overline{ab}\rangle)\otimes(|cd\rangle+|\overline{cd}\rangle) \tag{8.38}$$

由式 (8.38) 可见，比特 b 和 c (a 和 d) 初始的时候没有纠缠。

在目前的表示下，4 个贝尔态可以写为

$$\frac{1}{\sqrt{2}}(|bc\rangle\pm|\overline{bc}\rangle);\quad \frac{1}{\sqrt{2}}(|b\,\overline{c}\rangle\pm|\overline{b}c\rangle) \tag{8.39}$$

我们将比特 b 和 c 利用 4 个贝尔态进行投影测量，如果 $|\psi\rangle$ 坍缩到 $(|bc\rangle\pm|\overline{bc}\rangle)$ 这两个状态上，则意味着比特 a 和 d 被投影到

$$\frac{1}{\sqrt{2}}(|ad\rangle\pm|\overline{ad}\rangle) \tag{8.40}$$

相反，如果 $|\psi\rangle$ 坍缩到 $(|b\,\overline{c}\rangle\pm|\overline{b}c\rangle)$ 这两个状态上，则意味着比特 a 和 d 被投影到

$$\frac{1}{\sqrt{2}}(|a\,\overline{d}\rangle\pm|\overline{a}d\rangle) \tag{8.41}$$

可见无论测量结果将 b 和 c 坍缩到哪个贝尔态，a 和 d 的对应状态都是最大纠缠态。

进一步仔细地审视对应的测量结果我们还会发现，测量得到的 b 和 c 的状态和被纠缠起来的 a 和 d 的状态形式上是对应的。举例来说，如果 $|\psi\rangle=(|00+11\rangle)\otimes(|00\rangle+|11\rangle)$ (此时 $a=b=c=d=0$)，当 b 和 c 的测量结果是 $|01\rangle+|10\rangle$ ($b=0$，$c=1$) 时，则 a 和 d 的状态也为 $|01\rangle+|10\rangle$。由此可见，通过对本来没有纠缠的 b 和 c 的测量，使得 a 和 d 之间也产生了纠缠。

2. 量子隐形传态

量子隐形传态是一个简单却令人惊奇的量子现象，它起源于这样一个简单的问题：Alice 和 Bob 共享了一个处在贝尔态上的比特对，每人带着其中一个比特离开了对方，现在 Alice 和 Bob 只能通过经典信息的方式进行交流，问 Alice 能不能将一个未知的量子比特状态 $|\psi\rangle$ 传递给 Bob？

首先量子力学的原理不允许 Alice 对 $|\psi\rangle$ 进行测量，否则状态会坍缩从而失去其中的信息，所以 Alice 没有机会获得 $|\psi\rangle$ 的信息。另一个问题是，即便 Alice 能够知道 $|\psi\rangle$ 的状态，通常也需要无穷长的经典信息量才能把状态描述清楚，因为比特中的两个参量是在连续空间中取值的。然而，Alice 可以通过量子隐形传态的技术完成这一任务。

隐形传态的基本过程可以大致描述如下：Alice 首先将他跟 Bob 分享的比特对中的那个比特跟 $|\psi\rangle$ 相互作用；然后测量自己手里的这两个比特，得到四个可能的测量结果（00,01,10,11）。他首先将测量的结果通过经典信道发送给 Bob；然后 Bob 根据得到的信息对自己手里的比特做相应操作（每个结果对应一个不同的操作），则 Bob 手里的比特状态就变成了 $|\psi\rangle$。

上面的过程可以用量子态的演化来准确地描述。假设 Alice 要传输的状态 $|\psi\rangle = \alpha|0\rangle + \beta|1\rangle$，其中 α 和 β 是未知的参数。Alice 和 Bob 开始分享的贝尔态可以记为 $|B_{00}\rangle = (|00\rangle + |11\rangle)/\sqrt{2}$，这样初始的时候，三个比特的总体状态 $|\psi_0\rangle$ 可以写为

$$|\psi_0\rangle = |\psi\rangle|B_{00}\rangle = \frac{1}{\sqrt{2}}(\alpha|0\rangle + \beta|1\rangle)(|00\rangle + |11\rangle) \tag{8.42}$$

在式（8.42）中，第一个比特是要传输的比特，第二个比特是 Alice 的比特，第三个比特是 Bob 的比特。Alice 在他的两个比特上作用一个控制非门（要传输的比特作为控制比特），这时 3 个比特的状态变为

$$|\psi_1\rangle = \frac{1}{\sqrt{2}}[\alpha|0\rangle(|00\rangle + |11\rangle) + \beta|1\rangle(|10\rangle + |01\rangle)] \tag{8.43}$$

然后 Alice 在要传输的比特上作用一个 H 门，将状态变为

$$|\psi_2\rangle = \frac{1}{2}[\alpha(|0\rangle + |1\rangle)(|00\rangle + |11\rangle) + \beta(|0\rangle + |1\rangle)(|10\rangle + |01\rangle)] \tag{8.44}$$

为了方便描述，式（8.44）经过重新整理可以写为

$$|\psi_2\rangle = \frac{1}{2}[|00\rangle(\alpha|0\rangle + \beta|1\rangle) + |01\rangle(\alpha|1\rangle + \beta|0\rangle) + |10\rangle(\alpha|0\rangle - \beta|1\rangle) + |11\rangle(\alpha|1\rangle - \beta|0\rangle)]$$

由上式可见，经过 Alice 操作之后的状态可以分为 4 个部分，分别对应着 Alice 对自己的两个比特进行测量的结果。如果 Alice 测量得到的结果是 00，则 Bob 的比特状态刚好处在 $|\psi\rangle$ 上，他不需要做任何操作即可得到要传输的状态；如果 Alice 测量得到的结果是 01，则 Bob 的比特状态是 $(\alpha|1\rangle + \beta|0\rangle)$，他需要施加一个 σ_x 操作即可得到要传输的状态；如果 Alice 测量得到的结果是 10，则 Bob 的比特状态是 $(\alpha|0\rangle - \beta|1\rangle)$，他需要施加一个 σ_z 操作即可得到要传输的状态；如果 Alice 测量得到的结果是 11，则 Bob 的比特状态是 $(\alpha|1\rangle - \beta|0\rangle)$，他需要施加一个 σ_x 和一个 σ_z 操作才可得到要传输的状态。由此可见，Alice 可以通过上述过程将一个未知比特状态传递给 Bob。

隐形传态中有几个值得注意的方面,其中被讨论最多就是隐形传态有没有以超光速传递信息,因为好像 Alice 一做完测量,对应的状态就被传到 Bob 那里了。实际上如果仔细审视一下会发现,虽然状态是瞬间被传到 Bob 那里了,但是对 Bob 来说,此时他并不知道自己的比特状态被改变了,也不知道被变成了什么样子,只有等 Alice 用经典信道把测量结果告诉他时,他才会知道自己的比特处在什么状态上,而经典通信的速度不会超过光速,因此信息并没有以超光速被传输。

另一个容易让人产生迷惑的地方是误以为隐形传态将 $|\psi\rangle$ 复制了一份,这显然也是不成立的,因为虽然 Bob 获得了这个状态,但是代价在于 Alice 把自己的手里的比特进行了测量,她手里的 $|\psi\rangle$ 坍缩成了 $|0\rangle$ 或者 $|1\rangle$,而且自始至终 Alice 都不知道 $|\psi\rangle$ 的具体信息,所以要传输的状态也没有被复制。

3. 量子门远程传送

以上介绍了如何利用局域的操作(包括量子门和测量)实现对一个未知状态的远程传送,这一方法可以推广到对量子门进行传送,也就是实现对量子状态的远程操控。量子门的远程传送需要的量子纠缠资源和操作过程如下。

我们想要远程传送两个未知的量子比特 $|\alpha\rangle$ 和 $|\beta\rangle$ 及作用在这两个状态上的控制非门。假设这两个比特的状态可以分别写为

$$|\alpha\rangle = a|0\rangle + b|1\rangle; \quad |\beta\rangle = c|0\rangle + d|1\rangle \tag{8.45}$$

Alice 和 Bob 开始的时候共享了 4 个纠缠在一起的量子比特,Alice 分到了第一个和第四个比特,Bob 分到了第二个和第三个比特。这 4 个量子比特的状态为

$$|\chi\rangle = \frac{1}{2}[(|00\rangle + |11\rangle)|00\rangle + (|01\rangle + |10\rangle)|11\rangle)] \tag{8.46}$$

上面的状态 $|\chi\rangle$ 可以由两个贝尔态加一个控制非门制备出来。假定初始的时候比特 1、比特 2 和比特 3、比特 4 都处在 $(|00\rangle + |11\rangle)/\sqrt{2}$ 上,这时 4 个比特的状态可以写为

$$\frac{1}{2}[(|00\rangle + |11\rangle)|00\rangle + (|00\rangle + |11\rangle)|11\rangle] \tag{8.47}$$

在第二个比特和第三个比特之间作用一个受控非门(第三个比特作为控制比特),可以算出作用后的状态为 $|\chi\rangle$。

初始的时候,6 个比特的总体状态可以写为

$$|\psi_0\rangle = |\alpha\rangle|\chi\rangle|\beta\rangle \tag{8.48}$$

我们在 α 和第一个比特之间,β 和第四个比特之间各自作用一个受控非门(α 和 β 作为控制比特),此时总体状态变为

$$|\psi_1\rangle = \frac{1}{2}[ac|0\rangle(|0000\rangle + |1100\rangle + |0111\rangle + |1011\rangle)|0\rangle + \\ ad|0\rangle(|0001\rangle + |1101\rangle + |0110\rangle + |1010\rangle)|1\rangle + \\ bc|1\rangle(|1000\rangle + |0100\rangle + |1111\rangle + |0011\rangle)|0\rangle + \\ bd|1\rangle(|1001\rangle + |0101\rangle + |1110\rangle + |0010\rangle)|1\rangle] \tag{8.49}$$

在 α 和 β 上各作用一个 H 门,这时状态变为 $|\psi_2\rangle$。最后对 α、β、第一个比特和第四个比特分别做投影测量,把测量结果发送给 Bob。

Bob 收到的测量结果有 16 种，他需要根据每种结果对自己掌握的第二个和第三个比特做相应操作：如果 α 的测量结果为 1，就在第三个比特上施加 σ_x；如果 β 的测量结果为 1，就在第二个比特上施加 σ_z；如果第一个比特的测量结果为 1，就在两个比特上都施加 σ_z；如果第四个比特的测量结果为 1，就在两个比特上都施加 σ_x；如果测量的比特结果为 0 就什么都不做。这样可能的操作方式也有对应的 16 种。经过 Bob 的操作之后，他手里的两个比特状态就变为

$$|\psi_f\rangle = \text{CNOT} |\alpha\rangle|\beta\rangle \tag{8.50}$$

其远程传递了两个比特的量子态和一个受控非门。

4. 静止-飞行比特转换

前面提到了 DiVincenzo 对于构建量子计算机的 5 个判据，实际上在同一篇文章中他还提到了关于构建量子网络的两个补充判据：①有能力在静止和飞行比特之间转换；②能够可信地在不同的节点之间传递飞行比特。这两个判据中的静止比特是指有静止质量的量子比特，我们前面提到的基于超导、量子点、金刚石色心和离子阱等体系的量子比特都属于这一类。飞行比特指的是能够在不同的网络节点自由移动的比特，典型的例子是光量子比特，可以通过光纤或者自由空间在不同的节点直接收发。

实现静止-飞行比特之间转换的典型物理模型是将一个静止比特放在腔中，通过跟腔的耦合将比特的信息传递到腔中，并由腔释放出一个携带这一信息的光子；光子传递到另一个腔中被腔吸收，再经由腔将信息传递给放在其中的静止比特。这样就完成了信息从一个静止比特传递到另一个静止比特中的任务。

上面的第一个过程，即信息由静止比特流向飞行比特的过程可以描述为

$$(a_g|g\rangle + a_e|e\rangle) \otimes |\text{vac}\rangle \rightarrow |g\rangle \otimes (a_g|\text{vac}\rangle + a_e|\alpha(t)\rangle) \tag{8.51}$$

式中：$|g\rangle$ 和 $|e\rangle$ 为静止比特的基态和激发态；a_g 和 a_e 分别为它们的系数；$|\text{vac}\rangle$ 是腔的真空态；$|\alpha(t)\rangle$ 为具有波包 $\alpha(t)$ 的单光子态。通过上面的过程，原本储存在静止比特中的信息 a_g 和 a_e 转化到了光子的状态上。当光子被另一个腔吸收时，信息会传递给腔中的静止比特，这一过程可以描述为

$$|g\rangle \otimes (a_g|\text{vac}\rangle + a_e|\alpha(t)\rangle) \rightarrow (a_g|g\rangle + a_e|e\rangle) \otimes |\text{vac}\rangle \tag{8.52}$$

上面释放光子和接收光子两个过程都可以通过控制激光脉冲的波形进行单独控制。

实际上要在真实的体系中实现上述构想还需要更复杂一点的物理原理，下面以一个耦合了量子点和一个光纤的腔为例说明这一过程。量子点体系中除了比特的两个状态之外，还需要两个辅助的能级 $|t\rangle$ 和 $|t'\rangle$。腔的模式只允许 $|g\rangle \rightarrow |t\rangle$ 和 $|e\rangle \rightarrow |t'\rangle$ 两个跃迁跟腔耦合；而控制激光的频率只能激发 $|g\rangle \rightarrow |t'\rangle$ 和 $|e\rangle \rightarrow |t\rangle$ 两个跃迁。经过塞曼劈裂和选择定则可知 $|t'\rangle$ 在光学过程中被解耦了，因此总体的能级结构变为了一个三能级的体系（$|g\rangle$、$|e\rangle$ 和 $|t\rangle$），其中 $|e\rangle \rightarrow |t\rangle$ 跃迁由激光（波形由 Ω 描述）驱动，$|g\rangle \rightarrow |t\rangle$ 跃迁与腔耦合。在接收端的拉曼过程基本是上面过程的时间反转过程，输入的光子如果足够光滑且能被无反射地吸收，它的波形就能被准确地探测出来。

有适当的调节参数，就可以通过上述过程实现两个远程量子点之间的纠缠。假设初始的时候量子点和腔处在直积态上：

$$|e\rangle_1 |g\rangle_2 \otimes |\text{vac}\rangle \tag{8.53}$$

式中：$|e\rangle_1$ 和 $|g\rangle_2$ 分别为第一个和第二个量子点的状态。经过第一个腔的激光调控以

后，体系的状态变成了

$$|e\rangle_1|g\rangle_2\otimes|vac\rangle\to e^{i\phi}\cos\theta|e\rangle_1|g\rangle_2\otimes|vac\rangle+\sin\theta|g\rangle_1|g\rangle_2\otimes|\alpha_{out}\rangle \quad (8.54)$$

式中：α_{out} 为输出光子的波形。经过第二个腔中的激光调控，两个量子点和第二个腔的状态变为

$$(e^{i\phi}\cos\theta|e\rangle_1|g\rangle_2+\sin\theta|g\rangle_1|e\rangle_2)\otimes|vac\rangle \quad (8.55)$$

由式（8.55）可知，两个量子点状态之间的纠缠熵 $-\cos^2\theta\log_2\cos^2\theta-\sin^2\theta\log_2\sin^2\theta$ 的取值范围可以从 0 取到 1，因此可以形成任意的纠缠态。

8.3 分布式量子计算的最新进展

量子计算机经过 20 多年的发展，硬件上已经有了巨大的进展，目前比较受关注的体系有超导、量子点、离子阱、冷原子和光量子体系等。这些体系每个都具有独特的优点，但是也有一些不足，因此目前难以判定到底哪个体系会最终成为大规模量子计算机的载体。在现阶段一个合理的构想是充分利用不同体系的优势，提高量子计算机的整体性能。

另一个亟待解决的问题是目前所有的量子体系的规模化都面临着很大的挑战。以规模化最容易的超导比特为例，虽然其优势是可以像半导体集成电路一样，在芯片上进行大规模的制备和集成，具有较好的可扩展性。但是由于退相干和串扰等问题存在，超导量子芯片不能像集成电路那样通过不断地缩小器件尺寸来提升集成度，因此制备比较小型的量子芯片是相对容易且性能稳定的。分布式量子计算是解决这个问题的一种方法，如果能将各个独立的小型芯片连接起来，共同用于执行计算任务，则能避免规模化的问题。在本节中我们介绍分布式量子计算在算法方面的一些重要进展。

8.3.1 分布式 Grover 算法

在介绍 Grover 算法时我们知道，对于有 N 个条目的数据库，其中有 a 个满足要求的条目，为了使成功率接近 1，我们需要进行大约 $\pi\sqrt{N/a}/4$ 次搜索。如果使用分布式的方法，则可以使用更少的输入比特和更少的查询次数来完成同样的任务。为了执行这一算法，我们需要选择一个正整数 k，使得 $n>k\geq 1$（$2^n=N$），以此把原来的布尔函数 f 分成 2^k 个子函数，每个子函数包含了 $n-k$ 个输入比特。通过对子函数进行计算，寻找目标条目需要的搜索次数不超过

$$\sum_{i=1}^{r_i}\left\lfloor\frac{\pi}{4}\sqrt{\frac{2^{n-k}}{b_i}}\right\rfloor+\lceil\sqrt{2^{n-k}}\rceil+2t_a+1 \quad (8.56)$$

式中：$1\leq b_i\leq a$，$r_i\leq 2t_a+1$，$t_a=\lceil 2\pi\sqrt{a}+11\rceil$，$a$ 是目标条目的数目。如果式（8.56）成立的话，在只有一个目标条目的情况下（$a=1$），分布式 Grover 搜索需要的查询数目仅仅是 $\lfloor\pi\sqrt{2^{n-k}}/4\rfloor$。相比于原始的 Grover 算法，分布式 Grover 算法的查询次数从 $\sqrt{2^n}$ 的量级减少到了 $\sqrt{2^{n-k}}$ 的量级，更加容易在物理系统中实现。

对于任意的 $i\in[0,2^k-1]$，要确认一个二元的数字 $y_i\in\{0,1\}^k$。上面提到的子函数定义如下，对于任意的 $x\in\{0,1\}^{n-k}$，有

$$f_i(x) = f(xy_i) \tag{8.57}$$

如果我们能找到 $x_i \in \{0,1\}^{n-k}$ 使得 $f(x_iy_i)=1$，那么就找到了一个符合要求的条目；相反地，如果对于任意 x，$f_i(x)$ 都为 0，那么我们就得不到对应 y_i 任何解。可以使用量子计数算法来确定哪些 y_i 能够满足 $f(xy_i)=1$，这个数目不会超过 $2t_a+1$。

在确定了 f_i 不总是为 0 以后，我们就可以使用 Grover 算法来搜索 x_i，使 $f_i(x_iy_i)=1$，这样 x_iy_i 就是原始搜索问题的解。由于有 2^k 个子程序，我们可以采用 2^k 台量子计算机平行处理 f_i，对于每个符合要求的 f_i，执行 Grover 算法的次数为 $\left\lfloor \frac{\pi}{4}\sqrt{\frac{2^{n-k}}{b_i}} \right\rfloor$，其中 $1 \leq b_i \leq a$。对于每个 b_i，也需要利用 Grover 算法查询一次，因此总次数为 $2t_a+1$，再加上量子计数算法需要总的查询次数为 $\lceil \sqrt{2^{n-k}} \rceil$ 次就得到了前面给出的需要查询次数的上限。

考虑 $a=1$ 的特殊例子，这意味着 a_i 是 0 或者 1，在这种情况下我们就可以跳过量子计数算法，直接使用 Grover 算法来搜索结果，然后判断这个结果是不是 f_i 的解。在并行计算的情况下，需要查询的次数为 $\left\lfloor \frac{\pi}{4}\sqrt{2^{n-k}} \right\rfloor$。

8.3.2 分布式相位估计算法

分布式相位估计算法研究对多个独立相位同时估计的问题。与单个相位估计的不同，多相位估计算法通过使用量子纠缠等资源相比于单个相位估计的方差具有 $O(d)$（d 为待估计的相位个数）级别的提升。

假设现在有 d 个待估计的相位，每个相位对应着一个独立的模式，除此之外系统还增加了一个辅助的模式用于表征系统总的相位自由度。系统的初始态是 N 个光子在这 $d+1$ 个模式中的分布态：

$$|\psi\rangle = \sum_{k=1}^{D} \alpha_k |N_{k,0}, N_{k,1}, \cdots, N_{k,d}\rangle = \sum_{k=1}^{D} \alpha_k |N_k\rangle \tag{8.58}$$

式中：$\sum_{m=0}^{d} N_{k,m} = N$，$D = (N+d)!/N!d!$。模式 0 用于记录全局相位，模式 1-d 用于储存相位，同时归一化要求 $\sum_{k=1}^{D} |\alpha_k|^2 = 1$。

经过幺正演化：

$$U_\theta = e^{i\sum_{m=1}^{d} \hat{N}_m \theta_m} \tag{8.59}$$

式中：$\hat{N}_m$ 为第 m 个模式的光子数算符；θ_m 为对应的相位，这 $d+1$ 个模式中的光子状态变为

$$|\psi_\theta\rangle = U_\theta |\psi\rangle = \sum_{k=1}^{D} \alpha_k e^{iN_k \cdot \theta} |N_k\rangle \tag{8.60}$$

式中：$\theta = \{\theta_1, \theta_2, \cdots, \theta_d\}$。

对 θ 估计的精确度下限由量子版本的克拉美罗界确定，在单相位估计的时候，通过使用 NOON 态可以达到这一边界，也就是 θ 的方差达到了海森堡极限 $|\Delta\theta|^2 = 1/N^2$。同样利用 NOON 态对 d 个无关相位进行估计的时候，每个参数的估计的方差是 d^2/N^2，因

此总的方差为 d^3/N^2。

现在考虑使用具有量子关联的探测状态：

$$|\psi\rangle = \alpha(|0,N,\cdots,0\rangle + |0,0,N,\cdots,0\rangle + \cdots + |0,\cdots,0,N\rangle) + \beta|N,0,\cdots,0\rangle \quad (8.61)$$

式中：$d|\alpha|^2 + |\beta|^2 = 1$。当 $\alpha = 1/\sqrt{d+\sqrt{d}}$ 时，最小的方差为

$$|\Delta\theta_s|^2 = \frac{(1+\sqrt{d})^2 d/4}{N^2} \quad (8.62)$$

由式（8.62）可见，当 $d>1$ 时，采用 $|\psi\rangle$ 对 d 个相位进行估计可以达到的精确度高于使用 NOON 态得到的结果，当然也高于经典方法的结果。跟使用 NOON 态得到的方差相比，使用 $|\psi\rangle$ 进行多相位估计获得的优势大约是 $O(d)$ 量级。当 d 是 N 的因数的情况下，可以看到 $|\Delta\theta_s|^2$ 是随着 d 的规模线性增长的。

8.4 小结

在本章中我们从量子计算的基础概念开始，介绍了量子计算的基本原理，以及构建量子计算机最有希望的几种物理体系和常见的量子算法。我们进一步探讨了量子计算机目前发展遇到的规模化的问题，并由此引出了一个可行的解决方案：分布式量子计算。通过对分布式量子计算的关键技术和目前已有的理论方案的介绍，可以看出它在未来一段时间必将成为量子信息处理中一个热门领域。

尽管分布式量子计算的构想很清晰，但是由于量子系统很脆弱，要通过分布式的方法构建大规模的量子计算处理器还存在很多技术挑战[15]。首先是芯片之间的信道连接损耗较大，这些损耗既来源于信道本身，也来源于连接芯片的器件等；其次是量子态传输的保真度，在没有后选择的前提下，目前最高的芯片间量子态传输保真度是 91.1%，这和单芯片上两比特门普遍达到的 99% 仍有很大差距。想要利用分布式构建实用的量子计算机，首先要解决这些技术问题。

参考文献

[1] NIELSEN M A, CHUANG I. Quantum computation and quantum information [M]. New York: Cambridge University Press, 2002.

[2] ALBASH T, LIDAR D A. Adiabatic quantum computation [J]. Reviews of Modern Physics, 2018, 90 (1): 015002.

[3] BRIEGEL H J, BROWNE D E, DUR W, et al. Measurement-based quantum computation [J]. Nature Physics, 2009, 5 (1): 19-26.

[4] DIVINCENZO D P. The physical implementation of quantum computation [J]. Progress of Physics, 2000, 48 (9/10/11): 771-783.

[5] KWON S, TOMONAGA A, BHAI G L, et al. Gate-based superconducting quantum computing [J]. Journal of Applied Physics, 2021, 129 (4): 041102.

[6] BRUZEWICZ C D, CHIAVERINI J, MCCONNELL R, et al. Trapped-ion quantum computing: Progress and challenges [J]. Applied Physics Reviews, 2019, 6 (2): 021314.

[7] KOK P, MUNRO W J, NEMOTO K, et al. Linear optical quantum computing with photonic qubits [J]. Reviews of Modern Physics, 2007, 79 (1): 135.

[8] PEZZAGNA S, MEIJER J. Quantum computer based on color centers in diamond [J]. Applied Physics Reviews, 2021, 8 (1): 011308.

[9] LOSS D, DIVINCENZO D P. Quantum computation with quantum dots [J]. Physical Review A, 1998, 57 (1): 120.

[10] STERN A, LINDNER N H. Topological quantum computation-from basic concepts to first experiments [J]. Science, 2013, 339 (6124): 1179-1184.

[11] SHOR P W. Algorithms for quantum computation: discrete logarithms and factoring [C]//In Proceedings 35th annual symposium on foundations of computer science. IEEE, 1994: 124-134.

[12] GROVER L K. A fast quantum mechanical algorithm for database search [C]//In Proceedings of the Twenty-eighth Annual ACM Symposium on Theory of Computing, 1996: 212-219.

[13] LONG G L, LI Y S, ZHANG W L, et al. Phase matching in quantum searching [J]. Physics Letters A, 1999, 262 (1): 27-34.

[14] LONG G. L. Grover algorithm with zero theoretical failure rate [J]. Physical Review A, 2001, 64 (2): 022307.

[15] METER R V, DEVITT S J. The path to scalable distributed quantum computing [J]. Computer, 2016, 49 (9): 31-42.

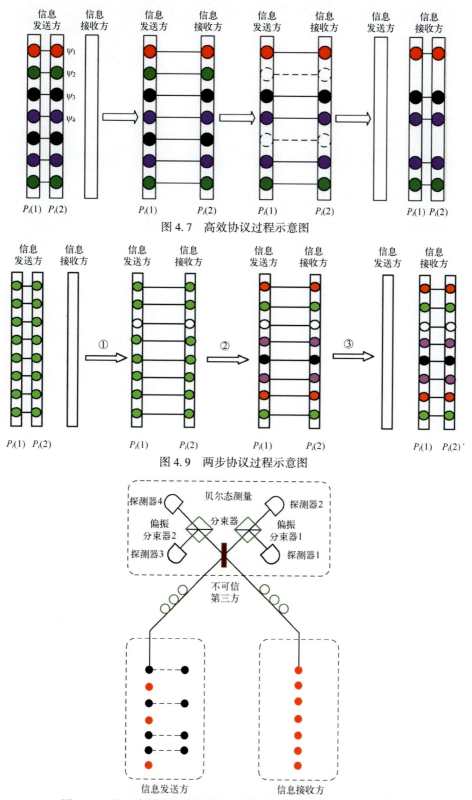

图 4.7 高效协议过程示意图

图 4.9 两步协议过程示意图

图 4.11 基于单光子的测量设备无关协议量子直接通信过程示意图

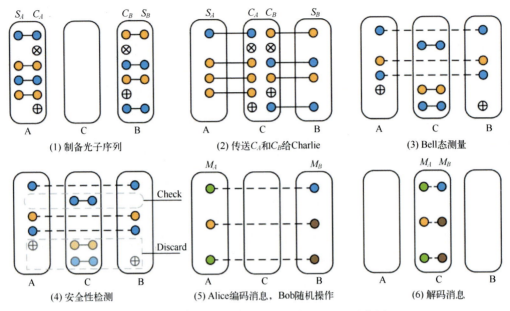

图 4.12 基于纠缠的测量设备无关协议过程示意图

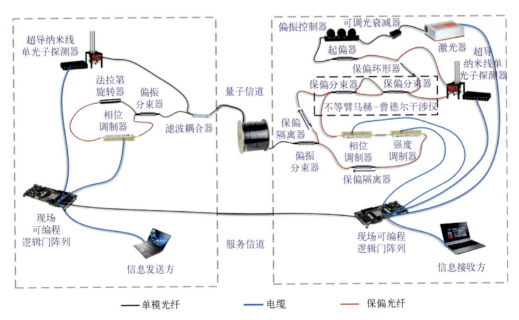

图 4.17 100km 量子直接通信实验系统示意图[25]

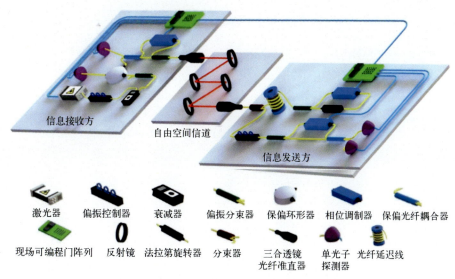

图 4.18 空间单光子量子直接通信实验系统

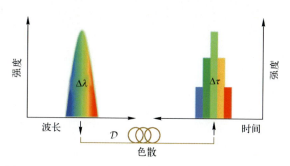

图 5.10 基于色散傅里叶变换的波长-时间映射原理图

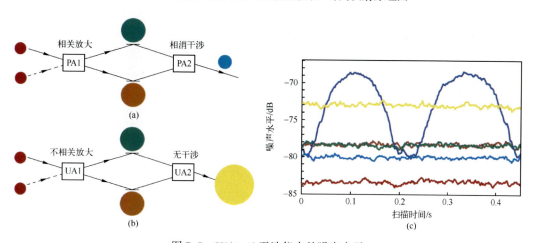

图 7.5 SU(1,1)干涉仪中的噪声水平

[(a) SU(1,1)干涉仪的基本结构;(b) 传统的马赫-曾德尔干涉仪的基本结构;
(c) 噪声随扫描时间的变化。PA:关联的参量放大过程;UA:不存在量子干涉的非关联的
放大过程;实心圆表示和(c)中的颜色一致处的噪声水平。在(a)中,具有真空噪声(红线)
的相干态和输入端口的真空态(虚线)被共同注入 SU(1,1)干涉仪,然后被 PA1 放大
(绿色和深棕色),然而在 PA2 处,由于破坏性的量子干涉,噪声水平又被重新降到散粒噪声
(蓝线),然而在(b)中,无量子干涉,噪声被进一步放大(黄线)。]

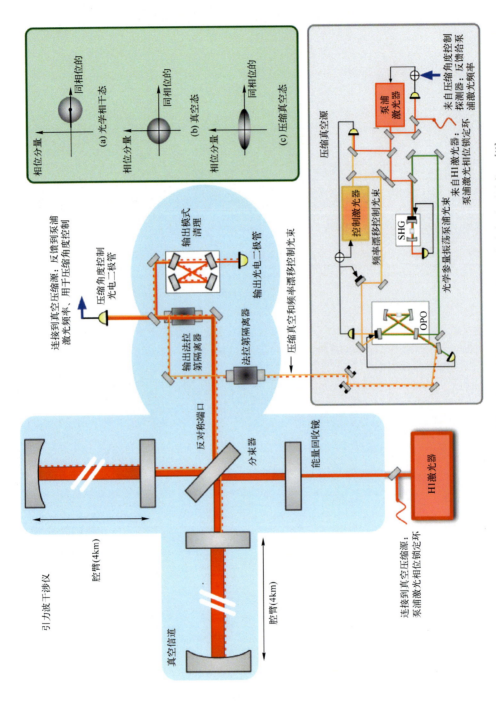

图7.17 LIGO干涉仪示意图(灰色方框为量子压缩源,蓝色方框为干涉仪。)[11] OPO—光学参量振荡器;SHG—光学和频。